C/C++
与数据结构

（第5版）

王立柱◎主编

清华大学出版社

北京

内 容 简 介

本书共 26 章。第 1～9 章是 C 语言部分,从对象和运算符概念开始,通过程序比较序列,不断扩展到函数,指针和数组,顺序表;然后与顺序表类比,展开字符串、文件和链表等。第 10～17 章是 C++ 语言部分,通过对称变换,实现了顺序表、字符串、链表和文件从初级到高级再到标准化的发展,包括顺序表类、String 类、Date 类和面向对象设计、向量类模板、链表类模板、C++ 流与文件等。第 18～26 章是数据结构非线性部分,包括二叉树、堆、二叉搜索树、平衡二叉搜索树、树、图、B 树、散列、性能分析和排序。

本书适合作为计算机科学与技术、软件工程等相关专业的教材,也可作为软件工程师的自学用书。

图书在版编目(CIP)数据

C/C++ 与数据结构/王立柱主编.—5 版.—北京:清华大学出版社,2020.8
ISBN 978-7-302-55483-7

Ⅰ.①C…　Ⅱ.①王…　Ⅲ.①C 语言－程序设计－教材 ②C++ 语言－程序设计－教材 ③数据结构－教材　Ⅳ.①TP312.8 ②TP311.12

中国版本图书馆 CIP 数据核字(2020)第 083934 号

责任编辑:白立军　杨　帆
封面设计:杨玉兰
责任校对:徐俊伟
责任印制:丛怀宇

出版发行:清华大学出版社
　　　　　网　　　　址:http://www.tup.com.cn, http://www.wqbook.com
　　　　　地　　　　址:北京清华大学学研大厦 A 座　　　　　　邮　　编:100084
　　　　　社 总 机:010-62770175　　　　　　　　　　　　　　邮　　购:010-83470235
　　　　　投稿与读者服务:010-62776969, c-service@tup.tsinghua.edu.cn
　　　　　质量反馈:010-62772015, zhiliang@tup.tsinghua.edu.cn
　　　　　课件下载:http://www.tup.com.cn,010-83470236
印 装 者:三河市铭诚印务有限公司
经　　销:全国新华书店
开　　本:185mm×260mm　　　印　张:38.5　　　字　数:910 千字
版　　次:2002 年 3 月第 1 版　2020 年 8 月第 5 版　　　印　次:2020 年 8 月第 1 次印刷
定　　价:99.00 元

产品编号:087618-01

前　言

什么是程序? 算法＋数据结构＝程序。

数据结构是程序设计的核心,C++语言实现了常用数据结构的标准化,C语言是C++语言的直接先导。在提倡全民编程的时代,把它们融汇贯通,面向所有程序设计爱好者,是本书的主旨。

本书共26章。

第1～9章是C语言部分。从对象和运算符概念开始,通过程序比较序列,不断扩展到函数、指针和数组、顺序表、字符串、文件、链表、二维数组和指针等。它们的关系如下。

(1) 对象和运算符是计算机组织结构中存储单元和运算器在高级语言层面的映射。对象的大小、存储格式和基本操作由类型决定。编程是基于类型的设计,对象和运算符构成的表达式是程序的基本语句。

(2) 函数名是运算符的扩展,函数表达式是基本表达式的扩展。

(3) 指针和数组是对象名称和对象的扩展。指针是对象名称的扩展,它表示对象的地址。数组是对象的扩展,它是由一组对象构成的最简单的容器。指针和数组都是复合类型,即依赖其他类型而存在的类型。指针和数组互相依赖。

(4) 顺序表是带有基本操作函数的数组。

(5) 字符串既是特殊的数组,也是特殊的顺序表。

(6) 文件是特殊的顺序表。

(7) 链表是拓扑意义上的顺序表。

(8) 二维数组是特殊的数组。

第10～17章是C++语言部分。通过对称变换,实现了顺序表、字符串、链表和文件从初级到高级再到标准化的发展,包括顺序表类、String类、Date类和面向对象设计、向量类模板、链表类模板、C++流与文件等。具体关系如下。

(1) 顺序表类是从顺序表变换而来的,开始于指针到引用的变换。引用是隐藏的指针。

(2) String类是从字符串变换而来的。因为字符串是特殊的顺序表,所以这种变换可以与顺序表到顺序表类的变换类比。

(3) Data类从结构Data变换而来。面向对象设计是结构类型的扩展。

(4) 向量类模板是带有迭代器的顺序表类。迭代器是封装的、个性化的指针。

(5) 链表类模板是带有迭代器的链表。

(6) C++流与文件是从C文件变换而来的,文件读写函数由文件指针传递变为对象调用。

第 18～26 章是数据结构非线性部分,包括二叉树、堆、二叉搜索树、平衡二叉搜索树、树、图、B 树、散列、性能分析和排序。具体关系如下。

(1)二叉树是非线性结构和算法的基础。二叉树的垂直输出和链式存储结构的创建以二叉树的层次遍历为模型,快速排序以二叉树的前序遍历为模型,汉诺塔问题以二叉树的中序遍历为模型,二叉树深度计算、复制和删除以二叉树的后序遍历为模型。

(2)堆是以线性连续方式存储的完全二叉树。

(3)二叉搜索树是折半查找的扩展。

(4)平衡二叉搜索树的删除和插入是关键操作,它们以二叉树的后序遍历迭代算法为模型。

(5)树和图的底层结构是向量类模板和链表类模板。

(6)B 树是平衡二叉搜索树的扩展。

至今,本书共改版 4 次,相应的改革先后在天津师范大学、北京联合大学商务学院、对外经济贸易大学和湖北工业大学实验推广,得到很多专业人士和朋友的支持和鼓励,借此机会表示衷心感谢。我们所取得的成果还存在一些需要改进的地方,现把它提供给大家,希望得到更多具有建设性的意见。

编　者

2020 年 3 月

目 录

CONTENTS

第1章

对象和运算符

C 语言和多数编程语言一样,核心概念是类型。

——Bjarne Stroustrup

1.1 第一个 C 语言程序

1.1.1 什么是程序

什么是**程序**?算法+数据结构=程序。

数据结构是对一组数据而言的,这组数据之间存在某种顺序关系,这种关系称为结构。**算法**是为实现某种功能而对数据结构所实施的有限处理步骤。例如,对一个整数序列进行排序或累加,这个整数序列就是数据结构,排序或累加就是算法。

先从一个数据的处理开始。一个数据没有结构但有类型,类型是多数编程语言的核心概念。

在 C 语言程序中,数据按类型划分,如整型、实型和字符型等,而且在计算机程序中都需要存储。计算机存储器也称**内存**,由一些连续的字节构成,每字节有 8 位,每位存储 0 或 1。**数据类型**决定了一个数据内存单元的大小(即字节数)、存储格式,以及对数据可以实施的基本处理(也称**基本操作**)。

例如,一个整数 345,其类型为普通整型,简称整型,占连续 4 字节,这是内存单元的大小;1 字节有 8 位,4 字节共 32 位,用 1 位存储符号,其他位存储数值,这是存储的格式;对整数可以实施加(+)、减(-)、乘(*)、整除(/)、求余(%)等运算,这是对整数可以实施的基本操作。

整型、实型和字符型是 C 语言的基本类型。基本类型描述的是数据结构中的数据,不是数据之间的关系。C 语言程序设计是在基本类型的基础上逐步深入展开的,而且一种基本类型的学习很容易平移到另一种基本类型,因此,下面从整型开始学习。

1.1.2 对 象

计算机处理的数据都必须按类型存储。与数据类型相关联的数据内存单元称为**对象**;有名称且其值可以改变的对象称为**变量**;其值不能改变的对象称为**常量**;由其值和表示类型的后缀或界限符所表示的常量称为**字面量**(例如,345 是整型字面量,类型是默认的;52388L 是长整型字面量,后缀 L 表示类型。长整型和整型的区别主要是内存单元大小不同),如图 1-1 所示。

用名称来读写对象中的数据称为**直接访问**(也称直接寻址)。

$$52388L \qquad 345$$

| 52388 | | 345 |

图 1-1　字面量示意图

程序员一般通过变量定义得到变量。变量定义格式如下:

类型　变量 1,变量 2,…,变量 n;

基本类型的标识符是系统**保留字**,也称**关键字**,如整型的关键字是 int。变量名是程序员根据命名规则来命名的(见附录 A)。变量名要尽可能反映数据的意义,这有助于阅读理解。逗号是变量分隔符,分号是语句结束符。以整型变量定义为例:

```
int n;                              //定义一个整型变量 n
```

其中,int 表示整型,n 是变量名。执行这条语句后,程序员就获得了一个名称为 n 的整型对象。由双斜杠(//)引导的文字是注释,用于语句的解释,帮助阅读理解,它不是语句。一个双斜杠只能引导一行注释。

有了变量后,一般用赋值操作给变量赋值,例如:

```
n=345;                              //给变量 n 赋值
```

其中,＝是赋值运算符。赋值操作从赋值运算符的右元读取值,写入左元。

变量的定义和赋值可以合并为一条语句,称为变量**初始化**:

```
int n=345;                          //整型变量 n 初始化
```

赋值操作的执行过程:从赋值运算符的右元读取值,写入左元。但是很多读写操作并不是显式地用赋值运算符来表示的,因此,赋值运算符的左元和右元的概念需要延伸,延伸后的概念是左值和右值。

如果一个对象的值可以读取,这个对象称为**右值**(rvalue)。如果一个对象的值可以改写,这个对象称为**左值**(lvalue)。左值肯定是右值,反之不然。变量是左值,因此也是右值,而字面量只能是右值。例如:

```
345=n;                              //错
```

1.1.3　表 达 式

程序的基本语句是表达式语句。

什么是表达式? 一个对象是表达式,表达式加运算符依然是表达式。例如,345、n、n=345、n%10 和 n＝n%10。

含有一个运算符的表达式称为**基本表达式**。例如,n＝345 和 n%10。含有两个运算符以上的表达式称为**复合表达式**。例如,n＝n%10。

每个表达式都有一个值,这个值存储在一个临时隐式对象。以运算符表达式 n%10 为例:假设 n 的值是 345,计算机从对象 n 和 10 中分别读取值 345 和 10,用 10 对 345 求余,将结果 5 写入一个隐式对象。这时 n 的值并没有变化,还是 345,而表达式的值是隐式对象的值,如图 1-2 所示。

再以表达式 n＝34 为例:计算机从对象 34 中读取值,写入对象 n,同时作为表达式的值写入隐式对象,此时,对象 n 和表达式的值即隐式对象的值是相等的,如图 1-3 所示。

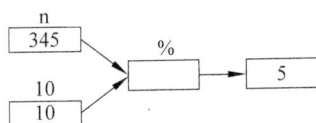

图 1-2　n％10 示意图　　　　　　图 1-3　n＝34 示意图

最后,以复合表达式 n＝n/10 为例:假设 n 的值是 345,先执行基本表达式 n/10,表达式的值是 34,写入一个隐式对象,假设是_temp1。然后执行基本表达式 n＝_temp1,结果 n 的值为 34,表达式的值也是 34,存储在另一个隐式对象,假设是_temp2,如图 1-4 所示。复合表达式由基本表达式有限次"复合"而成。

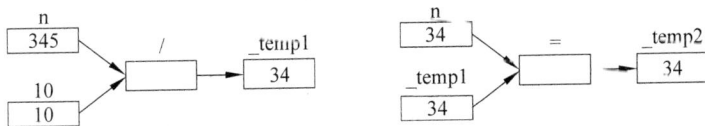

(a) _temp=n/10　　　　　　(b) n=_temp1

图 1-4　n＝n/10 示意图

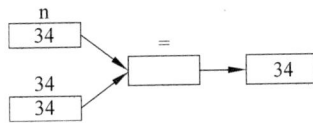

运算符表达式只能是右值,不能是左值,因为存储表达式值的临时对象,其生存周期只是表达式的一次执行时间,给这样的对象赋值没有意义。以下面两条表达式语句为例:

x=y=345;　　　　　　　　　　//x=(y=345)
(x=y)=345;　　　　　　　　　　//错

在第一个表达式语句中,先执行表达式 y＝345,表达式的值是 345,存储在一个隐式对象,假设是_temp1。然后执行表达式 x＝_temp1,_temp1 是右值。

在第二个表达式语句中,先执行表达式 x＝y,表达式的值存储在一个隐式对象,假设是_temp1。然后执行表达式_temp1＝345,这是非法的,因为_temp1 不能是左值。但是在 C++ 语言中,这种赋值是可以的,但绝不是简单的语法规定,而是经过了从基本类型到用户定义类型,从引用到向下兼容的过程。这个过程是重要的学习内容。

其实,字面量不能是左值也可以这样理解:字面量的生存周期只是它所在的表达式的一次执行时间,给它赋值是没有意义的。

"对象＋运算符"是计算机结构中"存储单元＋运算器"在 C 语言层面的映射,以二元运算符为例,如图 1-5 所示。

这个映射是如何实现的? 映射是人类几百年科研成果的凝聚,这个映射是本书讲述的前提,但它是如何实现的不是本书的内容。现在,以这个凝聚点为起点,开始高级语言编程的学习。

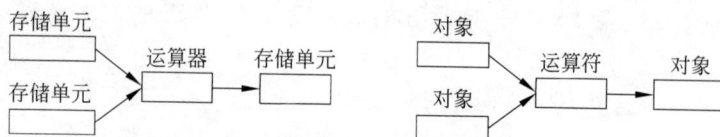

图 1-5 从"对象＋运算符"到"存储单元＋运算器"的映射

1.1.4 第一个 C 语言程序

1. 已知程序

编写一个程序一般需要已知程序,用已知求解未知。已知程序主要分为 3 类:数据类型的基本操作、库函数、程序员自设函数或类型。

(1) 数据类型的基本操作。例如,整型的基本操作有加(＋)、减(－)、乘(＊)、整除(/)、求余(％)等。数据类型的基本操作是 C 语言固有的。

(2) 库函数,这是常用程序。在显示器上输出一个对象的值要用到库函数 printf。C语言自带一些**标准库函数**。它们按类划分,每类都包含在一个扩展名为 h 的文件中。这些文件称为**系统头文件**。例如,printf 包含在 stdio.h 中,常用数学函数包含在 math.h中。一个程序要调用一个标准库函数,必须使用文件包含命令,将该函数所在的头文件加入程序中。文件包含命令的格式如下:

```
#include<系统头文件>
```

例如:

```
#include<stdio.h>
```

命令不是语句,结尾不带分号。

(3) 程序员自设函数或类型。这是在以后学习过程中来掌握的内容。

2. 标准输出函数 printf

printf 的使用格式如下:

```
printf(格式控制字符串,输出参数即输出对象);
```

其中,格式控制字符串以双引号为界限符,包含格式说明符,用以指定输出参数的类型和输出格式。例如:

```
printf("%d",n);
```

其中,％d 是格式说明符,n 是输出参数,％d 指定输出参数的值按整型十进制格式输出。格式说明符和输出参数要对应,类型要一致。

关于 printf 的其他内容,随着学习的展开而引入。

3. 程序设计

编写程序,将一个整型对象的值按位逆序输出。

（1）假设整型对象是 n，其值为 345。

```
int n=345;
```

（2）输出个位数。用 10 对 n 求余，得到个位数 5，然后调用函数 printf 将 5 输出到显示器。

```
printf("%d",n%10);                          //输出 n 的个位数 5
```

（3）输出十位数。用 10 整除 n，把 n 的值降为 34，然后输出其个位数 4。

```
n=n/10;                                     //把 n 的值降为 34
printf("%d",n%10);                          //输出 n 的个位数 4
```

（4）输出百位数。继续用 10 整除 n，把 n 的值降为 3，然后输出其个位数 3。

```
n=n/10;                                     //把 n 的值降为 3
printf("%d",n);                             //输出 n 的个位数 3
```

把上面的语句依次编辑到 C 程序框架，就得到一个 C 程序。C 程序框架是一个主函数框架：

```
int main()                                  //主函数头
{                                           //主函数体开始
    一组 C 语言语句                           //每条语句以分号结束
    return 0;                               //把 0 传递给系统，表示程序正常结束
}                                           //主函数体结束
```

程序 1-1　将一个整数在显示器上按位逆序输出。

```
#include<stdio.h>                           //标准输入输出函数库
int main()
{
    int n=345;                              //整型变量 n 初始化
    printf("%d",n%10);                      //输出 n 的个位数 5
    n=n/10;                                 //把 n 的值降为 34
    printf("%d",n%10);                      //输出 n 的个位数 4
    n=n/10;                                 //把 n 的值降为 3
    printf("%d",n);                         //输出 n 的个位数 3

    printf("\n");                           //输出一个换行符
    return 0;
}
```

程序运行结果：

543

程序分析

（1）变量定义或初始化要置于其他语句之前。

（2）对象必须先赋值，后处理。一个对象如果没有赋值，它存储的是一个无意义的值。处理这种对象，其结果是无意义的，称为"垃圾入，垃圾出"（garbage in，garbage out）。

（3）语句 printf("\n")的功能是输出一个换行符，使输出结果更清楚。它没有对应的输出参数。一个反斜杠加一个字符 n，构成一个转义字符（见附录 B），表示换行。

（4）表达式 n%10 作为输出参数的实际意思：表达式的值存储在一个临时隐式对象，输出的是这个对象的值。

（5）程序 1-1 的语句是自上而下依次执行的，这种语句关系称为**顺序结构**。

（6）注释部分用于解释语句，属于程序的内部文档，但不属于程序代码。

（7）一个整型对象占 4 字节，一字节 8 位，一共 32 位。最高位用于表示符号（0 代表正，1 代表负），其余位表示数值。数值范围是 $-2^{31} \sim 2^{31}-1$，即 $-2\ 147\ 483\ 648 \sim 2\ 147\ 483\ 647$，超出这个范围称为**算术运算溢出**，运行结果不正确。

（8）本书中的程序是在开发工具 Microsoft Visual Studio C++ 6.0 上编辑和运行的。如果在开发工具 Microsoft Visual Studio 2010 上编辑和运行，就需要在 return 语句之前加一条语句 system("pause")，以便看到运行结果。这个函数包含在头文件 stdlib.h，因此还要加文件包含命令 #include<stdlib.h>。

1.1.5　集成开发环境

1. 集成开发环境

用 C 语言编写的程序称为 C **源代码**（或称 **C 程序文本**），C 源代码文件的后缀是.c 或.h。编写工作一般是在计算机上利用**编辑器**完成的。

C 源代码必须转换为计算机可以执行的**目标代码**（或称**机器代码**），完成这一转换过程的是**编译器**。基本类型是有限的，一般只有整型、实型和字符型。每个基本类型的运算符是有限的，所以基本表达式也是有限的。假设每个基本表达式都对应一组目标代码，因为每个 C 源代码都是由基本表达式经过有限次复合而成的，所以每个 C 源代码的目标代码逻辑上也是由基本表达式的目标代码复合而成的。

目标代码文件的后缀在 Windows 操作系统中是.obj，在 UNIX 操作系统中是.o。一个 C 源代码一般由若干部分构成，不同部分一般由不同人编写。例如，程序 1-1 的主函数是自己编写的，库函数中的标准输出函数是其他人编写的。每部分称为一个**翻译单元**。由每个翻译单元转换而成的目标代码需要链接，生成**可执行代码**（或称**可执行程序**），完成这一工作的是**链接器**。可执行代码文件的后缀是.exe。

C 源代码、目标代码、可执行程序、编译器和链接器，它们之间的关系如图 1-6 所示。

编辑器、编译器和链接器都是软件，都是程序开发工具。把它们一体化的软件称为**集成开发环境**（integrated development environment，IDE）。集成开发环境不止一种，具体使用哪一种视具体情况而定。本书的 C 语言部分（第 1～9 章）使用 Microsoft Visual Studio C++ 6.0，C++ 语言和数据结构非线性部分（第 10～26 章）使用 Microsoft Visual Studio 2010。

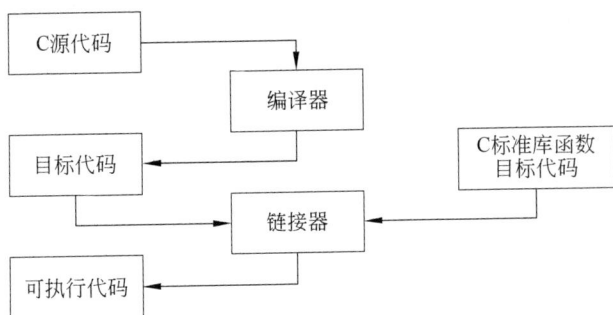

图 1-6　从 C 源代码到可执行代码的过程示意图

2. 程序调试

一个 C 源代码,在编译、链接和运行过程中,难免出现错误,查找并修改错误的过程称为**程序调试**。

由编译器发现的错误称为**编译时错误**。语法不正确的都属于这类错误。例如,变量名不符合命名规则,关键字拼写不正确,语句结束时丢失分号,括号不匹配。另外,标点符号用了中文符号,而没有用西文符号也是编译时错误。

由链接器发现的错误称为**链接时错误**。例如,调用了并不存在的函数。

程序运行时才发现的错误称为**运行时错误**或**逻辑错误**。以程序 1-1 为例,把语句 n=n/10 写成 n/100,运行结果就不正确,这是典型的逻辑错误。最难调试的是运行时错误或逻辑错误,因为一般没有任何错误提示。

除逻辑错误外,其他错误一般都有错误提示。必须从第一个错误开始查找和修改,而每修改一个错误,都要重新编译,因为后面的错误可能是前面的错误引起的。

集成开发环境不同,错误的归类也不同,但是错误提示中一般都会指出错误类型。

贯穿本书的是一个程序比较序列。从一个基本程序开始,每个程序都是在前一个程序的基础上做局部改进而成,不需要从头编写。这样做的好处是变整体调试为精准调试,大大缩短了程序调试时间。

1.2　循 环 结 构

程序 1-1 有一个明显的不足:变量的值如果位数有所变化,代码就要做比较大的修改。为了改进,首先对程序 1-1 做一个形式上的"微调",但不改程序功能。

程序 1-2　对程序 1-1 的微调。

```
#include<stdio.h>
int main()
{
    int n=345;

    printf("%d",n%10);
```

```
n=n/10;

printf("%d",n%10);
n=n/10;

printf("%d",n%10);                              //微调部分
n=n/10;

printf("\n");
return 0;
}
```

程序分析

只是把程序 1-1 中的一条语句

```
printf("%d",n);                                 //输出 n 的个位数 3
```

改为两条语句

```
printf("%d",n%10);                              //输出 n 的个位数 3
n=n/10;
```

就输出语句来说,结果是一样的,因为这时 n 的值是 3,对 3 求余,结果还是 3。增加一条语句 n=n/10,使 n 的值变为 0,并不影响程序输出结果。

但是,这一形式上的微调,使程序中的语句呈现出了规律:一组语句重复执行,直至 n 的值为 0。这组语句如下:

```
printf("%d",n%10);
n=n/10;
```

对这种按规律重复的语句,可以用一种结构来表示。在这种结构中,重复的语句只出现一次,重复的次数由条件控制。这种结构类似于级数的通式。在程序语言中,这种结构称为**循环结构**,每种高级程序语言都有这种结构,可能只是格式不同。

1.2.1　while 语句

while-do 是一个表示循环结构的语句,格式如下:

```
while(表达式)
循环体
```

循环体包含一条或若干条语句。如果是若干条语句,就要用花括号括起来,表示逻辑上是一体的,是一条复合语句。

执行过程如下。

(1) 检验表达式。若表达式为真,即非 0,则进行(2),否则,结束 while-do 语句。

(2) 执行循环体。返回步骤(1)。

表达式称为 **while 子表达式**，循环体每执行一次称为一次 **迭代**（iteration），如图 1-7 所示。

程序 1-3　用 while-do 语句扩展程序 1-1。

```
#include<stdio.h>
int main()
{
    int n=34567;              //初始化

    while(n!=0)               //n 值为 0 时结束迭代
    {
        printf("%d",n%10);
        n=n/10;               //把 n 的值降一阶
    }

    printf("\n");             //输出一个换行符
    return 0;
}
```

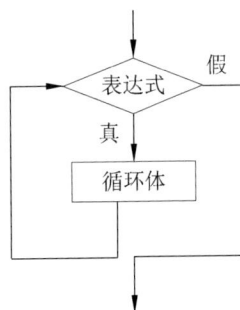

图 1-7　while-do 语句示意图

程序运行结果：

```
76543
```

程序分析

(1) while-do 语句的子表达式 n!=0 用到关系操作符"!="，表示不等于。关于关系操作符的具体内容详见 1.6 节。

(2) while-do 语句执行了 5 次迭代。

(3) 循环语句经常出现的错误是迭代无限次，俗称死循环。while-do 语句有两种典型错误可以造成死循环。

一种是丢失语句 n=n/10。

```
while(n!=0)
{
    printf("%d",n%10);
    //此处丢掉语句 n=n/10
}
```

这时，n 的值始终不变，表达式 n!=0 永远为真，因此迭代不止，一直在输出个位数 7。

另一种是多了分号。

```
while(n!=0);                  //此处多了分号
{
    printf("%d",n%10);
    n=n/10;
}
```

这时的循环体不再是一对花括号所界定的两条语句,而是多出来的分号。

```
while(n!=0)
    ;                                              //循环体是一个分号
```

分号也是语句,称为**空语句**,它什么也不做,但是掩盖了一个逻辑错误。每次迭代都只执行这条空语句,n 的值始终不变,因此无限迭代,显示器"一抹黑"。

(4) while-do 语句在每次迭代之前都要检验表达式的值,即先检验后迭代,称为**先验循环**(pretest loop)。这样的语句可能一次迭代都没有。例如,当 n 的初值为 0 时,就会出现这种情形,结果没有输出。

还有一种 while 语句是**后验循环**(posttest loop),即先迭代后检验。无论什么条件,迭代至少执行一次,这便是 do-while 语句。do-while 语句格式如下:

```
do
{
    //循环体
}while(表达式);
```

执行过程如下。

(1) 执行循环体。

(2) 检验表达式,若为真,即非 0,则返回步骤(1),否则,结束 do-while 语句,如图 1-8 所示。

程序 1-4　程序 1-3 的 do-while 语句版。

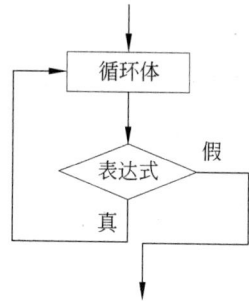

图 1-8　do-while 语句示意图

```
#include<stdio.h>
int main()
{
    int n=34567;                    //初始化
    do
    {
        printf("%d",n%10);
        n=n/10;                     //把 n 的值降一阶
    }while(n!=0);                   //直到 n 的值为 0,结束迭代

    printf("\n");                    //输出一个换行符
    return 0;
}
```

程序分析

(1) 当 n 的初值为 0 时,迭代执行一次,输出 0。

(2) do-while 语句的结尾容易丢失分号。

```
{
    printf("%d",n%10);
    n=n/10;
```

```
}while(n!=0)                                    //错误!结尾丢失分号
```

（3）do-while 语句容易丢失关键字 do,这会导致死循环。

```
//此处丢失关键字 do
{
    printf("%d",n%10);
    n=n/10;
}while(n!=0);
```

实际上,这已经退化为 while-do 语句。花括号界定的两条语句不再是循环体,它们只是顺序执行一次,接下来执行的是上面刚介绍的 while-do 的死循环语句:

```
printf("%d",n%10);                             //执行一次
n=n/10;                                        //执行一次
while(n!=0);                                    //死循环语句
```

1.2.2　for 语句

以程序 1-3 为例看 while-do 语句的特点。

（1）表达式含有变量 n,在 while-do 语句前,要给 n 赋初值(n=34567),否则处理的是一个没有意义的数。

（2）每次迭代,都要改变 n 的值(n=n/10),否则将是死循环。

因此,while-do 的完整逻辑结构应该是:

```
int n=34567;                                   //给 n 赋初值
while(n!=0)                                     //检验 n 的值是否为 0
{
    printf("%d",n%10);
    n=n/10;                                    //改变 n 的值
}
```

给 n 赋初值和改变 n 的值这两个表达式语句,与 while 子表达式在逻辑上是**一体**的,但是在形式上是分置的,这很容易出错。如果封装在一起便是 for 语句。for 语句的格式如下:

```
for(表达式 1;表达式 2;表达式 3)
    循环体
```

例如:

```
for(n=34567;n!=0;n=n/10)
```

执行过程如下。

（1）计算表达式 1。

（2）检验表达式 2,若为真,则执行循环体,否则,结束 for 语句。

（3）计算表达式 3,然后返回步骤(2)。

其中,表达式 1、表达式 2 和表达式 3,分别称为 **for 子表达式 1**、**for 子表达式 2** 和 **for 子表达式 3**,如图 1-9 所示。

程序 1-5　用 for 语句实现程序 1-3。

```
#include<stdio.h>
int main()
{
    int n;                      //整型变量 n

    for(n=34567;n!=0;n=n/10)
        printf("%d",n%10);

    printf("\n");               //输出一个换行符
    return 0;
}
```

程序分析

以下两种错误较常见。

(1) 3 个 for 子表达式之间的分隔符是分号,却错写成逗号。

```
for(n=34567,n!=0,n=n/10)        //错误!分隔符应该是分号
```

(2) for 语句结尾错加了分号。

```
for(n=34567;n!=0;n=n/10);       //错误!结尾不能加分号
```

这时,for 语句的循环体变为用分号所表示的空操作;printf 语句不再是循环体,它脱离 for 语句而独立,与 for 语句形成顺序结构:

```
for(n=34567;n!=0;n=n/10)
    ;                           //循环体
printf("%d",n%10);              //与 for 语句形成顺序结构
```

for 语句结束时,n 的值是 0。这时执行 printf 语句,输出的是 0。

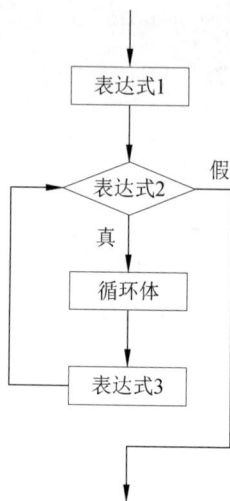

图 1-9　for 语句示意图

1.3　标准输入函数

1. scanf

在程序 1-3~1-5 中,变量 n 的值是赋值得来的,而一般是用户输入的。

改进:调用标准输入函数 scanf,从键盘接收一个输入的数值赋给变量 n。该函数包含在库文件 stdio 中,格式如下:

```
scanf(格式控制字符串,输入参数);
```

其中,格式控制字符串一般只包含格式说明符,输入参数是一个对象的地址。例如:

```
scanf("%d",&n);
```

其中,%d 是格式说明符,表示整型十进制,& 是取址符,表达式 &n 的值是变量 n 的地址。语句的功能:根据一个对象的地址,把从键盘输入的一个十进制整数写入该对象。

程序 1-6　将标准输入函数带入程序 1-3。

```c
#include<stdio.h>
int main()
{
    int n;
//输入
    printf("Enter a positive integer:\n");    //输入提示
    scanf("%d",&n);
//处理和输出
    while(n!=0)                                //直到 n 的值为 0,结束迭代
    {
        printf("%d",n%10);
        n=n/10;                               //把 n 的值降一阶
    }
    printf("\n");                             //输出一个换行符
    return 0;
}
```

程序运行结果(粗体表示输入):

```
Enter a positive integer:
45678
87654
```

程序分析

(1) 输入提示(prompt)和标准输入函数 scanf 应该成对使用。系统执行到 scanf 语句时,程序会暂停,等待用户从键盘输入数据,如果没有输入提示,屏幕将出现空白,这会使很多用户感到迷惑,以为计算机出现故障。编写程序时要充分替用户考虑,大部分用户都缺少计算机专业知识,程序要准确地告诉他们去做什么,他们才会做好。这不是语法问题,是风格问题。这种风格称为**用户体验**(user experience),也称**用户友好**(user-friendly)。

(2) 把 while 语句改为 for 语句时,在 for 子句中,子表达式 1 的功能由 scanf 语句完成,它不再需要,但位置要保留,保留的方法是保留其后的分号,目的是使子表达式 2 和子表达式 3 依然处于正确的位置,执行正确的功能,例如:

```c
//输入
    printf("Enter a positive integer:\n");    //输入提示
    scanf("%d",&n);
//处理和输出
    for( ; n!=0;n=n/10)
```

```
        printf("%d",n%10);
```

2. 对象地址

计算机存储器(也称内存)是一个连续的字节序列(1 字节有 8 位),每字节都有一个用整数表示的地址。地址从 0 开始,相邻的字节,地址相差 1。存储器有多少字节,取决于地址线有多少。在 32 位操作系统中,地址线有 32 根,地址取值范围为 $0 \sim 2^{32} - 1$,因此,存储器的字节数为 2^{32}(4GB)。

在 C 语言中,一个对象占几字节即一个对象的大小由类型决定。例如,一个整型对象占连续 4 字节,首字节的地址是该对象的地址,如图 1-10 所示。

在一个函数中定义的对象,如在主函数 main 中定义的整型变量 n,其内存单元在函数执行时由系统生成即分配,在函数结束时,由系统撤销即收回。函数的一次执行时间称为该对象的**生命周期**。在这个周期,可以利用取址符 & 获得该对象的地址。地址是计算机的硬件特征,利用地址可以提高程序的效率。

但是对字面量不能寻址。例如,&345 是错的。为什么呢?因为字面量的生命周期只是它所在的表达式的一次执行时间。对这种转瞬即逝的对象寻址是没有意义的。类似地,如果运算符表达式的值存储在一个隐式对象,那么对这种表达式也不能寻址,例如,&(n%10)是错的。

一个对象一般有 3 个值:它存储的值、它占用的字节数和它的地址。利用取址符 & 可以取得对象的地址,利用操作符 sizeof 可以计算对象的字节数。

程序 1-7　输出一个整型对象的值、地址和字节数。

```c
#include<stdio.h>
int main()
{
    int n=45678;                        //整型变量 n 初始化
//输出变量 n 的值
    printf("the value:");               //输出提示
    printf("%d",n);
    printf("\n");                       //输出一个换行符
//用十六进制输出变量 n 的地址
    printf("the address in hex:");      //输出提示
    printf("%x",&n);
    printf("\n");                       //输出一个换行符
//输出变量 n 的字节数
    printf("the bites:");               //输出提示
```

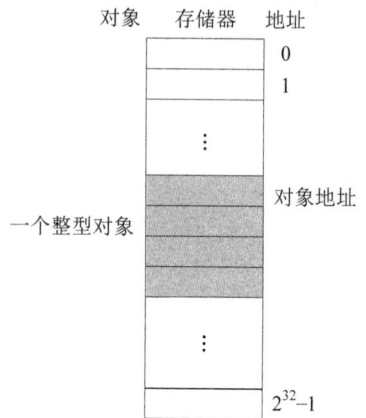

图 1-10　地址示意图

```
    printf("%d",sizeof(n));
    printf("\n");                                        //输出一个换行符

    return 0;
}
```

程序运行结果：

```
the value:45678
the address in hex:12ff44
the bites:4
```

程序分析

（1）一个对象的空间由系统根据运行时状态分配，因此系统不同或程序运行时段不同，变量的地址也不同。

（2）一个对象占多少字节是由其类型决定的，因此操作符 sizeof 既可以用于变量，如 sizeof(n)，也可以用于类型，如 sizeof(int)，结果一样。

（3）在输出变量值的部分：第一条语句 printf("the value：")没有输出参数和相应的格式说明符（例如，"%d"），也没有转义字符（例如，"\n"），格式控制字符串只是一段文本"the value ："，它是输出提示。这种文本全文输出。

第二条语句 printf("%d",n)只有一个格式说明符%d 和对应的输出参数 n。根据格式说明符，n 的值按照整型十进制格式输出。

第三条语句 printf("\n")没有输出参数和相应的格式说明符，格式控制字符串只包含一个转义字符\n，表示换行。

到此，函数 printf 的格式控制字符串所包含的三类内容都完整了：文本（例如，the value n：）、格式说明符（例如，%d）、转义字符（例如，\n）。这三条语句可以直接合并为一条语句：文本、格式说明符和转义字符自然连接为格式控制字符串，其中格式说明符%d 对应输出参数 n。

```
    printf("the value:%d\n",n);
```

（4）在输出变量空间地址的部分：第二条语句是 printf("%x",&n)，其中，格式说明符%x 表示整型十六进制，输出参数 &n 表示按照这种格式输出。这里的三条语句合并为一条语句如下：

```
    printf("the address in hex:%x\n",&n);
```

（5）在输出变量空间字节数的部分：第二条语句是 printf("%d",sizeof(n))，其中，输出参数 sizeof(n)是计算整型变量 n 的字节数。这里的三条语句合并为一条语句如下：

```
    printf("the bites:%d\n",sizeof(n));
```

（6）上面合并后的三条语句还可以合并为一条语句：

```
    printf("the value:%d\nthe bites:%d\nthe address in hex:%x\n",n,sizeof(n),&n);
```

但是这种合并的结果并不利于阅读,应该尽量避免。

一个对象的地址是数据,在 C 语言中,数据按类型划分,那么地址是什么类型呢?它不是基本类型,而是复合类型。复合类型是指依赖其他类型而存在的类型,本书第 3 章重点讲述这种类型。

1.4 分 而 治 之

一个程序一般包含以下 3 部分。

(1)输入。接收数据。

(2)处理。处理数据。

(3)输出。输出结果。

程序 1-6 的不足:处理部分和输出部分纠缠在一起,计算出一位,输出一位。这样既不容易阅读,也不容易改进,因为牵一发动全身。

改进:先逆序处理,把逆序后的整数存储在一个变量中,然后输出这个变量的值。

程序 1-8   输入一个正整数,然后按位逆置,最后输出逆置结果。

```
#include<stdio.h>
int main()
{
//变量
    int n;                                    //存储输入
    int inv=0;                                //存储按位逆序的整数
//输入
    printf("Enter a positive integer:\n");    //输入提示
    scanf("%d",&n);                           //n 前要加取址符 &
//处理
    while(n!=0)
    {
        inv=inv*10+n%10;                      //按位逆序存储
        n=n/10;                               //缩小 n 的值
    }
//输出
    printf("%d\n",inv);

    return 0;
}
```

程序分析

变量 inv 要先初始化为 0,否则它的值是无意义的,对这样的变量累计,结果也是无意义的。

将一个整数按位逆置的程序很容易改为另一个程序:按位累加。需要改动以下两处。

（1）把变量 inv 改名为 accum，以便于理解。

（2）将表达式语句 inv=inv * 10+n%10 改为 accum=accum+n%10。

程序 1-9　输入一个整数，按位累加后输出。

```
#include<stdio.h>
int main()
{
//变量
    int n;                                      //用于存储输入
    int accum=0;                                //用于存储按位累加的整数
//输入
    printf("Enter a positive integer:\n");      //输入提示
    scanf("%d",&n);                             //n 前要加取址符 &
//处理
    while(n!=0)
    {
        accum=accum+n%10;                       //按位累加
        n=n/10;                                 //缩小 n 的值
    }
//输出
    printf("%d\n",accum);

    return 0;
}
```

程序运行结果（粗体表示输入）：

```
Enter a positive integer:
123456
21
```

1.5　选择结构（if-else 语句）

程序 1-9 是对输入的一个整数按位累加。现在增加一些条件。

（1）若位值是偶数，则加 1 后累加。

（2）若位值是奇数，则加 2 后累加。

为实现这个算法，需要一种结构，执行的是特定条件下的语句。这种结构称为决策结构（decision structures）或选择结构（selection structures）。实现选择结构的常用语句是 if-else 语句。语句格式如下：

```
if(表达式)                                       //if 子句
    语句组 1                                      //if 条件执行语句
else                                            //else 子句
    语句组 2                                      //else 条件执行语句
```

执行过程：若表达式为真，则执行语句组 1，否则，执行
语句组 2。如果语句组多于一条语句，要用花括号括起来，
如图 1-11 所示。

程序 1-10　对输入的一个正整数，按位有条件累加：
若位值是偶数，则加 1 后累加；若位值是奇数，则加 2 后累
加。然后输出结果。

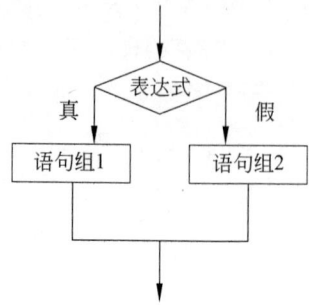

图 1-11　if-else 语句示意图

```c
#include<stdio.h>
int main()
{
//变量
    int n;                                  //用于存储输入
    int accum=0;                            //用于存储按位累加的结果
    int digit;                              //用于存储位值
//输入
    printf("Enter a positive integer:\n");  //输入提示
    scanf("%d",&n);                         //n 前要加取址符 &
//处理
    while(n!=0)
    {
        digit=n%10;                         //取个位值
        if(digit%2==0)                      //若位值是偶数
            accum=accum+digit+1;
        else                                //若位值是奇数
            accum=accum+digit+2;
        n=n/10;                             //缩小 n 的值
    }
//输出
    printf("%d\n",accum);

    return 0;
}
```

程序运行结果(粗体表示输入)：

```
Enter a positive integer:
123456
30
```

程序分析

(1) if 子句和 else 子句要上下对齐，表明它们同属一个 if-else 语句。if 条件执行语句和 else 条件执行语句要缩进，以便和其他代码区分。

这种约定实际上是风格，这种风格有助于程序的阅读和调试。有些高级语言，如 Python，已经将这种缩进格式纳入语法范畴，足以说明这种风格有多重要。几乎所有开

发工具,在输入 if 子句或 else 子句之后换行时都会自动缩进。

（2）程序中出现两个运算符"!="和"==",它们属于关系运算符。相关的内容详见1.6 节关系运算和逻辑运算。

1.6　关系运算和逻辑运算

关系运算也称比较运算,用于两个表达式的比较。如果关系成立,则比较的结果等于1,表示真,否则,比较的结果等于 0,表示假。例如:

a>3

其中,大于号（>）是关系运算符,a 和 3 是表达式。如果 a 的值大于 3,则 a>3 的结果为1;如果 a 的值不大于 3,则 a>3 的结果为 0。关系运算符如表 1-1 所示。

表 1-1　关系运算符

符　　号	解　　释	符　　号	解　　释
<	小于	<=	小于或等于
>	大于	>=	大于或等于
==	等于	!=	不等于

逻辑运算也称布尔运算,它有 3 种基本逻辑运算:与、或、非。程序语言不同,逻辑运算符不同。C 语言的逻辑运算符如表 1-2 所示。

表 1-2　逻辑运算符

符　　号	解　　释
&&	逻辑与
||	逻辑或
!	逻辑非

逻辑运算表达式,非 0 表示真,0 表示假。逻辑运算的结果只有 1 和 0 两个值,1 表示真,0 表示假。逻辑运算真值表如表 1-3 所示。

表 1-3　逻辑运算真值表

a	b	a&&b	a||b	!a
真	真	真	真	假
真	假	假	真	假
假	真	假	真	真
假	假	假	假	真

1.7　条件表达式和复合赋值表达式

在程序 1-10 中,while-do 语句的循环体如下:

```
digit=n%10;                              //取个位值
if(digit%2==0)                           //若位值是偶数
    accum=accum+digit+1;
else                                     //若位值是奇数
    accum=accum+digit+2;
n=n/10;                                  //缩小 n 的值
```

其中,if-else 语句可以简化,这需要条件表达式,它的格式如下:

表达式 1? 表达式 2:表达式 3

条件表达式的计算过程:若表达式 1 为真,则条件表达式的值等于表达式 2 的值,否则,等于表达式 3 的值。

对上面 if-else 语句的简化分 3 步。

(1) 生成条件表达式。

```
digit%2==0? accum+digit+1:accum+digit+2;
```

如果表达式 digit%2==0 为真,则条件表达式的值是表达式 accum+digit+1 的值,否则是表达式 accum+digit+2 的值。

(2) 把条件表达式的值赋给变量 accum。

```
accum=(digit%2==0? accum+digit+1:accum+digit+2);
```

(3) 提取公有部分。

```
accum=accum+digit+(digit%2==0? 1:2);
```

例如:

```
abs=(n>0? n:-n)
```

abs 的值是表达式的值,即 n 的绝对值。

程序 1-11　应用条件表达式简化程序 1-10。

```
#include<stdio.h>
int main()
{
//变量
    int n;                               //用于存储输入
    int accum=0;                         //用于存储按位累加值
    int digit;                           //用于存储位值
//输入
```

```
    printf("Enter an integer:\n");              //输入提示
    scanf("%d",&n);                             //n前要加取址符 &
//处理
    while(n!=0)
    {
        digit=n%10;                             //取个位值
        accum=accum+digit+(digit%2==0?1:2);
        n=n/10;                                 //缩小 n 的值
    }
//输出
    printf("%d\n",accum);

    return 0;
}
```

程序分析

表达式语句为

```
accum=accum+digit+(digit%2==0?1:2);
n=n/10;
```

可以简化为

```
accum+=digit+(digit%2==0?1:2);
n/=10;
```

其中,＋＝和/＝是复合赋值运算符。复合赋值表达式是普通赋值表达式的一种缩写,如表 1-4 所示。

表 1-4　复合赋值运算符

复合赋值运算符	表 达 式	解 释
＋＝	x＋＝y＋z	x＝x＋(y＋z)
－＝	x－＝y＋z	x＝x－(y＋z)
＊＝	x＊＝y＋z	x＝x＊(y＋z)
/＝	x/＝y＋z	x＝x/(y＋z)
％＝	x％＝y＋z	x＝x％(y＋z)

1.8　输　入　验　证

　　用户输入的值如果无意义,程序的处理结果也无意义。为了避免输入无意义的值,程序要对输入的值进行验证,即输入验证(input validation)。

1.8.1 break 和 continue 语句

输入验证的一个常用方法是输入验证循环(input validation loop)。例如，对一个正整数进行输入验证，若输入的是 0 或负数，则要求重输，直到输入正确为止。这需要两个语句 break 和 continue，前者是结束循环语句，后者是结束当前迭代，开始下一次迭代，如图 1-12 所示。

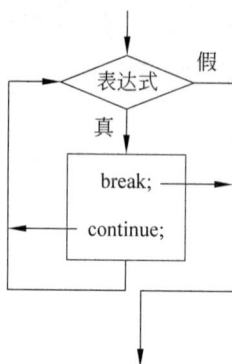

图 1-12　break 和 continue 语句示意图

将程序 1-10 的输入改为输入循环验证：

```
while(1)
{
    printf("Enter an integer:\n");          //输入提示
    scanf("%d",&n);
    if(n<=0)
    {
        printf("greater than 0\n");
        continue;                           //结束当前迭代,开始下一次迭代
    }
    else
        break;                              //结束 while 循环
}
```

程序分析

(1) while(1)是一个永真循环，即死循环，一般要用 break 语句才能结束循环。

(2) 程序中的 if-else 语句可以简化为

```
if(n>0)
    break;                                  //结束 while 循环
printf("greater than 0\n");
```

这是两条独立的语句。第一条语句由前两行构成，称为 **if 不平衡语句**（见图 1-13），简称 if 语句，它没有与之匹配的 else 子句。第二条是输出语句。if-else 语句之所以能够

简化为 if 语句,是因为 break 语句:若 n 的值大于 0,则执行 break 语句,该语句结束 while-do 语句,自然也就不执行后两条语句;若 n 的值小于或等于 0,则不执行 break 语句,而执行第二条语句。因此,第二条语句等价于 else 子句。

对于这个函数,使用 if-else 语句或 if 语句,结果都一样,只是风格不同。前者结构清晰、易懂,后者语句简练、专业。

程序 1-12　输入验证循环。

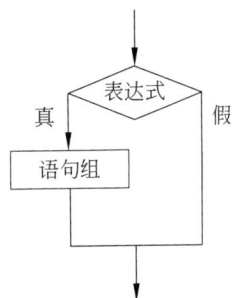

图 1-13　if 不平衡语句

```c
#include<stdio.h>
int main()
{
//变量
    int n;                          //用于存储输入
    int accum=0;                    //用于存储按位累加值
//输入
    while(1)
    {
        printf("Enter an integer:\n");    //输入提示
        scanf("%d",&n);
        if(n>0)
            break;                  //结束 while 循环
        else
        {
            printf("greater than 0\n");
            continue;               //结束当前迭代,开始下一次迭代
        }
    }
//处理
    while(n!=0)
    {
        accum+=n%10;                //按位累加
        n=n/10;                     //缩小 n 的值
    }
//输出
    printf("%d\n",accum);

    return 0;
}
```

程序运行结果(粗体表示输入):

```
Enter an integer:
-345[Enter]
```

```
greater than 0
Enter an integer:
```
678[Enter]
```
21
```

1.8.2　前哨

　　到目前为止,用户都是输入一个整数。现在要求用户输入一系列整数,对每个整数都按位累加输出。用户输入一系列整数至少有 3 种方法。

　　(1)用户每输入一个整数,处理之后,都被询问是否还需要输入。这种方法在输入很多时会让用户感到烦琐。

　　(2)一开始就询问用户有多少输入。这种方法在输入很多时也让用户不快,因为用户懒得去数,甚至不知道是多少。

　　(3)设置一个**前哨**(sentinels)。前哨是一个特殊值,当用户输入这个值时,表示输入结束。这个特殊值就是前哨。

　　下面是对一个输入整数进行按位累加输出时的主要代码:

```
while(n!=0)                              //0 是一个整数处理完毕的标志
{
    accum+=n%10;                         //按位累加
    n=n/10;                             //缩小 n 的值
}
printf("%d\n",accum);
```

下面分两步实现带有前哨的输入。

　　(1)以前这组代码只用于处理一个输入整数,而且在执行前,累加变量 accum 必须初始化为 0。现在如果这组代码用于处理一系列整数,那么每次执行之后,即每次处理完一个整数,accum 都要清零,以便用于下一个整数的按位累加。

```
while(n!=0)                              //0 是一个整数处理结束的标志
{
    accum+=n%10;                         //按位累加
    n=n/10;                             //缩小 n 的值
}
printf("%d\n",accum);
accum=0;                                //清零
```

　　(2)把这组代码作为内层循环嵌入一个带有前哨的外层循环。

```
printf("Enter an integers or 0 to end:\n");  //输入提示
scanf("%d",&n);
while(n!=0)                              //0 是前哨,输入结束标志
{
    //添加(1)中的一组代码。将一个整数按位累加输出
```

```
        printf("Enter an integer or 0 to end:\n");
        scanf("%d",&n);
    }
```

注意：外层循环中的 while 子表达式(n!=0)和内层循环中的 while 子表达式(n!=0)形式相同,意义不同。前者中的 0 是前哨,后者中的 0 是一个整数处理结束的标志。

程序 1-13 前哨。

```
# include<stdio.h>
int main()
{
//变量
    int n;                                    //用于存储输入
    int accum=0;                              //用于存储按位累加值
//输入与处理
    printf("Enter an integer or 0 to end:\n"); //输入提示
    scanf("%d",&n);
    while(n!=0)                               //0 是前哨,输入结束标志
    {
        while(n!=0)                           //0 是一个整数处理结束的标志
        {
            accum+=n%10;                      //按位累加
            n=n/10;                           //缩小 n 的值
        }
        printf("%d\n",accum);
        accum=0;                              //每处理一个整数之前都要清零

        printf("Enter an integer or 0 to end:\n");
        scanf("%d",&n);
    }
    return 0;
}
```

程序运行结果(粗体表示输入):

```
Enter an integer or 0 to end:
678[Enter]
876
Enter an integer or 0 to end:
321[Enter]
123
Enter integers or 0 to end:
0
```

程序分析

这个程序有两层循环：外层循环用于带有前哨的输入，内层循环用于对每个输入的整数按位逆序输出。外层循环的每次迭代都等于一次内层循环。

练　习

一、简要回答以下问题

1. 什么是计算机程序？

2. 什么是算法？

3. 什么是数据结构？

4. 什么是数据类型的意义？

5. C 语言程序设计是在什么基础上展开的？

6. 什么是编辑器？什么是编译器？什么是链接器？

7. 什么是程序调试？

8. 什么是集成开发环境？

9. 什么是编译时错误、链接时错误和运行时错误？举例说明。

10. 什么是对象？什么是变量？

11. 什么是常量？什么是字面量？

12. 什么是左值和右值？

13. 什么是表达式？

14. 什么是表达式语句？

15. 什么是直接访问？

16. 什么是变量的初始化？

17. 编写一个程序时，可以调用的已知程序至少有哪几类？

18. 什么是 C 语言主函数框架？

19. 什么是语句的顺序结构？

20. 举例说明每个表达式的值都存储在一个显式或隐式的对象中。

21. 什么是对象的生命周期？

22. 为什么字面量不能寻址？

23. 一个对象涉及 3 个值，哪 3 个值？

24. 什么是循环结构？什么是迭代？

25. while 循环语句出现死循环有几种情况？举例说明。

26. 什么是选择结构？

27. if-else 语句应该遵守哪些约定？

28. break 语句和 continue 语句的区别是什么？

29. 外层循环和内层循环的关系是什么？

30. 使用 scanf 容易犯的严重错误是什么？举例说明。

31. 什么是用户友好？举例说明。

32. 对哪一种错误，系统直接停止程序运行？为什么？目前哪些语句最容易出现这种错误？举例说明。

二、选择正确的 for 语句

1.

```
int n;
for(n=34567,n!=0,n=n/10)
    printf("%d",n%10);
```

2.

```
int n;
for(n=34567;n!=0;n=n/10)
    printf("%d",n%10);
```

3.

```
int n=34567;
for(n!=0;n=n/10)
    printf("%d",n%10);
```

4.

```
int n=34567;
for(;n!=0;n=n/10)
    printf("%d",n%10);
```

三、选择正确的 while-do 语句

1.

```
int n;
while(n!=0)
{
    printf("%d",n%10);
    n=n/10;
}
```

2.

```
int n=34567;
while(n!=0);
{
    printf("%d",n%10);
    n=n/10;
}
```

3.

```
int n=34567;
while(n!=0)
    printf("%d",n%10);
n=n/10;
```

四、下面循环语句的迭代次数

1.

```
int n;
for(n=34567;n!=0;n=n/10)
    printf("%d",n%10);
```

2.

```
int n;
for(n=34567;n!=0;n=n/100)
    printf("%d",n%10);
```

3.

```
int n=34568;
while(n!=0)
{
    printf("%d",n%10);
    n=n/100;
}
```

4.

```
int n=34568;
do
{
    printf("%d",n%10);
    n=n/100;
}while(n!=0);
```

五、用条件表达式简化下面的 if-else 语句

1.

```
if(n%2==0)
    n=n*2;
else
    n=(n+1)*2;
```

2.

```
if(n<0)
    abs=-n;
else
    abs=n;
```

六、根据程序写结果

1. 已知 i 和 j 的值分别是 5 和 6,计算执行下面的表达式语句后 i、j、x 的值。

(1) x＝i＋＋;

(2) x＝＋＋j;

(3) x＝i--;

(4) x＝--j;

2. 已知 x、y 和 z 的值分别是 5、6 和 7,计算执行下面的表达式语句后 x 的值。

(1) x＋=y;

(2) x-=y;

(3) x＊=y;

(4) x/=y;

(5) x％=y+z;

七、读程序,写结果

1.

```
int n=345;
n=n/10;
printf("%d\n",n%10);
printf("%d\n",n);
```

2.

```
int n=345;
printf("%d\n",n%10);
printf("%d\n",(n/10)%10);
printf("%d\n",(n/100)%10);
printf("%d\n",n);
```

八、编写程序

1. 按位逆序输出变量 n 的值 34567。

2. 输出一个字符型变量的值、地址和字节数。字符型的标识符是 char,格式输出符是％c,字面量以单引号为界限符,如'A'和'b'。

第2章

函　　数

> 函数是封装命名的一组语句，用以实现一个特定的功能。
>
> ——Bjarne Stroustrup

第 1 章有若干程序调用了标准库函数 printf 和 scanf。什么是函数（function）？函数是**封装**命名的一组语句，用以实现一个特定的功能，因此，函数也称**功能函数**。函数使程序设计可以在更高的层次上进行。

函数是运算符表达式的扩展，函数名是运算符的扩展。例如，运算符表达式 n％10 在逻辑上可以看作是函数 operator％(n,10)，其中 operator％是函数名。但是，运算符主要表示数值计算，而计算机处理更多的是非数值计算，后者绝大部分是不能用运算符表达式来表示的，因此，运算符表达式必须扩展。

2.1　函数的定义和调用

下面是程序 1-9，输入一个整数，按位累加后输出。按位累加是由处理部分完成的。

```
#include<stdio.h>
int main()
{
//变量
    int n;
    int accum=0;
//输入
    printf("Enter an integer:\n");
    scanf("%d",&n);
//处理
    while(n!=0)                             //按位累加
    {
        accum+=n%10;
        n=n/10;
    }
//输出
    printf("%d\n",accum);
```

```
        return 0;
    }
```

下面提取处理部分,按照一定格式封装成一个函数,命名为 Accumulate,然后在程序的处理部分调用这个函数。这种格式是 C 语言的函数定义:

```
返回值类型 函数名(形参列表)                    //函数头
{                                          //函数体起点
    语句组
}                                          //函数体终点
```

函数定义说明如下。

(1) 函数名是程序员命名的,它必须是唯一的,它的命名规则与变量的命名规则一致。函数名要尽可能反映函数的功能,以便阅读理解。

(2) 函数也是程序。主函数(main)是主程序,功能函数是子程序。作为程序,它一般也有 3 部分:输入、处理和输出。作为函数,输入部分需要形参列表,形参列表的格式如下:

类型 1 形参 1,类型 2 形参 2,…,类型 n 形参 n

每个形参(parameter)都是一个变量。

一个函数调用另一个函数,前者称为**主调函数**,后者称为**被调函数**。主调函数在调用函数时需要以初始化的形式给被调函数的形参赋值,这是对被调函数的输入。函数调用的格式如下:

函数名(实参列表)

实参列表的格式如下:

表达式 1,表达式 2,…,表达式 n

其中,表达式的值称为**实参**(argument)。因为表达式的值是存储在一个对象中的,所以也可以说这个对象是实参。在函数调用时,主调函数以初始化的形式用实参给被调函数的形参赋值,这个过程称为**参数传递**,“参数传递的语义与初始化的语义相同。”(Bjarne Stroustrup)格式如下:

```
类型 1 形参 1=表达式 1;
类型 2 形参 2=表达式 2;
  ⋮
类型 n 形参 n=表达式 n;
```

(3) 函数体是一组代码,是函数的处理部分。

(4) 返回值是函数的输出,由 return 语句给出。return 语句的格式如下:

return 表达式;   //或 return(表达式);

其中,表达式的值是函数的返回值。系统根据返回值类型,创建一个隐式对象,存储返回值。不妨假设这个对象为_temp,存储返回值的语义与初始化的语义相同,格式如下:

返回值类型 _temp=表达式;

主调函数如果需要这个值,就从返回值的隐式对象中读取返回值。

(5) 函数调用也称函数表达式,是运算符表达式的扩展,函数名是运算符的扩展,参数是运算符左右元的扩展,返回值是表达式值的扩展。

下面分步设计函数 Accumulate。

(1) 函数头的设计。

函数名 Accumulate,表示累计求和。

形参列表是(int n),其中 n 是形参,因为函数处理的是一个整数,所以是整型。函数返回值类型是整型,因为一个整数按位累加的结果还是整数。于是得到函数头:

```
int Accumulate(int n)
```

(2) 函数体的设计。

把程序 1-9 中处理部分剪切。这一部分包含两个整型变量: n 和 accum。将 n 的声明复制一份作为形参,accum 的初始化复制到函数体。然后将 accum 的值作为返回值。结果如下:

```
int Accumulate(int n)
{
    int accum=0;                    //用于按位累加存储
    while(n!=0)                     //0 是处理完的标志
    {
        accum+=n%10;                //按位累加
        n=n/10;                     //缩小 n 的值
    }
    return accum;
}
```

(3) 在主函数原来的处理部分调用这个函数,将返回值赋给主函数的变量 accum。

程序 2-1 应用功能函数,改进程序 1-9。

```
#include<stdio.h>
int Accumulate(int n)                //功能函数
{
    int accum=0;                     //用于按位累加存储
    while(n!=0)                      //0 是处理完的标志
    {
        accum+=n%10;                 //按位累加
        n=n/10;                      //缩小 n 的值
    }
    return accum;
}
int main()                           //主函数
{
```

```
//变量
    int n;                                  //用于存储输入
    int accum;                              //用于存储累加结果
//输入
    printf("Enter an integer:\n");
    scanf("%d",&n);
//处理
    accum=Accumulat(n);                     //调用函数
//输出
    printf("%d\n",accum);

    return 0;
}
```

程序运行结果(粗体表示输入)：

```
Enter an integer:
```
123456[Enter]
```
21
```

程序分析

(1) 主调函数 main 和被调函数 Accumulate,各自在形参列表或函数体中声明或定义了自己的变量,这种变量称为**自动局部变量**,简称**自变量**。自变量从函数执行时生成,到函数执行结束时撤销,这段时间称为**变量的一个生命周期**。

(2) 主调函数 main 和被调函数 Accumulate 具有同名的自变量 n 和 accum,而且后者的自变量 n 是形参,前者的自变量 n 在函数调用时作为实参。不同的函数,其自变量用不同的名称,是否更好？答案是未必。因为变量名应该尽可能反映数据的意义,才能使程序更容易阅读和理解。例如,用变量 id 存储身份证号,grades 存储考试成绩,wage 存储工资,所以不同函数的自变量出现同名是不可避免的。系统是如何区分的呢？C 编译器在编译时,对程序层面上的自变量名称进行扩展,生成内部名称。不同的编译器,扩展方法可能不同,但至少要加上自变量所属的函数名称。例如,主函数 main 的自变量 n 和 accum,内部名称可能是 n_main 和 accum_main,函数 Accumulate 的自变量 n 和 accum,内部名称可能是 n_accumulate 和 accum_accumulate。因此,不同函数的自变量即使同名也是可以区分的。不同函数的自变量会同时占用同一个内存单元吗？答案是不会。如果两个函数,一个是主调函数,另一个是被调函数,在函数调用时,主调函数的自变量空间还存在,被调函数的自变量空间要另外分配;如果两个函数都是被调函数,先被调用的函数,其自变量先分配,在调用后,自变量空间被撤销,后调用的函数,其自变量即使占用这段空间,也不是同时占用。

(3) 形参 n 是实参 n 的备份,复制。形参接收的是实参对象的值。

(4) 语句

```
return accum;
```

等价于语句

```
int _temp=accum;
```

return 语句后,程序流程从被调函数返回到主调函数的调用处。主调函数如果需要这个返回值,就从_temp 中读取。程序 2-1 中的调用处语句是

```
accum=Accumlate(n);
```

相当于先执行 Accumulate(n),再执行 accum＝_temp。

一个函数的调用过程可以概括为以下 3 步。

（1）主调函数通过实参给被调函数的形参初始化。

（2）如果被调函数有返回值,返回值就是 return 语句中的表达式的值。系统根据返回值类型创建一个临时隐式对象,以初始化方式暂存返回值。

（3）如果主调函数需要被调函数的返回值,就从临时隐式对象读取。

程序 2-2 应用按位逆置函数。

```c
#include<stdio.h>
int Invert(int n)
{
    int inv=0;
    while(n!=0)
    {
        inv=inv*10+n%10;          //按位逆置存储
        n=n/10;                    //缩小 n 的值
    }
    return inv;                    //返回按位逆置的值
}
int main()
{
//变量
    int n;
    int inv;
//输入
    printf("Enter an integer:\n");
    scanf("%d",&n);
//处理
    inv=Invert(n);
//输出
    printf("%d\n",inv);

    return 0;
}
```

2.2　函数声明

　　C 语言规定,函数必须先定义后调用,即被调函数必须在主调函数之前定义。这种限制存在两个问题。

　　(1) 当多个函数之间存在调用关系时,确定函数定义的顺序并不是一件容易的事情。尤其是当函数之间相互调用时,例如,函数 A 调用函数 B,函数 B 有条件地调用函数 A,这时先定义哪一个函数都不对。

　　(2) 对函数使用者来说,不需要了解函数的具体代码,只需要了解其功能和调用方法。

　　这就引出了函数声明的概念。

　　函数声明,也称**函数原型**,是向编译器表示一个函数将接收几个参数,是什么顺序,每个参数是什么类型,函数是否有返回值,如果有是什么类型。编译器利用这些信息来检查函数调用是否正确。它与**函数定义不同**,后者要求编译器生成代码,并为之分配内存单元。

　　有了函数声明,函数就可以先调用,后定义,而且函数定义的顺序也就没有严格要求了。

　　函数声明的格式如下:

　　返回值类型 函数名(形参列表或形参类型列表);

例如:

```
int Accumulate(int n);          //按位累加函数声明
int Invert(int n);              //按位逆置函数声明
```

或

```
int Accumulate(int);            //形参只有类型,没有名称。名称在函数定义中给出
int Invert(int);
```

程序 2-3　函数声明应用。

```
#include<stdio.h>
int Invert(int n);              //按位逆置函数声明
int Accumulate(int n);          //按位累加函数声明

int main()
{
    int n;                      //用于存储输入
    int accum;                  //用于存储累加
    int inv;                    //用于存储逆置

    printf("Enter an integer:\n");
```

```
    scanf("%d",&n);

    inv=Invert(n);                  //按位逆置
    accum=Accumulate(n);            //按位累加

    printf("Invert:%d\n",inv);
    printf("Accumulate:%d\n",accum);

    return 0;
}

int Invert(int n)                   //按位逆置函数定义
{
    int inv=0;
    while(n!=0)
    {
        inv=inv * 10+n%10;          //按位逆置
        n=n/10;                     //缩小 n 的值
    }
    return inv;
}

int Accumulate(int n)               //按位累加函数定义
{
    int accum=0;
    while(n!=0)
    {
        accum+=n%10;                //按位累加
        n=n/10;                     //缩小 n 的值
    }
    return accum;
}
```

程序运行结果（粗体表示输入）：

```
Enter an integer:
123456[Enter]
Invert:654321
Accumulate:21
```

2.3 自设头文件

　　一个函数设计好后，就可以作为已知程序而存在，以后新的程序如果需要该函数的功能，就可以直接调用它，不需要重新编写，使程序设计可以在更高的层次上进行。函数存在的一般形式是将函数包含在一个头文件中。例如,在当前工程目录下建立一个头文件 function.h,将函数 Accumulate 和 Invert 的声明和定义包含其中。

```
//function.h

#ifndef FUNCTION_H          //条件编译开始
#define FUNCTION_H
//函数声明
int Invert(int n);
int Accumulate(int n);
//函数定义
int Invert(int n)
{
    int inv=0;
    while(n!=0)
    {
        inv=inv*10+n%10;      //按位逆置存储
        n=n/10;               //缩小 n 的值
    }

    return inv;               //返回按位逆置的值
}
int Accumulate(int n)
{
    int accum=0;              //用于按位累加存储
    while(n!=0)               //0 是处理完的标志
    {
        accum+=n%10;          //按位累加
        n=n/10;               //缩小 n 的值
    }
    return accum;             //返回按位累加的值
}

#endif                       //条件编译结束
```

一个程序需要调用其中的函数时,就要包含这个头文件,就像调用标准输出函数 printf 时,需要包含库文件 stdio.h 一样。

头文件 function.h 用到以下的条件编译命令:

```
#ifndef FUNCTION_H          //条件编译开始
#define FUNCTION_H
    //代码
#endif                       //条件编译结束
```

这个条件编译的功能是,链接时,如果该文件还没有编译,就进行编译,否则就不要重复编译。

程序 2-4　自设头文件应用。

```
#include<stdio.h>
#include"function.h"

int main()
{
    int n;
    int inv;
    int accum;

    printf("Enter an integer:\n");
    scanf("%d",&n);

    inv=Invert(n);
    printf("Invert: %d\n",inv);

    accum=Accumulate(n);
    printf("Accumulate: %d\n",accum);

    return 0;
}
```

程序运行结果（粗体表示输入）：

```
Enter an integer:
123456[Enter]
Invert: 654321
Accumulate: 21
```

2.4　应用函数设计举例

2.3 节将主函数中具有特定功能的语句组封装为功能函数,本节直接设计功能函数。

2.4.1　阶乘

函数设计：计算阶乘。

函数头设计：将函数命名为 Factorial,表示阶乘。将形参列表设为(int n),表示对整型变量 n 的值求阶乘。将返回值类型设为整型,因为一个整数的阶乘还是整数。得到函数头如下：

```
int Factorial(int n)
```

函数体设计:形参 n 的值是一个整数,函数要计算这个数的阶乘,然后返回计算结果。n 的阶乘是

1 * 2 * 3 * 4 * … * n

因为 n 是变量,所以这个式子不能用一条简单的语句表示,只能用累计循环的方法计算。因此需要先定义一个用于累计的变量 fct,它的初始值为 1。

```
int fct=1;
```

接下来是累计过程如下:

```
fct=fct * 2;                    //fct=1 * 2;
fct=fct * 3;                    //fct=1 * 2 * 3;
  ⋮
fct=fct * n;                    //fct=1 * 2 * 3 * … * n;
```

这个累计过程的核心是一条重复执行的语句:

```
fct=fct * i;                    //(2<=i<=n)
```

这条重复的语句用 for 循环来表示如下:

```
for(i=2;i<=n;++i)              //++i 等价于 i=i+1
    fct=fct * i;
```

函数返回值就是 fct 的最后值:

```
return fct;
```

于是得到函数定义如下:

```
int Factorial(int n)
{
//变量
    int i;                     //用于计数控制循环的计数器
    int fct=1;                 //用于累积阶乘,初始化为 1
//处理
    for(i=2;i<=n;i++)
        fct=fct * i;
//返回结果
    return fct;
}
```

函数分析

(1) for 子句中的表达式++i 是自增表达式。还有自减表达式。它们的意义如表 2-1 所示。

表 2-1   自增自减运算符表达式

表 达 式	解 释	叫 法
i++	i=i+1;	后++
++i	i=i+1;	前++
i--	i=i-1;	后--
--i	i=i-1;	前--
x=i++	x=i; i++;	
x=++j	++j; x=j;	
x=i--	x=i; i--;	
x=--j	--j; x=j;	

（2）循环一般有两类：一类是**条件控制循环**（condition-controlled loop），一类是**计数控制循环**（count-controlled loop）。条件控制循环用条件是否成立来控制迭代。例如：

```
while(n!=0)
{
    printf("%d",n%10);
    n=n/10;
}
```

计数控制循环用次数来控制迭代，例如：

```
for(i=2;i<=n;i=i+1)
    fct=fct*i;
```

显然，2～n 一共迭代 n−1 次。

程序 2-5   阶乘函数。

```
#include<stdio.h>
int Factorial(int n);                      //阶乘函数声明
int main()
{
//变量
    int n;                                 //用于存储输入的整数和阶乘
//输入
    printf("Enter a positive integer:\n");  //输入提示
    scanf("%d",&n);
//处理
    n=Factorial(n);                        //调用阶乘函数,把计算结果返回
//输出
    printf("%d\n",n);

    return 0;
}
```

```
int Factorial(int n)                    //阶乘函数定义
{
//变量
    int i;                              //用于计数控制循环
    int fct=1;                          //用于阶乘累积
//处理
    for(i=2;i<=n;i++)
        fct=fct * i;
//输出
    return fct;
}
```

程序运行结果（粗体表示输入）：

```
Enter a positive integer:
6[Enter]
720
```

2.4.2　质　数

函数设计：判断一个整数是否是质数（prime number）。

函数头设计：将函数命名为 Prime，表示质数。将形参列表设为（int n），表示对整型变量 n 的值判断是否是质数。将返回值类型设为整型，因为返回值只有 1 或 0，是质数时，返回值是 1，否则，返回值是 0。于是得到函数头如下：

```
int Prime(int n)
```

函数体设计——非质数判断：

（1）n 的值若为 0 或 1，则不是质数。

（2）n 的值若大于 1，且能被一个小于 n 的整数整除，则不是质数。

需要一个变量，取值范围为 2~n/2。利用计数控制循环，依次对 n 求余，若有一次余数为 0，则 n 不是质数，结束循环；如果没有一次余数为 0，则 n 是质数。

根据这两种情况得到函数定义如下：

```
int Prime(int n)
{
    int d;                              //用于除数
    if(n==0||n==1)                      //若 n 的值为 0 或 1,则不是质数
        return 0;
    for(d=2;d<n;d++)
        if(n%d==0)                      //若能被整除,则不是质数
            return 0;
    return 1;                           //是质数
}
```

函数分析

函数体有三条语句都是 return 语句。该语句有两个功能：一是返回值；二是结束该函数，返回主调函数的调用处。

程序 2-6　质数判断。

```
#include<stdio.h>
int Prime(int n);                          //函数声明。质数判断
int main()
{
//变量
    int n;                                 //用于存储输入的整数
//输入
    printf("Enter an integer:\n");         //输入提示
    scanf("%d",&n);
//处理
    n=Prime(n);                            //调用函数,把判断结果赋给 n
//输出
    if(n==1)
        printf("is a prime.\n");
    else
        printf("not a prime\n");
    return 0;
}


int Prime(int n)                           //函数定义。质数判断
{
    int d;                                 //用于除数
    if(n==0||n==1)                         //若 n 的值为 0 或 1,则不是质数
        return 0;
    for(d=2;d<n;d++)
        if(n%d==0)                         //若能被整除,则 n 不是质数
            return 0;
    return 1;                              //是质数
}
```

程序运行结果（粗体表示输入）：

```
Enter an integer:
47[Enter]
is a prime .
Enter an integer:
125[Enter]
not a prime.
```

2.4.3　最大公约数

函数设计：计算两个整数的最大公约数(greatest common divisor)。

函数头设计：将函数命名为 GCD，表示最大公约数。将形参列表设为(int first，int second)，表示对两个整型变量的值求最大公约数。将返回值设为整型，因为最大公约数是整数。得到函数头如下：

```
int GCD(int first,int second)
```

函数体的设计——辗转相除法：用 second 对 first 求余(%)，若不为 0，则 second 赋值给 first，余数赋值给 second。重复这个过程，直到余数为 0。这时，second 的值就是最大公约数。关于算法证明见附录 D。

用条件控制循环表示如下：

```
int rem;                                //用于存储余数
rem=first%second;
while(rem!=0)
{
    first=second;
    second=rem;
    rem=first%second;
}
```

得到函数定义如下：

```
int GCD(int first,int second)
{
    int rem;                            //用于存储余数
    rem=first%second;
    while(rem!=0)
    {
        first=second;
        second=rem;
        rem=first%second;
    }
    return second;
}
```

程序 2-7　求最大公约数。

```
#include<stdio.h>
int GCD(int first,int second);          //函数声明。求最大公约数
int main()
{
//变量
```

```
    int gcd;                                          //用于存储最大公约数
    int one;
    int two;
//输入
    printf("Enter two positive integers:\n");//输入提示,输入两个正整数
    scanf("%d%d",&one,&two);                           //输入两个整数,用空格或换行符分隔
//处理
    gcd=GCD(one,two);
//输出
    printf("%d\n",gcd);


    return 0;
}


int GCD(int first,int second)                         //函数定义。求最大公约数
{
    //代码同上
}
```

程序运行结果(粗体表示输入):

```
Enter two positive integers:
345  678[Enter]
3
```

2.4.4　斐波那契数列

斐波那契(Fibonacci)数列:前两项都是 1,从第 3 项开始,每项都是前两项之和:

$1,1,2,3,5,8,13,21,34,55,89,\cdots$

函数设计:求斐波那契数列第 n 项的值。

函数头设计:将函数命名为 Fibonacci,表示斐波那契数列。将形参列表设为(int n),表示斐波那契数列第 n 项。将返回值类型设为整型,因为斐波那契数列任一项都是整数。得到函数头如下:

```
int Fibonacci(int n)
```

函数体设计:

(1) 变量 fib1、fib2 和 fib3 初始化,fib1 和 fib2 的值都为 1,fib3 的值是 fib1 和 fib2 的值之和。

(2) 从第 4 项开始,fib1 的值是 fib2 的值,fib2 的值是 fib3 的值,fib3 的值是 fib1 和 fib2 的值之和。这个过程可以用计数控制循环表示如下:

```
int i;                                                //用于表示数列号
int fib1=1;                                           //第 1 项的值
```

```
int fib2=1;                    //第 2 项的值
int fib3=fib1+fib2;            //第 3 项的值
if(n==1|| n==2)
    return 1;
for(i=4;i<=n;i++)             //从第 4 项开始
{
    fib1=fib2;
    fib2=fib3;
    fib3=fib1+fib2;
}
return fib3;
```

程序 2-8　计算斐波那契数列第 n 项的值。

```
#include<stdio.h>
int Fibonacci(int n);          //函数声明。计算斐波那契数列第 n 项的值
int main()
{
    int n;

    printf("Enter a positive integer:\n");
    scanf("%d",&n);

    n=Fibonacci(n);

    printf("%d\n",n);

    return 0;
}
int Fibonacci(int n)           //函数定义。计算斐波那契数列第 n 项的值
{
    int i;                     //用于表示数列号
    int fib1=1;                //第 1 项的值
    int fib2=1;                //第 2 项的值
    int fib3=fib1+fib2;        //第 3 项的值
    if(n==0|| n==1)
        return 1;
    for(i=4;i<=n;i++)         //从第 4 项开始
    {
        fib1=fib2;
        fib2=fib3;
        fib3=fib1+fib2;
    }
    return fib3;
}
```

程序运行结果（粗体表示输入）：

```
Enter a positive integer:
12[Enter]
144
```

2.4.5　π 的近似值

函数设计：已知一个误差，计算 π 的近似值。

函数头设计：将函数名设为 CircumRatio，表示圆周率。将形参列表设为（double er），表示根据误差 er 计算 π 的近似值。将返回值类型设为双浮点型，因为 π 的近似值是实数。得到函数头：

```
double CircumRatio(double er)
```

函数体设计：根据格里高利公式求圆周率的近似值。格里高利公式为

$$\pi/4 = 1 - 1/3 + 1/5 - 1/7 + \cdots$$

或者

$$\pi = 4 * (1 - 1/3 + 1/5 - 1/7 + \cdots)$$

每项的特点是，分子均为 1，分母依次为 $2*i-1(i=1,2,3,4\cdots)$，奇数项为正，偶数项为负。

逐项累加，直到某一项的绝对值小于误差，累加的结果就是所需的近似值。首先定义几个变量如下：

```
double term;                    //用于存储单个项
double abs;                     //用于存储单个项的绝对值
double accum=0;                 //用于存储单个项逐项的累加结果
int i=1;                        //用于存储单个项的序号，从 1 开始
int sign=1;                     //用于存储单个项的符号，第 1 项是正
```

然后从第一项开始累加：

```
term=sign*1.0/(2*i-1);          //分子是 1.0 而不是 1
accum+=term;                    //逐项累加
++i;                            //准备累加下一项
sign=-sign;                     //正负号交换
```

这是一组重复执行的语句，可以用循环表示，直到累加项的绝对值小于误差为止：

```
abs=term>0? term:-term;         //取绝对值
if(abs<er)                      //若小于误差，则结束循环
    break;
```

得到函数定义如下：

```
double CircumRatio(double er)
{
    double term;                          //用于存储单个项
    double abs;                           //用于存储单个项的绝对值
    double accum=0;                       //用于存储逐项累加结果
    int i=1;                              //用于存储单个项的序号,从 1 开始
    int sign=1;                           //用于存储单个项的符号,第 1 项是正
    while(1)
    {
        term=sign*1.0/(2*i-1);            //分子是 1.0 而不是 1
        accum+=term;                      //逐项累加
        abs=term>0? term:-term;           //取绝对值
        if(abs<er)                        //若小于误差,则结束循环
            break;
        i++;                              //准备累加下一项
        sign=-sign;                       //正负号交换
    }
    accum=4*accum;
    return accum;                         //返回近似值
}
```

程序 2-9　按照格里高利公式计算 π 的近似值。

```
#include<stdio.h>
double CircumRatio(double er);            //函数声明。计算圆周率近似值
int main()
{
//变量
    double x;                             //用于存储误差
//输入
    printf("Enter an error:\n");          //输入提示
    scanf("%Lf",&x);                      //将输入赋给 x,x 前要加取址符 &
//处理
    x=CircumRatio(x);                     //调用函数,把返回值赋给 x
//输出
    printf("%Lf\n",x);                    //输出圆周率近似值
//结束
    return 0;
}
double CircumRatio(double er)             //函数定义。计算圆周率近似值
{
    double term;                          //用于存储单个项
    double abs;                           //用于存储单个项的绝对值
```

```
        double accum=0;                      //用于存储逐项累加结果
        int i=1;                             //用于存储单个项的序号,从 1 开始
        int sign=1;                          //用于存储单个项的符号,第 1 项是正
        while(1)
        {
            term=sign * 1.0/(2 * i-1);       //分子是 1.0 而不是 1
            accum+=term;                     //逐项累加
            abs=term>0? term:-term;          //取绝对值
            if(abs<er)                       //若小于误差,则结束循环
                break;
            ++i;                             //准备累加下一项
            sign=-sign;                      //正负号交换
        }
        accum=4 * accum;
        return accum;                        //返回近似值
}
```

程序运行结果(粗体表示输入):

Enter an error:
0.000001[Enter]
3.141595

程序分析

(1) C 语言有科学记数法: $1e-6$ 表示 10 的 -6 次方,$1.23456e+2$ 表示 1.23456 乘以 10 的 2 次方。可以用科学记数法输入误差。例如:

Enter a positive real number:
1e-6[Enter]   //10 的 -6 次方,其值等于 0.000001
3.141595

(2) 双浮点型(double)是实型的一种,还有单浮点型(float)也表示实型,差别主要是空间大小不同,前者更大。实型对象的值精确到小数点后 6 位。

(3) 在语句 term=sign * 1.0/(2 * i-1)中,分子为什么是 1.0 而不是 1? 如果是 1,分子和分母都是整型,计算机按整除计算,去掉小数部分,但这不是需要的;如果是 1.0,计算机将按实型进行除法,精确到小数点后 6 位(详见 3.6 节)。

2.5 函数和对象的存储类别

对象不仅有类型之分,还有存储类别之分。存储类别涉及作用域和生命周期。

对象的**作用域**是指对象应该在程序的哪一部分是可见的,即可以直接引用。对象的**生命周期**是指对象从创建到撤销的这段时间。它们都与函数有关。

对象根据其作用域和生命周期不同而分为不同**存储类别**:(自动)局部对象、静态局部对象、外部对象、寄存器对象和动态对象。

存储类别与类型不同。存储类别是根据对象的作用域和生命周期来划分的。类型是根据对象存储单元大小、存储格式和基本操作来划分的,如整型、浮点型、字符型等。同一类型的对象可以是不同存储类别,不同类型的对象可以是同一个存储类别。

2.5.1　局部对象

函数的形参和在函数体内定义的对象统称为**局部对象**。局部对象又分为**自动局部对象**(auto)和**静态局部对象**(static)两种,形参只能是自动局部对象。

自动局部对象简称**自动对象**,在定义前面加关键字 auto,但一般省略。例如:

```
int a, b;
```

相当于

```
auto int a, b;
```

一个函数的自动对象,从执行其定义语句时创建(如果是形参,就是在参数传递时创建),开始了生命周期,同时进入它的作用域。当函数执行结束,其自动对象被自动撤销,生命周期结束,同时离开作用域。

自动对象只对所属的函数是可见的,这是自动对象的作用域,即自动对象的作用域是它所属的函数。当该函数结束,或中途去调用其他函数时,自动对象就离开它的作用域。

一个自动对象不在它的生命周期,肯定也不在它的作用域。反之不一定,一个函数,中间去调用另一个函数,这时它作为主调函数处于中断状态,其自动对象还在生命周期,但是离开了作用域,等到程序流程从被调函数返回,这个函数的自动对象又回到它的作用域。

一个函数的自动对象,虽然对其他函数是不可见的,不能直接引用,但是可以通过地址传递,被其他函数间接引用。关于地址传递的内容,第 3 章详细介绍。

2.5.2　静态局部对象

一个函数的自动对象,其生命周期是该函数的一次调用时间,因此在该函数被反复调用时不能"记忆"。解决的方法是引入静态局部对象。

静态局部对象在声明前加关键字 static,它必须初始化,默认初始化值为 0,而且初始化语句只在函数第一次调用时执行一次,以后调用不再执行。

静态局部对象和自动对象有共同的作用域,但是生命周期不同:静态局部对象的生命周期从初始化开始,到整个程序结束。

编写程序:两个函数被随机调用 5 次,被调用 3 次以上者,输出 I'm luckey。

程序 2-10　静态局部对象应用。

```
#include<stdio.h>
#include<stdlib.h>
#include<time.h>                      //包含随机函数
void f1()
```

```
    {
        static int counter=0;              //静态局部对象
        counter++;                         //每调用一次增 1
        if(counter==3)                     //被调用 3 次
            printf("f1:I'm luckey\n");
    }
    void f2()
    {
        static int counter=0;              //静态局部对象
        counter++;                         //每调用一次增 1
        if(counter==3)                     //被调用 3 次
            printf("f2:I'm luckey\n");
    }
    int main()
    {
        int i;
        srand(time(0));                    //随机数种子函数
        for(i=1;i<=5;i++)
            if(rand()%2==0)                //如果随机数是偶数
                f2();
            else
                f1();
        return 0;
    }
```

2.5.3 外 部 对 象

一个函数的自动对象和静态局部对象,都是在函数内声明或定义,它们的作用域仅限于该函数,对其他函数不可见,不能直接引用。

一个对象如果在函数外部定义,就可以被定义后的其他函数所见,这样的对象称为**外部对象**,也称全局对象。它在默认情况下初始化为 0,生命周期从编译阶段开始,直到程序结束,作用域是其定义后的所有函数,也就是说,在其定义后的所有函数都可以直接引用它。不过,如果一个函数的局部对象与外部对象同名,该函数只认识局部对象。

外部对象要尽可能少用,因为它破坏了数据的独立性。

2.5.4 寄 存 器 对 象

局部对象和外部对象都位于存储器,其中的数据要进入 CPU 中的寄存器才能进行计算。寄存器与计算器直接相连,数据存取速度快。如果一些数据使用频率大,可以定义寄存器对象。寄存器对象的声明格式如下:

register 类型 对象名;

因为寄存器数量有限,所以用户定义这种对象只是一种建议,系统未必采纳。特别是,现代编译器有代码优化功能,可以自行决定哪些数据在哪个时段放在寄存器更合理。

2.5.5 动态对象

相关内容在 3.7 节介绍。

练 习

一、简要回答以下问题

1. 什么是函数?

2. 什么是参数传递?

3. 参数传递的语义是什么?

4. 什么是函数的自变量?

5. 什么是函数自变量的生命周期?

6. 不同的函数,其自变量用不同的名称是否更好?

7. 不同函数的自变量如果同名,编译器是如何区分的?

8. 不同函数的自变量会同时占用同一个内存单元吗?

9. 被调函数的 return 语句的返回值是如何传递给主调函数的?

10. 一个函数的调用过程可以概括为哪 3 个步骤?

11. 函数声明和函数定义的区别是什么?

12. return 语句有哪些功能?

13. 下面的科学记数法是什么意思?

(1) 1e-6

(2) 1.23456e+4

14. 什么是条件控制循环? 什么是计数控制循环? 举例说明。

15. 对象的存储类别和对象的类型有什么区别?

16. 一个函数的形参可以是静态局部对象吗?

二、编写程序

1. 编写函数,计算 1~n 的所有质数之和。判断一个数是否是质数时,要求调用函数 Prime。

2. 编写函数,将输入的一个偶数分解为两个质数输出。例如:输入 8,输出 8=3+5。

3. 编写密码检验函数,密码输入错误时,允许重新输入,最多 3 次。输入错误时提示:"输入错误,请重输!"。如果 3 次输入错误,程序停止,并提示:"非法用户!"。如果密码正确,提示:"欢迎使用!"。然后输出密码各个位值之和。

4. 编写两个功能函数 A 和 B,它们相互调用。

第 3 章

指针和数组

> 指针和数组密切相关。
>
> ——Stnley B.Lippman
>
> 很多人认为，数组是 C 语言的缺陷，实际上，对认真的实践者来说，它是一个优雅而完美的复合概念。
>
> ——Kenneth A.Reek

目前为止处理的整数都是孤立的整数，如果要处理一组整数呢？例如，一个整数序列的逆置和累加。一个整数序列可以有数以万计的整数，每个整数都需要一个整型对象来存储，这就需要一组对象，不仅如此，整数之间具有逻辑上的前后关系，这种关系也需要存储。用来存储数据结构的数据和关系的一组对象称为**容器**。

如何表示一个容器中的对象呢？一个容器中的对象可能数以万计，逐个命名是不可能的，而且用对象名称很难表示数据之间的前后关系。

为解决这些问题，需要指针和数组。

3.1　指针和地址传递

一个对象一般有 3 个值：它存储的值、它占用的字节数和它的地址。每个对象的名称，经过编译后，都对应一个由该对象的地址和类型所构成的数对。类型决定了从地址开始的连续多少字节是该对象的内存单元，数值在对象中的存储格式，以及对象可以实施的基本操作。现在需要把这种台后机制搬到前台来，以解决难题，因为地址是数值，用数值表示对象，既省却了命名，又容易表示对象的前后关系。

3.1.1　地址和指针

一个对象的内存单元占 1 字节或连续很多字节，首字节的地址是该对象的地址。一个用来存储地址的对象称为**指针**。每种类型都有对应的指针类型：一种类型 T，它所对应的指针称为指向 T 型的指针，简称 T 型指针，指向 T 型是指针类型，用 T * 表示。"一个指向 T 型的指针，用来存储 T 型对象的地址。"（Bjarne Stroustrup）相应地，一个 T 型对象的地址，其类型也是 T * 。如果一个指针存储了一个对象的地址，就称这个指针**指向**这个对象，而且对该指针使用间接访问符 * 所得到的表达式就等价于该对象的名称。概括如下：

```
T * pointer;                    //指向 T 型的指针 pointer
T var;                          //T 型对象 var
pointer=&var;                   //指针 pointer 指向对象 var
```

指针和它所指向的对象的关系如图 3-1 所示。

图 3-1　指针和它所指向的对象的关系示意图

例如：

```
int   n=456;                    //整型对象 n
int * p;                        //指向整型的指针 p
p=&n;                           //指针 p 指向对象 n
* p=654;                        // * p 等价于 n
```

指针示例如图 3-2 所示。

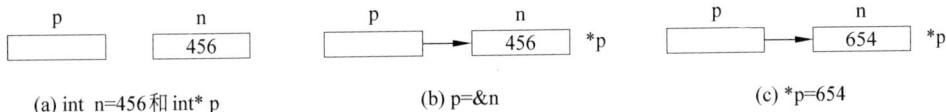

(a) int n=456和int* p　　　　　(b) p=&n　　　　　(c) *p=654

图 3-2　指针示例

一个指针和两个对象关联：一个是它本身，如图 3.1(a)中的对象 p；另一个是它所指向的对象，如图 3.1(b)中的对象 n。这是一个统一体。指针本身所存储的值是它所指向的对象的地址，例如，p 的值是 n 的地址。

指针是复合类型。复合类型是指依赖其他类型而存在的类型。指针所依赖的类型是指针所指向的类型，指针的值是它所指向的对象的地址。

程序 3-1　应用指针修改对象的值。

```
#include<stdio.h>
int main()
{
    int n=456;                  //n 是整型对象
    int * p;                    //p 是指向整型的指针

    printf("n=%d\n",n);         //输出 n 的原值

    p=&n;                       //指针 p 指向对象 n
    * p=654;                    //用指针 p 修改对象 n 的值

    printf("after changing:\n");
    printf("n=%d\n",n);         //输出对象 n 的值
```

```
    return 0;
}
```

程序运行结果：

```
n=456
after changing:
n=654
```

程序分析

在指针定义或声明时，如果只有一个指针，那么符号 * 靠近哪一方都可以。例如：

```
int * p;                        //靠近类型
```

或

```
int * p;                        //靠近指针
```

或

```
int * p;                        //居中
```

如果一条定义或声明语句有多个指针，那么符号 * 只能靠近指针。例如：

```
int * p, * q;
```

3.1.2　两种参数传递

在函数的参数传递中，若传递的是对象的值，则称为**值传递**；若传递的是对象的地址，则称为**地址传递**。简单判断方法：如果形参是指针，就是地址传递，否则就是值传递。

1. 值传递

在值传递中，形参和实参是两个独立的对象，实参通过复制将其值传递给形参，后者只是前者的副本，因此，被调函数对形参的任何操作都不能作用到实参。以一个整数按位累加为例：

```
int Accumulate(int n)
{
    int accum=0;
    while(n!=0)
    {
        accum+=n%10;
        n=n/10;
    }
    return accum;
}
int main()
{
```

```
    int n=3456;
    int accum;
    accum=Accumulate(n);
       ⋮
}
```

在参数传递时,实参 n 复制给形参 n。在执行 return 语句时,被调函数 Accumulate() 的自变量 accum 复制给临时对象_temp。在结果返回到主调函数时,临时对象_temp 复制给主调函数 main 的自变量 accum。一共复制 3 次。如果实参的内存单元很大,那么效率就很低。

2. 地址传递

在地址传递中,形参作为指针,无论其指向的对象占几字节,它只占 4 字节。而且被调函数通过形参可以改变它指向的对象的值,相当于返回值,提高了效率。这时的函数可能不需要用 return 语句来返回值,返回值类型为 void,表示无显式返回值。严格地说,这种封装不是函数,而是过程,只是在不被特别强调时,简单地归于函数。

程序 3-2 用地址传递实现一个整数的按位累加。

```
#include<stdio.h>
void Accumulate(int * p)
{
    int accum=0;
    while((* p)!=0)
    {
        accum+=(* p)%10;
        (* p)=(* p)/10;
    }
    * p=accum;
}

int main()
{
//变量
    int n;
//输入
    printf("Enter an integer:\n");
    scanf("%d",&n);
//处理
    Accumulate(&n);
//输出
    printf("%d\n",n);

    return 0;
```

```
}
```

程序分析

(1) 如果函数没有显式的返回值,即 return 语句不带返回值,函数的返回值类型为 void,这时 return 语句可以省略,函数执行到函数体的右花括号,自动返回到主调函数,也可以不省略,但是不带返回值(return;),其功能只是返回到主调函数。

(2) 根据形参列表(int * p)可知,形参 p 是整型指针,因此参数传递是地址传递。根据实参列表可知,传递的是整型对象 n 的地址。结果使 p 指向 n。传递的语义等价于实参给形参初始化:

```
int *  p=&n;
```

(3) scanf 语句

```
scanf("%d",&n);
```

其中,第二个实参是表达式 &n,是对 n 取址,因此对该参数而言,scanf 也是地址传递。

现在可以说清楚为什么 scanf 要传递对象的地址,因为只有这样,才可以把键盘输入的值存储到该对象中。将 printf 和 scanf 进行对比。printf 的格式如下:

```
printf(格式控制字符串,输出参数);
```

假设输出参数为 out。输出语句 printf("%d",n)在参数传递时将 n 的值复制给 out,这是值传递,printf 实际输出的是 out 的值。

scanf 的格式如下:

```
scanf(格式控制字符串,输入参数);
```

假设输入参数名为 in。输入语句 scanf("%d",&n)在参数传递时把 n 的地址赋给 in,这是地址传递,函数 scanf 把输入的值通过地址写入对象 n。很多人在使用 scanf 函数时,容易和 printf 的参数传递方式混淆,丢失取址符 &,在他们的潜意识里,scanf 是输入函数,这本身就说明,输入的数据是赋给对象 n 的,不用加取址符 &。这是一种理想,这种理想要通过一种具体的参数传递机制才能落实,而 C 语言不具备这种机制。等到必须增加这种机制的时候,C++ 的学习就开始了。

如果语句 scanf("%d",&n)丢失对象 n 前的取址符 &,变成 scanf("%d",n),程序运行时,有的系统不会给出任何错误提示,而是直接终止程序,然后给出一个警示框,表示问题很严重。这是为什么呢?

对象的地址和对象的值不同。对象是仓库,对象的地址是这个仓库的门牌号,对象的值是仓库里的存货。如果丢失取址符 &,scanf 就把对象 n 的值当作地址,把输入的值存储到不该存储的地方,这是**地址类错误**。这种错误可能破坏系统数据,有"黑客"嫌疑,因此视为严重错误,直接终止程序。

3. 返回值的两种方式

被调函数的返回值有两种传递方式:一种是 return 语句带返回值,这是显式传递;另一种是通过形参列表中的指针修改主调函数的对象值,这是隐式传递。

3.1.3　对象值交换

设计一个函数,交换两个对象的值。

1. 值传递方法

函数头设计:将函数命名为 SwapByValue,表示以值传递的方式交换。将形参列表设为(int x,int y),表示交换整型对象 x 和 y 的值。将返回值类型设为 void,表示无显式的返回值。得到函数头如下:

```
void SwapByValue(int x,int y)
```

函数体设计:借助第三方交换 x 和 y 的值。格式如下:

```
int temp;                              //第三方
temp=x;
x=y;
y=temp;
```

得到函数定义如下:

```
void SwapByValue(int x,int y)          //交换两个对象的值
{
    int temp;
    temp=x;
    x=y;
    y=temp;
}
```

程序 3-3　以值传递方法交换两个对象的值。

```
#include<stdio.h>
void SwapByValue(int x,int y);         //函数声明。交换两个对象的值
int main()
{
//变量
    int a;
    int b;
//输入
    printf("Enter two integers:\n");
    scanf("%d",&a);                    //输入两个整数,用空格或换行符分隔
    scanf("%d",&b);
//处理
    SwapByValue(a,b);
//输出
```

```
    printf("%d\t",a);                //\t 是转义字符,表示制表符
    printf("%d\n",b);

    return 0;
}
void SwapByValue(int x,int y)        //函数定义。交换两个对象的值
{
    int temp;
    temp=x;
    x=y;
    y=temp;

    return;
}
```

程序运行结果(粗体表示输入):

```
Enter two integers:
5  8[Enter]
5       8
```

程序分析

(1) 从输出结果看,实参 a 和 b 的值并没有交换。为什么呢? 因为在值传递中,形参 x 和 y 是实参 a 和 b 的副本,被调函数交换的只是形参的值,如图 3-3(a)所示。

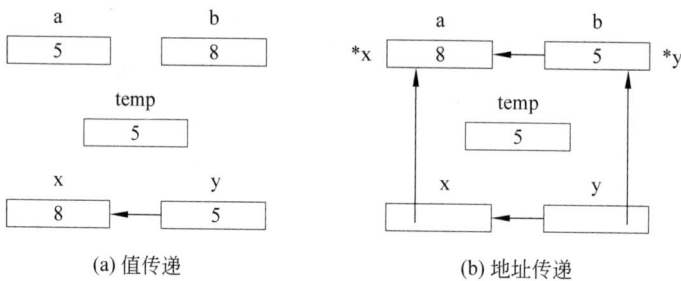

图 3-3 值传递和地址传递示意图

(2) 在输入部分,语句

```
scanf("%d",&a);
scanf("%d",&b);
```

可以合并为一条语句

```
scanf("%d%d",&a,&b);
```

(3) 在输出部分,语句

```
printf("%d\t",a);
printf("%d\n",b);
```

可以合并为一条语句

```
printf("%d\t%d\n",a,b);
```

其中,\t 是转义字符,表示制表符,功能是横向移到下一个制表符位置,相当于文本输入时的 Tab 键。

2. 地址传递方法

函数头设计:将函数命名为 SwapByAddress,表示以地址传递的方式交换。将形参列表设为(int * x,int * y),表示交换指针 x 和 y 所指向的对象的值。将返回值类型设为 void,表示无显式返回值。得到函数头如下:

```
void SwapByAddress(int * x,int * y)
```

函数体设计:借助第三方进行交换。格式如下:

```
int temp;
temp= * x;
* x= * y;
* y=temp;
```

得到函数定义如下:

```
void SwapByAddress(int * x,int * y)   //交换两个指针所指向的对象的值
{
    int temp;
    temp= * x;
    * x= * y;
    * y=temp;
}
```

程序 3-4　以地址传递的方法交换两个对象的值。

```
#include<stdio.h>
void SwapByAddress(int * x,int * y); //函数声明。交换两个指针所指向的对象的值
int main()
{
//变量
    int a;
    int b;
//输入
    printf("Enter two integers:\n");
    scanf("%d%d",&a,&b);                    //输入两个值,用空格或换行符分隔
//处理
    SwapByAddress(&a,&b);
//输出
    printf("%d\t%d\n",a,b);
```

```
        return 0;
    }
    void SwapByAddress(int * x,int * y)   //函数定义。交换两个指针所指向的对象的值
    {
        int temp;
        temp= * x;                        // * x 等价于实参 a
        * x= * y;                         // * y 等价于实参 b
        * y=temp;
    }
```

程序运行结果(粗体表示输入):

```
Enter two integers:
5  8[Enter]
8       5
```

程序分析

形参 x 和 y 都是指针,通过地址传递,它们分别指向实参 a 和 b,然后利用间接访问,交换了对象 a 和 b 的值,如图 3-3(b)所示。

3.2   数组和线性表

下面来处理整数序列。一个整数序列,作为一种数据结构,是一种线性表。**线性表**是指类型相同的有限个数据元素所构成的序列。为了简单起见,以 10 个整数为例:

```
5,10,15,20,25,30,35,40,45,50
```

线性表中除首元素和尾元素外,每个元素都有一个前驱和一个后继。例如,10 的前驱是 5,后继是 15。首元素 5 没有前驱,但有后继 10。尾元素 50 没有后继,但有前驱 45。

然后存储线性表,既要存储数据元素,又要存储前驱和后继关系。实现这种存储的最简单方案是数组。

数组是类型相同、空间相邻、个数有限的对象所组成的序列。数组的每个对象称为**数组元素**,数组元素的个数称为**数组长度**或**数组容量**。

要想得到一个数组,需要定义。程序语言不同,数组定义的语法不同。在 C 语言中,数组定义格式如下:

```
类型 数组名[整型常量];
```

其中,类型表示数组元素类型;数组名是程序员根据命名规则指定的;整型常量的值要大于 0,表示数组长度。例如:

```
int a[10];                         //长度为 10 的整型数组
```

其中,数组元素是整型,数组名是 a,数组长度是 10。数组元素没有名称,但有索引表达

式,与名称等价:

```
a[0],a[1],a[2],a[3],a[4],a[5],a[6],a[7],a[3],a[9]
```

其中的数字称为索引。注意,数组首元素的索引是 0,不是 1;数组尾元素的索引是 9,不是 10。数组 a 如图 3-4 所示。

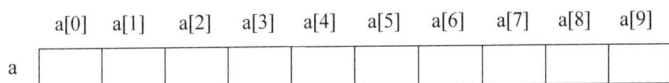

(a) 完整版

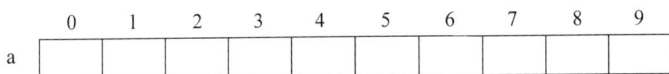

(b) 简化版

图 3-4　数组 a 的示意图

数组可以初始化,例如:

```
int a[10]={5,10,15,20,25,30,35,40,45,50};
```

等价于数组元素分别赋值

```
int a[10];
a[0]=5;
a[1]=10;
  ⋮
a[9]=50;
```

赋值后的数组 a 如图 3-5 所示。

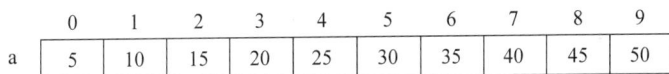

图 3-5　赋值后的数组 a

这样线性表的每个元素都对应一个数组元素。例如,5 对应 a[0],10 对应 a[1],50 对应 a[9],这是线性表的数据元素的存储。线性表的任意两个元素,如果具有前驱和后继关系,它们所对应的数组元素的索引相差 1。例如,5 是 10 的前驱,它们所对应的数组元素是 a[0] 和 a[1],这是线性表的关系的存储。

线性表还包含一些基本操作,例如,插入一个数据元素,删除一个数据元素,这些操作是如何在数组上实现的呢? 随着课程的深入逐步介绍。

数组的初始化还有以下几种形式。

(1) 数组长度由初始化数据元素个数确定。例如:

```
int a[]={5,10,15,20,25,30,35,40,45,50};
```

(2) 初始化数据不足时,编译器用 0 元素填充。例如:

```
int a[10]={5,10,15 };
```

相当于

```
int a[10]={5,10,15,0,0,0,0,0,0,0};
```

（3）当初始化数据都为 0 时，可以写成

```
int a[10]={0};
```

程序 3-5 对数组中的数据元素累加。

```c
#include<stdio.h>
int main()
{
//变量
    int a[10];
    int i;                      //数组索引
    int s=0;                    //累加器
    int item;                   //存储输入
//输入
    printf("Enter 10 integers:\n");
    for(i=0;i<10;i++)           //输入的数据用空格或换行符分隔,i++等价于i=i+1
    {
        scanf("%d",&item);
        a[i]=item;
    }
//累加处理
    for(i=0;i<10;i++)
        s=s+a[i];
//输出
    printf("%d\n",s);

    return 0;
}
```

程序运行结果（粗体表示输入）：

```
Enter 5 integers:
1  2  3  4  5  6  7  8  9  10[Enter]
55
```

程序分析

（1）输入数据时，可以一行输入一个数据，也可以一行输入多个数据，同一行输入的数据要用空格键分隔（空多少格无所谓）。每行输入的数据都先进入输入缓冲区，然后 scanf 从输入缓冲区依次提取数据，赋给对象 item。关于输入缓冲区的内容可以参见第 7 章。

（2）在访问数组元素时，常犯的错误是**越界错误**（bounds error）和**偏一错误**（off-one error）。例如，对长度为 10 的数组，访问数组元素 a[10] 就是越界错误，因为没有索引为 10 的元素；把 a[1] 当作数组首元素，是偏一错误，因为数组首元素的索引是 0。在数组输入时，下面的 for 语句就出现了这两类错误：

```
for(i=1;i<=10;i++)                    //i=1是偏一错误,i<=10是越界错误
{
    scanf("%d",&item);
    a[i]=item;
}
```

（3）数组元素和数据元素不同。数组元素是数组的组成部分，而数据元素是线性表的一部分，只是存储在数组中。一个长度为 10 的数组，其数组元素个数为 10，最多可以存储 10 个数据元素。数据元素个数可以小于但不能大于数组元素个数。例如，在程序 3-5 中，数组定义语句可以改为

```
int a[20];                    //长度为 20 的整型数组
```

而其他语句不变。这时，数组元素个数是 20，数据元素个数是 10。但是，如果数组定义语句改为

```
int a[5];                             //长度为 5 的整型数组
```

而其他语句不变。这时，数据元素个数就超过了数组元素个数，这是越界错误。

3.3　指针和数组的关系

数组元素的索引表达式本质上是一种地址运算表达式。

3.3.1　指针和数组的统一

1. 地址的算术运算

数组是由一组对象构成的，这组对象类型相同，而且一个挨着一个。因为类型相同，所以每个对象的大小都是一样的。因为一个挨着一个，所以任意两个相邻对象的地址都相差一个对象的字节数。这种结构称为线性连续存储模式。

针对这种存储模式，C 语言定义了地址的算术运算：一个对象的地址加 1，其地址增量是该对象的字节数，其结果是紧邻其后的下一个对象的地址；一个对象的地址加 n，其地址增量是 n 个对象的字节数，其结果是其后的第 n 个对象的地址。因为地址是存储在指针中的，所以地址的算术运算也就是指针的算术运算。

为表示数组元素，数组名需要转换为指向数组首元素的指针常量，然后通过指针的算术运算得到指向其他数组元素的指针常量。以长度为 10 的整型数组 a 为例，数组名 a 表示的是指向首元素 a[0] 的指针常量，a+i(0<=i<10) 表示的是指向数组元素 a[i] 的指针常量。以 a+5 为例，系统从 a 表示的指针常量中取出数组首元素地址，从字面量 5 中

取出 5，然后相加，得到数组元素 a[5] 的地址，并将这个地址存储在一个指针常量中。a+5
所表示的便是这个指针常量。指向数组元素的所有指针常量如下：

```
a,a+1,a+2,a+3,a+4,a+5,a+6,a+7,a+8,a+9
```

在指针常量前加间接访问符，便得到数组元素的指针运算表达式：

```
* (a+0), * (a+1), * (a+2), * (a+3), * (a+4), * (a+5), * (a+6), * (a+7), * (a+8), * (a
+9)
```

而数组元素的索引表达式是指针运算表达式的等价形式：

```
a[0],a[1],a[2],a[3],a[4],a[5],a[6],a[7],a[3],a[9]
```

即 a[i] 与 * (a+i) 等价，即关系表达式 a[i]==* (a+i) 的值等于 1。

在索引表达式中，其中的数字表示索引。如果数组长度为 n，索引取值为 0～n−1。
与此对应，将数组的首元素称为数组第 0 个元素，尾元素为数组第 n−1 个元素。

数组的两种简单表示法，以上面的数组 a 为例：

（1）a[0:10]。其中，左闭右开区间中的 0 是数组首元素的索引，10 是数组元素索引
的最小上界，但不是数组元素索引，它在循环时，可以作为索引的上限。应用举例：

```
for(i=0;i<10;i++)
    printf("%d\t",a[i]);
```

（2）a[0:9]。其中，闭区间中的 0 是数组首元素的索引，9 是数组尾元素的索引。应
用举例：

```
for(i=0;i<=9;++i)
    printf("%d\t",a[i]);
```

2. 数组对指针的依赖

数组是复合类型。那么什么是数组类型？什么是它所依赖的类型呢？

数组类型是对整个数组空间而言的，它是所有数组元素类型的和。以长度为 10 的整
型数组 a 为例，它的类型是 int[10]。数组名本真意义上是这种类型对象的名称。

数组所依赖的类型是指针类型：因为数组元素没有名称，所以要访问数组元素，就要
依赖指针。

数组名什么时候是整个数组空间的名称？什么时候是指针？要根据上下文而定。以
长度为 10 的整型数组 a 为例：作为操作符 sizeof 的操作数，a 是数组空间的名称，表示类
型为 int[10] 的对象，因此 sizeof(a) 的值是 40，是数组空间的字节数，是 10 个整型数组元
素的和，与 sizeof(int[10]) 的结果是一样的；而在数组元素的表达式中，在数组给指针赋
值时，数组名 a 转换为指向数组首元素的指针常量：

```
a+i,  * (a+i),  a[i]
int * p=a;                        //int * p=&a[0];
```

　　数组给指针的赋值过程：首先将数组名 a 转换为指向数组首元素的指针常量，然后将指针的值即数组元素的地址赋给指针 p。结果，p 成为指向数组 a 的首元素的指针。

3. 指针对数组的依赖

　　指针也是复合类型。

　　指针本身的存储格式相当于整型，其存储空间大小一般为 4 字节（因系统而定）。

　　指针所依赖的类型是数组，这有两方面的意思。

　　(1) 指针所依赖的类型是它所指向的数组元素的类型。指针的值是这个元素的地址。这里需要特别指出，当指针仅指向一个孤立的对象时，该对象可以看作是长度为 1 的数组。

　　(2) 指针的加减算术运算范围依赖它指向的数组长度。例如：

```
int a[10];
int * p=a;                          //int * p;p=a;
```

　　这时，p+i 与 a+i，p[i] 与 a[i]（0<＝i<10）等价。超出这个范围，例如 p+10，它是一个没有合法对象指向的指针，是无效指针。指针可以用于指针移动时的条件控制，但是不能用来访问对象。指向数组 a 的指针变量 p 如图 3-6 所示。

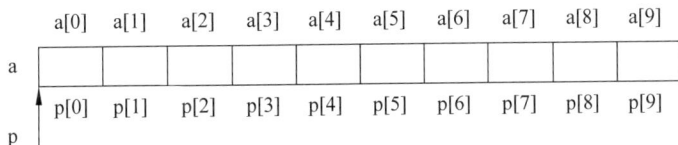

图 3-6　指向数组 a 的指针变量 p

4. 数组的地址传递

　　如果形参列表为（int ＊ p，int n），实参列表为（a,10），经过参数传递

```
int * p=a;                  //实参 a 给形参 p 初始化
int n=10;                   //实参 10 给形参 n 初始化
```

p+i 与 a+i 等价，p[i] 与 a[i] 等价（0<=i<10），即 p[0：10) 与 a[0：10) 等价。

　　应用举例：

```
for(i=0;i<10;++i)
    printf("%d\t",a[i]);
```

与

```
for(i=0;i<10;++i)
    printf("%d\t",p[i]);
```

等价。

5. 数组元素类型和数组类型

整型数组通常是指数组元素为整型的数组。实际上,数组本身的类型应该是数组元素类型加数组长度。例如:

```
int a[10];
```

数组 a 的类型是 int[10]。

3.3.2　数组求和

函数设计: 对数组的数据元素累加。

函数头设计: 将函数命名为 Sum,表示累加。将形参列表设为(int * p,int n),表示累加对象是整型数组 p[0: n)。将返回值类型设为 int,表示累加结果为整数。得到函数头如下:

```
int Sum(int * p,int n)
```

函数体设计: 用 i 表示数据元素索引;s 用于累加器,初值为 0。

```
int i;                        //数据元素索引
int s=0;                      //累加器
for(i=0;i<n;++i)              //对数据元素累加
    s+=p[i];
return s;
```

得到函数定义如下:

```
int Sum(int * p,int n)
{
    int i;                        //数据元素索引
    int s=0;                      //累加器
    for(i=0;i<n;++i)              //对数据元素累加
        s+=p[i];
    return s;
}
```

程序分析

对比如下两个函数声明的形参列表:

```
int Sum(int * p,int n);
void Accumulate(int * p);           //见程序 3-2
```

从形式上看,这两个函数都有一个形参是指针(这里是 p)。在函数 Accumulate 中,指针所对应的实参只是一个对象。但是在函数 Sum 中,指针所对应的实参是数组,它需要另一个形参(这里是 n)来对应数组的数据元素个数或数组长度。在函数 Sum 中的这两个形参是一个整体,为表明这是一个整体,形参列表可以采用下面一种声明格式:

```
int Sum(int p[],int n);
```

或

```
int Sum(int [],int );
```

等价于

```
int Sum(int * p,int n);
```

或

```
int Sum(int * ,int);
```

程序 3-6 改进程序 3-3,用函数对数组求和。

```
#include<stdio.h>
int Sum(int * p,int n);              //函数声明。对数组 p[0:n)求和
int main()
{
//变量
    int a[10];
    int i;                           //数据元素索引
    int s=0;                         //累加器
    int item;                        //存储输入
//输入
    printf("Enter 10 integers:\n");  //输入提示
    for(i=0;i<10;++i)                //输入的数据用空格或换行符分隔
    {
        scanf("%d",&item);
        a[i]=item;
    }
//处理
    s=Sum(a,10);
//输出
    printf("%d\n",s);
    return 0;
}
int Sum(int * p,int n)
{
    int i;                           //数据元素索引
    int s=0;                         //累加器
    for(i=0;i<n;++i)                 //对数据元素累加
        s+=p[i];
    return s;
}
```

程序分析

输入部分的 for 语句

```
for(i=0;i<10;i++)
{
    scanf("%d",.&item);
    a[i]=item;
}
```

可以简化如下：

```
for(i=0;i<10;i++)
    scanf("%d",&a[i]);                  //直接存入数组元素
```

或

```
for(i=0;i<10;i++)
    scanf("%d",a+i);                    //a+i 等价于 &a[i]
```

其中，for 子句的第二个表达式 i<10 中的 10 是数组 a[0：10)中的索引最小上界。

3.3.3　数组逆置

函数设计：将数组的数据元素逆置。

函数头设计：将函数命名为 InvertArray，表示将数组的数据元素逆置。将形参列表设为(int * p,int n)，表示逆置的对象是数组 p[0：n)。将返回值类型设为 void，表示没有 return 语句带回的返回值。得到函数头如下：

```
void InvertArray(int * p,int n)
```

函数体设计步骤如下。

(1) 令 left 和 right 分别为数据首元素和尾元素的索引。

(2) 只要 left 小于 right，就重复执行下列操作：交换数组元素 p[left]和 p[right]的值，然后 left 的值加 1，right 的值减 1，如图 3-7 所示。

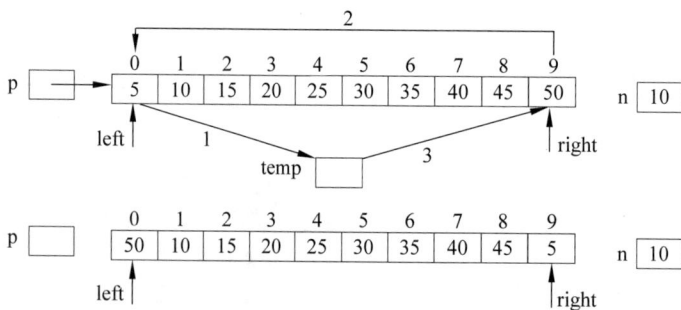

(a) 第一次三角交换

图 3-7　数据元素逆置示意图

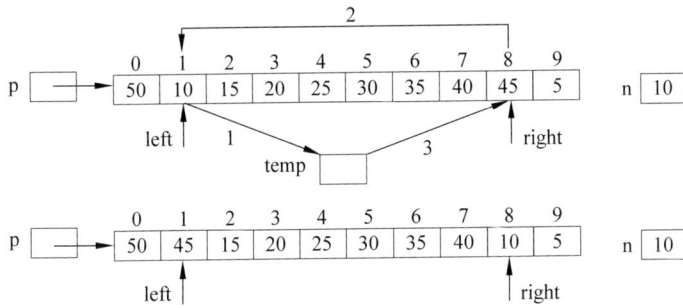

(b) 第二次三角交换

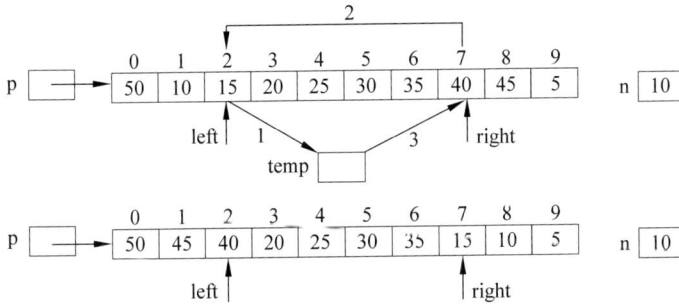

(c) 第三次三角交换

图 3-7　（续）

得到函数定义如下：

```
void InvertArray(int * p,int n)
{
    int left=0;              //首元素索引
    int right=n-1;           //尾元素索引
    int temp;                //用于三角交换
    while(left<right)
    {
        temp=p[left];
        p[left]=p[right];
        p[right]=temp;
        left++;
        right--;
    }
}
```

程序 3-7　把数组中的数据元素逆置。

```
#include<stdio.h>
void InvertArray(int * p,int n);       //逆置
void OutputArray(int * p,int n);       //输出
```

```
int main()
{
//变量
    int a[10];
    int i;                         //数据元素索引
    int item;                      //存储输入
//输入
    printf("Enter 10 integers:\n");
    for(i=0;i<10;i++)              //输入的数据用空格或换行符分隔
    {
        scanf("%d",&item);
        a[i]=item;
    }
//逆置
    InvertArray(a,10);
//输出
    printf("after invert:\n");
    OutputArray(a,10);

    return 0;
}
void InvertArray(int * p,int n)    //逆置
{
    //代码同上
}
void OutputArray(int * p,int n)    //输出
{
    int i;
    for(i=0;i<n;++i)
        printf("%d\t",p[i]);
    printf("\n");

}
```

程序运行结果（粗体表示输入）：

```
Enter 10 integers:
1 2 3 4 5 6 7 8 9 10[Enter]
after invert:
10      9       8       7       6       5       4       3       2       1
```

程序分析

(1) 语句

```
p[left]=p[right];
p[right]=temp;
```

```
left++;                              //索引向右移动
right--;                             //索引向左移动
```

可以合并如下：

```
p[left++]=p[right];
p[right--]=temp;
```

前者层次清晰、易读,后者语句简洁、专业。

(2) 如果把 while 语句换成 for 语句,就会遇到一个问题:表达式 1 需要给两个变量赋值,表达式 3 要修改这两个变量的值,怎么办? 这就需要用**逗号表达式**。逗号表达式是由逗号连接起来的若干个子表达式,它们从左往右依次执行,最后一个表达式的值是整个逗号表达式的值。不过对 for 语句而言,有意义的不是逗号表达式的值,而是其中的每个子表达式都依次执行:

```
void InvertArray(int * p,int n)
{
    int left;                        //首元素索引
    int right;                       //尾元素索引
    int temp;                        //用于三角交换
    for( left=0,right=n-1; left<right; left++,right--)
    {
        temp=p[left];
        p[left]=p[right];
        p[right]=temp;
    }
}
```

又例:

```
printf("%d\n",(i=2,j=9-i));
```

输出的是 7,是逗号表达式中表达式 j=9-i 的值。注意,逗号表达式要括起来,表示输出的是逗号表达式的值,否则输出的是第一个表达式的值 2。

3.4　const 限定符

1. const 限定符

一个程序可以包含多个函数,在地址传递中,这些函数可以通过形参列表中的指针来间接访问同一个对象,以程序 3-7 为例:

```
void OutputArray(int * p,int n);     //数组输出
void InvertArray(int * p,int n);     //数组逆置
```

这两个函数都是通过指针 p 访问同一个数组,OutputArray 只读取数组的值,

InvertArray 则要改写数组的值。

如果一个对象是只读的,却被某些函数改写了,整个程序的结果就是错误的,而且这种错误还很难发现,因为是运行时错误。现在需要一种机制,使这种错误在编译阶段就可以发现,即把运行时错误转为编译时错误,这种机制便是 **const 限定符**。

2. const 型对象

由 const 限定符限定的对象称为 const 型对象或 const 型常量。这种对象只能初始化,在初始化后不再是左值,不能改写。const 型对象定义或声明格式如下:

const 类型 变量名=初始化数据;

或

类型 **const** 变量名=初始化数据;

例如:

```
const double pi=3.1415926;                                    //圆周率
pi=3.14;                                                      //错!
```

又例:

```
const int a[12]={31,28,31,30,31,30,31,31,30,31,30,31};        //非闰年每月天数
a[1]=29;                                                      //错!
```

3. 指向 const 型的指针

一个指针涉及两个对象:一个是指针本身,另一个是它指向的对象。如果一个指针对它所指向的对象只能读取,不能修改,这个指针称为**指向 const 型的指针**。如果一个指针本身是 const 型对象,该指针称为 **const 型指针**。本节只介绍前者,即指向 const 型的指针。这种指针的定义或声明格式如下:

const 类型 * 指针变量名;

或

类型 **const** * 指针变量名;

例如:

```
const int * p;                                          //指向 const 型的指针
```

或者

```
int const * p;
```

函数 OutputArray,因为只是读取而不是改写数组的值,所以其形参列表中的指针应该声明为指向 const 型的指针;而函数 InvertArray,因为要改写数组的值,所以其形参列表中的指针不是指向 const 型的指针:

```
void OutputArray(const int * p,int n);                        //数组输出
void InvertArray(int * p,int n);                              //数组逆置
```

一个 const 型对象,例如,const 型整型数组

```
const int a[12]={31,28,31,30,31,30,31,31,30,31,30,31};
```

因为其值只能读取,不能改写,所以作为实参,只能参数传递给只读函数 OutputArray:

```
OutputArray(a,12);
```

因为实参和形参的关系是前者给后者赋值,所以这种关系可以概括为一个 const 型对象地址只能赋给指向 const 型的指针,即

```
const int a[12]={31,28,31,30,31,30,31,31,30,31,30,31};
const int * p=a;                                         //对
```

而

```
int * p=a;                                               //错
```

同理:

```
const pi=3.1415926;                                      //圆周率
const int * p=&pi;                                       //对
```

而

```
int * p=&pi;                                             //错
```

一个非 const 型对象,例如,整型数组

```
int b[10]={5,10,15,20,25,30,35,40,45,50};
```

因为其值既可以读取,又可以改写,所以作为实参,既可以传递给函数 OutputArray 读取,也可以传递给函数 InvertArray 改写:

```
OutputArray(b,10);
InvertArray(b,10);
```

因为实参和形参的关系是前者给后者赋值,所以这种关系可以概括为一个非 const 型对象地址可以赋给任何指向该对象类型的指针,即

```
int b[10]={5,10,15,20,25,30,35,40,45,50};          //非 const 型数组
const int * p=b;                                    //传址给指向 const 型的指针
int * p=b;                                          //传址给非指向 const 型的指针
```

同理:

```
int n=456;                                          //非 const 型对象
const int * p=&n;                                   //传址给指向 const 型的指针
int * q=&n;                                         //传址给非指向 const 型的指针
```

如果把指向 const 型的指针看作一个认真办事的人,把 const 型对象看作需要认真办的事情,后者的地址只能传递给前者,意味着,一件需要认真办的事情,只能交给认真办事的人。

需要补充的是,指向 const 型的指针其本身不是 const 型对象,因此不必初始化,可以定义或声明后赋值。例如:

```
const int * p;
p=&pi;
```

程序 3-8 应用指向 const 型的指针。

```
#include<stdio.h>
void InvertArray(int * p,int n);          //逆置
void OutputArray(const int * p,int n);    //输出
int main()
{
//变量
    int a[10];
    int i;                                //数据元素索引
    int item;                             //存储输入
//输入
    printf("Enter 10 integers:\n");
    for(i=0;i<10;i++)                     //输入的数据用空格或换行符分隔
    {
        scanf("%d",&item);
        a[i]=item;
    }
//逆置
    InvertArray(a,10);
//输出
    printf("after invert:\n");
    OutputArray(a,10);

    return 0;
}
void InvertArray(int * p,int n)           //逆置
{
    //代码见程序 3-7
}
void OutputArray(const int * p,int n)     //输出
{
    int i;
    for(i=0;i<n;i++)
        printf("%d\t",p[i]);
    printf("\n");
}
```

4. 指向 const 型的指针传递

指向 const 型的指针只能把值传递（即赋值）给指向 const 型的指针。以程序 3-8 为例，在 OutputArray 函数体内，不能调用 InvertArray：

```
void OutputArray(const int * p,int n)          //输出
{
    int i;
    InvertArray(p,n);                          //错
    for(i=0;i<n;i++)
        printf("%d\t",p[i]);
    printf("\n");
}
```

这是为什么呢？因为在函数 OutputArray 中，形参 p 是指向 const 型的指针。从该函数的角度，指针 p 所指向的对象就是 const 型对象，因此，在调用函数 InvertArray 时，指针 p 作为实参，传递的是一个 const 型对象的地址，它要求被调函数所对应的形参必须是指向 const 型的指针。

但是在 InvertArray 函数体内，可以调用 OutputArray 函数，例如：

```
void InvertArray(int * p,int n)
{
    int left=0;                                //首元素索引
    int right=n-1;                             //尾元素索引
    int temp;                                  //用于三角交换
    OutputArray(p,n);                          //合法
    while(left<right)
    {
        temp=p[left];
        p[left++]=p[right];
        p[right--]=temp;
    }
}
```

这又是为什么呢？在函数 InvertArray 中，形参 p 不是指向 const 型的指针。在调用函数 OutputArray 时，指针 p 作为实参，传递的是一个非 const 型对象的地址，它只要求被调用函数所对应的形参是指向该对象类型的指针。

3.5　数 组 应 用

3.5.1　最 大 元 素

函数设计：查找数组中最大数据元素，返回其索引。

函数头设计：将函数命名为 IndexOfMax，表示查找数组中最大数据元素的索引。将

形参列表设为(const int * p,int n),表示搜索对象是数组 p[0：n],其中形参 p 是指向 const 型的指针,表示该函数只是读取数组的值。将返回值类型设为整型,因为最大数据元素的索引是整数。得到函数头如下:

```
int IndexOfMax(const int * p, int n)
```

函数体设计:设一个整型变量 max 表示最大数据元素的索引,初值为 0。开始时,假设数组中首元素最大,然后在索引区间[1：n]中顺序搜索。如果搜索到更大元素,就将 max 的值改为该数据元素的索引。接下来继续搜索,直到搜索完毕,返回 max 的值。得到函数定义如下:

```
int IndexOfMax(const int * p, int n)
{
    int i;                      //数据元素索引
    int max=0;                  //最大数据元素索引
    for(i=1;i<n;++i)            //在索引区间[1:n]搜索
        if(p[max]<=p[i])
            max=i;
    return max;
}
```

求数组最大数据元素的索引如图 3-8 所示。

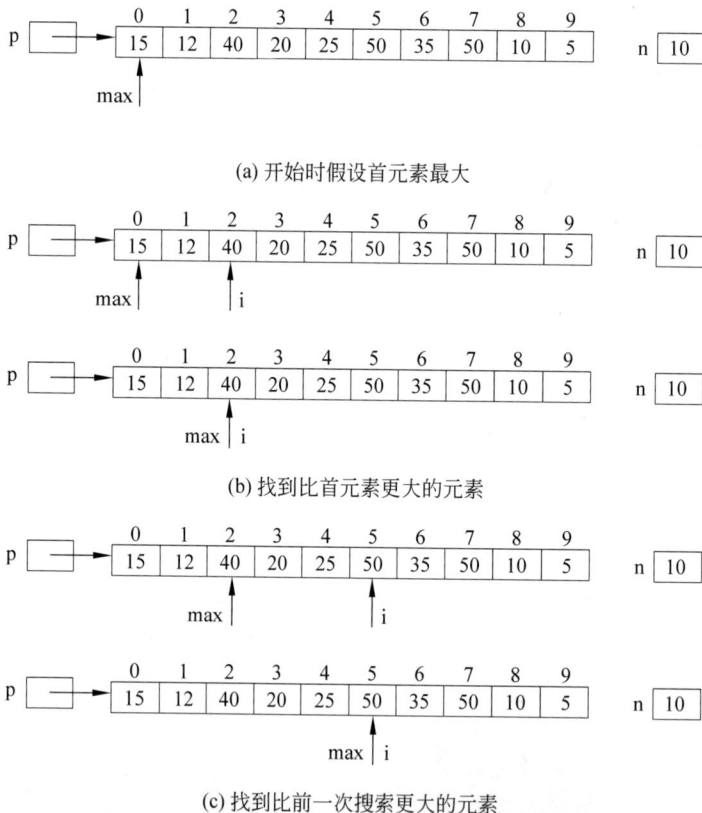

(a) 开始时假设首元素最大

(b) 找到比首元素更大的元素

(c) 找到比前一次搜索更大的元素

图 3-8 求数组最大数据元素的索引示意图

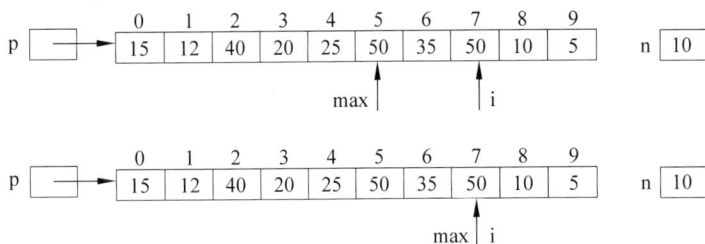

(d) 找到最大元素

图 3-8　（续）

函数分析

根据 if 子句中的表达式 $p[max]<=p[i]$，如果数组中有两个以上的数据元素都是最大的，函数返回值是索引最大的一个。如果将 if 子句中的表达式改为 $p[max]<p[i]$，函数返回值是索引最小的一个。

程序 3-9　查找数组中最大数据元素。

```c
#include<stdio.h>
int IndexOfMax(const int * p,int n);        //返回最大数据元素的索引
int main()
{
//变量
    int a[10];
    int i;                                   //数据元素索引
    int max;                                 //最大数据元素索引
    int item;                                //存储输入
//输入
    printf("Enter 10 integers:\n");          //输入提示
    for(i=0;i<10;i++)                        //输入数据用空格或换行符分隔
    {
        scanf("%d",&item);
        a[i]=item;
    }
//处理
    max=IndexOfMax(a,10);
//输出
    printf("%d\n",max);

    return 0;
}
int IndexOfMax(const int * p,int n)
{
```

```
        //代码同上
    }
```

程序运行结果（粗体表示输入）：

```
Enter 10 integers:
```
10 20 30 40 50 90 60 90 80 70[Enter]
```
7
```

3.5.2　选择排序

函数设计：对数组的数据元素从小到大选择排序。

函数头设计：将函数命名为 SelectSort，表示选择排序。将形参列表设为（int ＊ p，int n），表示排序对象是数组 p[0：n]。将返回值类型设为 void，表示没有显式的返回值，即没有 return 语句带回的返回值。得到函数头如下：

```
void SelectSort(int * p, int n)
```

选择排序方法：把数据元素分为左右两个半区，左半区为无序子集，右半区为有序子集。开始时，有序子集为空。在无序子集中选出最大数据元素，将它与无序子集的尾元素交换，然后将尾元素并入有序子集。这是一趟选择交换。对 n 个数据元素，经过 n－1 趟选择交换后有序。

函数体设计步骤如下。

（1）在无序区 p[0:n] 寻找最大元素。

（2）将最大元素和尾元素交换。

（3）n 的值减 1。无序子集缩小，有序子集扩大。

重复上述过程，直到 n 的值为 1。

得到函数定义如下：

```
void SelectSort(int * p, int n)
{
    int max;                        //最大数据元素索引
    int temp;                       //用于交换
    while(n>1)
    {
        max=IndexOfMax(p,n);        //步骤(1)
        temp=p[max];                //步骤(2)
        p[max]=p[n-1];
        p[n-1]=temp;
        n--;                        //步骤(3)
    }
}
```

选择排序如图 3-9 所示。

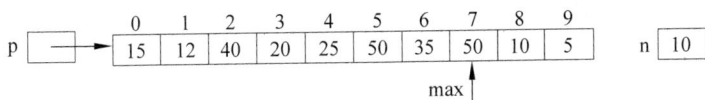

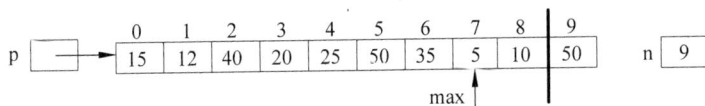

(a) 第一次迭代

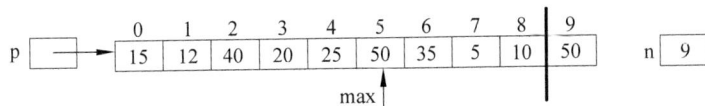

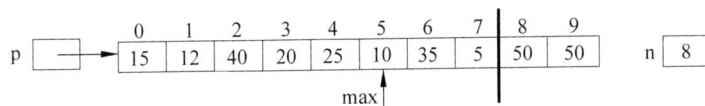

(b) 第二次迭代

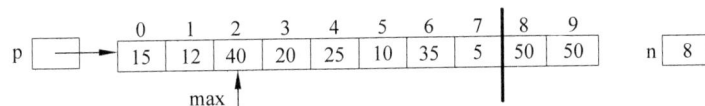

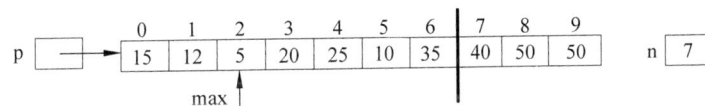

(c) 第三次迭代

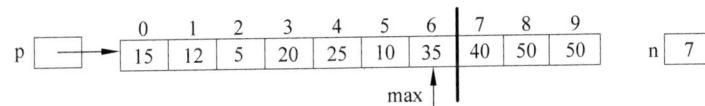

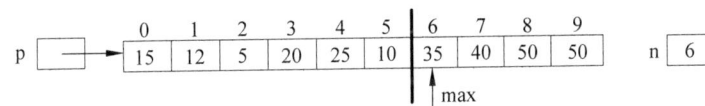

(d) 第四次迭代

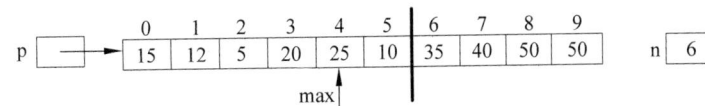

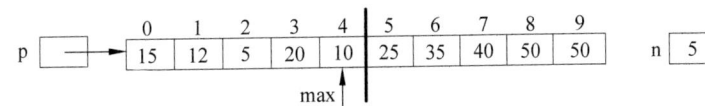

(e) 第五次迭代

图 3-9　选择排序示意图

程序 3-10 对整型数组的数据元素从小到大选择排序。

```c
#include<stdio.h>
int IndexOfMax(const int * p,int n);
void SelectSort(int * p,int n);
void OutputArray(const int * p,int n);
int main()
{
//变量
    int a[10];
    int i;                          //数据元素索引
    int item;                       //存储输入
//输入
    printf("Enter 10 integers:\n");
    for(i=0;i<10;i++)               //输入数据用空格或换行符分隔
    {
        scanf("%d",&item);
        a[i]=item;
    }
//处理
    Selection(a,10);
//输出
    OutputArray(a,10);

    return 0;
}
int IndexOfMax(const int * p,int n)
{
    int i;                          //数据元素索引
    int max=0;                      //最大数据元素索引
    for(i=1;i<n;++i)                //在索引区间[1:n]搜索
        if(p[max]<=p[i])
            max=i;
    return max;
}
void SelectSort(int * p,int n)
{
    //代码同上
}
void OutputArray(const int * p,int n)        //输出
{
    int i;
    for(i=0;i<n;i++)
        printf("%d\t",p[i]);
```

```
    printf("\n");
}
```

程序运行结果（粗体表示输入）：

```
Enter 10 integers:
7 6 5 4 6 7 8 3 2 1[Enter]
1     2     3     4     5     6     6     7     7     8
```

3.5.3　顺序搜索和二分搜索

1. 顺序搜索

　　函数设计：根据某个关键值，顺序搜索数组，查找最先出现的与关键值相等的数据元素。若存在，则返回它的索引，否则返回−1。

　　函数头设计：将函数命名为 SeqSearch，表示顺序搜索。将形参列表设为（const int *p,int n,int key），表示搜索对象是数组 p[0:n)，其中对象 key 的值是搜索的关键值，形参 p 是指向 const 型的指针，表示该函数只是读取数组的值。将返回值类型设为整型，因为返回值是索引或−1，它们都是整数。得到函数头如下：

```
int SeqSearch(const int * p,int n,int key)
```

　　函数体设计：从数组首元素开始依次将每个数据元素与关键值比较，如果相等就停止比较，返回该元素的索引；如果没有数据元素与关键值相等，返回−1。

```
for(i=0;i<n;++i)
    if(key==p[i])
        return i;
return -1;
```

程序 3-11　顺序搜索。

```
#include<stdio.h>
int SeqSearch(const int * p,int n,int key);
int main()
{
//变量
    int a[10];
    int i;                          //数据元素索引
    int item;                       //存储输入
//输入
    printf("Enter 10 integers:\n");
    for(i=0;i<10;i++)
    {
        scanf("%d",&item);
        a[i]=item;
```

```
    }

    printf("Enter a key to be searched:\n");
    scanf("%d",&item);
//处理
    i=SeqSearch(a,10,item);
//输出
    printf("%d\n",i);

    return 0;
}
int SeqSearch(const int * p,int n,int key)
{
    int i;
    for(i=0;i<n;++i)
        if(key==p[i])
            return i;
    return -1;
}
```

程序运行结果(粗体表示输入):

```
Enter 10 integers:
1 2 3 4 5 6 7 8 9 10[Enter]
Enter a key to be searched:
5[Enter]
4
```

2. 二分搜索

函数设计:数组从小到大有序。根据某个关键值,二分搜索数组,查找与关键值相等的数据元素。若存在,就返回它的索引,否则返回-1。

函数头设计:将函数命名为 BinSearch,表示二分搜索。将形参列表设为(const int * p,int n,int key),表示搜索对象是数组 p[0:n],其中对象 key 的值是搜索的关键值,形参 p 是指向 const 型的指针,表示该函数只是读取数组的值。将返回值类型设为整型,因为返回值是索引或-1,它们都是整数。得到函数头如下:

```
int BinSearch(const int * p,int n,int key)
```

函数体设计:将索引区间[0: n-1]折半,用关键值与中间元素比较,如果相同,结束二分搜索,返回该元素的索引;如果小于,取左半区继续二分搜索;如果大于,取右半区继续二分搜索;如果索引区间为空时还没有找到,返回-1。

```
int BinSearch(const int * p,int n,int key)
{
```

```
    int left=0;                          //首元素索引
    int right=n-1;                       //尾元素索引
    int mid=(left+right)/2;              //居中元素索引

    while(left<=right)
    {
        if(key==p[mid])                  //如果找到
            return mid;
        if(key<p[mid])
            right=mid-1;                 //在 p[left:mid-1]中继续搜索
        else
            left=mid+1;                  //在 p[mid+1:right]中继续搜索
        mid=(left+right)/2;
    }
    return -1;
}
```

二分搜索如图 3-10 所示。

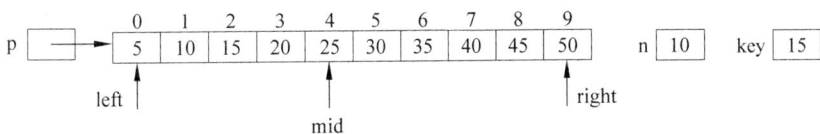

(a) 迭代前

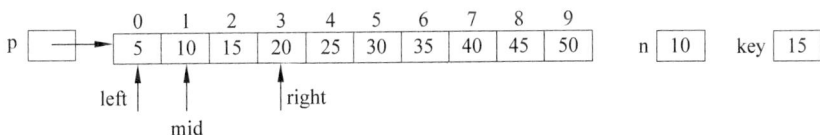

(b) 第一次迭代

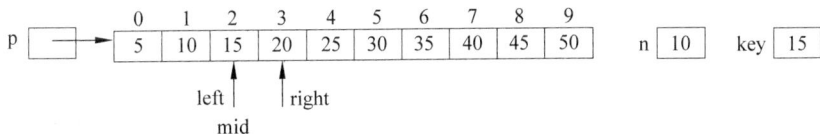

(c) 第二次迭代

图 3-10 二分搜索示意图

3. 两种搜索方法比较

假设数组有 30 000 个学生记录,给定一个学生学号作为关键值。

顺序搜索从数组首元素开始逐个与关键值比较,每次比较失败后,搜索范围仅减少一条记录。因此平均搜索长度是数组长度的 1/2,即大约需要比较 15 000 条记录。如果比较一条记录需要用时10ms,平均搜索时间为150s。这么长时间是不能容忍的。

二分搜索首先要求学生记录按学号有序,然后从中间元素开始比较,每次比较失败后,搜索范围至少减少1/2。因此最多比较15次。查找一个记录最多需要0.15s。这意味着,寻找任何记录都可以瞬间完成。

3.5.4 平均值

函数设计:计算实型数组的平均值,并返回这个值。

函数头设计:将函数命名为Average,表示平均值。将形参列表设为(const double * p,int n),表示对实型数组p[0:n]求平均值,其中形参p是指向const型的指针,表示该函数只是读取数组的值。将返回值设为双浮点实型,因为平均值是实数。得到函数头如下:

```
double Average(const double * p,int n)
```

函数体设计:只需要在求和函数Sum的基础上稍加改进即可。主要是改类型和返回值,如下面的粗体部分。

```
double Average(const double * p,int n)
{
    int i;                          //数据元素索引
    double s=0;                     //累加器
    for(i=0;i<n;++i)                //对数组的数据元素累加
        s+=p[i];
    return s/n;                     //返回平均值
}
```

程序 3-12 对数组的数据元素求平均值。

```
#include<stdio.h>
double Average(const double * p,int n);    //返回p[0:n]的平均值函数声明
int main()
{
//变量
    double a[10];
    int i;                          //数据元素索引
    double item;                    //存储输入和结果
//输入
    printf("Enter 10 real numbers:\n");
    for(i=0;i<10;i++)
    {
        scanf("%Lf",&item);
        a[i]=item;
    }
//处理
```

```
    item=Average(a,10);
//输出
    printf("%Lf\n",item);

    return 0;
}
double Average(const double * p,int n)          //返回 p[0:n]的平均值函数定义
{
    int i;                                      //数据元素索引
    double s=0;                                 //累加器
    for(i=0;i<n;++i)                            //对数组的数据元素累加
        s+=p[i];
    return s/n;                                 //返回平均值
}
```

程序运行结果(粗体表示输入):

```
Enter 10 real numbers:
1 2 3 4 5 6 7 8 9 10[Enter]
5.500000
```

程序分析

函数 Average 的返回值是 s/n,其中 s 是双浮点实型,n 是普通整型。不同类型的数据进行同一种运算时需要类型转换,转换的规则之一是整型向实型转换,这方面的知识详见 3.6 节。

3.6　类 型 转 换

数据可以实施什么样的基本操作是由类型规定的,一般来说,类型不同,操作也不同。例如,整数可以求余(%),而实数不可以;整数相除是整除,而实数相除要保留小数。

但是不同类型的数据进行同一种操作是常有的事。例如:9.89/2,函数 Average 的返回值 s/n(其中被除数是实型,除数是整型),数组给指针赋值。这时的操作应该按什么类型的规定进行呢?

遇到这种情况,不同类型的数据要统一到同一种类型进行操作,后者称为**目标(转换)类型**。转换规则是"小类型"转换为"大类型",以防止数据截断(truncation),损失精度。C 语言基本类型的转换规则是整型转换为浮点型,短类型转换为长类型。例如,9.89/2 和 s/n 都要将除数转换为浮点型后相除。操作过程以 s/n 来说明,首先读取 n 的值,转换为双浮点型存储到一个隐式对象中,再读取 s 的值和隐式对象中的值进行实型除法,计算结果存储到另一个隐式对象。在这个过程中,n、s 的类型和值都没有变。

在赋值表达式中,目标类型是左元类型,因此,左元类型不能"小于"右元类型,这个规定称为**赋值兼容性**。

```
double x=100;                                   //转换正确
```

```
int n=3.14;                                    //错
```

"小"意味着一种约束,一种限制。整型之所以比实型小,是因为整型存储格式的限制,使存储的数值范围比实型的小。

数组赋值给指针,是赋值兼容性的典型。数组元素没有名称,要表示数组元素,既要保留数组名,又要将数组名转换为指向数组首元素的指针常量,从而得到与名称等价的指针表达式或索引表达式,这是最简便有效地克服局限性的方法。

以上的类型转换是自动隐式转换,必须按照规则进行。还有一种转换是显式转换(explicit conversion),也称强制类型转换(cast),可以按照程序设计的需要使用。这个转换的格式如下:

(类型)转换对象

应用举例:

```
int n=(int)3.14;                              //n 的值是 3
double x=(double)3/4;                         //x 的值是 0.75
```

3.7 动 态 数 组

假设需要一个长度为 10 的双浮点型数组,定义如下:

```
double a[10];
```

其中,数组元素类型是双浮点型,数组长度(即数组元素个数)是 10,数组的名字是 a。它可以传址给一个指向 double 型的指针变量 p。代码如下:

```
double * p=a;                                 //double * p;  p=a;
```

赋值时,数组名 a 自动转换为指向数组首元素的指针常量,然后把首元素地址赋给 p,使 p 指向了数组首元素,从而 p[i]与 a[i]等价。

这样定义的数组有局限性:数组长度只能用整型常量表达式来表示,例如 double a[12-2]、double a[2 * 5]、double a[2+8];它占用的是静态内存,长度不能改变。这种数组称为**静态数组**。

但是数组常常需要在程序运行过程中创建,数组长度用一个**整型变量**表示。例如,整型变量 max,值为 10 或其他大于 0 的数,表示数组长度,可是下面的数组定义是非法的:

```
double a[max];                               //非法
```

解决的方法是创建动态数组,这需要调用内存分配函数。

3.7.1 内 存 分 配 函 数

1. malloc

创建动态数组需要调用内存分配函数 malloc,声明格式如下:

```
void* malloc(unsigned int);
```

其中,形参类型 unsigned int 是无符号整型,要求形参的值不能小于 0,表示字节数。要创建长度为 max 的双浮点型数组,需要的字节数是 max * sizeof(double),这是实参。sizeof 是操作符,功能是计算一个对象或一个类型所需的字节数,sizeof(double)是计算一个双浮点型数组元素的字节数。函数的返回值是首字节地址,类型 void *;应用时需要强制类型转换为(double *),以赋值给指向 double 型的指针。于是有:

```
double* p;                                    //指向双浮点型的指针
p=(double*)malloc(max*sizeof(double));        //调用 malloc 函数,假设 max 的值是 10
```

动态数组如图 3-11 所示。

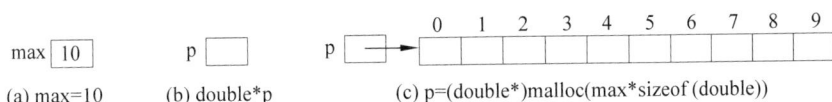

(a) max=10   (b) double*p   (c) p=(double*)malloc(max*sizeof(double))

图 3-11 动态数组示意图

由此得到的动态数组没有名称,只有指向首元素的指针 p。

如果内存分配没有成功,malloc 返回地址 0。分配失败的原因一般是没有足够的内存。这时,需要给出提示,并停止程序运行:

```
if(p==0)
{
    printf("allocation failure!");           //内存分配失败
    exit(1);                                  //非正常停止程序
}
```

2. calloc

创建动态数组还有一个内存分配函数 calloc,声明格式如下:

```
void* calloc(unsigned int,unsigned int);
```

其中,第一个形参表示对象个数,第二个形参表示一个对象的字节数。例如:

```
p=(double*)calloc(max,sizeof(double));
```

它的特点是创建动态数组的同时给数组元素赋初值 0。

3. free

动态分配的内存在使用完毕后,要调用内存撤销函数 free 完成撤销,以便系统另作他用。free 的调用格式如下:

```
free(p);
```

释放动态数组如图 3-12 所示。

malloc、calloc、free 和 exit 都是标准库函数,包含在库文件 stdlib.h。

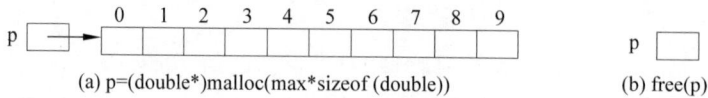

(a) p=(double*)malloc(max*sizeof (double))   (b) free(p)

图 3-12 释放动态数组示意图

修改程序 3-12,把双浮点型静态数组改为双浮点型动态数组,数组长度由输入决定。

程序 3-13 应用动态数组计算平均值。

```c
#include<stdio.h>
#include<stdlib.h>                                //malloc,free,exit
double Average(const double * p,int n);
int main()
{
//变量
    double* p;                                    //双浮点型指针
    int max;                                      //表示数组长度
    int i;                                        //数据元素索引
    double item;                                  //存储输入和结果
//输入数组长度和创建动态数组
    printf("Enter the length of array:\n");       //输入数组长度
    scanf("%d",&max);
    p=(double*)malloc(max*sizeof(double));        //申请分配动态数组
    if(p==0)
    {
        printf("allocation failure!");
        exit(1);
    }
//输入数据元素
    printf("Enter %d real numbers:\n",max);
    for(i=0;i<max;i++)                            //输入数据用空格或换行符分隔
    {
        scanf("%Lf",&item);
        p[i]=item;
    }
//处理
    item=Average(p,max);
//输出
    printf("%Lf\n",item);

    free(p);                                      //释放动态数组空间

    return 0;
}
double Average(const double * p,int n)
```

```
{
    int i;                          //数据元素索引
    double s=0;                     //累加器
    for(i=0;i<n;++i)                //对数组的数据元素累加
        s+=p[i];
    return s/n;
}
```

程序运行结果（粗体表示输入）：

Enter the length of array:

5[Enter]

Enter 5 real numbers:

1 3 5 7 9[Enter]

5.000000

程序分析

(1) 输入部分，输入提示中的个数不是 10 个，而是 max。计数控制循环 for 语句的上界也不是 10，而是 max。

(2) 处理部分，调用函数的第二个实参，不是 10，而是 max。

(3) 输入语句 scanf("%Lf",&item) 和输出语句 printf("%Lf\n",item)，其中的格式说明符 %Lf 表示双浮点型。

3.7.2　最近平均值

函数设计：查找数组中与数组的平均值相差最小的数据元素，返回其索引。

函数头设计：将函数命名为 IndexOfDV，表示与平均值相差最小的数据元素索引，其中 DV 是 differential value 的缩写。将形参列表设为(const double * p,int n)，表示处理对象是数组 p[0：n)，其中形参 p 是指向 const 型的指针，表示函数只是读取数组的值。将返回值类型设为整型，因为索引是整数。得到函数头如下：

```
int IndexOfDV(const double * p,int n)
```

函数体设计步骤如下。

(1) 创建动态数组。

(2) 求数组的平均值。

(3) 将数组的每个元素的值减去平均值，并取绝对值后存入动态数组。

(4) 调用 IndexOfMin，返回动态数组中最小的数据元素索引。

```
int IndexOfDV(const double * p,int n)
{
    double * dv;                    //difference value
    int i;                          //数据元素索引
    double av;                      //平均数
```

```
dv=(double *)malloc(n * sizeof(double));      //步骤(1)
if(dv==0)
{
    printf("allocation failure!");
    exit(1);
}

av=Average(p,n);                              //步骤(2)

for(i=0;i<n;++i)                              //步骤(3)
    dv[i]=fabs(p[i]-av);                      //fabs 是求绝对值函数

i=IndexOfMin(dv,n);                           //步骤(4)

free(dv);

return i;
}
```

其中,fabs 是标准库函数,用于求绝对值,所属库文件是 math.h。IndexOfMin 返回最小的数据元素索引,在 IndexOfMax 基础上稍加改进即可。

程序 3-14 求与数组平均值最近的元素,返回其索引。

```
#include<stdio.h>
#include<stdlib.h>                            //malloc,free
#include<math.h>                              //fabs
double Average(const double * p,int n);       //求数组的数据元素平均值
int IndexOfMin(const double * p,int n);       //求数组中最小数据元素索引
int IndexOfDV(const double * p,int n);        //求数组中与数组的平均值相差最小的数据
                                              //元素索引

int main()
{
//变量
    double a[10];                             //双浮点数组
    int i;                                    //数据元素索引
    double item;                              //存储输入

//输入
    printf("Enter 10 real numbers:\n");
    for(i=0;i<10;i++)                         //输入数据用空格或换行符分隔
    {
        scanf("%Lf",&item);
        a[i]=item;
    }
```

```
//处理
    i=IndexOfDV(a,10);
//输出
    printf("%d\n",i);

    return 0;
}
double Average(const double * p,int n)          //求数组的数据元素平均值
{
    int i;                                       //数据元素索引
    double s=0;                                  //累加器
    for(i=0;i<n;++i)                             //对数组中的数据元素累加
        s=s+p[i];
    return s/n;
}
int IndexOfMin(const double * p,int n)           //求数组中最小数据元素索引
{
    int i;                                       //数据元素索引
    int min=0;                                   //最小数据元素索引

    for(i=1;i<n;++i)                             //在索引区间[1:n)搜索
        if(p[i]<=p[min])
            min=i;
    return min;
}
int IndexOfDV(const double * p,int n)            //求数组中与数组的平均值相差最小的数据
                                                 //元素索引
{
    //代码同上
}
```

3.8　指针与索引

当一个指针指向一个数组首元素时,它们关于数组元素的指针表达式和索引表达式是等价的。例如:

```
int a[5];                //整型数组 a
int * p=a;               //整型指针 p 指向数组 a 的首元素
```

这时,p+i 与 a+i 等价(0<=i<5),它们都是指向第 i 个数组元素的指针。p[i]与 a[i]等价,或 * (p+i)与 * (a+i)等价(0<=i<5),它们都表示第 i 个数组元素,其中 i 是索引。在这些表达式中,索引 i 的值在变,而 a 和 p 的值没有变。

其实,在这些表达式中,a 转换为指向首元素的指针常量,它的值不能变,而 p 是指针

变量,它的值可以变。例如,对 p 可以实施自增自减操作。以自增操作为例:假设 p 初始时指向数组 a 的首元素 a[0],一次自增操作(++p 或 p++)后,p 指向 a[1],第二次自增操作后,p 指向 a[2],以此类推。再以自减操作为例:假设 p 初始时指向数组 a 的尾元素 a[4],一次自减操作(--p 或 p--)后,p 指向 a[3],第二次自减操作之后,p 指向 a[2],以此类推。

利用指针处理数组,既可以采用索引操作,也可以采用指针操作。以数组输出为例,索引方法和指针方法对比如表 3-1 所示。

表 3-1　索引方法和指针方法对比

程序 3-15　用索引方法输出数组(见图 3-13(a))	程序 3-16　用指针方法输出数组(见图 3-13(b))
| ```c
#include<stdio.h>
void OutputArrayByIndex(int * p,int n)
{
    int i;
    for(i=0;i<n;++i)
        printf("%d\t",p[i]);
    printf("\n");
}

int main()
{
    int a[5]={5,10,15,20,25};
    OutputArrayByIndex(a,5);
    return 0;
}
``` | ```c
#include<stdio.h>
void OutputArrayByPointer(int * p,int n)
{
    int * first=p;
    int * last=p+n;
    for(;first!=last;++first)
        printf("%d\t", * first);
    printf("\n");
}
int main()
{
    int a[5]={5,10,15,20,25};
    OutputArrayByPointer(a,5);
    return 0;
}
``` |

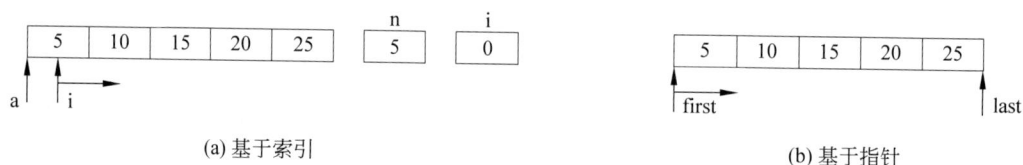

(a) 基于索引　　　　　　　　　　　　　　　　(b) 基于指针

图 3-13　索引方法和指针方法对比

表 3-1 分析

在索引方法中,索引 i 的取值范围是索引区间[0:n),n 的值是 5,是索引上界。在指针方法中,指针 first 的取值范围是[first:last),first 指向数组首元素,last 是指针上界。

程序 3-17　应用指针方法求数组平均值(对比程序 3-12)。

```c
#include<stdio.h>
double Average(const double * p,int n);
int main()
{
//变量
    double a[10];
```

```
    int i;                                  //数据元素索引
    double item;                            //存储输入和结果
//输入
    printf("Enter 10 real numbers:\n");
    for(i=0;i<10;i++)
    {
        scanf("%Lf",&item);
        a[i]=item;
    }
//处理
    item=Average(a,10);
//输出
    printf("%Lf\n",item);

    return 0;
}
double Average(const double * p,int n)
{
    const double * first=p;
    const double * last=p+n;
    double s=0;                             //累加器
    for(;first!=last;++first)               //对数组的数据元素累加
        s+= * first;
    return s/n;                             //返回平均值
}
```

3.9　函 数 指 针

指针不仅可以指向数据对象,也可以指向函数。函数指针声明格式如下:

类型(* 函数指针名)(形参列表);

其中,类型是函数返回类型,形参列表是函数的形参列表。

在声明函数指针时,函数指针名两边的括号非常重要。是否有括号,意义完全不同。例如:

```
int ( * fp)(int * ,int);                //fp是函数指针
int * fp (int * ,int);                  //fp是函数名,返回值类型是整型指针
```

以选择排序的程序为例:

```
int IndexOfMax(int * ,int);             //函数声明
void Selection(int * ,int);             //函数声明
int ( * pOfIndex)(int * ,int);          //函数指针
void ( * pOfSel)(int * ,int);           //函数指针
```

```
pOfIndex=IndexOfMax;                    //指向函数 IndexOfMax
pOfSel=Selection;                       //指向函数 Selection
```

或者函数指针初始化：

```
int (*pOfIndex)(int*,int)=IndexOfMax;
void (*pOfSel)(int*,int)=Selection;
```

函数指针指向一个特定函数后,便与该函数名等价。例如,pOfSel(a,10)与 Selection(a,10)等价,pOfIndex(a,10)与 IndexOfMax(a,10)等价。

函数指针的赋值和引用可以采用 C 语言特有的一种方式,类似数据指针的赋值和引用：

```
pOfIndex=&IndexOfMax;                   //指向函数 IndexOfMax
pOfSel=&Selection;                      //指向函数 Selection
```

这时,(*pOfIndex)与 IndexOfMax 等价,(*pOfSel)与 Selection 等价。例如,(*pIndex)(a,10)与 IndexOfMax(a,10)等价。

练　　习

一、简要回答以下问题

1. 指针和地址是什么关系？

2. 为什么指针是复合类型？

3. 一个指针指向一个对象是什么意思？

4. 什么是间接访问？

5. 什么是值传递？什么是地址传递？

6. 地址传递和值传递有什么本质区别？

7. 函数返回值有几种形式？

8. 什么是指向 const 型的指针？什么是 const 型指针？

9. 为什么指向 const 型的指针只能传值给指向 const 型的指针？

10. 什么是线性表？

11. 什么是数组？

12. 什么是线性表和数组的关系？

13. 什么是线性连续存储模式？

14. 数组元素和数据元素有什么区别和联系？

15. 长度为 5 的数组 a,其数组元素的地址表达式和索引表达式各是什么？

16. 长度为 20 的数组 a,有几种简单的表示方法？

17. 地址的算术运算和数组有什么关系？

18. 为什么数组是复合类型？

19. 为什么指针和数组密切相关？

20. 什么是越界错误？什么是偏移错误？举例说明。

21. 为什么在应用 malloc 函数时要对返回值类型实施强制类型转换？

22. 什么是逗号表达式？举例说明。

23. 举例说明比较顺序搜索和二分搜索的效率。

24. 在求数组最大元素的函数 IndexOfMax 中，if 子句的表达式 p[max]<p[i]和 p[max]<=p[i]各自对结果有什么意义？

二、下面哪一组赋值语句是正确的

1.

```
int n;
int * p=&n;
```

2.

```
const int n;
int * p=&n;
```

3.

```
int n;
const int * p=&n;
```

4.

```
const int n;
const int * p=&n;
```

5.

```
int n;
const int * p=&n;
const int * q=p;
```

6.

```
int n;
const int * p=&n;
int * q=p;
```

7.

```
int n;
int * p=&n;
const int * q=p;
```

8.

```
int n;
```

```
int *  p=&n;
int *  q=p;
```

9.

```
int n;
const int *  p;
p=&n;
```

三、编写程序

1. 在选择排序中,调用 SwapByAddress 函数实现两个元素的交换。

2. 求数组中最小数据元素。函数头如下:

```
int IndexOfMin(int * p,int n)
```

3. 利用函数 IndexOfMin,编写选择排序函数。

4. 向上起泡排序:将数组 p[0:n)分为左右两个半区 p[0:0)和 p[0:n),左半区为有序子集,开始时为空,右半区为无序子集。遍历无序子集:从尾元素开始,两两相邻元素比较,若是逆序,则交换。每遍历一次,称为一次起泡,起泡后,最小元素成为该子集的首元素。然后将该元素归入有序子集。重复起泡,直到无序子集只有一个元素为止。函数头如下:

```
void BubbleUp(int * p,int n)
```

5. 向下起泡排序:将数组 p[0:n)分为左右两个半区 p[0:n)和 p[n:n),右半区为有序子集,开始时为空,左半区为无序子集。遍历无序子集:从首元素开始,两两相邻元素比较,若逆序,则交换。每遍历一次,称为一次起泡。起泡后,最大元素成为该子集的尾元素。然后将该元素归入有序子集。重复起泡,直到无序子集只有一个元素为止。函数头如下:

```
void BubbleDown(int *  p,int n)
```

6. 双向起泡排序:交替调用函数 BubbleUp 和 BubbleDown。函数头如下:

```
void UpDown(int * p,int n)
```

7. 数组元素划分:以数组首元素为支点,将数组的数据元素分为左右两个子集,左子集的元素都不大于支点,右子集的元素都不小于支点。函数头如下:

```
void Partition(int * p,int n)
```

8. 筛法求质数。对输入的任何一个正整数 n,利用筛法求 1~n 的质数,然后输出。基本思想:将 1~n 等价于数组的索引。数组相当于筛子,数组元素是筛眼,数组元素的值为 0 表示通,1 表示不通。数组元素为通时,所对应的索引是质数。具体步骤如下。

(1) 创建长度为 n+1 的动态数组,数组元素的初值为 0。

(2) 令索引为 0 和 1 的数组元素值为 1,表示 0 和 1 不是质数。

（3）2～n 计数循环：第一次迭代，搜索其值为 0 的数组元素，结果是元素的索引为 2，2 是最小质数。然后将索引大于 2 且为 2 的倍数的数组元素赋值 1，表示这些索引不是质数。第二次迭代，结果是元素的索引为 3,3 是质数。然后将索引大于 3 且为 3 的倍数的数组元素赋值 1，表示这些索引不是质数。以此类推。

（4）按行输出所有质数，一行 5 个。

9. 将求最大元素函数和选择排序函数都改为指针方法，并用函数指针调用。

第4章

顺 序 表

> 数组的缺点是缺少基本函数。
> 顺序表是带有基本函数的数组。

数组是简单的数据结构,数据之间的关系是前驱和后继关系,关系的存储模式是线性连续存储模式。但是与基本类型不同,数组不带基本操作。

对一个整数按位求和时,使用了整型所具有的基本操作:整除(/)和求余(%)。但是对整型数组求和时,因为数组没有基本操作可以使用,所以程序隐含不少问题。本章的学习就从这个程序开始,发现问题,解决问题。

4.1 数组求和分析

下面是数组求和程序。

```
#include<stdio.h>
int main()
{
//变量
    int data[10];
    int i;                              //数组索引
    int s=0;                            //累加器
    int item;                           //存储输入
//输入
    printf("Enter 10 integers:\n");
    for(i=0;i<10;i++)                   //输入的数据用空格或换行符分隔
    {
        scanf("%d",&item);
        data[i]=item;
    }
//处理
    for(i=0;i<10;i++)
        s+=data[i];
//输出
    printf("%d\n",s);
```

```
    return 0;
}
```

运行程序结果（粗体表示输入）：

```
Enter 5 integers:
```
1 2 3 4 5 6 7 8 9 10 [Enter]
```
55
```

程序分析

根据定义，数组 data 的长度是 10，最多可以存储 10 个数据元素。在输入部分，计数控制循环指定了数据元素个数，正好和数组长度相等。其实，输入数据时，有时难以确定输入多少，以带有前哨的输入为例，最多输入 10 个整数，输入 0 时结束。这时，数组长度和数据元素个数很可能是不等的，如果还是按照数组长度累加，结果可能是错的。

为解决这个问题，首先将数组长度和数据元素个数分开，分别用两个整型变量表示，例如，用 max 表示数组长度，size 表示数据元素个数。max 的初值是 10，size 的初值是 0。每插入一个数据元素，size 的值增 1。插入后，对数组 data[0：size) 累加。

程序 4-1　用变量分别记录数组长度和数据元素个数。

```c
#include<stdio.h>
int main()
{
//变量
    int data[10];
    int max=10;                      //数组长度
    int size=0;                      //数据元素个数

    int i=0;                         //数据元素索引
    int s=0;                         //累加器
    int item;                        //存储输入
//带有前哨的输入
    printf("Enter integers (up to 10 and 0 to end):\n");
    scanf("%d",&item);
    while(item!=0)                   //0 是前哨
    {
        data[i]=item;
        i++;
        size++;
        scanf("%d",&item);
    }
//处理
    for(i=0;i<size;i++)
        s+=data[i];
//输出
```

```
    printf("%d\n",s);

    return 0;
}
```

程序运行结果(粗体表示输入):

Enter integers (up to 10 and 0 to end):
1 3 5 7 0[Enter]
16

程序分析

(1) 在输入部分,i 和 size 的值始终相等,可以统一用 size。

```
while(item!=0)                              //0 是前哨
{
    data[size]=item;
    size++;
    scanf("%d",&item);
}
```

(2) 现在的问题:因为使用的是静态数组,数组长度固定,所以对输入的数据元素个数还是有限制的。要去掉这个限制,首先需要引入动态数组。

4.2　动态数组应用

程序 4-2　对动态数组的数据求和。

```
#include<stdio.h>
#include<stdlib.h>
int main()
{
//变量
    int * data;                           //整型指针,用来指向动态数组
    int max;                              //记录数组长度
    int size;                             //记录数组的数据元素个数
    int i;                                //数据元素索引
    int s=0;                              //累加器
    int item;                             //存储输入
//动态数组申请
    data=(int *)malloc(10 * sizeof(int));
    if(data==0)
    {
        printf("allocation failure!\n");
        exit(0);
    }
```

```
        max=10;
        size=0;
//带有前哨的输入
        printf("Enter integers (up to 10 and 0 to end:\n");
        scanf("%d",&item);
        while(item!=0)                        //0 是前哨
        {
            data[size]=item;
            size++;
            scanf("%d",&item);
        }
//处理
        for(i=0;i<size;i++)
            s+=data[i];
//输出
        printf("%d\n",s);
//动态数组释放
        free(data);
//返回
        return 0;
}
```

程序运行结果（粗体表示输入）：

Enter integers (up to 5 and 0 to end):
1 3 5 7 9 0[Enter]
25

程序分析

要去掉输入个数的限制，仅引入动态数组是不够的，还需要其他机制辅助。下面逐步引入这些机制。

4.3　结 构 初 步

数组作为实参传递时，一般来说，既要传递数组指针，又要传递数组的数据元素个数或数组长度，例如，对数组元素求和，函数声明如下：

int Sum(int * p,int n);

其中，形参 p 对应的实参是数组指针，如程序 4-2 的 data；形参 n 对应的实参是数组的数据元素个数，如程序 4-2 的 size。结果调用语句如下：

Sum(data,size)

如果函数是插入数组元素，既要传递 size 的值（因为插入后，size 的值要增 1），又要传递 max 的值（以便判定数组是否已满而不能插入）。这时，与之对应一个形参（这里是 n）

就不够了。动态数组的指针(data)、数组长度(max)和数据元素个数(size)综合表示了数组的状态信息,应该封装为一个整体,以便统一传递。

把一组相互关联的对象都封装在一起的机制称为**结构**。结构是程序员定义的一种复合类型,结构的定义格式如下:

```
struct 结构名
{                                           //结构体起点
    结构成员声明列表
};                                          //结构体终点
```

其中,struct 是关键字,结构名是程序员根据命名规则指定的,每个结构成员都有类型和名称。例如:

```
struct SeqList                              //结构 SeqList
{
    int * data;
    int max;
    int size;
};
```

定义了结构 SeqList 后,就可以定义结构对象,例如:

```
struct SeqList L;                           //定义结构对象 L
```

与基本类型对象的定义不同,结构对象的定义不仅需要结构名,还需要关键字 struct。结构对象 L 如图 4-1 所示。

对结构成员的引用有两种方法:一是结构对象加结构成员引用符,二是结构指针加箭头操作符,即

```
结构对象.结构成员
结构指针->结构成员
```

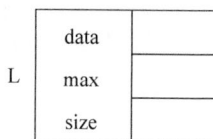

图 4-1　结构对象 L 示意图

举例说明,如有

```
struc SeqList L;                            //结构对象 L
struc SeqList * l=&L;                       //结构指针 l,指向结构对象 L
```

则有结构成员表示如下:

```
L.data,L.size,L.max
l->data,l->max,l->size
```

箭头操作符表达式实际上是下面一种表达式的形象化和简化:

```
(*l).data,(*l).max,(*l).size
```

4.4　typedef 名字

在结构 SeqList 中，成员 data 是指向整型的指针。如果程序要处理其他类型的数组，就要修改类型。如何修改呢？既然 data 已经封装在结构中，若要修改，则应该从结构外部进行。这就需要引入 typedef 语句，它的功能是给一个实际存在的类型指定一个别名，这个别名为 typedef 名字。语句格式如下：

```
typedef 实存类型 类型别名；
```

下面应用这条语句：把结构成员 data 定义为指向 Type 类型的指针，Type 是程序员命名的一个抽象类型，实际上并不存在，但可以作为别名，即 typedef 名字，与实际应用类型等价，称为**抽象类型实例化**。例如：

```
typedef int Type;                    //将 Type 与 int 等价
struct SeqList
{
    Type * data;                     //data 是指向 Type 类型的指针
    int max;
    int size;
};
```

如果需要双浮点型数组，只需修改 typedef 语句即可：

```
typedef double Type;                 //将 Type 与 double 等价
```

typedef 名字还可以用来去掉结构对象定义中的关键字 struct：将 SeqList 作为别名，等价于

```
struct SeqList:
typedef struct SeqList SeqList;      //将 SeqList 与 struct SeqList 等价
```

或者

```
typedef struct
{
    Type * data;
    int max;
    int size;
} SeqList;
```

这样一来，结构对象定义就简化为

```
SeqList L;
```

程序 4-3　应用顺序表。

```
#include<stdio.h>
```

```
#include<stdlib.h>
typedef int Type;                          //将 Type 与 int 等价
typedef struct                             //顺序表结构
{
    Type * data;
    int max;
    int size;
}SeqList;
int main()
{
//变量
    SeqList L;                             //结构 SeqList 对象 L
    int i;                                 //数据元素索引
    int s=0;                               //累加器
    int item;                              //存储输入
//动态数组申请
    L.data=(int * )malloc(10 * sizeof(int));
    if(L.data==0)
    {
        printf("allocation failure!\n");
        exit(0);
    }
    L.max=10;                              //数组长度为 10
    L.size=0;                              //数据元素个数是 0
//带有前哨的输入
    printf("Enter integers (up to 10 and 0 to end):\n");
    scanf("%d",&item);
    while(item!=0)                         //0 是前哨
    {
        L.data[L.size]=item;
        L.size++;
        scanf("%d",&item);
    }
//处理
    for(i=0;i<L.size;i++)                  //求和
        s+=L.data[i];
//输出
    printf("%d\n",s);
//动态数组释放
    free(L.data);
//返回
    return 0;
}
```

4.5　准构造和准析构

数组的状态信息分别用对象 data、max 和 size 表示,而且把它们封装起来,形成结构 SeqList。下面把状态信息的各种处理按功能封装,形成基本函数,就像基本类型的基本操作一样。

在程序 4-3 中,动态数组申请部分是如下一组语句:

```
L.data=(int * )malloc(10 * sizeof(int));
if(L.data==0)
{
    printf("allocation failure!\n");
    exit(0);
}
L.max=10;                              //数组长度为 10
L.size=0;                              //数据元素个数是 0
```

把这组语句封装为基本函数 InitSeqList,称为**准构造函数**,其定义如下:

```
void InitSeqList(SeqList * l,int n)     //准构造
{
    l->data=(Type * )malloc(n * sizeof(Type));
    if(l->data==0)
    {
        printf("allocation failure!\n");
        exit(0);
    }
    l->max=n;
    l->size=0;
    return;
}
```

在程序的动态数组申请部分调用这个函数:

```
InitSeqList(&L,10);                     //如图 4-2 所示
```

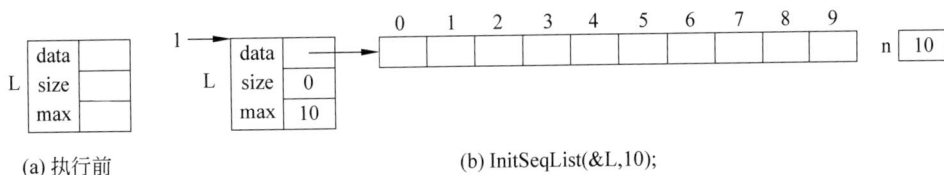

图 4-2　语句 InitSeqList(&L,10)示意图

动态数组释放部分是如下语句:

```
free(L.data);
```

将它封装为基本函数 FreeSeqList,称为**准析构函数**,其定义如下:

```
void FreeSeqList(SeqList * l)              //准析构
{
    free(l->data);
}
```

在程序的动态数组释放部分调用这个函数:

```
FreeSeqList(&L);                           //如图 4-3 所示
```

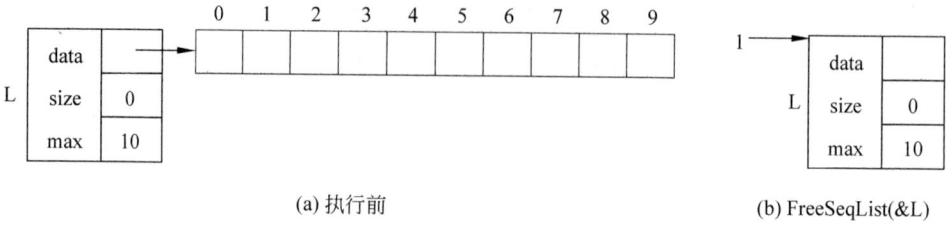

(a) 执行前   (b) FreeSeqList(&L)

图 4-3　语句 FreeSeqList(&L)示意图

把结构 SeqList 的定义、函数 InitSeqList 和 FreeSeqList 的声明和定义,一起封装在文件 seqlist.h 中:

```
//seqlist.h
#ifndef SEQLIST_H                          //条件编译
#define SEQLIST_H

#include<stdio.h>
#include<stdlib.h>                          //malloc,free,exit
typedef struct                             //结构 SeqList
{
    Type * data;
    int max;
    int size;
}SeqList;
//基本函数声明
void InitSeqList(SeqList * l,int n);        //准构造
void FreeSeqList(SeqList * l);              //准析构
//基本函数实现
void InitSeqList(SeqList * l,int n)         //准构造
{
    l->data=(Type *)malloc(n * sizeof(Type));
    if(l->data==0)
    {
        printf("allocation failure!\n");
        exit(0);
    }
```

```
        l->max=n;
        l->size=0;
        return;
    }
    void FreeSeqList(SeqList * l)                    //准析构
    {
        free(l->data);
    }
    #endif                                           //条件编译结束
```

在主函数文件中包含这个文件，并将 Type 实例化：

```
typedef int Type;
#include"seqlist.h"
```

其中，双引号表示该文件在当前工程的目录下。

程序 4-4 应用准构造函数和准析构函数。

```
#include<stdio.h>
typedef int Type;                                   //将 Type 实例化为 int
#include"seqlist.h"

int main()
{
//变量
    SeqList L;                                       //结构 SeqList 对象 L
    int i;                                           //数据元素索引
    int s=0;                                         //累加器
    int item;                                        //存储输入
//建空表
    InitSeqList(&L,10);                              //调用准构造
//带有前哨的输入
    printf("Enter integers (up to 10 and 0 to end):\n");
    scanf("%d",&item);
    while(item!=0)                                   //0 是前哨
    {
        L.data[size]=item;
        L.size++;
        scanf("%d",&item);
    }
//处理
    for(i=0;i<L.size;i++)                            //求和
        s+=L.data[i];
//输出
    printf("%d\n",s);
//动态数组释放
```

```
    FreeSeqList(&L);                         //调用准析构
//返回
    return 0;
}
```

4.6　尾　　插

在程序 4-4 中，输入部分是如下一组语句：

```
L.data[size]=item;                          //把数据插入数组的数据元素尾部
L.size++;                                   //数据元素个数增 1
```

现在将它们封装为一个基本函数 PushBack，称为**尾插**。

```
void PushBack(SeqList * l,Type item)        //尾插
{
    l->data[l->size]=item;                  //在新数据空间中尾插
    l.size++;
}
```

但是，这个函数需要扩展：在插入前，如果数组空间已满，即数据元素个数等于数组长度，就要扩大数组长度。为此，可以专门设计一个用于扩展的函数。它的功能是扩大数组空间，保留原始数据。步骤如下：

（1）设一个指针，指向原数组。

（2）重新分配数组空间。

（3）把原数组数据复制到新数组空间。

（4）撤销原数组空间。

```
void Reserve(SeqList * l,int newmax)                 //将数组长度扩大为 newmax
{
    int i;                                           //数据元素索引
    Type * old;
    if(newmax<=l->max)
        return;
    old=l->data;                                     //步骤(1)
    l->max=newmax;                                   //步骤(2)
    l->data=(Type * )malloc(newmax * sizeof(Type));  //建新数组
    for(i=0;i<l->size;i++)                            //步骤(3)
        l->data[i]=old[i];
    free(old);                                        //步骤(4)
}
```

于是，尾插函数扩展如下：

```
void PushBack(SeqList * l,Type item)                 //尾插
```

```
{
    if(l->size==l->max)                          //如果数据元素个数等于数组长度
        Reserve(l,2*l->max);                     //扩大数组长度
    l->data[l->size]=item;                       //尾插
    l.size++;
}
```

把函数 Reserve 和 PushBack 的声明和定义加入头文件 seqlist.h。在程序的输入部分调用尾插函数 PushBack。有了基本函数 Reserve,输入个数的上限就可以取消了。

程序 4-5 应用尾插函数。

```
#include<stdio.h>
typedef int Type;                                //将 Type 实例化为 int
#include"seqlist.h"

int main()
{
//变量
    SeqList L;                                   //结构 SeqList 变量 L
    int i;                                       //数据元素索引
    int s=0;                                     //累加器
    int item;                                    //存储输入
//建空表
    InitSeqList(&L,10);
//带有前哨的输入
    printf("Enter integers(0 to end):\n");
    scanf("%d",&item);
    while(item!=0)                               //0 是前哨
    {
        PushBack(&L,item);                       //调用尾插函数,如图 4-4 所示
        scanf("%d",&item);
    }
//处理
    for(i=0;i<L.size;i++)                        //求和
        s+=L.data[i];
//输出
    printf("%d\n",s);
//动态数组释放
    FreeSeqList(&L);
//返回
    return 0;
}
```

程序运行结果(粗体表示输入):

Enter integers(0 to end):

```
5  10  15  20  25  30  0[Enter]
105
```

(a) 插入前

(b) 尾插5

(c) 尾插15

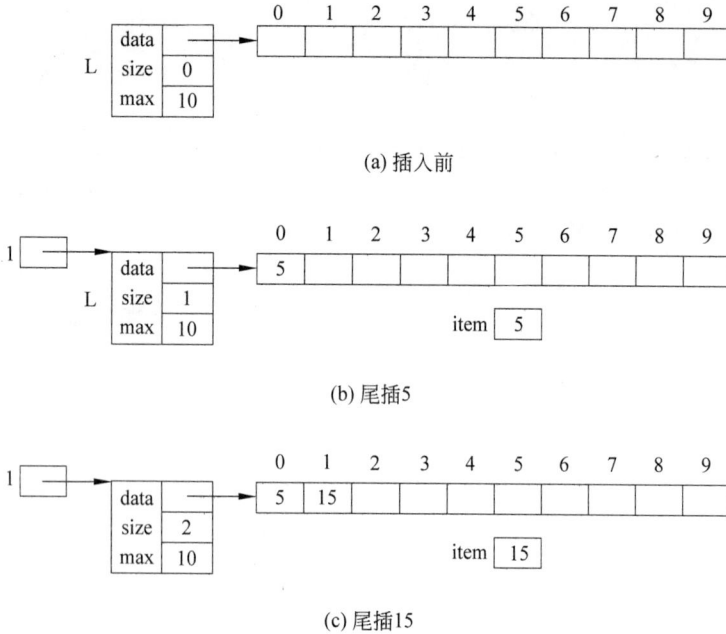

图 4-4　语句 PushBack(&L,item)示意图

4.7　读　取

在程序 4-5 中,处理部分是 for 语句:

```
for(i=0;i<L.size;i++)                        //求和
    s+=L.data[i];
```

其中,表达式 L.size 和 L.data[i],它们的功能都是读取结构成员,现在封装为基本函数 GetSize 和 GetData。因为只是读取而不是改写数组的值,所以形参列表中的顺序表指针是指向 const 型的指针。

```
int GetSize(const SeqList * l)                //读取数据元素个数
{
    return l->size;
}
Type GetData(const SeqList * l,int id)        //读取索引为 id 的数据元素
{
    return l->data[id];
}
```

把这两个函数的声明和定义加入头文件 seqlist.h。在程序的处理部分调用这两个函数。

程序 4-6　应用读取函数。

```
#include<stdio.h>
typedef int Type;                            //将 Type 实例化为 int
#include"seqlist.h"

int main()
{
//变量
    SeqList L;                               //结构 SeqList 变量 L
    int i;                                   //数据元素索引
    int s=0;                                 //累加器
    int item;                                //存储输入
//建空表
    InitSeqList(&L,10);
//带有前哨的输入
    printf("Enter integers(0 to end):\n");
    scanf("%d",&item);
    while(item!=0)                           //0 是前哨
    {
        PushBack(&L,item);
        scanf("%d",&item);
    }
//处理
    for(i=0;i<GetSize(&L);i++)               //调用 GetSize
        s+=GetData(&L,i);                    //调用 GetData
//输出
    printf("%d\n",s);
//动态数组释放
    FreeSeqList(&L);
//返回
    return 0;
}
```

将程序 4-6 中的处理部分封装为一个应用函数。

```
int SumOfList(const SeqList * l)
{
    int i;
    int s=0;
    for(i=0;i<GetSize(l);i++)
        s+=GetData(l,i);
    return s;
}
```

然后在程序的处理部分调用这个函数。

程序 4-7　应用求和函数。

```c
#include<stdio.h>
typedef int Type;                              //将 Type 实例化为 int
#include"seqlist.h"
int SumOfSeqList(const SeqList * l);
int main()
{
//变量
    SeqList L;
    int i;                                     //数据元素索引
    int s=0;                                   //累加器
    int item;                                  //存储输入
//动态数组申请
    InitSeqList(&L,5);
//带有前哨的输入
    printf("Enter integers (0 to end):\n");
    scanf("%d",&item);
    while(item!=0)                             //0 是前哨
    {
        PushBack(&L,item);
        scanf("%d",&item);
    }
//处理
    s=SumOfSeqList(&L);                        //调用求和函数
//输出
    printf("%d\n",s);
//动态数组释放
    FreeSeqList(&L);
//返回
    return 0;
}
int SumOfSeqList(const SeqList * l)
{
    int i;
    int s=0;
    for(i=0;i<GetSize(l);i++)
        s+=GetData(l,i);
    return s;
}
```

4.8　删　　除

定点删除，即删除某一索引所对应的数据元素。

假设索引是 id 的值，删除步骤是将数据元素 data[id+1,size) 移到 data[id,size-1)，数据元素个数减 1。

```
void Erase(SeqList * l,int id)
{
    int i;
    for(i=id+1;i<l->size;i++)
        l->data[i-1]=l->data[i];
    l->size--;
}
```

定点删除如图 4-5 所示。

(a) 删除前

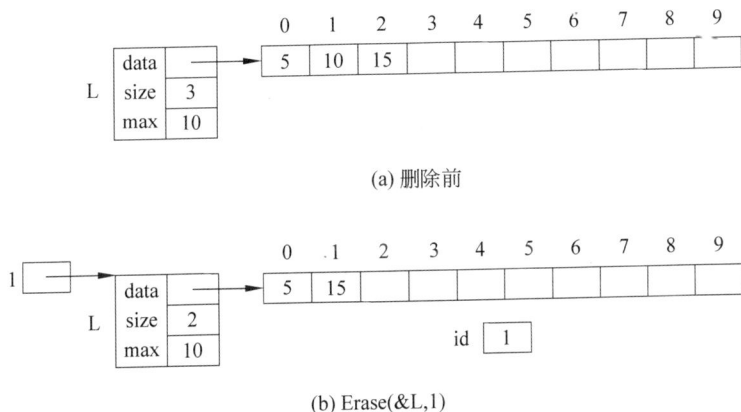

(b) Erase(&L,1)

图 4-5　定点删除示意图

将基本函数 Erase 的声明和定义加入头文件 SeqList.h。

应用函数设计：删除顺序表的重复数据。

函数头设计：将函数命名为 Purge，表示删除重复数据。将形参列表设为(SeqList * l)，表示删除对象是指针 l 所指向的顺序表。将返回值类型设为 void，表示没有显式的返回值。得到函数头如下：

```
void Purge(SeqList * l)
```

函数体设计：使用嵌套循环。外层循环：在索引区间[0:size)遍历，用 i 表示要保留的数据元素的索引。内层循环：对每个 i，在索引区间[i+1,size)遍历，用 j 表示要删除的数据元素索引，若索引为 j 的数据元素与索引为 i 的数据元素相等，则删除前者。函数定义如下：

```
void Purge(SeqList * l)
```

```
{
    int i;                                  //要保留的数据元素的索引
    int j;                                  //要删除的数据元素的索引

    for(i=0;i<GetSize(l);i++)               //外层循环。要保留的数据元素
    {
        j=i+1;                              //内层循环。要删除的数据元素
        while(j<GetSize(l))
            if(GetData(l,j)==GetData(l,i))
                Erase(l,j);
            else
                j++;
    }
}
```

程序 4-8　删除顺序表的重复数据。

```
#include<stdio.h>
typedef int Type;                           //将 Type 实例化为 int
#include"seqlist.h"

void Purge(SeqList* l);
void OutputOfSeqList(SeqList* l);

int main()
{
//变量
    SeqList L;
    int s=0;                                //累加器
    int item;                               //存储输入
//动态数组申请
    InitSeqList(&L,10);                     //调用准构造函数
//输入
    printf("Enter integers (0 to end):\n");
    scanf("%d",&item);
    while(item!=0)                          //0 是前哨
    {
        PushBack(&L,item);                  //调用尾插函数
        scanf("%d",&item);
    }
//处理
    Purge(&L);
//输出
    OutputOfSeqList(&L);
//动态数组释放
```

```
    FreeSeqList(&L);                                //调用准析构函数

    return 0;
}

void Purge(SeqList * l)
{
    //代码同上
}
void OutputOfSeqList(SeqList * l)
{
    int i;
    for(i=0;i<GetSize(l);i++)
        printf("%d\t",GetData(l,i));
    printf("\n");
}
```

4.9　基本函数补充

1. 定点插入

在索引 id 处插入数据元素 item。

void Insert(SeqList * l,int id,Type item);

实现步骤如下:
(1) 如果表满,就调用 Reserve 函数扩大数组空间。
(2) 将数据元素 data[id,size)移到 data[id+1,size+1)。
(3) 在索引 id 的位置上插入数据元素 item,然后数据元素个数加 1。

```
void Insert(SeqList * l,int id,Type item)
{
    int i;
    if(l->size==l->max)                             //步骤(1)
        Reserve(l,2 * l->max);
    for(i=l->size-1;i>=id;i--)                      //步骤(2)
        l->data[i+1]=l->data[i];
    l->data[id]=item;                               //步骤(3)
    l->size++;
}
```

定点插入如图 4-6 所示。

2. 首插

将一个数据元素插到索引为 0 的位置。该函数是定点插入的特例:

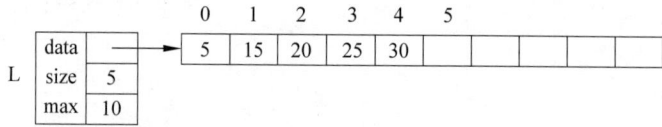

(a) 插入前

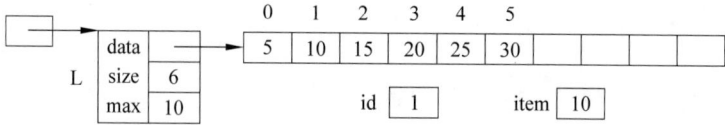

(b) Insert(&L,1,10)

图 4-6 定点插入示意图

```
void PushFront(SeqList * l,Type item){Insert(l,0,item);}
```

其实,4.6 节的尾插也是定点插入的特例,可以表示如下:

```
void PushBack(SeqList * l,Type item){Insert(l,l->size,item); }
```

3. 首删和尾删

它们都是定点删除的特例:

```
void PopFront(SeqList * l){Erase(l,0);}            //首删。删除数据首元素
void PopBack(SeqList * l){Erase(l,l->size-1);}     //尾删。删除数据尾元素
```

4. 清表

将数据元素个数置 0:

```
void Clear(SeqList * l){l->size=0;}
```

4.10 参数合法性检验

线性表是线性结构,数据元素之间的前驱和后继关系,在顺序表中所对应的数组元素的关系是前后相邻的。如何实现这种存储呢? 就需要读写位置的合法性检验。以删除函数为例:删除位置既不能小于 0,也不能大于 size-1,如图 4-7 所示。

```
void Erase(SeqList * l,int id)
{
    int i;
    if(id<0||id>l->size-1)                          //删除位置的合法性检验
    {
        printf("Erase:id is illegal!");             //插入位置不合法
```

```
        exit(1);                                //停止程序
    }
    for(i=id+1;i<l->size;i++)
        l->data[i-1]=l->data[i];
    l->size--;
}
```

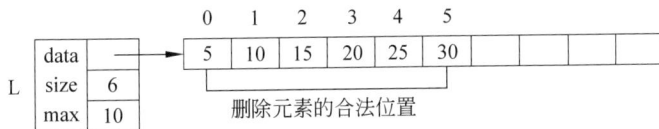

图 4-7　删除合法位置示意图

再以定点插入为例：插入位置不能小于 0，也不能大于 size，如图 4-8 所示。

```
void Insert(SeqList * l,int id,Type item)
{
    int i;
    if(id<0||id>l->size)                        //插入位置的合法性检验
    {
        printf("Insert:id is illegal!");
        exit(1);
    }
    if(l->size==l->max)
        Reserve(l,2 * l->max);
    for(i=l->size-1;i>=id;i--)
        l->data[i+1]=l->data[i];
    l->data[id]=item;
    l->size++;
}
```

图 4-8　插入合法位置示意图

4.11　顺序表的意义和局限性

结构 SeqList 加上基本函数 InitSeqList、FreeSeqList、Insert、PushFront、PushBack、Erase、PopFront、PopBack、Clear 等，统称**顺序表**。可以说，顺序表是带有基本函数的数组。

1. 意义

顺序表结构是对数组的改进,是程序员自己设计的类型。这种类型的对象是由程序员确定的一组相互关联的基本对象构成的,它们是 data、size 和 max,称为数据成员。这种结构的基本操作是由程序员设计的,如 InitSeqList、PushBack、Erase 等,称为**基本函数**,也称**方法**。对数组的应用函数,如 SumOfSeqList、Purge,都是在这个结构的基础上编写的。顺序表开启了程序员自己设计类型、自己设计方法的程序设计实践。

这种类型是通过封装来实现的。既封装了数据成员,又封装了基本函数代码。封装后,应用函数不应该再直接读写封装的数据成员(data、size、max),以免误操作。例如,要读取 size 的值,不应该直接读取,而应该调用基本函数 GetSize。这是封装原则。

遗憾的是,C 语言没有提供一种机制来支持封装原则。当一个应用函数直接读写顺序表的数据成员时,C 编译器并不视为非法。但这是很危险的,如果某一个数据成员由一个应用函数错误地读写,就会使整个程序"瘫痪"。其实,C 语言也难以提供这种机制,因为它还有很多局限性。

但是毕竟走出重要的一步,程序员应该自觉地遵守封装原则,这不应该是什么困难的事情,毕竟封装原则是先于封装原则机制而出现的,是程序员自己实践的总结。

2. 局限性

一个结构成员称为该结构的**浅层对象**。例如,结构 SeqList 的成员 data、max 和 size 都是浅层对象,如图 4-9(a)所示。如果一个结构成员是指针,这个指针所指向的动态对象称为该结构的**深层对象**。例如,data 指向的动态数组是深层对象,如图 4-9(b)所示。

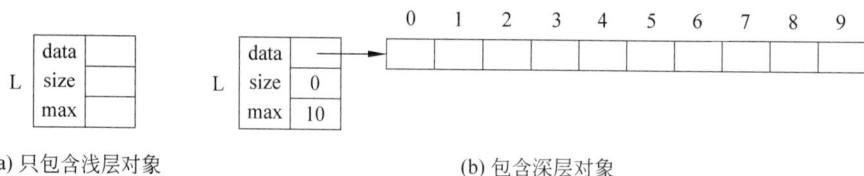

(a) 只包含浅层对象   (b) 包含深层对象

图 4-9 浅层对象和深层对象

顺序表结构 SeqList 的对象,如果只包含浅层对象,则称为顺序表的**结构对象**。例如,定义语句生成的对象都是结构对象。例如:

```
SeqList L;
```

结果如图 4-9(a)所示。

顺序表结构 SeqList 的对象,如果包含深层对象,则称为**顺序表对象**。顺序表的结构对象经过准构造函数处理后成为顺序表对象。例如:

```
InitSeqList(&L,10);
```

结果如图 4-9(b)所示。

顺序表对象经过准析构函数处理后成为结构对象。例如:

```
FreeSeqList(&L);
```

在顺序表基本函数的形参列表中,第一个形参都是指向顺序表结构的指针,在参数传递时,这个指针一般都指向顺序表对象,只有准构造函数例外,指向的是结构对象,因为深层对象还没有生成。因此,顺序表基本函数的定义域(即函数形参的取值)是不完备的。

在基本函数返回时,这个指针一般都依然指向顺序表对象,只有准析构函数例外,指向的是结构对象,因为深层对象已经撤销。因此,顺序表基本函数的值域(即函数的返回值,这里是指通过指针所得的返回值)是不完备的。这是 C 语言不严谨的主要表现之一。

造成定义域不完备的原因在于顺序表对象分两步创建:一是由定义语句生成顺序表的结构对象;二是由准构造函数申请深层对象,将结构对象转为顺序表对象。例如:

```
SeqList L;                                      //生成顺序表的结构对象 L
InitSeqList(&L,10);                             //将结构对象 L 转为顺序表对象
```

解决问题的办法是把第二步合并到第一步,"给顺序表对象提供了初始化保证。"(Bjarne Stroustrup)

造成值域不完备的原因在于顺序表对象的撤销分两步进行:第一步是调用准析构函数,撤销深层对象,把顺序表对象转为结构对象;第二步是由系统自动撤销结构对象。解决问题的方法是把第一步合并到第二步。

顺序表最大的局限性是顺序表对象不能值传递,不能整体赋值。

顺序表的上述问题在第 11 章具体解决。

4.12　顺序表头文件

将顺序表结构定义、基本函数的声明和定义包含在文件/seqlist.h 中,例如:

```
//seqlist.h
#ifndef SEQLIST_H                               //条件编译
#define SEQLIST_H

#include<stdio.h>
#include<stdlib.h>
typedef struct
{
    Type * data;                                //动态数组指针
    int max;                                    //数组长度
    int size;                                   //数据元素个数
}SeqList;

void InitSeqList(SeqList * l,int n);            //准构造
void FreeSeqList(SeqList * l){free(l->data);}   //准析构
void Reserve(SeqList * l,int newmax);           //扩容
```

```
void Insert(SeqList * l,int id,Type item);                      //定点插入
void PushFront(SeqList * l,Type item){Insert(l,0,item);}         //首插
void PushBack(SeqList * l,Type item){Insert(l,l->size,item);}   //尾插

void Erase(SeqList * l,int id);                                  //定点删除
void PopFront(SeqList * l){Erase(l,0);}                          //首删
void PopBack(SeqList * l){Erase(l,l->size-1);}                   //尾删
void Clear(SeqList * l){l->size=0;}                              //清表

int GetSize(const SeqList * l){return l->size;}                  //读取数据元素个数
Type GetData(const SeqList * l,int id){return l->data[id];}      //读取索引为 id 的
                                                                 //数据

void InitSeqList(SeqList * l,int n)                              //准构造
{
    l->data=(Type *)malloc(n * sizeof(Type));
    if(l->data==0)
    {
        printf("allocation failure!\n");
        exit(0);
    }
    l->max=n;
    l->size=0;
    return;
}


void Reserve(SeqList * l,int newmax)                             //将数组长度扩大为 newmax
{
    int i;                                                      //数据元素索引
    Type * old;
    if(newmax<=l->max)
        return;
    old=l->data;                                                //指向原数组,以保留原始数据
    l->max=newmax;                                              //扩大数组长度
    l->data=(Type *)malloc(newmax * sizeof(Type));              //建新数组
    for(i=0;i<l->size;i++)                                      //将原数组数据复制到新数组空间
        l->data[i]=old[i];
    free(old);                                                  //撤销原数组空间
}


void Insert(SeqList * l,int id,Type item)
{
    int i;
    if(id<0||id>l->size)                                        //插入位置的合法性检验
```

```
    {
        printf("Insert:id is illegal!");
        exit(1);
    }
    if(l->size==l->max)
        Reserve(l,2*l->max);
    for(i=l->size-1;i>=id;i--)
        l->data[i+1]=l->data[i];
    l->data[id]=item;
    l->size++;
}

void Erase(SeqList * l,int id)                  //定点删除
{
    int i;
    if(id<0||id>l->size-1)                      //删除位置的合法性检验
    {
        printf("Erase:id is illegal!");
        exit(1);
    }
    for(i=id+1;i<l->size;i++)
        l->data[i-1]=l->data[i];
    l->size--;
}

#endif
```

练　　习

一、简要回答以下问题

1. typedef 名字的意义。
2. 顺序表的生成过程。
3. 顺序表的意义和局限性。

二、给下面程序的每条语句画图

```
typedef int Type;
#include"seqlist.h"
int main()
{
    SeqList L;
    InitSeqList(&L,10);
```

```
        PushBack(&L,10);
        PushBack(&L,20);
        PushFront(&L,5);
        Insert(&L,2,15);
        Erase(&L,2);
        PopBack(&L);
        PopFront(&L);
        Clear(&L);
        FreeSeqList(&L);
        return 0;
}
```

第 5 章

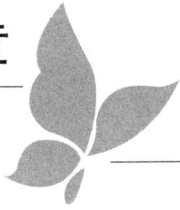

结构、联合、枚举

把一组有关联的对象封装在一起的是结构。把一组有关联的、共用一个地址的对象封装在一起的是联合。把一组有关联的命名常量封装在一起的是枚举。

5.1　结　　构

结构是程序员定义的复合类型。结构定义格式如下：

```
struct 结构名
{                                          //结构体始点
    成员声明列表;
};                                         //结构体终点
```

其中，struct 是关键字，结构名是程序员根据命名规则指定的，每个结构成员都有类型和名称。结构定义是语句，结尾需要分号。例如：

```
struct Date                                //结构
{
    int year;                              //年
    int month;                             //月
    int day;                               //日
};                                         //分号不能省略
```

结构成员的类型可以相同，也可以不同。如果相同，可以合成一条声明语句，例如：

```
struct Date
{
    int year,month,day;
};
```

5.1.1　结构与对象

结构定义后，可以用来定义或声明结构对象，格式如下：

struct 结构名 结构对象名；

例如：

```
struct Date dt;                                   //Date 结构对象 dt
```

要去掉关键字 struct，可以利用 typedef 名字。

```
typedef struct Date Date;                         //将 Date 作为 struct Date 的别名
```

可以直接给结构指定 typedef 名字：

```
typedef struct
{
    int year;                                     //年
    int month;                                    //月
    int day;                                      //日
}Date;                                            //结构名
```

于是，结构对象的定义或声明语句简化为

```
Date dt;                                          //Date 结构对象 dt
```

可以用结构直接定义或声明结构对象：

```
struct
{
    int year,month,day;
} dt;
```

（1）结构对象的初始化和赋值

```
Date dt1={2015,8,16};                             //初始化
Date dt2={2018,10,30};
Date dt3=dt1;                                     //复制初始化
dt1=dt2;                                          //复制赋值
```

结构对象的初始化和赋值如图 5-1 所示。

	yr	2015
dt1	mo	8
	day	16

(a) Date dt1={2015,8,16}

	yr	2018
dt2	mo	10
	day	30

(b) Date dt2={2018,10,30}

	yr	2015
dt3	mo	8
	day	16

(c) Date dt3=dt1

	yr	2018
dt1	mo	10
	day	30

(d) dt1=dt2

图 5-1　结构对象的初始化与赋值

下面的赋值非法：

```
dt1={2005,8,16};                                //非法
```

（2）结构定义和结构对象的定义或初始化可以是一条语句，例如：

```
struct Date                                     //不省略结构名
{
    int year,month,day;                         //年、月、日
}dt={2015,8,16};
```

或

```
struct                                          //省略结构名
{
    int year,month,day;                         //年、月、日
}dt={2015,8,16};
```

（3）结构成员的表示格式如下：

```
结构对象.结构成员名
结构指针->结构成员名
(*结构指针).结构成员名
```

其中，"."是成员引用操作符，－＞是箭头操作符。例如：

```
dt.year,dt.month,dt.day                         //dt 是结构对象
pt->year,pt->month,pt->day                      //结构指针 pt
```

或

```
(*pt).year,(*pt).month,(*pt).day
```

程序 5-1　结构对象的赋值和引用。

```
#include<stdio.h>
typedef  struct
{
    int year,month,day;
} Date;

int main()
{
    Date dt1={2018,4,10};                       //结构对象 dt1 初始化
    Date dt2;                                    //结构对象 dt2
    Date * pt;                                   //结构指针 pt
//输出 dt1 的值
    printf("the value of dt1:\n");
    printf("%d/%d/%d\n",dt1.day,dt1.month,dt1.year);    //输出日期
//输入
    printf("Enter a date :\n");                  //输入提示
```

```
        scanf("%d%d%d",&dt2.year,&dt2.month,&dt2.day);
//修改
        dt1=dt2;                                            //复制赋值
        pt=&dt1;                                            //结构指针 pt 指向结构
                                                            //对象 dt1
//输出
        printf("the value of dt1 after changing:\n");
        printf("%d/%d/%d\n",pt->day,pt->month,pt->year);    //输出日期

        return 0;
}
```

程序运行结果（粗体表示输入）：

```
the value of dt1:
10/4/2018
Enter a date:
```
2018 4 20[Enter]
```
the value of dt1 after changing:
20/4/2018
```

5.1.2　结 构 Date

```
typedef struct
{
    int year;                                           //年
    int month;                                          //月
    int day;                                            //日
} Date;
```

在应用日期时,常常需要这样的计算：一个日期加上几天或减去几天是什么日期？两个日期的间隔是几天？这些计算需要如下基本操作支持。

（1）闰年判断。

（2）把日期转换为一个正整数。

（3）把一个正整数转换为日期。

一个日期和一个正整数有这样的关系：正整数是从公元年 1 月 1 日到该日期的总天数。其中,公元年 1 月 1 日是计算的参照,这个参照也可以选择其他日期,例如公元 1000年 1 月 1 日。

基本操作函数综合应用举例。计算一个日期加上 155 天是什么日期？步骤如下：先把该日期转换为总天数,然后加上 155 天,最后把结果转换为日期。在两次转换中都用到闰年判断：如果是闰年,2 月应该有 29 天而不是 28 天。

（1）闰年判断。用一个数组记录**平年**中每月的天数：

```
const int NoLeapyear[]={31,28,31,30,31,30,31,31,30,31,30,31};
```

判断**闰年**函数：

```
int Leapyear(int y)
{
    return(y%4==0&&y%100!=0)||(y%400==0);
}
```

（2）把日期转换为一个正整数。其步骤如下：

① 用一个整型变量记录总天数，初始值为 0。

② 从公元 1 年起累加该日期以前每个整年的天数，不包含该日期所属的年份。

③ 对该日期所属的年份，从 1 月起累加每个整月的天数，不包含该日期所属的月份。如果包含 2 月，还要判断闰年，决定是否再加 1 天。

④ 加上该日期所属月份的天数。

⑤ 返回总天数。

```
int DateToNum(Date dt)                          //把日期转换为一个正整数
{
    int i;
    int ndays=0;                                //步骤①
//累计整年的天数
    for(i=1;i<dt.year;++i)                       //步骤②
        ndays+=Leapyear(i)?366:365;
//累计正月的天数
    for(i=1;i<dt.month;++i)                      //步骤③
        ndays+=NoLeapyear[i-1];
    if(dt.month>2&&Leapyear(dt.year))           //闰年闰月加 1 天
        ++ndays;
//加上所属月份的天数
    ndays+=dt.day;                              //步骤④

    return ndays;                               //步骤⑤
}
```

（3）把一个正整数转换为日期。其步骤如下：

① 用一个 Date 型变量记录日期，数据成员初始值为 0。

② 自公元 1 年开始，从正整数中扣除整年的天数，每扣除 1 年，年份加 1。

③ 自 1 月开始，从正整数中扣除整月的天数，每扣除 1 月，月份加 1。

④ 剩余的整数就是日。

⑤ 返回日期。

```
Date NumToDate(int ndays)
{
    Date dt={0,0,0};                            //步骤①
    int n;
```

```
//参数检验
    if(ndays<=0)
    {
        printf("NumToDate:nday illegal!");
        exit(1);
    }
//计算年份
    dt.year=1;                                  //步骤②
    n=Leapyear(dt.year)?366:365;                //取整年的天数
    while(ndays>n)                              //如果大于整年的天数
    {
        ndays-=n;                              //扣除整年的天数
        ++dt.year;
        n=Leapyear(dt.year)?366:365;            //取下一年的天数
    }
//计算月份
    dt.month=1;                                 //步骤③
    n=NoLeapyear [dt.month-1];                  //取整月的天数
    while(ndays>n)
    {
        ndays -=n;                             //扣除整月的天数
        ++dt.month;
        n=NoLeapyear [dt.month-1];              //取整月的天数
        if(dt.month==2&&Leapyear(dt.year))      //闰月加1天
            ++n;
    }
//计算日
    dt.day=ndays;                               //步骤④

    return dt;                                  //步骤⑤
}
```

(4) 比较两个日期。相等时,返回0;前者先于后者,返回1;后者先于前者返回-1。

```
int CompareOfDate(Date dt1,Date dt2)
{
    int n=DateToNum(dt1)-DateToNum(dt2);
    if(n<0)
        n=-1;
    else if(n>0)
        n=1;
    return n;
}
```

把Date结构声明,基本函数声明和定义都封装在头文件date.h中。要包含标准头文件 stdio.h 和 stdlib.h。

程序 5-2 从今天计算，多少天以前和以后都是什么日子？

```
#include"date.h"
#include<stdio.h>
int main()
{
    Date today;
    Date otherday;
    int n;
//输入
    printf("Enter a present date(year month day):\n");
    scanf("%d%d%d",&today.year,&today.month,&today.day);

    printf("Enter a positive integers:\n");
    scanf("%d",&n);
//处理和输出
    otherday=NumToDate(DateToNum(today)+n);
    printf("after %d days:\n",n);
    printf("%d-%d-%d\n",otherday.year,otherday.month,otherday.day);

    otherday=NumToDate(DateToNum(today)-n);
    printf("before %d days:\n",n);
    printf("%d-%d-%d\n",otherday.year,otherday.month,otherday.day);

    return 0;
}
```

程序运行结果（粗体表示输入）：

```
Enter a present date(year month day):
2018  4  29[Enter]
Enter a positive integers:
280[Enter]
after 280 days:
2019-2-3
before 280 days:
2017-7-23
```

5.1.3 结构与数组

1. 结构数组

结构数组是指由结构对象构成的数组。例如：

```
Date dt[3];
```

其中,数组长度为 3,每个数组元素都是 Date 结构对象。结构数组可以由赋值操作符一次赋值,但是要初始化。例如:

```
Date dt[3]={{2016,6,16},{2017,7,17},{2018,8,18}};
```

2. 结构数组成员的表示

结构数组[索引].结构成员
(结构数组+索引)->结构成员

例如:

```
dt[i].year
dt[i].month
dt[i].day
```

或

```
(dt+i)->year
(dt+i)->month
(dt+i)->day
```

程序 5-3　结构数组的输入与输出。

```
#include"date.h"
#include<stdio.h>
int main()
{
    Date dt[3]={{2016,6,16},{2017,7,17},{2018,8,18}};    //结构数组初始化
    int i;
//输出
    for(i=0;i<3;++i)
        printf("%d-%d-%d\n",dt[i].year,dt[i].month,dt[i].day);
//输入
    printf("Enter 3 dates(year month day):\n");
    for(i=0;i<3;++i)
        scanf("%d%d%d",&dt[i].year,&dt[i].month,&dt[i].day);
//输出
    for(i=0;i<3;++i)
        printf("%d-%d-%d\n",(dt+i)->year,(dt+i)->month,(dt+i)->day);

    return 0;
}
```

程序运行结果(粗体表示输入):

```
2016-6-16
2017-7-17
```

```
2018-8-18
Enter 3 dates(year month day):
```
2018　6　16
2018　7　17
2018　9　19
```
2018-6-16
2018-7-17
2018-9-19
```

3. 数组与结构中的数组

数组名表示整个数组对象,但是在直接赋值操作中,转换为指向数组首元素的指针常量赋给指针变量,这时的数组不能是左值。例如:

```
int a[5];
a={5,10,15,20,25};                    //非法。a是指针常量,不能是左值
```

```
int a[5]={5,10,15,20,25},b[5];
b=a;                                  //非法。b是指针常量,不能是左值
```

但是,数组作为结构成员,可以跟随结构对象一起为左值。例如:

```
typedef struct                        //一个数组作为仅有的结构成员
{
    int array[5];
} Array;
```

```
Array a={{5,10,15,20,25}},b;
Array c=a;                            //结构可以复制初始化
b=a;                                  //结构可以复制赋值
```

这相当于一个结构对象中的数组给另一个结构对象中的数组赋值。可以输出 b(或c)的值来检验:

```
for(i=0;i<5;++i)
    printf("%d\t",b.array[i]);
```

但是当引用结构成员 array 时,数组 array 还是转换为指向数组首元素的指针常量,因此下面的语句是非法的:

```
b.array =a.array;                     //非法
```

5.2　联　　合

如果一组对象是有关联的,而且每次只有一个对象需要存储和处理,这组对象就可以重叠封装在一起,共用一个地址,共享一个最大的对象所需的内存单元,这种重叠就是**联**

合。联合的深层意义：一段内存单元不是固定地属于哪一种类型的对象，而是指定它存储什么类型的数据，它就是什么类型的对象，即使在同一个程序中，也可以在不同的时段充当不同类型的对象。

联合是程序员定义的类型。联合的定义格式与结构的定义格式类似，只是名称的关键字不同：

union 联合体名

{

　　成员声明列表；

};

其中，union 是关键字。但是联合与结构是有本质区别的：一个结构对象，它的每个成员都有自己独立的内存单元，当然也都有自己独立的地址；而一个联合对象，它的每个成员都没有自己独立的内存空间，也没有自己独立的地址，而是共用一个地址，共享一个最大成员的内存单元。例如：

```
union UNI                              //定义联合(见图 5-2)
{
    int i;
    double d;
};
union UNI u;                           //定义一个联合对象 u
```

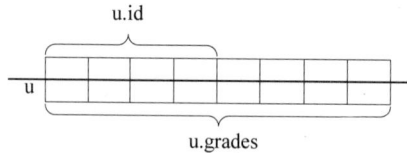

图 5-2　联合 UNI 的对象 u

为了省略联合对象定义中的关键字 union，引入 typedef 名字：

```
typedef union UNI UNI;
```

或

```
typedef union
{
    int id;
    double grades;
}UNI;
```

联合 UNI 的对象 u，其内存单元就是最大成员 grades 的空间，占 8 字节。

联合对象可以初始化，但只能初始化第一个成员，例如：

```
UNI u={201801};                        //合法。给成员 id 赋值
UNI u={90.3};                          //非法。只能初始化第一个成员
```

联合对象在定义或初始化后，最新赋值的成员才有意义，例如：

```
u.grades=90.5;                //合法。成员 grades 是最新赋值的成员
printf("%Lf\n",u.grades);     //有意义
printf("%Lf\n",u.id);         //无意义。成员 id 已经被最新赋值的成员 grades 覆盖
```

程序 5-4　联合的性质检验。

```
#include<stdio.h>
typedef union
{
    int id;
    double grades;
}UNI;
int main()
{
    UNI u={201801};              //初始化
//输出对象和成员的地址
    printf("the address of u=%x\n",&u);
    printf("the address of u.id=%x\n",&u.id);
    printf("the address of u.grades=%x\n",&u.grades);
    printf("\n");
//输出对象和成员的字节数
    printf("the bites of u=%d\n",sizeof(u));
    printf("the bites of u.id=%d\n",sizeof(u.id));
    printf("the bites of u.grades=%d\n",sizeof(u.grades));
    printf("\n");
//输出成员的值
    printf("the value of u.id=%d\n",u.id);
    u.grades=90.5;
    printf("the value of u.grades=%Lf\n",u.grades);
    printf("\n");

    return 0;
}
```

程序运行结果：

```
the address of u=12ff40
the address of u.id=12ff40
the address of u.grades=12ff40

the bites of u=8
the bites of u.id=4
the bites of u.grades=8
```

```
the value of u.id=201801
the value of u.grades=90.500000
```

程序分析

从输出结果可以看出，成员 id 和 grades 是一个地址，当然也就是对象 u 的地址。u 的内存单元与最大的成员 grades 的内存单元一样大，都是 8 字节。

5.3　枚举常量和 switch-case 语句

有一些常量是有名称的，而且是一个整体，例如，周一到周日，其值为 1～7；1—12 月，其值为 1～12。

把一组有关联的命名常量都封装在一起称为**枚举**（enumeration），其中的常量称为枚举常量。

枚举的定义格式如下：

enum {枚举常量 1,枚举常量 2,…,枚举常量 n};

其中，enum 是关键字，枚举常量是由程序员指定的助记符，每个枚举常量都表示一个整数，默认情况下，它们的值依次为 0、1、2、3、……、n—1。例如：

enum {sun,mon,tue,wed,thu,fri,sat};

其中，sun、mon、tue、wed、thu、fri、sat 是一组枚举常量，它们的值依次为 0、1、2、3、4、5、6。

如果希望枚举常量的值从某一非 0 值开始，如从 1 开始，就给第一个枚举常量赋值 1，例如：

enum {mon=1,tue,wed,thu,fri,sat,sun};

这时，枚举常量的值依次为 1、2、3、4、5、6、7。

当然，也可以给每个枚举常量赋值。

编写程序，查询一周的活动安排。假设一周的活动安排如下：周一学习英语（English），周二学习书法（Calligraphy），周三打网球（Tennis），周四会朋友（Friends），周五读书（Books），周六看父母（Parents），周日做家务（Housework）。

每输入一个值（1～7），就显示要做的事情。

有 3 种语句可以实现这种功能：嵌套 if-else 语句、if 语句、switch-case 语句。

1. 嵌套 if-else 语句

```
if(week==mon)                  //周一
    printf("English\n");
else
    if(week==tue)
        printf("Calligraphy\n");
    else
        if(week==wed)
```

```
            printf("Tennis\n");
        else
            if(week==thu)
                printf("Friends\n");
            else
                if(week==fri)
                    printf("Books\n");
                else
                    if(week==sat)
                        printf("Parents\n");
                    else
                        if(week==sun)
                            printf("Housework\n");
                        else
                            printf("Error\n");
```

但是嵌套过多,缩进的结果会使代码向右偏斜太大,不易书写和阅读。解决这个问题的一个方法是采用 else-if 格式,它是嵌套 if-else 语句的另一种书写方式:

```
if(week==mon)
    printf("English\n");
else if(week==tue)
    printf("Calligraphy\n");
else if(week==wed)
    printf("Tennis\n");
else if(week==thu)
    printf("Friends\n");
else if(week==fri)
    printf("Books\n");
else if(week==sat)
    printf("Parents\n");
else if(week==sun)
    printf("Housework\n");
else
    printf("Error\n");
```

2. if 语句

这是一种非平衡的 if-else 语句。格式如下:

```
if(表达式)
    语句组                      //if 有条件执行语句
```

嵌套 if-else 语句可以用 if 语句替代:

```
if(week==mon)
```

```
    printf("English\n");
if(week==tue)
    printf("Calligraphy\n");
if(week==wed)
    printf("Tennis\n");
if(week==thu)
    printf("Friends\n");
if(week==fri)
    printf("Books\n");
if(week==sat)
    printf("Parents\n");
if(week==sun)
    printf("Housework\n");
if(week<mon||week>sun)
    printf("Error\n");
```

与嵌套 if-else 语句不同的是，这 8 条 if 语句是一个顺序结构：无论 week 的值是多少，这几个 if 子句都要依次执行，尽管只有一个 if 子句满足条件，因此在效率上不如嵌套 if-else 语句。

3. switch-case 语句

它是“扯平”的嵌套 if-else 语句。这种语句的格式如下：

```
switch(表达式)
{
case 常量表达式 1:
    语句组 1
case 常量表达式 2:
    语句组 2
case 常量表达式 3:
    语句组 3
      ⋮
case 常量表达式 n:
    语句组 n
default:
    语句组 n+1
}
```

表达式和常量表达式的值都是整数。每个 case 子句都是一个入口。如果表达式的值和某一个常量表达式的值相等，switch-case 语句的流程就进入该入口，执行其中的语句组。每个语句组的最后一条语句一般都是 break 语句，表示结束 switch-case 语句。default 子句也是一个入口，如果表达式的值和所有常量表达式的值都不相等，就进入 default 入口，这里的语句组可以省略 break 语句，switch-case 语句到结尾自然结束。

程序 5-5　应用 switch-case 语句，显示一周活动安排，其中的输入带有前哨。

```c
#include<stdio.h>
enum {mon=1,tue,wed,thu,fri,sat,sun};
int main()
{
    int w;                      //保存输入
//输入：
    printf("Enter an integer");
    printf("( 1=mon,2=tue,3=wed,4=thu,5=fri,6=sat,7=sun,0 to end):\n");
    scanf("%d",&w);
//处理和输出
    while(w!=0)                 //0 是前哨
    {
        switch(w)
        {
        case mon:
            printf("English\n");
            break;
        case tue:
            printf("Calligraphy\n");
            break;
        case wed:
            printf("Tennis\n");
            break;
        case thu:
            printf("Friends\n");
            break;
        case fri:
            printf("Books\n");
            break;
        case sat:
            printf("Parents\n");
        case sun:
            printf("Housework\n");
            break;
        default:
            printf("Error\n");
        }
    //输入
        printf("Enter an integer");
        printf("( 1=mon,2=tue,3=wed,4=thu,5=fri,6=sat,7=sun,0 to end):\n");
        scanf("%d",&w);
    }
```

```
    return 0;
}
```

程序运行结果(粗体表示输入):

Enter an integer (1=mon,2=tue,3=wed,4=thu,5=fri,6=sat,7=sun,0 to end):

1[Enter]

English

Enter an integer (1=mon,2=tue,3=wed,4=thu,5=fri,6=sat,7=sun,0 to end):

2[Enter]

Calligraphy

Enter an integer (1=mon,2=tue,3=wed,4=thu,5=fri,6=sat,7=sun,0 to end):

3[Enter]

Tennis

Enter an integer (1=mon,2=tue,3=wed,4=thu,5=fri,6=sat,7=sun,0 to end):

4[Enter]

Friends

Enter an integer (1=mon,2=tue,3=wed,4=thu,5=fri,6=sat,7=sun,0 to end):

5[Enter]

Books

Enter an integer (1=mon,2=tue,3=wed,4=thu,5=fri,6=sat,7=sun,0 to end):

6[Enter]

Parents

Enter an integer (1=mon,2=tue,3=wed,4=thu,5=fri,6=sat,7=sun,0 to end):

7[Enter]

Housework

Enter an integer (1=mon,2=tue,3=wed,4=thu,5=fri,6=sat,7=sun,0 to end):

0[Enter]

程序分析

(1) 如果一周有几天做同样的事情,入口可以合并。例如,周一和周二都学书法:

```
case mon:
case tue:
    printf("Calligraphy\n");
    break;
```

(2) 枚举常量的定义语句可以植入函数体内的变量定义部分。

(3) 枚举常量定义

```
enum {sun,mon,tue,wed,thu,fri,sat};
```

等价于宏常量的宏命令(见附录 C):

```
#define mon  1
#define tue  2
#define wed  3
```

```
#define thu   4
#define fri   5
#define sat   6
#define sun   7
```

但是前者是语句,要经过编译器的语法检验;后者不是语句,是宏命令,在编译前预处理,只做简单的替换。另外,枚举常量只能是整数,而宏常量可以是任何类型的数,而且一般大写。例如:

```
#define PI 3.1415926
```

(4) 在数组定义中,枚举常量和宏常量都可以用来指定数组长度,例如:

```
enum {MAX=10};                        //枚举常量 MAX 的值为 10
int data[MAX];                        //数组长度为 10
```

(5) 枚举是类型,可以拥有名称,例如:

```
enum Week{mon=1,tue,wed,thu,fri,sat,sun};
```

其中,Week 是枚举类型名。可以定义枚举变量,例如:

```
enum Week w;                          //用枚举类型名定义枚举变量 w
```

或者

```
enum {mon=1,tue,wed,thu,fri,sat,sun} w;   //用枚举类型体定义枚举变量 w
```

程序 5-5 的变量 w 可以改用枚举类型。

练　　习

一、简要回答以下问题

1. 什么是结构?
2. 什么是联合?
3. 什么是枚举?

二、把下面程序中的 if-else 语句改为 swith-case 语句

```
#include<stdio.h>
int main()
{
    double grades;
    printf("Enter grades:\n");
    scanf("%Lf",&grades);
    if(grades>=90)
        printf("A\n");
```

```
    else if(grades>=80)
        printf("B\n");
    else if(grades>=70)
        printf("C\n");
    else
        printf("D\n");

    return 0;
}
```

三、编写程序

1. 计算一个日期加上一个整数后所得的日期。

2. 计算一个日期减去一个整数后所得的日期。

3. 一个人从 2010 年 1 月 1 日开始,三天打鱼,两天晒网。计算他在指定的某天(从键盘输入)是打鱼还是晒网。

4. 输入 10 个学生记录(记录包括学号和平均成绩),然后按成绩从小到大排序,最后将排序后的结果输出。

第6章

字符串

> 字符串既是特殊的数组,也是特殊的顺序表。

从逻辑上讲,字符串是有效字符序列。有效字符是指系统允许使用的字符,包括大小写字母、数字、专用字符和转义字符。

从存储上讲,字符串是存储在字符数组中的有效字符序列,结尾带有结束符(\0)。换句话讲,字符串对象是带有结束符(\0)的字符数组。

字符串字面量以双引号作为界限符,例如:

"china","a=b+c;","39.457"

字符串字面量如图 6-1 所示。

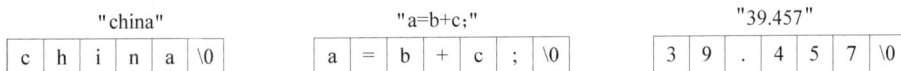

图 6-1　字符串字面量示意图

字符串长度是有效字符个数,不包含结束符。

字符串的基本操作函数不是 C 语言自带的,而是由库文件 string.h 提供的函数。

6.1　字　符　型

应用最广泛的有效字符有 128 个,称为**标准字符**。

字符是数据,类型是字符型(char)。字符型字面量用单引号作为界限符,例如'A','6'。注意,'6'和 6 不同,前者是数字字符,是字符型字面量;后者是整数,是整型字面量。

字符型对象占 1 字节,其值以整数格式存储。每个标准字符都对应一个整数作为其代码。标准字符有 128 个,代码为 0~127,字符与代码一一对应。128 个标准字符和相应的代码构成 **ASCII(美国信息交换标准代码)字符集**。ASCII 字符集的常用部分如表 6-1 所示。

表 6-1　ASCII 字符集的常用部分

	0	1	2	3	4	5	6	7	8	9
3			◆	!	"	#	$	%	&.	'
4	(	)	*	+	,	-	.	/	0	1

续表

	0	1	2	3	4	5	6	7	8	9
5	2	3	4	5	6	7	8	9	:	;
6	<	=	>	?	@	A	B	C	D	E
7	F	G	H	I	J	K	L	M	N	O
8	P	Q	R	S	T	U	V	W	X	Y
9	Z	[	\	]	^	_	`	a	b	C
10	d	e	f	g	h	i	j	k	l	m
11	n	o	p	q	r	s	t	u	v	w
12	x	y	z	{	|	}	~			

注：◆表示空格。

从表 6-1 中不难看出，十进制数字字符的代码为 48～57，大写字母(A～Z)的代码为 65～90，小写字母(a～z)的代码为 97～122。一个字母的小写和大写，其代码相差 32。转义字符，例如，\n、\t 表示一个字符(见附录 B)。

因为标准字符与其代码一一对应，所以在代码范围内，整数和字符可以根据需要相互转换，对字符的算术运算、关系运算和逻辑运算，都是转换为代码进行的。例如，两个字符比较是代码比较，两个字符加减是代码加减。但是字符的输入输出格式符为%c，整数的输入输出格式符为%d。

程序 6-1　字符与代码。

```c
#include<stdio.h>
int main()
{
    char ch='A';
    printf("%c\n",ch);              //输出字符
    printf("%d\n",ch);              //输出字符代码
    printf("%c\n",ch+32);           //输出小写字母
    printf("%d\n",ch+32);           //输出小写字母代码

    return 0;
}
```

程序运行结果：

```
A
65
a
97
```

程序分析

(1) 因为字符以代码存储，而代码即整数，所以字符型变量 ch 可以等价的替换为整

型变量：

```
int ch='A';
```

（2）字符的输入输出有特定的标准函数，包含在库文件 stdio.h。它们的声明如下：

```
int getchar();                              //从键盘接收一个字符,返回该字符代码
int putchar(int c);                         //在显示器上输出字符 c,返回该字符代码
```

从键盘输入的数据首先都要进入输入缓冲区，然后标准输入函数从缓冲区读取数据。缓冲区类似一个内部数组。函数 getchar 的执行过程：检验缓冲区是否为空，如果不空，直接提取其中的字符；如果空，等待用户从键盘输入。好的编程习惯：每次执行函数 getchar 前，都调用函数 fflush(stdin)清空缓冲区，其中实参 stdin 是符号化的指向缓冲区的指针常量。

程序 6-2 字符的输入输出函数。

```
#include<stdio.h>
int main()
{
    int ch;
    printf("input a character:\n");        //输入提示
    fflush(stdin);                         //清空输入缓冲区
    ch=getchar();                          //scanf("%c",&ch);
    putchar(ch);                           //printf("%c",ch);
    printf("\n");

    printf("input another character:\n");
    fflush(stdin);                         //清空输入缓冲区
    ch=getchar();
    putchar(ch);
    printf("\n");

    return 0;
}
```

程序运行结果（粗体表示输入）：

```
input a character:
```
A[Enter]
```
A
input another character:
```
B[Enter]
```
B
```

程序分析

在读取第一个字符 A 之前，已经调用函数 fflush 清空缓冲区，为什么在读取第二个

字符 B 前,还要清空一次缓冲区呢？答案是,在输入 A 时,以换行符表示输入结束,这个换行符和 A 一起进入了缓冲区,函数 getchar 在读取字符 A 后,缓冲区留下换行符(相当于\n),如果不清空缓冲区,函数 getchar 在第二次读取字符的时候,不等用户输入,直接读取回车符(换行符的代码是 10)。

程序 6-3　检验输入缓冲区残留的换行符。

```
#include<stdio.h>
int main()
{
    int ch;
    printf("input a character:\n");            //输入提示
    fflush(stdin);                             //清空输入缓冲区
    ch=getchar();                              //scanf("%c",&ch);
    putchar(ch);                               //printf("%c",ch);
    printf("\n");

    printf("input another character:\n");
    ch=getchar();
    printf("%d\n",ch);                         //输出代码

    return 0;
}
```

程序运行结果(粗体表示输入):

```
input a character:
```
A[Enter]
```
A
input another character:
10
```

程序分析

第二个字符还没等输入,就输出了 10,这是换行符(\n)的代码。

6.2　字符串特点

1. 数值字符串字面量和数值字面量不同

39.457 是双浮点型字面量,占 4 字节或 8 字节(依系统而决定),它的基本操作是加、减、乘、除等。而"39.457"是数值字符串字面量,至少需要 7 字节(见图 6-2),它的基本操作是串长、串复制、串连接等。

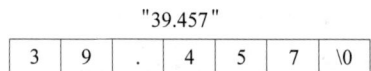

"39.457"

3	9	.	4	5	7	\0

图 6-2　数值字符串字面量

2. 空字符串和只有一个字符且为空格的字符串

空字符串不包含有效字符，串长为 0，如图 6-3(a)所示。只有一个字符且为空格的字符串，串长为 1，如图 6-3(b)所示。

(a) 空字符串　　　　(b) 只有一个字符且为空格的字符串

图 6-3　空字符串和只有一个字符且为空格的字符串

3. 字符串赋值

字符串字面量可以通过初始化存储到字符数组中，例如：

char str[10]="china";

结果如图 6-4 所示。

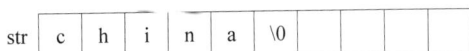

图 6-4　初始化语句 char str[10]＝"china"的结果

字符串字面量也可以赋值给指针，不过只是将首字符地址赋给指针，例如：

char * p;
p="china";

或者

　　char * p="china";

结果如图 6-5 所示。

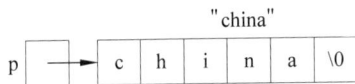

图 6-5　语句 char * p＝"china"的结果

为什么整型字面量不能传址，而字符串字面量可以传址？因为整型是基本类型，它不依赖其他类型，它的生命周期仅需要一个表达式的执行时间，而字符串类型是复合类型，它依赖指针访问字符串的字符，对指针的依赖性使它的生命周期要与指针变量的生命周期统一。

可以修改数组 str 中的字符，例如：

　　str[0]='C';

但是不能修改 p 所指向的字符串字面量，例如：

　　p[0]='C';　　　　　　　　　　　　　　　　//错

对这种错误，不少编译器不是给出提示，而是直接中断程序。对这种赋值，应该将指针 p 设为指向 const 型的指针：

```
const char * p="china";
```

这时，如果再修改 p 所指向的字符串字面量，编译器将给出具体错误提示。

4. 特殊数组

字符串对象是结尾带有结束符'\0'的字符数组。字符串遍历，一般不像数组遍历一样，使用字符个数进行计数控制循环，而是使用结束符进行条件控制循环，如表 6-2 和表 6-3 所示。

表 6-2　字符串和数组的输出比较

程序 6-4　字符串输出用条件控制循环	程序 6-5　数组输出用计数控制循环

``c
#include<stdio.h>
int main()
{
    int i;
    char str[10]="china";
    for(i=0;str[i]!='\0';i++) //条件控制循环
        printf("%c",str[i]);
    printf("\n");
    return 0;
}
``
	``c
	#include<stdio.h>
	int main()
	{
	    int i;
	    int a[10]={1,2,3,4,5,6};
	    for(i=0;i<6;i++) //计数控制循环
	        printf("%d\t",a[i]);
	    printf("\n");
	    return 0;
	}
	``

程序运行结果： china	程序运行结果： 1 2 3 4 5 6

表 6-3　字符串和数组的输出函数比较

程序 6-6　字符串输出函数	程序 6-7　数组输出函数

``c
#include<stdio.h>
void OutputString(char * c)
{
    int i;
    for(i=0;c[i]!='\0';i++)
        printf("%c",c[i]);
    printf("\n");
}
int main()
{
    char str[10]="china";
    OutputString(str);
    return 0;
}
``
	``c
	#include<stdio.h>
	void OutputArray(int * p,int n)
	{
	    int i;
	    for(i=0;i<n;i++)
	        printf("%d\t",p[i]);
	    printf("\n");
	}
	int main()
	{
	    int a[10]={1,2,3,4,5,6};
	    OutputArray(a,6);
	    return 0;
	}
	``

5. 特殊的顺序表

顺序表是带有基本函数的数组,而字符串是存储在字符数组中带有结束符的字符序列,且自带基本函数,因此,字符串是特殊的顺序表。

6.3　字符串基本操作

因为字符串是存储在字符数组中,结尾带有结束符的字符序列,所以字符指针既可以指向单纯的字符数组,也可以指向字符串。

4.11 节指出,顺序表基本函数的定义域不完备。作为特殊的字符数组,字符串基本函数的定义域也不完备。

在字符串基本函数的形参列表中,第一个形参都是字符型指针,在参数传递时,这个指针一般都指向字符串,只有少数函数例外。例如,字符串读取函数 gets,复制函数 strcpy,指针可以指向单纯的字符数组。因此,字符串基本函数的定义域是不完备的,应用时需要注意,避免逻辑错误。

字符串的基本函数包含在头文件 string.h 中。

6.3.1　字符串输入输出

(1) 从键盘输入一个字符串,写入字符数组,返回字符串指针。

```
char * gets(char * s);
```

其中,s 既可以是字符数组指针,也可以是字符串指针。写入字符串后,s 就是字符串指针,返回值便是 s。s 指向的空间要足够大,可以容下输入的字符串。

(2) 在显示器上输出字符串,输出成功返回 0。

```
int puts(const char * s);
```

其中,s 是字符串指针。

程序 6-8　字符串输入输出函数应用举例。

```
#include<stdio.h>
#include<string.h>
int main()
{
    char str[40];
    printf("Enter a string:\n");
    gets(str);
    puts(str);

    return 0;
}
```

程序运行结果(粗体表示输入)：

```
Enter a string:
love study[Enter]
love study
```

6.3.2　字符串求长

计算并返回字符串的长度。

```
int strlen(const char * s);
```

其中,s 是字符串指针。

　　程序 6-9　字符串求长函数应用举例。

```
#include<stdio.h>
#include<string.h>
int main()
{
    char str[15]="love study";
    const char * p="read books";
    printf("str: %d\n",strlen(str));
    printf("p: %d\n",strlen(p));
    printf("read book: %d\n",strlen("read books"));
    return 0;
}
```

程序运行结果：

```
str: 10
p: 11
read book: 11
```

6.3.3　字符串复制

（1）将源字符串复制到目标字符串目标字符数组,返回目标字符串指针。

```
char * strcpy(char * s1,const char * s2);
```

其中,s1 是目标字符串指针,它既可以是数组指针,也可以是字符串指针。s2 是原字符串指针。s1 指向的空间要能容下字符串 s2。

　　（2）用源字符串的前若干个字符替换目标字符串的前若干个字符,返回目标字符串指针。

```
char * strncpy(char * s1,const char * s2,int n);
```

其中,s1 是目标字符串指针,s2 是源字符串指针,n 的值表示替换的字符个数,返回指针 s1。

程序 6-10 字符串复制函数应用举例。

```
#include<stdio.h>
#include<string.h>
int main()
{
    char a[20];
    char str[15]="love study";
    const char *p="read books";

    printf("a: ");
    puts(strcpy(a, str));                    //love study

    printf("str: ");
    puts(strcpy(str,p));                     //read books

    printf("str: ");
    puts(strncpy(str,a,4));                  //love books

    return 0;
}
```

程序运行结果：

```
a: love study
str: read books
str: love books
```

6.3.4 字符串连接

(1) 将源字符串复制连接到目标字符串后,返回目标字符串指针。

```
char* strcat(char *s1,const char *s2);
```

其中,s1 是目标字符串指针,s2 是源字符串指针。s1 指向的空间要能容下字符串 s2。

(2) 将源字符串的前若干个字符复制连接到目标字符串后,返回目标字符串指针。

```
char* strncat(char* s1,const char* s2,int n);
```

其中,s1 是目标字符串指针,s2 是源字符串指针,n 的值表示连接的字符个数。s1 指向的空间要能容下连接后的字符串。

程序 6-11 字符串连接函数应用举例。

```
#include<stdio.h>
#include<string.h>
int main()
```

```
{
    char a[20];
    char str[40]="love study";
    const char * p="read books forever";

    printf("str: ");
    puts(strcat(str," and "));                //love study and

    printf("str: ");
    puts(strncat(str,p,10));                   //love study and read books

    return 0;
}
```

程序运行结果：

```
str: love study and
str: love study and read books
```

6.3.5　字符串大小写

（1）将字符串的小写字符改为大写字符，返回字符串指针。

```
char * strupr(char * s);
```

其中，s 是字符串指针。

（2）将字符串的大写字符改为小写字符，返回字符串指针。

```
char * strlwr(char * s);
```

其中，s 是字符串指针。

　　程序 6-12　字符中大小写函数应用举例。

```
#include<stdio.h>
#include<string.h>
int main()
{
    char str[15]="love study";

    puts(strupr(str));
    puts(strlwr(str));

    return 0;
}
```

程序运行结果：

```
LOVE STUDY
love study
```

6.3.6　字符串比较

（1）一个字符串和另一个字符串从前往后逐个字符比较，都相等时返回 0，不等时比较停止，前者大时返回 1，后者大时返回 −1。

```
int strcmp(const char* s1,const char* s2);
```

其中，s1 和 s2 都是字符串指针。

（2）一个字符串和另一个字符串的前若干个字符比较，都相等时返回 0，不等时比较停止，前者大时返回 1，后者大时返回 −1。

```
int strncmp(const char* s1,const char* s2,int n);
```

其中，s1 和 s2 都是字符串指针，n 的值表示比较的字符个数。s1 指向的字符串和 s2 指向的字符串比较。

程序 6-13　字符串比较函数应用举例。

```
#include<stdio.h>
#include<string.h>
int main()
{
    char str1[15]="love study";
    char str2[15]="love books";

    printf("str1 with str2:%d\n", strcmp(str1,str2));
    printf("str2 with str1:%d\n", strcmp(str2,str1));
    printf("str1 with str2 in 4: %d\n", strncmp(str1,str2,4));

    return 0;
}
```

程序运行结果：

```
str1 with str2: 1
str2 with str1: -1
str1 with str2 in 4: 0
```

6.3.7　字符查找

（1）在字符串中查找首先出现的某个给定字符，并返回该字符指针，不存在时，返回 0。

```
const char* strchr(const char* s,int ch);
```

其中,s 是字符串指针,ch 的值是要查找的字符。

（2）在字符串中查找最后出现的某个给定字符,并返回该字符指针,不存在时,返回 0。

```
const char* strrchr(const char* c,int ch);
```

其中,s 是字符串指针,ch 的值是要查找的字符。

程序 6-14 字符查找函数应用举例。

```
#include<stdio.h>
#include<string.h>
int main()
{
    char str[50]="we love study and love books";

    puts(strchr(str,'l'));
    puts(strrchr(str,'l'));

    return 0;
}
```

程序运行结果:

```
love study and love books
love books
```

6.3.8　字符串匹配

在主串中查找第一个出现的子串,并返回在主串中的首字符指针。不存在时返回 0。

```
char* strstr(const char* str,const char* substr);
```

其中,str 是主串指针,substr 是子串指针。

程序 6-15 字符串匹配函数应用举例。

```
#include<stdio.h>
#include<string.h>
int main()
{
    char str[40]="read books forever";
    puts(strstr(str,"book"));

    return 0;
}
```

程序运行结果:

```
books forever
```

6.4　自设计字符串基本操作

字符串基本函数是 C 语言的标准库提供的,本节设计这些函数。为什么要这样做呢?

(1) 指针和数组是 C 和 C++ 核心基础概念,字符串基本函数集中运用了这些概念,设计这些基本函数,可以深入理解这些概念,因为编程就是去理解。

(2) 顺序表开启了程序员自己设计类型,自己设计方法的程序设计实践,这种实践是最基本的程序设计活动。字符串是特殊的顺序表,设计它的基本函数就是熟悉这种活动。

为了区别,自设计函数的名称首字符都用大写。这些函数的声明和定义都封装在文件 userstring.h 中。6.3 节的系列程序,用到字符串基本函数的地方都替换成自设计基本函数。文件包含命令 ♯include＜string.h＞替换为 ♯include"userstring.h"。编译系统对双引号界定的文件 userstring.h,先在当前工程目录下查找,如果没找到,就到默认路径中查找;对角括号界定的文件 string.h,直接到默认路径中查找文件。

6.4.1　设计字符串输入和输出

(1) 从键盘输入一个字符串,存入字符串或字符数组,返回字符串指针。

```c
char * Gets(char * s)
{
    char ch;
    int i=0;
    ch=getchar();
    while(ch!='\n')
    {
        s[i]=ch;
        i++;
        ch=getchar();
    }
    s[i]='\0';
    return s;
}
```

(2) 在显示器上输出字符串,输出成功返回 0。

```c
int Puts(const char * s)
{
    int i=0;
    while(s[i]!='\0')
    {
        putchar(s[i]);
        i++;
```

```
    }
    printf("\n");
    return 0;
}
```

程序 6-16　自设字符串输入输出函数应用举例。

```
#include<stdio.h>
#include"userstring.h"
int main()
{
    char str[40];
    printf("Enter a string:\n");
    Gets(str);
    Puts(str);

    return 0;
}
```

程序运行结果（粗体表示输入）：

```
Enter a string:
```
love study[Enter]
```
love study
```

6.4.2　设计字符串求长

计算并返回字符串的长度。

```
int Strlen(const char * s)
{
    int i=0;
    while(s[i]!='\0')
        ++i;
    return i;
}
```

程序 6-17　自设字符串求长函数应用举例。

```
#include<stdio.h>
#include "userstring.h"
int main()
{
    char str[15]="love study";
    const char * p="read books";
    printf("str: %d\n",Strlen(str));
    printf("p: %d\n",Strlen(p));
```

```
    printf("read book: %d\n",Strlen("read books"));

    return 0;
}
```

程序运行结果：

```
str: 10
p: 11
read book: 11
```

6.4.3　设计字符串复制

（1）将源字符串 s2 复制到目标字符串或目标字符数组 s1，返回指针 s1。

```
char * Strcpy(char * s1,const char * s2)
{
    int i=0;
    while(s2[i]!='\0')
        s1[i]=s2[i++];                          //s1[i]=s2[i];  ++i;
    s1[i]='\0';
    return s1;
}
```

（2）将源字符串 s2 的前 n 个字符替换目标字符串 s1 前 n 个字符，返回指针 s1。

```
char * Strncpy(char * s1,const char * s2,int n)
{
    int i;
    int token=1;
    if(Strlen(s1)<n)
        token=0;                                //s1 的长度小于 n
    for(i=0;i<n;i++)
        s1[i]=s2[i];
    if(token==0)                                //全复制
        s1[i]='\0';
    return s1;
}
```

程序 6-18　自设字符串复制函数应用举例。

```
#include<stdio.h>
#include "userstring.h"
int main()
{
    char a[20];
    char str[15]="love study";
```

```
        const char * p="read books";

        printf("a: ");
        Puts(Strcpy(a, str));                           //love study

        printf("str: ");
        Puts(Strcpy(str,p));                            //read books

        printf("str: ");
        Puts(Strncpy(str,a,4));                         //love books

        return 0;
}
```

程序运行结果:

```
a: love study
str: read books
str: love books
```

6.4.4 设计字符串连接

(1) 将源字符串 s2 复制连接到目标字符串 s1 后,返回指针 s1。

```
char * Strcat(char * s1,const char * s2)
{
    int i=Strlen(s1);                           //字符串 s1 的结束符索引
    int j=0;                                     //字符串 s2 的索引
    while(s2[j]!='\0')
        s1[i++]=s2[j++];                         //s1[i]=s2[j]; i++; j++;
    s1[i]='\0';
    return s1;
}
```

(2) 将源字符串 s2 的前 n 个字符复制连接在目标字符串 s1 后,返回指针 s1。

```
char * Strncat(char * s1,const char * s2,int n)
{
    int i=Strlen(s1);
    int j=0;
    while(j<n)
        s1[i++]=s2[j++];
    s1[i]='\0';
    return s1;
}
```

程序 6-19　自设字符串连接函数应用举例。

```c
#include<stdio.h>
#include "userstring.h"
int main()
{
    char a[20];
    char str[40]="love study";
    const char * p="read books forever";

    printf("str: ");
    Puts(Strcat(str," and "));              //love study and

    printf("str: ");
    Puts(Strncat(str,p,10));                //love study and read books

    return 0;
}
```

程序运行结果：

```
str: love study and
str: love study and read books
```

6.4.5　设计字符串大小写

（1）将字符串的小写字符改成大写字符,返回字符串指针。

```c
char * Strupr(char * s)
{
    int i=0;
    while(s[i]!='\0')
    {
        if(s[i]>96&&s[i]<123)               //小写字母代码
            s[i]=s[i]-32;                   //减 32 就是大写字母代码
        i++;
    }
    return s;
}
```

（2）将字符串的大写字符改为小写字符,返回字符串指针。

```c
char * Strlwr(char * s)
{
    int i=0;
    while(s[i]!='\0')
```

```
    {
        if(s[i]>64&&s[i]<91)              //大写字母代码
            s[i]=s[i]+32;                 //加 32 就是小写字母代码
        i++;
    }
    return s;
}
```

程序 6-20　自设字符串大小写函数应用举例。

```
#include<stdio.h>
#include "userstring.h"
int main()
{
    char str[15]="love study";

    Puts(Strupr(str));
    Puts(Strlwr(str));

    return 0;
}
```

程序运行结果:

```
LOVE STUDY
love study
```

6.4.6　设计字符串比较

(1) 将字符串 s1 和 s2 的字符从前往后逐个比较,都相等时返回 0,不等时比较停止,前者大时返回 1,后者大时返回-1。

```
int Strcmp(const char * s1,const char * s2)
{
    int i=0;                              //数据元素索引
    int token=0;
    while(s1[i]!='\0'&&s2[i]!='\0')
    {
        if(s1[i]!=s2[i])
            break;
        i++;
    }
    if(s1[i]>s2[i])
        token=1;
    else if(s1[i]<s2[i])
        token=-1;
```

```
      return token;
}
```

（2）将字符串 s1 和 s2 的前 n 个字符从前往后逐个比较,都相等时返回 0,不等时比较停止,前者大时返回 1,后者大时返回−1。

```
int Strncmp(const char * s1,const char * s2,int n)
{
    int i=0;                                    //数据元素索引
    int token=0;
    while(i<n)
    {
        if(s1[i]!=s2[i])
            break;
        i++;
    }
    if(s1[i]>s2[i])
        token=1;
    else if(s1[i]<s2[i])
        token=-1;
    return token;
}
```

程序 6-21 自设字符串比较应用举例。

```
#include<stdio.h>
#include "userstring.h"
int main()
{
    char str1[15]="love study";
    char str2[15]="love books";

    printf("str1 with str2:%d\n", Strcmp(str1,str2));
    printf("str2 with str1:%d\n", Strcmp(str2,str1));
    printf("str1 with str2 in 4: %d\n", Strncmp(str1,str2,4));
    return 0;
}
```

程序运行结果：

```
str1 with str2: 1
str2 with str1: -1
str1 with str2 in 4: 0
```

6.4.7 设计字符查找

（1）在字符串 s 中查找第一个出现的某个给定字符,并返回该字符指针,不存在时,返回 0。

```
const char * Strchr(const char * s, int ch)
{
    const char * p=s;
    while(* p!='\0')
    {
        if(* p==ch)
            return p;
        p++;
    }
    return 0;
}
```

（2）在字符串 s 中查找最后一个出现的某个给定字符，并返回该字符指针，不存在时，返回 0。

```
const char * Strrchr(const char * s, int ch)
{
    const char * p=s+Strlen(s)-1;
    while(p!=s)
    {
        if(* p==ch)
            return p;
        p--;
    }
    return 0;
}
```

程序 6-22　自设字符查找函数应用举例。

```
#include<stdio.h>
#include "userstring.h"
int main()
{
    char str[50]="we love study and love books";

    Puts(Strchr(str,'l'));
    Puts(Strrchr(str,'l'));

    return 0;
}
```

程序运行结果：

```
love study and love books
love books
```

6.4.8 字符串头文件

```
#ifndef USERSTRING_H                          //条件编译
#define USERSTRING_H
#include<string>
//声明
//从键盘输入一个字符串,存入字符串或字符数组,返回字符串指针
char* Gets(char* s);
//在显示器上输出字符串,输出成功返回0
int Puts(const char* s);
//计算并返回字符串的长度
int Strlen(const char* s);
//将源字符串s2复制到目标字符串或目标字符数组s1,返回指针s1
char* Strcpy(char* s1,const char* s2);
//将源字符串s2的前n个字符替换目标字符串s1的前n个字符,返回指针s1
char* Strncpy(char* s1,const char* s2,int n);
//将源字符串s2复制连接到目标字符串s1后,返回指针c1
char* Strcat(char* s1,const char* s2);
//将源字符串s2的前n个字符复制连接在目标字符串s1后,返回指针s1
char* Strncat(char* s1,const char* s2,int n);
//将字符串的小写字符改为大写字符,返回字符串指针
char* Strupr(char* s);
//将字符串的大写字符改为小写字符,返回字符串指针
char* Strlwr(char* s);
//将字符串s1和s2的字符从前往后逐个比较。都相等时返回0
//不等时,比较停止,前者大时返回1,后者大时返回-1
int Strcmp(const char* s1,const char* s2);
//将字符串s1和s2的前n个字符从前往后逐个比较。都相等时返回0
//不等时,比较停止,前者大时返回1,后者大时返回-1
int Strncmp(const char* s1,const char* s2,int n);
//在字符串s中查找第一个出现的某个给定字符,并返回该字符指针,不存在时返回0
const char* Strchr(const char* s, int ch);
//在字符串s中查找最后一个出现的某个给定字符,并返回该字符指针,不存在时返回0
const char* Strrchr(const char* s, int ch);

//定义
char* Gets(char* s)
{
    char ch;
    int i=0;
    ch=getchar();
    while(ch!='\n')
    {
```

```
            s[i]=ch;
            i++;
            ch=getchar();
        }
        s[i]='\0';
        return s;
    }


    int Puts(const char * s)
    {
        int i=0;
        while(s[i]!='\0')
        {
            putchar(s[i]);
            i++;
        }
        printf("\n");
        return 0;
    }


    int Strlen(const char * s)
    {
        int i=0;
        while(s[i]!='\0')
            ++i;
        return i;
    }


    char * Strcpy(char * s1,const char * s2)
    {
        int i=0;
        while(s2[i]!='\0')
            s1[i]=s2[i++];                      //s1[i]=s2[i];++i;
        s1[i]='\0';
        return s1;
    }


    char * Strncpy(char * s1,const char * s2,int n)
    {
        int i;
        int token=1;
        if(Strlen(s1)<n)
            token=0;                            //s1 的长度小于 n
        for(i=0;i<n;i++)
```

```
            s1[i]=s2[i];
        if(token==0)                                //全复制
            s1[i]='\0';
        return s1;
    }


char * Strcat(char * s1,const char * s2)
{
        int i=Strlen(s1);                           //字符串 s1 的结束符索引
        int j=0;                                    //字符串 s2 的索引
        while(s2[j]!='\0')
            s1[i++]=s2[j++];                        //s1[i]=s2[j]; i++; j++;
        s1[i]='\0';
        return s1;
    }


char * Strncat(char * s1,const char * s2,int n)
{
        int i=Strlen(s1);
        int j=0;
        while(j<n)
            s1[i++]=s2[j++];
        s1[i]='\0';
        return s1;
    }


char * Strupr(char * s)
{
        int i=0;
        while(s[i]!='\0')
        {
            if(s[i]>96&&s[i]<123)                   //小写字母代码
                s[i]=s[i]-32;                       //减 32 就是大写字母代码
            i++;
        }
        return s;
    }


char * Strlwr(char * s)
{
        int i=0;
        while(s[i]!='\0')
        {
            if(s[i]>64&&s[i]<91)                    //大写字母代码
```

```
            s[i]=s[i]+32;                        //加 32 就是小写字母代码
        i++;
    }
    return s;

}


int Strcmp(const char * s1,const char * s2)
{
    int i=0;                                     //数据元素索引
    int token=0;
    while(s1[i]!='\0'&&s2[i]!='\0')
    {
        if(s1[i]!=s2[i])
            break;
        i++;
    }
    if(s1[i]>s2[i])
        token=1;
    else if(s1[i]<s2[i])
        token=-1;
    return token;
}


int Strncmp(const char * s1,const char * s2,int n)
{
    int i=0;                                     //数据元素索引
    int token=0;
    while(i<n)
    {
        if(s1[i]!=s2[i])
            break;
        i++;
    }
    if(s1[i]>s2[i])
        token=1;
    else if(s1[i]<s2[i])
        token=-1;
    return token;
}


const char * Strchr(const char * s, int ch)
{
    const char * p=s;
```

```
    while( * p!='\0')
    {
        if( * p==ch)
            return p;
        p++;
    }
    return 0;
}


const char * Strrchr(const char * s, int ch)
{
    const char * p=s+Strlen(s)-1;
    while(p!=s)
    {
        if( * p==ch)
            return p;
        p--;
    }
    return 0;
}


#endif                                          //条件编译结束
```

6.5　函数返回指针

　　字符串有很多基本函数的返回值类型都是指针,例如,函数 strcpy、strcat、strupr、strchr。这就引出一个问题:返回的指针是否有效?如果一个函数返回的指针指向该函数的一个自动对象,那么因为该对象的生命周期是该函数的一次执行时间,执行后被撤销,所以这种指针作为返回值是无效的。例如:

```
#include<stdio.h>
char * func()
{
    char a[50]="happy life";
    a[0]=a[0]-32;                               //首字符变大写
    return a;
}
int main()
{
    puts(func());                              //输出的是乱码
    return 0;
}
```

函数 func 的返回值是字符串指针 a,而字符串空间(即数组 a)是该函数的自动对象,该对象在函数调用结束,返回主调函数时由系统撤销,这时的指针已经是无意义的指针,所以函数 puts 输出的是乱码。

如果数组 a 是主调函数的自动对象,就没有问题了。例如:

```
#include<stdio.h>
char* func(char * c)
{
    c[0]=c[0]-32;                        //首字符变大写
    return c;
}
int main()
{
    char a[50]="happy life";
    puts(func(a));                        //Happy life
    return 0;
}
```

虽然函数 func 的返回值依然是字符串指针,但是字符串对象(即数组 a)是主调函数 main 的自动对象,它的生命周期是主调函数的执行时间,函数 func 执行后,该对象依然存在。

练　习

一、简要回答以下问题

1. 为什么说字符串是特殊的数组?
2. 为什么说字符串是特殊的顺序表?
3. 数字串字面量和数值字面量有什么不同?
4. 一个空字符串与只有一个字符且为空格的字符串有什么不同?
5. 字符串字面量赋给数组和赋给指针有什么不同?
6. 为什么整型字面量不能传址,而字符串字面量可以传址?
7. 为什么要自设字符串基本函数?
8. 简述字符串基本函数的定义域局限性。

二、判断题

已知

```
char a[50]="hard study";
char * p=" happy life";
```

判断下面的语句哪些是正确的。

1. gets(p);

2. printf("%d\n",strlen(a));

3. printf("%d\n",strlen(p));

4. printf("%d\n",strcmp(a,p));

5. printf("%d\n",strcmp(p,a));

6. printf("%d\n",strcmp("hard study",p));

7. strcpy(a,"happy life");

8. strcpy(a,p);

9. strcpy("happy life",a);

10. strcpy(p,a);

11. puts(a);

12. puts(p);

13. puts("happy life");

14. strupr(a);

15. strupr(p);

16. strupr("happy life");

17. printf("%c\n", * strchr("hard study",'a'));

18. printf("%c\n", * strchr(p,'a'));

三、编写程序

1. 字符串是特殊的数组,在字符串的基本函数设计中,大部分使用索引方法。用指针方法重新编写这些基本函数。

2. 编写字符串匹配函数。

第 7 章  文 件

> 文件是特殊的顺序表。

数据常常需要从一个位置"流向"另一个位置,这种数据的流动称为数据流(简称流)。每个具体的数据流总是和某一个设备或外部介质有关,例如,数据从键盘输入到程序,从程序输出到显示器或打印机等,这种与数据流有关的设备和介质统称为**文件**。

7.1　文件指针

每个文件都对应一个文件指针,例如,键盘对应 stdin,显示器对应 stdout,打印机对应 sprn。数据流通过文件指针与一个具体的设备或介质相连。从键盘输入,在显示器输出,相应的文件指针通常省略。

下面主要讨论磁盘文件。磁盘是一种外部介质,与键盘和显示器不同,它可以持久地保存数据。程序所用的数据可以从磁盘文件读取(称为读文件),程序运行的结果可以存到磁盘文件(称为写文件)。这种专门存放数据的磁盘文件称为**数据文件**。程序源代码、编译运行后的目标代码和可执行代码都可以存为磁盘文件,分别称为**源程序文件**、**目标文件**和**可执行文件**。

数据流的组织形式分为**文本流**和**二进制流**,前者是字节序列,后者是二进制序列。以整数 2001 为例,在文本流中,它是 4 个数字字符'2' '0' '0' '1',它们的代码依次是 50、48、48、49,每个代码都用 8 位二进制数表示,占 1 字节,共 4 字节。在二进制流中,2001 是十进制数,用二进制表示是 00000111 11010001,只占 2 字节。

与文本流和二进制流对应的磁盘文件分别称为**文本文件**和**二进制文件**。

7.2　文件打开与关闭

每次对磁盘的读写都要移动磁头,以查找磁道扇区。若每次读写操作都对应一次磁盘访问,则花费很多时间,对磁盘的损耗也大。为了节省时间和设备,系统在内存中为程序所需要的每个文件开辟一个缓冲区。当程序从磁盘文件读取数据时,一次将一批数据送到缓冲区,然后程序从缓冲区读取数据;向磁盘文件输出时,先将程序中的数据送到缓冲区,待缓冲区装满后,再一次性传给磁盘文件,如图 7-1 所示。这种文件读写机制称为缓冲文件系统输入输出,也称标准输入输出(I/O)。

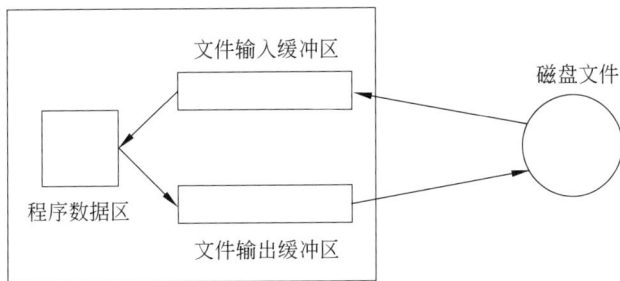

图 7-1　标准输入输出

　　文件输入输出缓冲区类似数组的线性连续结构。对数组状态信息的管理有顺序表结构 SeqList,类似地,对缓冲区状态信息的记录也需要一种结构,称为文件结构 FILE。例如,缓冲区大小和地址、文件当前的读写位置、缓冲区中未处理的字节数等。记录这些信息的对象都包含在文件结构中:

```
typedef struct
{
    short           level;          //文件缓冲区满或空的标志
    unsigned        flags;          //文件状态标志
    char            fd;             //文件描述符
    unsigned char   hold;           //若无文件缓冲区,则不读取数据
    short           bsize;          //文件缓冲区大小
    unsigned char   * buffer;       //文件缓冲区位置
    unsigned char   * curp;         //指向文件缓冲区当前数据的读指针
    unsigned        istemp;         //临时文件指示器
    short           token;          //用于有效性检验
} FILE;
```

　　一个文件对应一个动态的 FILE 结构对象,创建这个对象称为打开文件,对应的系统函数如下:

FILE * **fopen(char** * **filename,char** * **mode);**

其中,filename 是磁盘文件名,mode 是文件使用方式(见表 7-1),返回值是 FILE 结构对象地址。例如:

```
FILE * fp;
fp=fopen("D:\\poem.txt","r");
```

打开 D 盘根目录下的文本文件 poem.txt,从该文件中读取数据。

　　如果文件没有打开,fopen 返回值是指针 0 值(NULL),所以,打开文件的完整语句应该是

```
FILE * fp;
fp=fopen("D:\\record\\s.txt","r");
if(!fp)
```

```
    {
        printf("can't open file s.txt \n");
        exit(1);
    }
```

或者

```
    FILE * fp;
    if(!(fp=fopen("D:\\record\\s.txt","r")))
    {
        printf("can't open file s.txt \n");
        exit(1);
    }
```

表 7-1　文件使用方式

文件使用方式	含　　义
"r"	以输入(读)方式打开一个文本文件
"w"	以输出(写)方式打开一个文本文件
"a"	以输出追加方式打开一个文本文件
"r+"	以读写方式打开一个文本文件
"w+"	以读写方式建立一个新的文本文件
"a+"	以读写追加方式打开一个文本文件
"rb"	以输入(读)方式打开一个二进制文件
"wb"	以输出(写)方式打开一个二进制文件
"ab"	以输出追加方式打开一个二进制文件
"rb+"	以读写方式打开一个二进制文件
"wb+"	以读写方式建立一个新的二进制文件
"ab+"	以读写追加方式打开一个二进制文件

文件使用完毕,要释放文件缓冲区,这是关闭文件,相应的系统函数如下:

int fclose(FILE * fp);

其中,fp 是指向文件的指针。成功关闭文件,返回 0 值,否则返回非 0 值。

在执行写操作后关闭文件,系统会将文件缓冲区的剩余数据写入文件。如果不关闭,就会丢失这批数据(作为练习,编程检验)。

标准输入文件(键盘)和标准输出文件(显示器)都由系统负责自动打开和关闭。

文件指针、文件打开和文件关闭,类似顺序表指针、准构造函数和准析构函数,如下所示:

```
SeqList * L;                                //类似文件指针
L=(SeqList*)malloc(sizeof(SeqList));
InitSeqList(L,5);                           //类似文件打开
FreeSeqList(L);                             //类似文件关闭
free(L);
```

说明

(1) 当以"r"方式打开一个文本文件时,该文件必须存在,否则,文件不能打开。正常打开文件后指针指向文件头。

(2) 当以"w"方式打开一个文本文件时,若该文件不存在,则按指定的文件名建立新的;若该文件已存在,则删除旧的数据,建立新的数据。正常打开文件后指针指向文件头。

(3) 当以"a"方式打开一个文本文件时,该文件必须存在,否则,文件不能打开。正常打开文件后指针指向文件尾,以便于追加内容。

(4) 当以"r+"方式打开一个文本文件时,该文件必须存在,否则,文件不能打开。正常打开文件后指针指向文件头。打开后,可以读取数据,也可以写入数据到文件头。

(5) 当以"w+"方式打开一个文本文件时,若该文件不存在,则按指定的文件名建立新的;若该文件已存在,则删除旧数据,建立新的数据。正常打开文件后指针指向文件头。打开后,可以读取数据,也可以写入数据到文件头。

(6) 当以"a+"方式打开一个文本文件时,该文件必须存在,否则,文件不能打开。正常打开文件后指针指向文件尾,以便于追加内容。打开后,可以读取数据,也可以写入数据到文件尾。

(7) 当打开方式中有"b"时表示打开的是二进制文件,对二进制文件的使用方式与对文本文件的使用方式对应相同。

7.3　文件的读写

本节主要介绍磁盘文件的读写函数。

7.3.1　字符的读写

字符读写函数处理文本流,以字符为单位读写,函数声明如下:

int fputc(int c, FILE * fp);
int fgetc(FILE * fp);

函数 fputc 将字符 c 写入文件 fp 的数据指针所指向的当前位置。若成功,则返回 c,否则返回 EOF(−1)。函数 fgetc 从文件 fp 的数据指针指向的当前位置读取一个字符作为返回值。

每执行一次读写操作,文件的数据指针都会自动后移 1 字节,以便读写下一个字符。

字符型数据的存储格式和 1 字节的整型数据相同,因此,fgetc 的返回值是整型,fputc 的形参 c 是整型。

程序 7-1 从键盘输入一段文本,改成大写,写入磁盘文本文件 poem.txt。

```c
#include<stdio.h>
#include<stdlib.h>
#include<string>
int main()
{
    char ch;
    FILE * writefile;

    writefile=fopen("D:\\poem.txt","w");
    if(!writefile)
    {
        printf("file cannot be opened");
        exit(1);
    }

    printf("Enter a text (to end with '#'):\n");   //输入提示:输入一段文本(以#结束)
    ch=getchar();                                   //读取第一个字符
    while(ch!='#')
    {

        if(islower(ch))                             //如果是小写字符
            ch=toupper(ch);                         //改大写字符
        fputc(ch,writefile);                        //将读入的字符写入文件
        ch=getchar();                               //读取下一个字符
    }

    fclose(writefile);
    return 0;
}
```

程序运行结果:

```
Enter a text (to end with '#'):
you laugh and
the world laugh
with you
you weep and
you weep alone.#
```

输出文件如图 7-2 所示。

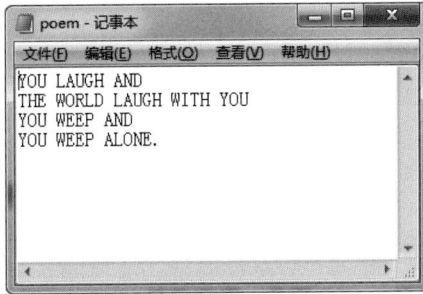

图 7-2 输出文件

程序 7-2 从程序 7-1 生成的磁盘文本文件 poem.txt 读取(见图 7-2),在显示器上输出。

```
#include<stdio.h>
#include<stdlib.h>
int main()
{
    char ch;

    FILE * readfile;
    readfile=fopen("D:\\poem.txt","r");
    if(!readfile)
    {
        printf("file cannot be opened");
        exit(1);
    }

    ch=fgetc(readfile);              //读取第一个字符
    while(!feof(readfile))           //数据是否读取完
    {
        putchar(ch);                 //输出字符
        ch=fgetc(readfile);          //读取下一个字符
    }
    printf("\n");

    fclose(readfile);
    return 0;
}
```

程序运行结果:

```
YOU LAUGH AND
THE WORLD LAUGH WITH YOU
YOU WEEP AND
```

YOU WEEP ALONE.

程序分析

函数 feof 的功能:若数据指针已经到数据尾,则返回非 0 值,否则返回 0。

7.3.2　字符串的读写

字符串读写函数处理文本流(文本文件),以串为单位读写,函数声明如下:

int fputs(char * s, FILE * fp);

char * fgets(char * s, int n, FILE * fp);

函数 fputs 将字符串 s 舍去串结束符'\0'后写入文件 fp 的数据指针指向的当前位置,若成功,则返回一个非负数,否则,返回 EOF(−1)。

函数 fgets 从文件 fp 的数据指针指向的当前位置开始,最多读取 n−1 个字符,末尾加'\0'。具体说来,有以下 4 种情况。

(1) 若在遇到换行符或文件结束符前,已经读取了 n−1 个字符,则读取结束,加上串结束符'\0'组成字符串,存入 s 指向的内存区。

(2) 若提前遇到换行符,则读取结束,在换行符后加上串结束符'\0'组成字符串。换行符是读取字符。

(3) 若提前遇到文件结束符,则读取结束,将文件结束符换为串结束符'\0'组成字符串。

(4) 若读取正常结束,则返回值是字符串指针 s,否则返回指针 0 即 NULL。

程序 7-3　以字符串读取方式,从磁盘文件 poem.txt 读取数据(见图 7-2),改为小写字符,写入磁盘文件 copy.txt。

```c
#include<stdio.h>
#include<stdlib.h>
#include<string>
int main()
{
    char s[80];

    FILE * readfile;
    readfile=fopen("D:\\poem.txt","r");
    if(!readfile)
    {
        printf("cannot open file code.txt");
        exit(1);
    }

    FILE * writefile;
    writefile=fopen("D:\\copy.txt","w");
    if(!writefile)
```

```
{
    printf("cannot open file code.txt");
    exit(1);
}

while(!feof(readfile))                        //直到数据取完
{
    fgets(s,10,readfile);                     //一次最多读取 9 个字符
    strlwr(s);                                //大写改小写
    fputs(s,writefile);
}

fclose(readfile);
fclose(writefile);

return 0;
}
```

程序 7-3 的结果如图 7-3 所示。

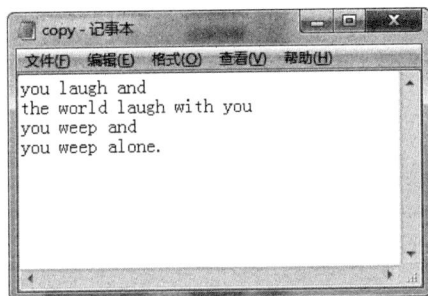

图 7-3 程序 7-3 的结果

7.3.3 格式读写

键盘文件和显示器文件的格式读写是分别通过标准库函数 scanf 和 printf 实现的，只是隐藏了相应的文件指针 stdin 和 stdout。假设定义一个结构和该结构的对象：

```
typedef struct                                //结构
{
    long unsigned id;                         //学号
    char name[20];                            //姓名
    double grades;                            //成绩
}Student;
Student st;                                   //结构对象
```

键盘输入语句

```
scanf("%Ld%s%Lf",&st.id,&st.name,&st.grades);
```

等价于

```
fscanf(stdin,"%Ld%s%Lf",&st.id,&st.name,&st.grades);
```

显示器输出语句

```
printf("%Ld:\t%s\t%g\n",st.id,st.name,st.grades);
```

等价于

```
fprintf(stdout,"%Ld:\t%s\t %g\n",st.id,st.name,st.grades);
```

在 fscanf 和 fprintf 函数中，将键盘文件指针 stdin 和显示器文件指针 stdout 分别替换为磁盘文件指针，就得到磁盘文件的格式读写函数。

编写程序，从图 7-4(a)所示的数据文件 student.txt 读取数据，写入文件 copy.txt，写入格式如图 7-4(b)所示。

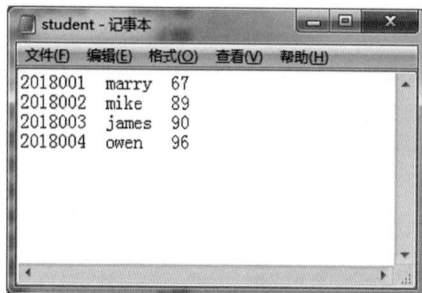

(a) 数据文件 student.txt

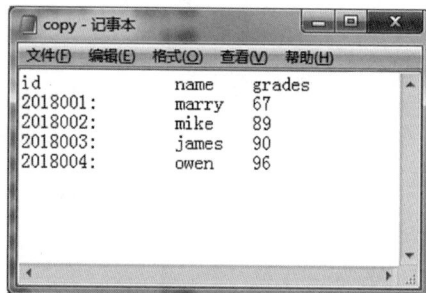

(b) 数据文件 copy.txt

图 7-4   磁盘文件

程序 7-4   读取文件 student.txt，写入文件 copy.txt。

```
#include<stdio.h>
#include<stdlib.h>
typedef struct
{
    long unsigned id;                       //学号
    char name[20];                          //姓名
    double grades;                          //成绩
} Student;
int main()
{
    Student s;

    FILE * readfile;
    readfile=fopen("D:\\student.txt","r");       //读取文本文件
    if(!readfile)
```

```
    {
        printf("student cannot be opened");
        exit(1);
    }

    FILE *writefile;
    writefile=fopen("D:\\copy.txt","w");            //写入文本文件
    if(!writefile)
    {
        printf("copy cannot be opened");
        exit(1);
    }

    fprintf(writefile,"id\t\tname\tgrades\n");

    fscanf(readfile,"%Ld%s%Lf",&s.id,&s.name,&s.grades);
    while(!feof(readfile))                          //数据是否读取完
    {
        fprintf(writefile,"%Ld:\t%s\t%g\n",s.id,s.name,s.grades);
        fscanf(readfile,"%Ld%s%Lf",&s.id,&s.name,&s.grades);
    }

    fclose(readfile);
    fclose(writefile);

    return 0;
}
```

7.3.4　无格式读写

无格式读写也称**数据段读写**,主要处理二进制流。数据段读写是指按类型分段读写,类型决定了一个数据单元的字节数,一般来说一个数据段就是一个数据单元。下面是用于数据段读写的函数:

int fwrite(void * buffer, int size, int n, FILE * fp);

从程序数据区地址 buffer 开始,将连续 size 字节作为一个数据段,一共 n 个数据段写入文件输出缓冲区,返回值是实际写入的数据段数量。

int fread(void * buffer, int size, int n, FILE * fp);

将文件输入缓冲区中连续 size 字节作为一个数据段,一共 n 个数据段读入 buffer 指向的程序数据区,返回值是实际读取的数据段数量。

程序 7-5　根据提示,从键盘输入一批学生记录,存储到二进制文件 st.rec。

```c
#include<stdio.h>
#include<stdlib.h>                      //包含 atof 和 atol 声明
typedef struct
{
    long unsigned id;                   //学号
    char name[20];                      //姓名
    double grades;                      //成绩
}Student;

int main()
{
    char ch;
    char num[80];                       //最长字符串长为 79
    Student st;

    FILE * writefile;
    writefile=fopen("D:\\st.rec","wb");    //以写的方式打开二进制文件
    if(!writefile)
    {
        printf("file cannot be opened");
        exit(1);
    }

    printf("Ready for Entering(y or n)? ");
    ch=getchar();
    if(ch=='n')
        return 0;
    fflush(stdin);                      //清空缓冲区

    while(1)
    {
        printf("id:    ");              //输入提示:学号
        gets(num);                      //把学号按数字串读取
        st.id=atol(num);                //atol 将数字串转换为长整型数

        printf("name:   ");             //输入提示:姓名
        gets(st.name);

        printf("grades:");              //输入提示:成绩
        gets(num);                      //把成绩按数字串读取
        st.grades=atof(num);            //atof 将数字串转换为双浮点型数

        fwrite(&st,sizeof(st),1,writefile);  //写入二进制文件
```

```
            printf("another(y/n)?");                //输入 y 表示继续输入,n 表示停止输入
            ch=getchar();
            if(ch=='n')
                break;
            fflush(stdin);                           //清空缓冲区
        }
        fclose(writefile);
        return 0;
    }
```

程序运行结果(粗体表示输入):

Ready for Entering(y or n)? **y[Enter]**
id:　　**2018001[Enter]**
name:　**marry[Enter]**
grades: **67[Enter]**
another(y/n)? **y[Enter]**
id:　　**2018002[Enter]**
name:　**mike[Enter]**
grades: **89[Enter]**
another(y/n)? **y[Enter]**
id:　　**2018003[Enter]**
name:　**james[Enter]**
grades: **90[Enter]**
another(y/n)? **y[Enter]**
id:　　**2018004[Enter]**
name:　**owen[Enter]**
grades: **96[Enter]**
another(y/n)? n**[Enter]**

程序分析

(1) 函数 fflush 的功能是清空缓冲区。当函数 getchar 读取了 y 或 n 后,输入缓冲区还留下回车符(也许还有其他字符)。如果它们不被清理掉,就可能成为下一次读取的"垃圾"。

(2) 把输入的学号和成绩,先作为数字串读取,再转换为相应的类型,这样做是为了避免在混合输入时因输入缓冲区的残留问题而可能造成的读取错误。

程序 7-6　从程序 7-5 生成的二进制文件 st.rec 读取,按照图 7-4(b)的格式,分别输出到显示器和文本文件 copy.txt。

```
#include<stdio.h>
#include<stdlib.h>                    //包含 exit
typedef struct
{
    long unsigned id;                 //学号
    char name[20];                    //姓名
```

```
        double grades;                            //成绩
    } Student;
    int main()
    {
        Student s;

        FILE * readfile;
        readfile=fopen("D:\\st.rec","rb");        //读取二进制文件
        if(readfile==0)
        {
            printf("file cannot be opened");
            exit(1);
        }

        FILE * writefile;
        writefile=fopen("D:\\copy.txt","w");      //写入文本文件
        if(!writefile)
        {
            printf("copy cannot be opened");
            exit(1);
        }
        printf("id\t\tname\tgrades\n");
        fprintf(writefile,"id\t\tname\tgrades\n");

        fread(&s,sizeof(s),1,readfile);           //读取第一条记录到 s
        while (!feof(readfile))
        {
            printf("%Ld:\t%s\t%g\n",s.id,s.name,s.grades);

            fprintf(writefile,"%Ld:\t%s\t%g\n",s.id,s.name,s.grades);
            fread(&s,sizeof(s),1,readfile);       //读取下一条记录
        }

        fclose(readfile);
        fclose(writefile);
        return 0;
    }
```

程序运行结果：

```
id          name    grades
2018001:    marry   67
2018002:    mike    89
2018003:    james   90
2018004:    owen    96
```

计算机中的所有数据都是二进制数字串,一个数据段可能表示一个整数、一个浮点数、字符串、结构或者机器指令,具体表示什么,由上下文决定,而类型是典型的上下文。

练　　习

编写程序

1. 实现文件的复制:把一个文件复制到另一个文件。

2. 有一个学生成绩表,其中的记录包括学号、数学、程序设计和总成绩,如图 7-5 所示。通过键盘输入将它们存储到磁盘文件 science.txt 中,如图 7-6 所示。

学生成绩表

学号	数学	程序设计	总成绩
2015001	70	80	150
2015003	60	70	130
2015005	90	80	170
2015007	80	80	160
2015010	70	85	155

图 7-5　学生成绩表

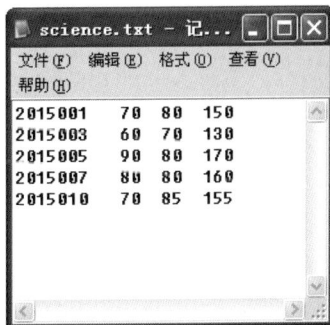

图 7-6　磁盘文件 science.txt

3. 编写程序,将磁盘文件 science.txt(见图 7-6)中总成绩大于 150 的学生记录选择出来,组成新的文本文件 science_sel.txt,结果如图 7-7 所示。

4. 编写程序,用文件 science.txt(见图 7-6)中的学号和总成绩组成新的文本文件 science_pro.txt,结果如图 7-8 所示。

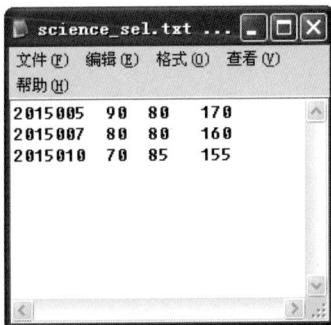

图 7-7　磁盘文件 science_sel.txt

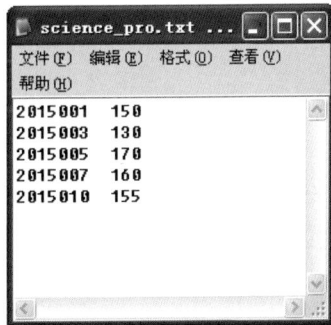

图 7-8　磁盘文件 science_pro.txt

5. 编写程序,已知文件 science.txt(见图 7-6)和文件 liberal.txt(见图 7-9),liberal.txt 的记录由学号(sno)、英语(english)、哲学(philosophy)和总成绩(total)构成。编写程序,将两个文件连接,组成新的文件 science_ liberal. txt,其中的记录由学号(sno)、数学

(math)、程序设计(programming)、英语(english)、哲学(philosophy)和总成绩(total)组成,如图 7-10 所示。

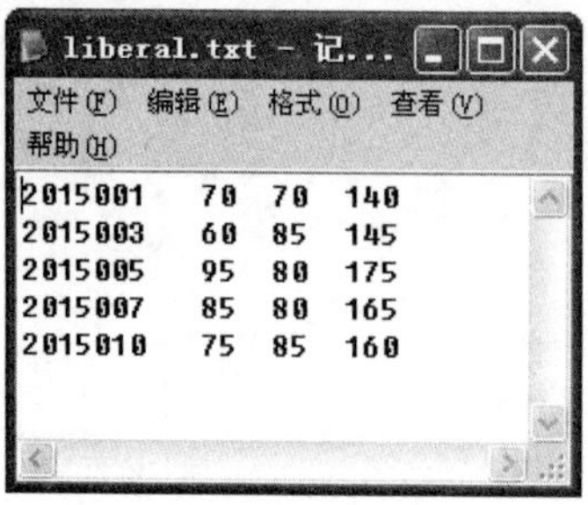

图 7-9   磁盘文件 liberal.txt

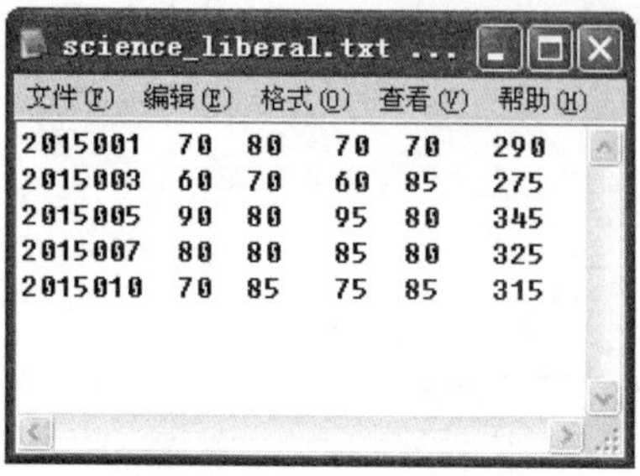

图 7-10   磁盘文件 science_ liberal. txt

6. 编写程序,将一个文本文件中的数字和字符分别组成两个文本文件。

第8章

链　表

链表是拓扑意义上的顺序表。

　　线性表的每个数据元素在顺序表中都对应一个数组元素,线性表的任意两个数据元素,如果具有前驱和后继关系,它们所对应的数组元素都是前后相邻的。这是线性连续存储模式,它有一个明显的不足:插入或删除一个数据元素,一般都需要移动大量的数据元素,这显然降低了效率。改进的方法是链表。

8.1　链　表　设　计

　　链表由一系列结点构成,线性表中的每个数据元素在链表中都对应一个结点。一个结点是一个结构对象,它有三个数据成员,一个用来存储数据元素,其他两个是结构指针,分别用来指向该数组元素的前驱和后继所在的结点。链表是线性离散存储结构,其局部如图 8-1 所示。

图 8-1　链表局部

　　在链表中插入或删除一个数据元素,就是插入或删除一个结点,最多修改前后相邻的三个结点的指针。下面分步设计链表。

8.1.1　链 表 结 点

1. 结点结构

```
typedef int Type;
struct Node                          //结点结构定义
{
    Type data;                       //存储数据元素
    struct Node * prev;              //结构指针,指向前驱所在结点
    struct Node * next;              //结构指针,指向后继所在结点
};
typedef struct Node Node;
```

结点结构如图 8-2 所示。

| prev | data | next |

图 8-2　结点结构

注意：结构 Node 的定义还没有完成,就用该结构来定义指向结点的指针 prev 和 next,这种定义合法吗?

成员 prev 和 next 不是结构对象,而是指向结构的指针。作为指针,它们的空间大小、存储格式都是确定的:空间是 4 字节(因系统而定),存储格式相当于无符号整型。因此,只要结构名称确定,它们的声明就确定。但是,如果 prev 和 next 不是指向结构的指针,而是该结构的对象(struct Node prev;struct Node next;),那么就是非法的,因为这是"自我嵌套的定义",没有终结的定义。另外,下面的定义也是非法的。

```
typedef int Type;
typedef struct                              //结点结构定义
{
    Type data;
    struct Node prev;                       //非法
    struct Node next;                       //非法
} Node;
```

因为结构名称 Node 在结构体后面,所以不能在结构体中提前用结构名 Node 声明指向该结构的指针。

2. 结点生成

从空间生成来看,链表与顺序表不同。顺序表可以一次性定义一组数组元素,而链表要一个结点一个结点的连接生成。生成一个结点的基本函数定义如下:

```
Node * GetNode(Type item, Node * p, Node * n)      //生成一个结点,返回结点指针
{
    Node * re;
    re=(Node * )malloc(sizeof(Node));
    re->data=item;
    re->prev=p;
    re->next=n;
    return re;
}
```

其中,形参列表中的 item 是一个数据元素,p 和 n 分别是指向该数据元素的前驱和后继所在结点的指针。

3. 指针操作

指针的加减算术运算只适用于顺序表的线性连续存储模式。假设 p 是指向顺序表的一个数组元素的指针,自增运算一次(p++或++p),就得到指向后继数组元素的指针;自减运算一次,就得到指向前驱数组元素的指针。但是这种运算不适用于链表的线性离散存储模式,只能用函数替代。假设 itr 是指向链表的一个结点的指针,通过该指针读取

该结点的数据成员 next，就得到指向后继结点的指针，读取该结点的数据成员 prev，就得到指向前驱结点的指针。读取操作由下面的基本函数完成。

```
Node * GetNext(Node * itr){return itr->next;} //读取后继结点的指针
Node * GetPrev(Node * itr){return itr->prev;} //读取前驱结点的指针
Type GetData(Node * itr){return itr->data;}    //读取结点的数据元素
```

将 Node 结构定义、基本函数的声明和定义都封装在文件 node.h 中，其中要包含头文件 stdlib.h，因为结点生成函数用到标准库函数 malloc。结果如下：

```
//node.h
#ifndef NODE_H
#define NODE_H

#include<stdlib.h>
struct Node                                    //结点结构定义
{
    Type data;
    struct Node * prev;                        //结构指针
    struct Node * next;                        //结构指针
};
typedef struct Node Node;

Node * GetNode(Type item,Node * p,Node * n);   //生成一个结点,返回结点指针
Type GetData(Node * itr){return itr->data;}    //读取结点的数据元素
Node * GetNext(Node * itr){return itr->next;}  //读取后继结点的指针
Node * GetPrev(Node * itr){return itr->prev;}  //读取前驱结点的指针

Node * GetNode(Type item,Node * p,Node * n)    //生成一个结点,返回结点指针
{
    Node * re;
    re=(Node * )malloc(sizeof(Node));
    re->data=item;
    re->prev=p;
    re->next=n;
    return re;
}
#endif
```

程序 8-1　建一个链表结点。

```
#include<stdio.h>
typedef int Type;
#include"node.h"
int main()
{
```

```
Node*  p=GetNode(10,0,0);
printf("%d\n",GetData(p));              //读取并输出结点的数据元素
printf("%d\n",GetPrev(p));              //读取并输出前驱结点的指针
printf("%d\n",GetNext(p));              //读取并输出后继结点的指针

return 0;
}
```

程序运行结果：

```
10
0
0
```

8.1.2　链表雏形

链表结构如图 8-3 所示。

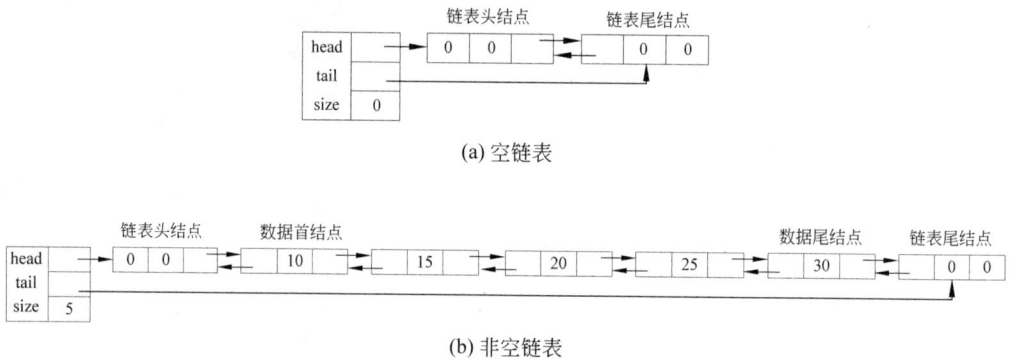

(a) 空链表

(b) 非空链表

图 8-3　链表结构

　　链表结点分数据结点和非数据结点。数据结点从数据首结点开始到数据尾结点结束，存储的数据元素为 10、15、20、25、30。非数据结点有两个，一个是链表头结点，另一个是链表尾结点，它们不存储数据元素，或存储"零元素"。

　　记录链表结点信息的是结构 List，它包含三个数据成员，一个是整型变量 size，记录链表的数据结点个数；其他两个是结点指针，一个是 head，指向链表头结点，另一个是 tail，指向链表尾结点。

　　设置链表头结点和链表尾结点主要有两方面的意义。

　　(1) 使插入和删除操作不用考虑特殊情形。以插入为例，无论把结点插入数据结点区的什么位置，都可以归结为在两个结点之间插入。例如，按顺序插入一个数值为 5 的结点，应该插入当前数据首结点 10 前，这是在边界插入，属于特殊情形，可是因为有了链表头结点，所以相当于在链表头结点和数据首结点之间插入。再如，要按顺序插入一个数值为 35 的结点，应该插入当前数据尾结点 30 后，这也是在边界插入，也属于特殊情形，可是因为有了链表尾结点，所以相当于在数据尾结点和链表尾结点之间插入。

（2）作为指针移动区间的上下界。指向数据首结点的指针，如果沿着函数 GetNext 的取值方向移动，移动区间是 [head->next：tail)，移动方向从前往后，上界是指向链表尾结点的指针，如图 8-4(a)所示。指向数据尾结点的指针，如果沿着函数 GetPrev 的取值方向移动，移动区间是 (head：tail->prev]，移动方向从后往前，下界是指向链表头结点的指针，如果图 8-4(b)所示。

(a) [head–>next:tail)

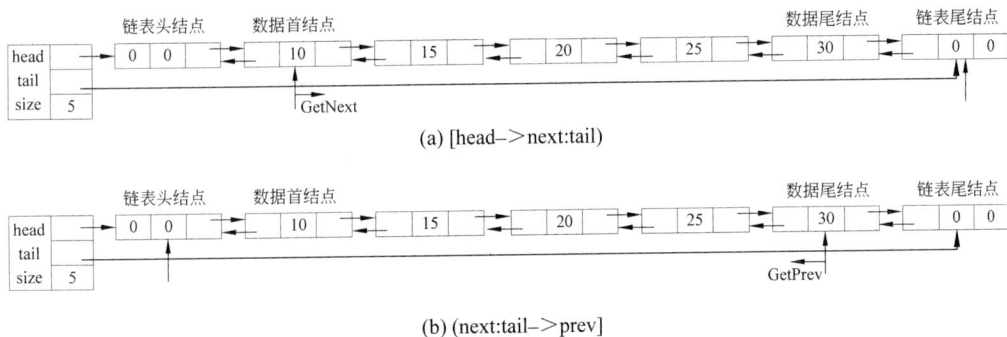

(b) (next:tail–>prev]

图 8-4　指针移动区间

把上述链表的结构定义、基本函数的声明和定义都封装在文件 list.h 中：

```
#include"node.h"                          //链表结点结构
typedef struct                            //链表结构 List
{
    Node * head;                          //链表头结点指针
    Node * tail;                          //链表尾结点指针
    int size;                             //数据结点个数
}List;
void InitList(List * L);                  //建空表
int Size(List * l){return l->size;}       //读取数据结点个数
int Empty(List * l){return l->size==0;}   //判断链表是否为空

void InitList(List * l)                   //建空表
{
    l->head=GetNode(0,NULL,NULL);
    l->tail=GetNode(0,NULL,NULL);
    l->head->next=l->tail;
    l->tail->prev=l->head;
    l->size=0;
}
```

程序 8-2　建空表。

```
#include<stdio.h>
typedef int Type;
#include"list.h"
int main()
```

```
{
    List L;
    InitList(&L);
    printf("%d\n",Size(&L));
    printf("%d\n",Empty(&L));

    return 0;
}
```

程序运行结果：

```
0
1
```

8.1.3　链表边界读取

链表和顺序表不同。顺序表是线性连续存储结构,遍历方法可以是索引方法,也可以是指针方法。而链表是线性离散存储结构,遍历方法只能是指针方法。

链表的结点指针区间[head->next：tail)或(head：tail->prev],对于指针方法,两者是对称的,如果选择前者[head->next：tail),就需要两个函数,分别读取该区间的左闭右开边界,用于条件控制循环。

```
Node * Begin(List * l){return l->head->next;} //读取数据首结点指针
Node * End(List * l){return l->tail;}          //读取链表尾结点指针
```

8.1.4　链表插入

链表插入有定点插入、首插和尾插。插入位置需要由指向结点的指针来指定。

定点插入是在一个结点的前面插入,等于在该结点和该结点的前驱之间插入。定点插入函数声明如下：

```
Node * Insert(List * l,Node * itr,Type item);
```

在指针 itr 指向的结点前插入一个结点,插入结点的数值是 item 的值,返回是新插入的结点指针。定义如下：

```
Node * Insert(List * l,Node * itr,Type item)
{
    Node * p=itr;
    p->prev->next=GetNode(item,p->prev,p);
    p->prev=p->prev->next;
    l->size++;
    return p->prev;
}
```

链表插入如图 8-5 所示。

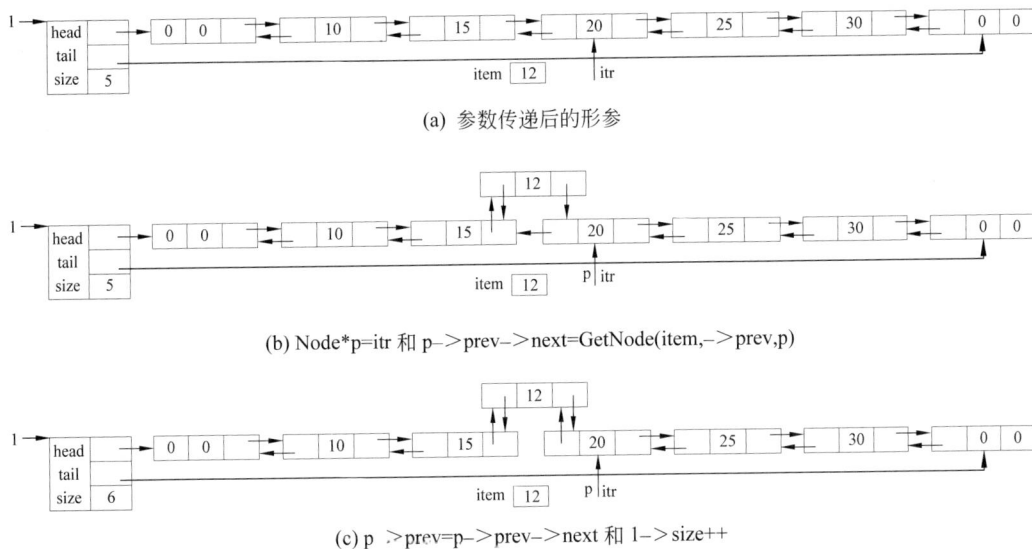

(a) 参数传递后的形参

(b) Node*p=itr 和 p–>prev–>next=GetNode(item,–>prev,p)

(c) p–>prev=p–>prev–>next 和 1–>size++

图 8-5　链表插入示意图

首插是在数据首结点前插入。如果链表为空,则是在链表尾结点前插入。插入的结点成为新的数据首结点。显然,首插是定点插入的特例。函数定义如下:

```
void PushFront(List * l,Type item){Insert(l,Begin(l),item);}
```

尾插是在数据尾结点后插入,插入的结点成为新的数据尾结点。尾插是定点插入的特例,因为等于在链表尾结点前插入。函数定义如下:

```
void PushBack(List * l,Type item){Insert(l,End(l),item);}
```

应用函数设计:分别从前往后(见图 8-4(a))和从后往前(见图 8-4(b))输出链表。注意两个函数的对称性。

```
void OutputList(List * l)                          //从前往后输出链表
{
    Node * first=Begin(l);                         //指向数据首结点
    Node * last=End(l);                            //指向链表尾结点
    for(;first!=last;first=GetNext(first))         //从前往后
        printf("%d\t",GetData(first));
    printf("\n");
}
void OutputListReverse(List * l)                   //从后往前输出链表
{
    Node * last=GetPrev(End(l));                   //指向数据尾结点
    Node * first=GetPrev(Begin(l));                //指向链表头结点
    for(;last!=first;last=GetPrev(last))           //从后往前
        printf("%d\t",GetData(last));
```

```
        printf("\n");
}
```

程序 8-3   输入一组整数到链表,从前往后和从后往前分别输出。

```
#include<stdio.h>
typedef int Type;
#include"list.h"
void OutputList(List * l);                    //从前往后输出链表
void OutputListReverse(List * l);             //从后往前输出链表
int main()
{
    int item;
    List L;
    InitList(&L);
//输入
    printf("Enter integers(0 to end):\n");
    scanf("%d",&item);
    while(item!=0)                            //0 是前哨
    {
        PushBack(&L,item);
        scanf("%d",&item);
    }
//从前往后输出
    printf("Front to back:\n");
    OutputList(&L);
//从后往前输出
    printf("Back to front:\n");
    OutputListReverse(&L);
    return 0;
}
void OutputList(List * l)                      //从前往后输出链表
{
    Node * first=Begin(l);                    //指向数据首结点
    Node * last=End(l);                       //指向链表尾结点
    for(;first!=last;first=GetNext(first))    //从前往后
        printf("%d\t",GetData(first));
    printf("\n");
}
void OutputListReverse(List * l)              //从后往前输出链表
{
    Node * last=GetPrev(End(l));              //指向数据尾结点
    Node * first=GetPrev(Begin(l));           //指向链表头结点
    for(;last!=first;last=GetPrev(last))      //从后往前
        printf("%d\t",GetData(last));
```

```
        printf("\n");
}
```

程序运行结果（粗体表示输入）：

Enter integers (0 to end):

1 2 3 4 5 0[Enter]

Front to back:

| 1 | 2 | 3 | 4 | 5 |

Back to front:

| 5 | 4 | 3 | 2 | 1 |

程序分析

链表中的结点都是由调用函数 malloc 动态生成的，程序需要在结束前调用一个基本函数来撤销这些结点，但是链表还没有这个基本函数。这个函数需要调用链表的删除操作，这是 8.1.5 节的内容。

8.1.5　链 表 删 除

链表删除有定点删除、首删、尾删、清表（撤销数据结点）和准析构（撤销所有结点）。

定点删除是删除一个指针指向的结点。函数定义如下：

```
Node * Erase(List * l,Node * itr)
{
    Node * p=itr;
    Node * re=p->next;
    p->prev->next=p->next;
    p->next->prev=p->prev;
    free(p);
    l->size--;
    return re;
}
```

定点删除如图 8-6 所示。

其他删除都是定点删除的特例，分别定义如下：

```
void PopFront(List * l){Erase(l,Begin(l));}            //首删。删除数据首结点
void PopBack(List * l){Erase(l,GetPrev(End(l)));}      //尾删。删除数据尾结点
void Clear(List * l){while(!Empty(l))PopFront(l);}     //清表。撤销数据结点
void FreeList(List * l){Clear(l);free(l->head);free(l->tail);}
                                                       //准析构。撤销所有结点
```

程序 8-4　输入一组整数到链表，删除数据首尾结点后输出链表。

```
#include<stdio.h>
typedef int Type;
#include"list.h"
```

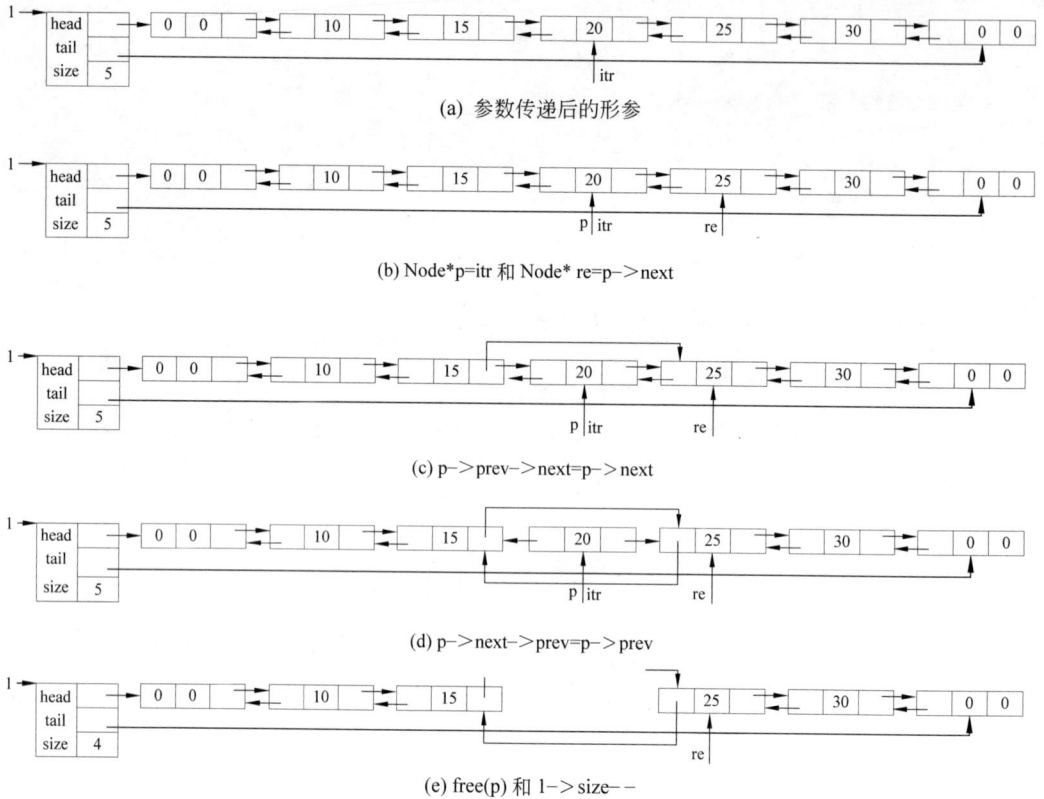

(a) 参数传递后的形参

(b) Node*p=itr 和 Node* re=p->next

(c) p->prev->next=p->next

(d) p->next->prev=p->prev

(e) free(p) 和 1->size--

图 8-6   定点删除示意图

```
void OutputList(List * l);                      //从前往后输出链表
int main()
{
    int item;
    List L;
    InitList(&L);
//输入
    printf("Enter integers(0 to end):\n");
    scanf("%d",&item);
    while(item!=0)                              //0 是前哨
    {
        PushBack(&L,item);
        scanf("%d",&item);
    }
    PopFront(&L);                               //删除数据首结点
    PopBack(&L);                                //删除数据尾结点
//输出
    printf("after erasing:\n");
    OutputList(&L);
```

```
    FreeList(&L);                                            //撤销链表结点

    return 0;
}
void OutputList(List * l)                                    //从前往后输出链表
{
    Node * first=Begin(l);                                   //指向数据首结点
    Node * last=End(l);                                      //指向链表尾结点
    for(;first!=last;first=GetNext(first))
        printf("%d\t",GetData(first));
    printf("\n");
}
```

程序运行结果（粗体表示输入）：

Enter integers(0 to end):
1 2 3 4 5 0[Enter]
after erasing:
2　　　3　　　4

8.1.6　链表头文件

```
#ifndef LIST_H
#define LIST_H
#include"node.h"                                             //链表结点结构
typedef struct                                               //链表结构 List
{
    Node * head;                                             //链表头结点指针
    Node * tail;                                             //链表尾结点指针
    int size;                                                //数据结点个数
}List;

void InitList(List * L);                                     //建空表
int Size(const List * l){return l->size;}                    //读取数据结点个数
int Empty(const List * l){return l->size==0;}                //判断链表是否为空

Node * Begin(List * l){return l->head->next;}                //读取数据首结点指针
Node * End(List * l){return l->tail;}                        //读取链表尾结点指针

Node * Insert(List * l,Node * itr,Type item);                //定点插入
void PushFront(List * l,Type item){Insert(l,Begin(l),item);}
void PushBack(List * l,Type item){Insert(l,End(l),item);}

Node * Erase(List * l,Node * itr);                           //定点删除
```

```
void PopFront(List * l){Erase(l,Begin(l));}        //首删。删除数据首结点
void PopBack(List * l){Erase(l,GetPrev(End(l)));}   //尾删。删除数据尾结点
void Clear(List * l){while(!Empty(l))PopFront(l);}  //清表。撤销数据结点
void FreeList(List * l){Clear(l);free(l->head);free(l->tail);}
                                                    //准析构。撤销所有结点

void InitList(List * l)                             //建空表
{
    l->head=GetNode(0,0,0);
    l->tail=GetNode(0,0,0);
    l->head->next=l->tail;
    l->tail->prev=l->head;
    l->size=0;
}

Node * Insert(List * l,Node * itr,Type item)
{
    Node * p=itr;
    p->prev->next=GetNode(item,p->prev,p);
    p->prev=p->prev->next;
    l->size++;
    return p->prev;
}
Node * Erase(List * l,Node * itr)
{
    Node * p=itr;
    Node * re=p->next;
    p->prev->next=p->next;
    p->next->prev=p->prev;
    free(p);
    l->size--;
    return re;
}

#endif
```

8.2　链 表 逆 置

函数设计：将链表中的数据元素逆置。

函数头设计：将函数命名为 InvertList，表示链表逆置。将形参列表设为(List * l)，表示逆置对象是指针 l 指向的链表。将返回值类型设为 void，表示无显式的返回值，即没有 return 语句带回的返回值。得到函数如下：

```
InvertList(List * l)
```

函数体设计：如果数据结点个数大于 1，则从第二个数据结点到最后一个数据结点依次读取其中的数据，首插到链表，然后删除该结点。

```
void InvertList(List * l)
{
    Node * first=Begin(l);                    //指向数据首结点
    Node * last=End(l);                       //指针上界
    Node * next=GetNext(first);               //指向要删除的结点
    if(Size(l)>1)                             //如果数据结点个数大于 1
        while(next!=last)
        {
            PushFront(l,GetData(next));       //删除前首插
            Erase(l,next);                    //删除
            next=GetNext(first);              //指向下一个要删除的结点
        }
}
```

程序 8-5 链表逆置后输出。

```
#include<stdio.h>
typedef int Type;
#include"list.h"

void OutputList(List * l);
void InvertList(List * l);

int main()
{
    int item;
    List L;

    InitList(&L);                             //建空链表
//输入
    printf("Enter integers(0 to end):\n");
    scanf("%d",&item);
    while(item!=0)                            //0 是前哨
    {
        PushBack(&L,item);
        scanf("%d",&item);
    }
//逆置前
    printf("Before invert:\n");
    OutputList(&L);
```

```
    //逆置后
    InvertList(&L);
    printf("After invert:\n");
    OutputList(&L);

    FreeList(&L);                                  //撤销链表结点

    return 0;
}

void OutputList(List * l)                          //输出链表
{
    Node * first=Begin(l);                         //指向数据首结点
    Node * last=End(l);                            //指向链表尾结点
    for(;first!=last;first=GetNext(first))         //从前往后
        printf("%d\t",GetData(first));
    printf("\n");
}

void InvertList(List * l)
{
    //代码同上
}
```

程序运行结果(粗体表示输入):

```
Enter integers(0 to end):
1 2 3 4 5 0
Before invert:
1       2       3       4       5
After invert:
5       4       3       2       1
```

8.3　Josephus 问题

　　Josephus 问题：n 个人围坐一圈，从某人开始，顺着一个方向，一个接着一个，从 1 数到一个步长为止，数到步长的人被淘汰。然后下一个人继续这一过程。这个过程直到剩下一个人为止，这个人便是幸存者。每次的步长都是 1～10 的随机数。

　　函数设计：模拟上述过程，而且输出参与者、步长、被淘汰者和幸存者。

　　函数头设计：将函数命名为 Josephus，直接表示所要模拟的过程。将形参列表设为 (int n)，表示 n 个参与者。将返回值类型设为 void，表示无 return 语句表示的返回值。得到函数头如下：

```
void Josephus(int n)
```

函数体设计步骤如下。

(1) 利用 3 个链表 Party、Loser 和 Odd，分别记录参与者、被淘汰者和随机步长。

(2) 给参与者编号 1~n，插入链表 Party 并输出。

(3) 从数据首结点开始数，指针 first 指向这个结点。用计数控制循环，数到步长者，便是被淘汰者，如果数到链表尾结点，就转为数据首结点。将淘汰者插入链表 Loser，然后从链表 Party 中删除。删除函数的返回值是被删除结点的后继指针，如果后继是链表尾结点，就转到数据首结点。每次步长都是随机数，都要插入链表 Odd。函数体定义如下：

```
void Josephus(int n)
{
    int counter;                              //计数器
    int step;                                 //随机步长
    Node * first;
    Node * last;
//步骤(1)
    List Party;                               //参与者
    List Loser;                               //被淘汰者
    List Odd;                                 //随机步长
    InitList(&Party);
    InitList(&Loser);
    InitList(&Odd);
//步骤(2)
    for(counter=1;counter<=n;++counter)       //保存参与者
        PushBack(&Party,counter);
    printf("Party:\n");                       //输出参与者
    OutputList(&Party);
//步骤(3)
    srand(time(0));                           //激活随机数种子函数
    first=Begin(&Party);                      //指向数据首结点
    last=End(&Party);                         //指向链表尾结点
    while(Size(&Party)>1)                     //直到剩下一个人
    {
        step=1+rand()%10;                     //随机步长
        PushBack(&Odd,step);                  //记录随机数
        for(counter=1;counter<step;++counter) //选择被淘汰者
        {
            first=GetNext(first);
            if(first==last)                   //如果指向链表尾结点
                first=Begin(&Party);          //转到数据首结点
        }
        PushBack(&Loser,GetData(first));      //记录被淘汰者
```

```
        first=Erase(&Party,first);                //指向删除结点的后继
        if(first==last)                           //如果指向链表尾结点
            first=Begin(&Party);                  //转到数据首结点
    }
//输出
    printf("Odds:\n");                            //输出随机步长
    OutputList(&Odd);
    printf("Losers:\n");                          //输出被淘汰者
    OutputList(&Loser);

    printf("Winner:\n");                          //输出幸存者
    printf("%d\n",*Begin(&Party));
//撤销链表结点
    FreeList(&Party);
    FreeList(&Loser);
    FreeList(&Odd);

    return;
}
```

程序 8-6　Josephus 问题。

```
#include<stdio.h>
#include<time.h>                                  //srand
typedef int Type;
#include"list.h"

void OutputList(List * L);
void Josephus(int n);

int main()
{
    int n;                                        //人数
//输入
    printf("Enter the number of people\n");
    scanf("%d",&n);
//处理
    Josephus(n);

    return 0;
}
void OutputList(List * l)                         //输出链表
{
    Node * first=Begin(l);                        //指向数据首结点
    Node * last=End(l);                           //指向链表尾结点
```

```
    for(;first!=last;first=GetNext(first))                //从前往后
        printf("%d\t",GetData(first));
    printf("\n");
}
void Josephus(int n)
{
    //代码同上
}
```

程序运行结果(粗体表示输入):

```
Enter the number of party
9
Party:
1       2       3       4       5       6       7       8       9
Odds:
6       2       1       4       1       9       1       2
Losers:
6       8       9       4       5       7       1       3
Winner:
2
```

练 习

一、简要回答以下问题

1. 举例说明链表头结点和链表尾结点的意义。
2. 为什么链表基本函数的定义域和值域是不完备的?

二、判断题

判断下面的结构定义是否合法?

```
struct Node
{
    Type data;
    Node * prev;
    Node * next;
};
typedef struct Node Node;
```

三、编写程序

1. 编写函数,对链表实施选择排序。
2. 编写函数,实现链表复制。

第 9 章

二维数组和指针

> 二维数组是特殊的一维数组。

和线性表不同，矩阵中的数据元素在逻辑上有两个位置：行和列。如果存储一个线性表需要一个数组，存储一个矩阵就需要一组数组。前者称为一维数组，后者称为二维数组。

9.1 二 维 数 组

9.1.1 二 维 数 组 定 义

二维数组是特殊的一维数组：这个数组的长度称为二维数组的**行数**；每个数组元素还是一维数组，称为**行数组**。所有行数组都类型相同（元素类型相同，长度相同）。行数组的长度称为二维数组的**列数**。二维数组的定义格式如下：

类型 数组名[行数] [列数];

例如：

int a[3][5];

这是 3 行 5 列二维整型数组。作为特殊的一维数组，它有 3 个数组元素：a[0],a[1],a[2]。每个数组元素又是长度为 5 的数组。二维数组的所有元素如下：

```
a[0][0]    a[0][1]    a[0][2]    a[0][3]    a[0][4]    //第 0 行,行数组 a[0]的元素
a[1][0]    a[1][1]    a[1][2]    a[1][3]    a[1][4]    //第 1 行,行数组 a[1]的元素
a[2][0]    a[2][1]    a[2][2]    a[2][3]    a[2][4]    //第 2 行,行数组 a[2]的元素
```

二维数组的每个元素都有两个索引：第一个表示该元素所在的行，是行索引；第二个表示该元素所在的列，是列索引。索引都从 0 开始。

二维数组 a 可以用 a[0:2][0:4]或 a[0:3)[0:5)来表示。第一个区间是行索引区间，第二个区间是列索引区间。

9.1.2 二 维 数 组 初 始 化

int a[3][5]={{5,10,15,20,25},{30,35,40,45,50},{55,60,65,70,75}};

或

```
int a[][5]={{5,10,15,20,25},{30,35,40,45,50},{55,60,65,70,75}};//行数可以默认
```

或

```
int a[3][5]={5,10,15,20,25,30,35,40,45,50,55,60,65,70,75};    //不提倡这种方法
```

结果如图 9-1 所示。

a[0][0]	a[0][1]	a[0][2]	a[0][3]	a[0][4]	a[1][0]	a[1][1]	a[1][2]	a[1][3]	a[1][4]	a[2][0]	a[2][1]	a[2][2]	a[2][3]	a[2][4]
5	10	15	20	25	30	35	40	45	50	55	60	65	70	75
a[0]					a[1]					a[2]				

（第一列标注为 a）

图 9-1　3 行 5 列二维整型数组 a

初始化数据不足，系统用 0 补充，例如：

```
int a[3][5]={{5,10,15},{30,35},{55}};
```

相当于

```
int a[3][5]={{5,10,15,0,0},{30,35,0,0,0},{55,0,0,0,0}};
```

当初始数据都为 0 时，可以写成：

```
int a[3][5]={0};
```

程序设计：用二维数组存储如下矩阵，然后输出其转置矩阵。

```
5      10     15     20     25
30     35     40     45     50
55     60     65     70     75
```

算法思想：按行优先输出矩阵，按列优先输出转置矩阵。

程序 9-1　输出一个矩阵和它的转置矩阵。

```c
#include<stdio.h>
int main()
{
    int a[3][5]={{5,10,15,20,25},{30,35,40,45,50},{55,60,65,70,75}};
    int row;                                //行数
    int col;                                //列数

    printf("the matrix :\n");               //按行优先输出矩阵
    for (row=0;row<3;row++)                 //行数控制外层循环
    {
        for (col=0;col<5;col++)             //列数控制内层循环
            printf("%d\t",a[row][col]);
        printf("\n");                       //一行结束后输出换行符
    }
```

```
        printf("the transposed :\n");              //按列优先输出转置矩阵
        for(col=0;col<5;col++)                      //列数控制外层循环
        {
            for(row=0;row<3;row++)                  //行数控制内层循环
                printf("%d\t",a[row][col]);
            printf("\n");                           //一列结束后输出换行符
        }
        return 0;
    }
```

程序运行结果:

```
the matrix:
5       10      15      20      25
30      35      40      45      50
55      60      65      70      75
the transposed:
5       30      55
10      35      60
15      40      65
20      45      70
25      50      75
```

9.1.3　二维数组和指针

和一维数组元素的表示一样,二维数组元素的表示也依赖指针。举例说明:

```
int a[3][5]={{5,10,15,20,25},{30,35,40,45,50},{55,60,65,70,75}};
```

a 是一个特殊的一维数组,长度是 3,数组元素是 a[0],a[1],a[2]。在表示数组元素时,数组名 a 转换为指向数组首元素 a[0] 的指针常量。但是 a[0],a[1],a[2] 也都是数组,是长度为 5 的一维整型数组,类型是 int[5],大小是 5 个整型对象的字节,共 20 字节,即 sizeof(a[0]) 的值是 20。a 作为指向 a[0] 的指针常量,是指向类型 int[5] 的指针,a 每加 1,表达式的值都增加 20,于是 a+1 是指向 a[1] 的指针常量,a+2 是指向 a[2] 的指针常量,如图 9-2 所示。

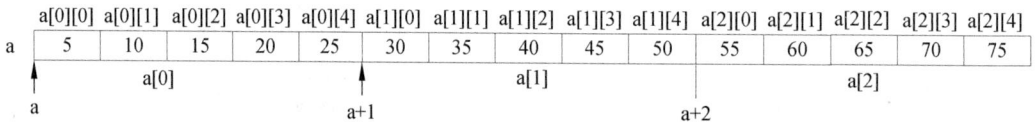

a[0][0]	a[0][1]	a[0][2]	a[0][3]	a[0][4]	a[1][0]	a[1][1]	a[1][2]	a[1][3]	a[1][4]	a[2][0]	a[2][1]	a[2][2]	a[2][3]	a[2][4]
5	10	15	20	25	30	35	40	45	50	55	60	65	70	75

a　　　　　a[0]　　　　　　　　a[1]　　　　　　　　a[2]

↑a　　　　　　　↑a+1　　　　　　　a+2

图 9-2　二维数组指针

a 作为指向 a[0] 的指针常量,类型是 int[5],它赋值的指针变量其类型也应该是 int[5],这种指针变量的定义或声明格式如下:

```
int (*p)[5];                                    //指向类型 int[5]的指针
```

赋值

```
p=a;
```

或初始化

```
int (*p)[5]=a;
```

赋值后,p+i 与 a+i 等价,p[i]与 a[i]等价(0<=i<3)。

　　a[0]本身作为长度为 5 的一维整型数组,在表示数组元素时,转换为指向 a[0][0]的指针常量,类型是 int * 。a[0]每加 1,表达式的值都增加一个整型对象的字节数 4,于是 a[0]+j 是指向 a[0][j]的指针(0<=j<5)。a[1]和 a[2]类似。总之,a[i]+j 是指向 a[i][j]的指针(0<=i<3,0<=j<5),如图 9-3 所示。

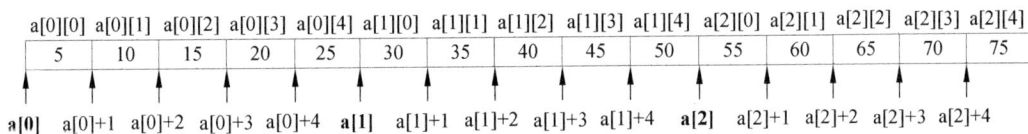

a[0][0]	a[0][1]	a[0][2]	a[0][3]	a[0][4]	a[1][0]	a[1][1]	a[1][2]	a[1][3]	a[1][4]	a[2][0]	a[2][1]	a[2][2]	a[2][3]	a[2][4]
5	10	15	20	25	30	35	40	45	50	55	60	65	70	75
a[0]	a[0]+1	a[0]+2	a[0]+3	a[0]+4	a[1]	a[1]+1	a[1]+2	a[1]+3	a[1]+4	a[2]	a[2]+1	a[2]+2	a[2]+3	a[2]+4

图 9-3　二维数组的一维数组指针

　　因为 p[i]与 a[i]等价(0<=i<3),所以 p[i]+j 与 a[i]+j 等价,p[i][j]与 a[i][j]等价(0<=i<3,0<=j<5)。

　　概括地说,假设 T 表示一种类型,array 表示数组,pointer 表示指针。如若

```
T array[行数][列数];
T(*pointer)[列数];
pointer=array;
```

或

```
T(*pointer)[列数]=array;
```

则 pointer+i 与 array+i 等价,pointer[i]与 array[i]等价,pointer[i]+j 与 array[i]+j 等价,pointer[i][j]与 array[i][j]等价(0<=i<行数,0<=j<列数)。

　　指针和数组是相互依赖的。在指针的定义中有一个数字表示列数,这个列数就是二维数组的列数。这种限定数组列数的指针称为**二维指针**。

　　程序 9-2　利用函数输出矩阵和转置矩阵。

```
#include<stdio.h>
void Matrix(int (*p)[5],int r);              //输出 r 行 5 列矩阵
void Transpose(int (*p)[5],int r);           //输出 r 行 5 列转置矩阵
int main()
{
    int a[3][5]={{5,10,15,20,25},{30,35,40,45,50},{55,60,65,70,75}};
    printf("the matrix :\n");
    Matrix(a,3);
```

```
            printf("the transposed:\n");
            Transpose(a,3);
            return 0;
        }
        void Transpose(int ( * p)[5],int r)                //输出 r 行 5 列转置矩阵
        {
            int row;                                       //行数
            int col;                                       //列数
            for(col=0;col<5;++col)                         //列数控制外层循环
            {
                for(row=0;row<r;++row)                     //行数控制内层循环
                    printf("%d\t",p[row][col]);
                printf("\n");                              //一行输出结束后输出换行符
            }
        }
        void Matrix(int ( * p)[5],int r)                   //输出 r 行 5 列矩阵
        {
            int row;                                       //行数
            int col;                                       //列数
            for(row=0;row<r;++row)                         //列数控制外层循环
            {
                for(col=0;col<5;++col)                     //行数控制内层循环
                    printf("%d\t",p[row][col]);
                printf("\n");                              //一行输出结束后输出换行符
            }
        }
```

程序运行结果：

```
the matrix :
5       10      15      20      25
30      35      40      45      50
55      60      65      70      75
the transposed:
5       30      55
10      35      60
15      40      65
20      45      70
25      50      75
```

程序分析

变量的声明或定义应该尽可能把类型和变量名区分开，但是二维指针的定义不是这样的。例如

```
int(*p)[5];
```

其实,有一种格式是区分开的:

```
int[5]* p;
```

但是 C 语言没有采用这种格式。

9.2　二维数组和一维数组

二维指针可以用作一维数组,长度是二维数组的列数乘以行数;一维数组可以用作行数为 1 的二维数组。

9.2.1　二维数组作为一维数组

二维指针有一个局限性,就是它限定列数。要克服这种局限性,可以把二维数组当作一维数组。

二维数组,因为其元素一个挨着一个,所以可以等价于一维数组元素。举例说明:

```
int a[3][5]={{5,10,15,20,25},{30,35,40,45,50},{55,60,65,70,75}};
```

二维数组 a[0:3][0:5]等价于一维数组 a[0][0:15),其中,a[0]是指向首元素 a[0][0]的指针,15 是行数乘以列数的结果,类型是 int,如图 9-4 所示。

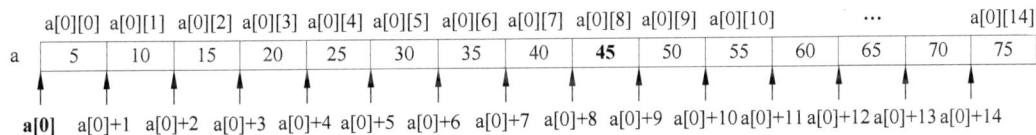

	a[0][0]	a[0][1]	a[0][2]	a[0][3]	a[0][4]	a[0][5]	a[0][6]	a[0][7]	a[0][8]	a[0][9]	a[0][10]	⋯	a[0][14]
a	5	10	15	20	25	30	35	40	**45**	50	55	60	65	70	75

a[0]　a[0]+1 a[0]+2 a[0]+3 a[0]+4 a[0]+5 a[0]+6 a[0]+7 a[0]+8 a[0]+9 a[0]+10 a[0]+11 a[0]+12 a[0]+13 a[0]+14

图 9-4　二维数组 a[0:3][0:5)用一维数组 a[0][0:15)表示

一维数组元素的索引表达式 a[0][i](0<=i<15)可以转换为另一种形式 a[0][row * 5+col](0<=row<3,0<=col<5),其中 row 表示行,col 表示列。这种形式与二维数组元素的索引表达式 a[row][col]等价,即 a[0][row * 5+col]与 a[row][col]等价。

程序 9-3　用指向一维数组的指针输出矩阵和转置矩阵。

```c
#include<stdio.h>
void TransposeByOneDimension(int * p,int r,int c);   //r 表示行数、c 表示列数
void MatrixByOneDimension(int * p,int r,int c);       //r 表示行数、c 表示列数
int main()
{
    int a[3][5]={{5,10,15,20,25},{30,35,40,45,50},{55,60,65,70,75}};
    printf("the matrix :\n");
    MatrixByOneDimension(a[0],3,5);

    printf("the transposed:\n");
    TransposeByOneDimension(a[0],3,5);
```

```
        return 0;
    }
    void MatrixByOneDimension(int * p,int r,int c)
    {
        int row;                                    //行数
        int col;                                    //列数
        for(row=0;row<r;++row)                      //行数控制外层循环
        {
            for(col=0;col<c;++col)                  //列数控制内层循环
                printf("%d\t",p[row * c+col]);
            printf("\n");                           //一行输出结束后输出换行符
        }
    }
    void TransposeByOneDimension(int * p,int r,int c)
    {
        int row;                                    //行数
        int col;                                    //列数
        for(col=0;col<c;++col)                      //列数控制外层循环
        {
            for(row=0;row<r;++row)                  //行数控制内层循环
                printf("%d\t",p[row * c+col]);
            printf("\n");                           //一行输出结束后输出换行符
        }
    }
```

9.2.2　马鞍点

矩阵中的一个数据元素,如果它是其行中最小元素和列中最大元素,就称其为马鞍点。

函数设计:求一个矩阵的所有马鞍点。

函数头设计:将函数命名为 Saddle,表示马鞍点计算。将形参列表设计为(int * p,int r,int c),表示计算对象是用一维指针 p 表示的 r 行 c 列数组。将返回值类型设为 void,表示无 return 语句表示的返回值。得到函数头如下:

```
Saddle(int * p,int r,int c)
```

函数体设计——算法:用一维数组 min 存储每行中的最小元素,一维数组 max 存储每列中的最大元素。一个数组元素 a[r][c],若既是行 r 中的最小者,又是列 c 中的最大者,即 min[r] 与 max[c] 相等(0<=r<row,0<=c<col),则是马鞍点(见图 9-5)。

max	6	3	5	3	5

min						
	3	6	(3)	5	(3)	4
	3	4	(3)	4	(3)	4
	2	5	2	4	2	5

图 9-5　马鞍点示例

程序 9-4　求一个矩阵的所有马鞍点。

```
#include<stdio.h>
#include<stdlib.h>
void Saddle(int * p,int r,int c);              //求马鞍点,r 表示行数、c 表示列数
int main()
{
    int a[3][5]={{6,3,5,3,4},{4,3,4,3,4},{5,2,4,2,5}};
    Saddle(a[0],3,5);                          //调用函数计算马鞍点
    return 0;
}
void Saddle(int * p,int r,int c)               //求马鞍点,r 表示行数、c 表示列数
{
    int row;                                   //行
    int col;                                   //列

    int * min=(int * )malloc(r * sizeof(int)); //建立动态一维数组
    int * max=(int * )malloc(c * sizeof(int));
    if(min==0||max==0)
    {
        printf("allocation failure");          //错误提示:动态分配失败
        exit(1);
    }

    for(row=0;row<r;++row)                      //将每行最小者存入 min
    {
        min[row]=p[row * c+0];
        for(col=1;col<c;++col)
            if(p[row * c+col]<min[row])
                min[row]=p[row * c+col];
    }

    for(col=0;col<c;++col)                      //将每列最大者存入 max
    {
        max[col]=p[0 * c+col];
        for(row=1;row<r;++row)
            if(p[row * c+col]>max[col])
                max[col]=p[row * c+col];
    }

    for(row=0;row<r;++row)                      //输出矩阵,马鞍点加圆括号
    {
        for(col=0;col<c;++col)
            if(min[row]==max[col])             //马鞍点
```

```
                printf("(%d)\t",p[row*c+col]);    //马鞍点加圆括号输出
            else
                printf("%d\t",p[row*c+col]);       //非马鞍点不加圆括号输出
        printf("\n");                              //一行输出结束后输出换行符
    }

    free(min);                                     //释放动态空间
    free(max);
}
```

程序运行结果:

```
6       (3)     5       (3)     4
4       (3)     4       (3)     4
5       2       4       2       5
```

9.2.3　一维数组作为二维数组

一维数组可以用一个(一维)指针来表示,例如:

```
int a[5]={10,15,20,25,30};
int * p;
p=a;
```

或

```
int * p=a;
```

在这个赋值中,a 被转换为指向数组首元素 a[0]的指针常量,类型是 int。赋值后,
p[i]与 a[i]等价(0<=i<5),即 p[0:5]与 a[0:5]等价。

如果将一维数组 a 看作是 1 行 5 列的二维整型数组,它可以用一个二维指针来表示。
例如:

```
int a[5]={10,15,20,25,30};
int ( * q)[5];
q=&a;
```

或

```
int ( * q)[5]=&a;
```

表达式 &a 是指向整个数组的指针常量,类型是 int[5]。赋值后,q[0][i]与 a[i]等价
(0<=i<5),即 q[0][0:5]与 a[0:5]等价。

在赋值表达式 p=a 中,a 表示的是指向数组首元素的指针常量;而在表达式 p=&a
中,a 表示的是整个数组对象。虽然 a 和 &a 都是指针常量,但是类型不同,a 指向的对象
是数组 a 的首元素 a[0],类型是 int,a+1 的增量是 4,是一个整型对象的字节数;而 &a
指向的对象是整个数组 a,类型是 int[5],&a+1 的增量是 20,是整个数组的字节数。

程序 9-5 分别用一维指针和二维指针输出一维数组。

```
#include<stdio.h>
int main()
{
    int i;                              //数据元素索引
    int a[5]={10,15,20,25,30};
    int * p=a;                          //一维指针
    int (* q)[5]=&a;                    //二维指针

    for(i=0;i<5;i++)
        printf("%d\t",p[i]);
    printf("\n");

    for(i=0;i<5;i++)
        printf("%d\t",q[0][i]);
    printf("\n");
    return 0;
}
```

程序运行结果：

```
10      15      20      25      30
10      15      20      25      30
```

9.3 指针数组和二级指针

指针数组是指数组元素为指针的一维数组。它的定义格式如下：

类型 * 数组名[数组长度]；

例如：

```
char* c[5];
```

这是字符型指针数组，每个数组元素都是字符型指针，可以用来指向字符数组和字符串。

```
c[0]="File"; c[1]="Edit"; c[2]="View"; c[3]="Run"; c[4]="Tools";
```

或者

```
char* c[5]={"File","Edit","View","Run","Tools"};
```

字符型指针数组如图 9-6 所示。

当数组 c 被转换为指向首元素的指针时，c 指向的对象依然是指针。这种指向指针的指针称为**二级指针**。二级指针变量的定义格式如下：

类型 ** **指针；**

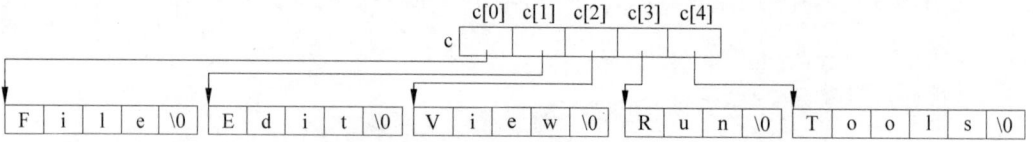

图 9-6   字符型指针数组应用示例

例如：

```
char **p;
```

其中，p 是指针的指针，它的值应该是字符型指针的地址，即它应该指向一个字符型指针。

程序 9-6   以二级指针为参数，输出一组字符串。

```
#include<stdio.h>
void DisplayStringArray(char** p,int n);
int main()
{
    char * a[5]={"File","Edit","View","Run","Tools"};
    DisplayStringArray(a,5);
    return 0;
}
void DisplayStringArray(char** p,int n)
{
    int i;
    for(i=0;i<n;++i)
        printf("%s\t",p[i]);
    printf("\n");
}
```

程序运行结果：

```
File  Edit  View  Run  Tools
```

9.4   二级指针和二维数组

二维数组是静态数组，在编译阶段完成。要建立动态的二维数组，需要二级指针，步骤如下。

(1) 建立动态指针数组，其长度是二维数组的行数。

(2) 为每个指针数组元素建立动态数组，其长度是二维数组的列数。

例如，建立 5 行 10 列的字符型二维动态数组。

```
char** p;
p=(char**)malloc(5 * sizeof(char * ));        //p 指向长度为 5 的字符型指针数组
for(i=0;i<5;i++)
```

```
        p[i]=(char*)malloc(10*sizeof(char));        //p[i]指向长度为 10 的字符型数组
```

字符型二维动态数组如图 9-7 所示。

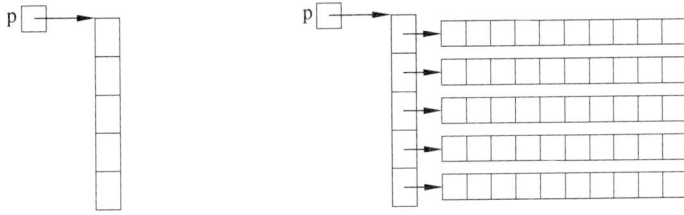

(a) p=(char**)malloc(5*sizeof(char*))　　　(b) for(i=0;i<5;i++)　p[i]=(char*)malloc(10*sizeof(char))

图 9-7　字符型二维动态数组

因为是动态数组,程序结束前应撤销数组空间,撤销的顺序与建立的顺序相反:

```
for(i=0;i<5;i++)
    free(p[i]);
free(p);
```

程序 9-7 以字符型二维动态数组存储并输出一组字符串。

```
#include<stdio.h>
#include<stdlib.h>
void DisplayStringArray(char** p,int n);
int main()
{
    char** p;
    int i;
//建立字符型动态二维数组
    p=(char**)malloc(5*sizeof(char*));              //p 指向长度为 5 的字符型指针数组
    for(i=0;i<5;i++)
        p[i]=(char*)malloc(10*sizeof(char));        //p[i]指向长度为 10 的字符型数组
//输入一组字符串
    printf("Enter 5 strings:\n");
    for(i=0;i<5;i++)
        gets(p[i]);
//输出一组字符串
    DisplayStringArray(p,5);
//撤销动态数组空间
    for(i=0;i<5;i++)
        free(p[i]);
    free(p);

    return 0;
}
void DisplayStringArray(char** p,int n)
```

```
{
    int i;
    for(i=0;i<n;++i)
        printf("%s\t",p[i]);
    printf("\n");
}
```

程序运行结果（粗体表示输入）：

Enter 5 strings:

File[Enter]

Eidt[Enter]

View[Enter]

Run[Enter]

Tools[Enter]

File   Eidt   View   Run   Tools

练　　习

一、简要回答以下问题

1. 什么是二维数组？
2. 什么是二维指针？
3. 什么是指针数组？
4. 什么是二级指针？

二、详细解答以下问题

1. 一个二维数组如何等价于一个一维数组？举例说明。
2. 一个一维数组如何等价于一个二维数组？举例说明。
3. 对一个长度为 5 的整型数组 a，说明 a 和 &a 有什么区别？

三、根据程序写结果

1. 已知

```
int a[3][5];
int (*p)[5]; p=a;
```

下面的语句输出结果是什么？

(1) printf("%d\n",sizeof(a));
(2) printf("%d\n",sizeof(p));
(3) printf("%d\n",sizeof(a[0]));
(4) printf("%d\n",sizeof(p[0]));

2. 已知

```
int * a[5];
int** p=a;
```

下面的语句输出结果是什么？

(1) printf("%d\n",sizeof(a));

(2) printf("%d\n",sizeof(p));

四、判断对错

1.

```
int a[3][5]
int * p=a[0];
```

2.

```
int a[3][5];
int * p=&a[0][0];
```

3.

```
int a[3][5]
int * p=a;
```

4.

```
int a[3][5];
int ( * p)[5]=a;
```

5.

```
int a[3][5];
int ( * p)[3]=a;
```

6.

```
int a[3][5]
int * p[3];
p[0]=a[0];
p[1]=a[1];
p[2]=a[2];
```

7.

```
int a[3][5];
int** p=a;
```

8.

```
int * a[3];
```

```
int** p=a;
```

五、编写程序

1. 建一个 5 行 10 列的整型二维动态数组,然后释放数组空间。

2. 判断 n 阶矩阵是否对称,对称时,函数返回 1,不对称时返回 0。

```
int Sym(int * p,int n);
```

3. 计算 n 阶矩阵上三角元素的和,并作为函数返回值。

```
int Func(int * p,int n);
```

4. 计算 n 阶矩阵两条对角线元素的和,并作为函数返回值。

```
int SymSum(int * p,int n);
```

5. 计算两个 n 阶矩阵的乘积,并作为函数返回值。

第 10 章

C++ 语言初步

> C++ 的每一步演化和发展都是由于实际问题所引起的。它的任何概念都不是卓越的个人苦思冥想的结果。
>
> ——Bjarne Stroustrup

从本章开始,集成开发环境是 Microsoft Visual Studio 2010。

10.1 对象和结构对象的定义

1. 对象定义

在 C 程序中,对象定义必须在先,而在 C++ 程序中,对象定义可以紧随其应用的代码,以便于阅读理解。

程序 10-1 数组求和。

```c
#include<stdio.h>
#include<stdlib.h>
int main()
{
//输入
    int a[10];                          //数组
    printf("Enter 10 integers:\n");
    for(int i=0;i<10;i++)
        scanf("%d",&a[i]);
//处理
    int s=0;                            //累加器
    for(int i=0;i<10;i++)
        s=s+a[i];
//输出
    printf("%d\n",s);

    system("pause");                    //暂停在输入输出界面,按任意键继续
    return 0;
}
```

程序运行结果（粗体表示输入）：

```
Enter 10 integers:
1 2 3 4 5 6 7 8 9 10[Enter]
55
```

程序分析

语句 system("pause")是使用集成开发环境 Microsoft Visual Studio 2010 时需要加的，作用是暂停在输入输出界面，看程序处理结果，然后按任意键继续。

2. 结构对象

结构对象的声明或定义不再需要关键字 struct。例如：

```
struct Student                          //结构定义
{
    int id;                             //学号
    double g;                           //成绩
};
Student s;                              //结构对象定义
```

10.2　提取符和插入符

C 语言的标准输入函数 scanf 和输出函数 printf 处理的对象只能是 C 语言基本类型，如整型、实型、字符型，不能是用户定义类型。克服这种局限性的方法是把函数名"回归"到运算符，然后进行运算符扩展。提取符和插入符就是这样的运算符。

在 C++ 中，标准输入一般用 cin(character input sream)加提取符＞＞来表示，标准输出用 cout(character output sream)加插入符＜＜来表示。这种方法与 C 语言的标准输入输出函数有 3 点不同。

（1）一次只能操作一个对象。

（2）输入输出格式是默认的。

（3）提取符的对象不用加取址符 &。

它们包含在头文件 iostream 中，文件不用加扩展名 h，但要加语句 using namespace std，详细说明见第 17 章。

程序 10-2　用提取符和插入符替换程序 10-1 中的输入和输出函数。

```
#include<iostream>
using namespace std;
int main()
{
//输入
    int a[10];                          //数组
    cout<<"Enter 10 integers:"<<endl;  //C格式:printf("Enter 10 integers:\n");
```

```
    for(int i=0;i<10;i++)
        cin>>a[i];                          //C格式:scanf("%d",&a[i]);
//处理
    int s=0;                                //累加器
    for(int i=0;i<10;i++)
        s=s+a[i];
//输出
    cout<<s<<endl;                          //C格式:printf("%d\n",s);

    system("pause");                        //暂停在输入输出界面,按任意键继续
    return 0;
}
```

程序分析

endl 表示换行。语句 cout<<"Enter 10 integers："<<endl 可以分为两条语句 cout<<"Enter 10 integers："和 cout<<endl。语句 cout<<s<<endl 也可以分为两条语句 cout<<s 和 cout<<endl。

10.3　运算符重载

假设结构定义如下：

```
struct Student
{
    int id;                                 //学号
    double grades;                          //成绩
};
```

如何比较两个结构对象的成绩或学号呢？这就需要扩展关系运算符对象的类型,扩展的逻辑如下。

(1) 把关系运算符表达式看作函数表达式。例如,a<b 可以看作 operator<(a,b),其中函数名是关键字 operator 加关系符<。

(2) 通过运算符函数的定义实现运算符对象的类型扩展,这种定义称为**运算符重载**。下面举例说明。

```
bool operator==(Student x, Student y)       //比较 x 和 y 的学号是否相等
{
    return x.id==y.id;
}
bool operator>(Student x, Student y)        //比较 x 的成绩是否大于 y 的成绩
{
    return x.grades>y.grades;
}
```

程序 10-3　关系运算符重载。

```
#include<iostream>
using namespace std;
struct Student
{
    int id;
    double grades;
};
bool operator==(Student x, Student y)    //比较学号
{
    return x.id==y.id;
}

bool operator>(Student x, Student y)     //比较成绩
{
    return x.grades>y.grades;
}
int main()
{
    Student s1;
    Student s2;

    cout<<"Enter a record (id grades):"<<endl;
    cin>>s1.id>>s1.grades;

    cout<<"Enter a record (id grades):"<<endl;
    cin>>s2.id>>s2.grades;

    cout<<"compare==id:"<<endl;
    cout<<(s1==s2)<<endl;

    cout<<"compare>grades:"<<endl;
    cout<<(s1>s2)<<endl;

    system("pause");
    return 0;
}
```

程序运行结果(粗体表示输入):

```
Enter a record (id score):
```
1001 89[Enter]
```
Enter a record (id score):
```
1001 90[Enter]

```
compare id:
1
compare score:
0
```

程序分析

（1）提取符可以连续使用，例如：

```
cin>>s2.id>>s2.grades;
```

等价于

```
cin>>s1.id;
cin>>s2.grades;
```

（2）插入符也可以连续使用，例如：

```
cout<<"compare>grades:"<<endl<<(s1==s2)<<endl;
```

等价于

```
cout<<"compare>grades:"<<endl;
cout<<(s1==s2)<<endl;
```

注意：合并与否的原则是层次清楚，易于阅读和理解。

10.4　函　数　重　载

运算符重载引出函数同名问题。例如：

```
bool operator==(Date x, Date y);
bool operator==(Student x, Student y);
```

两个运算符重载虽然函数名相同，但是形参列表不同，例如，形参个数不同，或至少有一个参数的类型不同。C++ 利用这个不同点，引入函数名内部扩展机制：根据形参的个数和类型，对函数名进行扩展，形成函数的内部名称。两个函数，只要形参列表不同，它们的内部名字就不同。

具有不同形参列表的同名函数称为**函数重载**。编译系统根据实参来选择函数，这个过程称为**重载解析**。

程序 10-4　函数重载示例。

```
#include<iostream>
using namespace std;
void display(int n)
{
    cout<<n<<endl;
}
```

```
void display(char ch)
{
    cout<<ch<<endl;
}
void display(char ch1,char ch2)
{
    cout<<ch1<<'\t'<<ch2<<endl;
}

int main()
{
    display(10);
    display('A');
    display('A','B');

    system("pause");
    return 0;
}
```

程序运行结果：

```
10
A
A       B
```

10.5 引   用

运算符重载引出的下个问题是参数传递。

10.5.1 引用概念的由来

在 C 语言中,结构对象通过赋值运算符只能完成浅层对象的复制(称为**浅复制**),而不能完成深层对象的复制(称为**深复制**)。举例说明,假设顺序表对象 L1 和 L2 如图 10-1(a)所示,执行赋值语句 L2＝L1 后如图 10-1(b)所示。

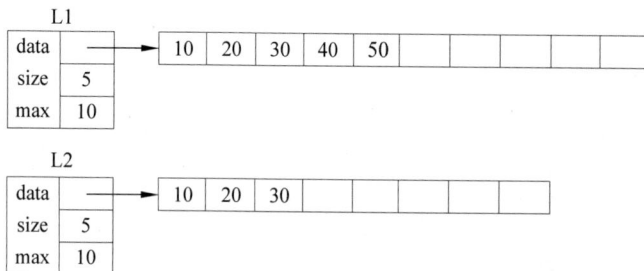

(a) 已知

图 10-1 浅复制中的赋值

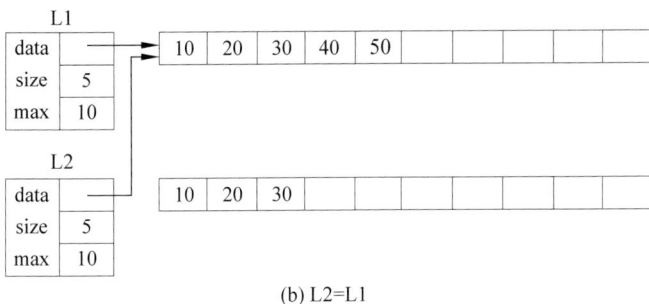

(b) L2=L1

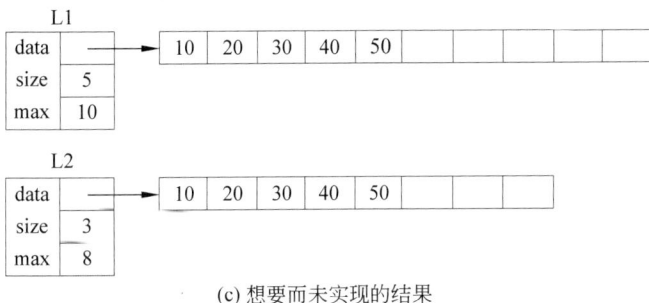

(c) 想要而未实现的结果

图 10-1 （续）

　　结果是 L2 的深层对象被"悬挂"，L2 和 L1 共享一个深层对象，这不是想要的结果，想要而未实现的结果如图 10-1(c)所示。

　　再以初始化为例。假设 L1 如图 10-2(a)所示，执行初始化语句 SeqList L3＝L1 后如图 10-2(b)所示。

　　L3 和 L1 共享一个深层对象，这也不是想要的结果，想要而未实现的结果如图 10-2(c)所示。

　　浅复制是 C 顺序表除定义域和值域不完备外的又一个局限性。

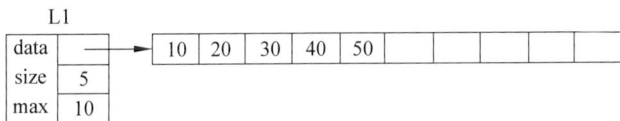

(a) 已知

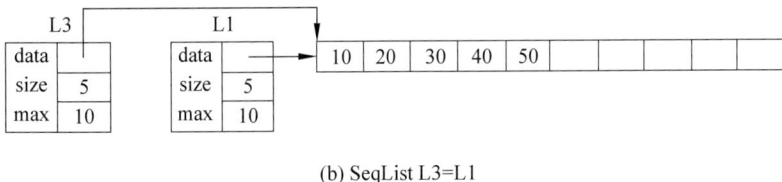

(b) SeqList L3=L1

图 10-2　浅复制中的初始化

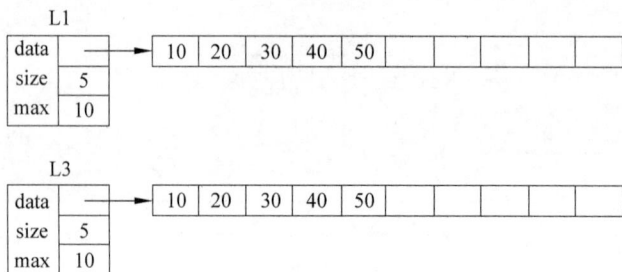

(c) 想要而未实现的结果

图 10-2　(续)

　　解决问题的方法自然是赋值运算符重载,但是存在新的问题。目前,函数的参数传递只有两种——值传递和地址传递。先以值传递为例,其声明如下:

```
void operator=(SeqList x, SeqList y);    //赋值运算符函数声明
```

　　这时,执行赋值语句

```
L2=L1;
```

等价于赋值运算符函数的调用语句

```
operator=(L2,L1);
```

其参数传递方式是实参 L2 和 L1 分别给形参 x 和 y 初始化

```
SeqList x=L2;
SeqList y=L1;
```

　　赋值运算符函数的值传递如图 10-3 所示。

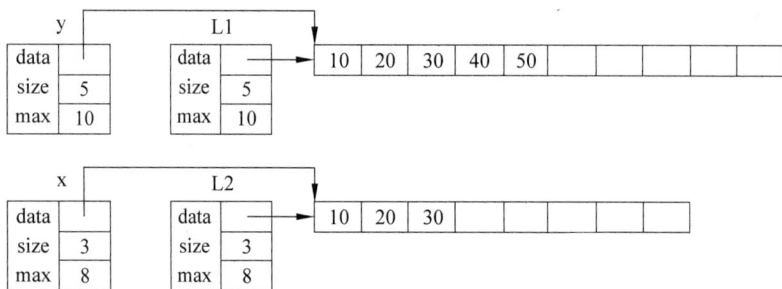

图 10-3　执行赋值运算符函数的值传递

　　假设赋值运算符函数体执行的是深复制,结果如图 10-4 所示。

　　结果只能是形参 y 给形参 x 深复制,而不是实参 L1 给实参 L2 深复制,因为值传递中的函数只能处理实参的副本,不能处理实参本身。但这不是想要的结果。

　　再以地址传递为例,其声明如下:

```
void operator=(SeqList * x, const SeqList * y);   //赋值运算符函数声明
```

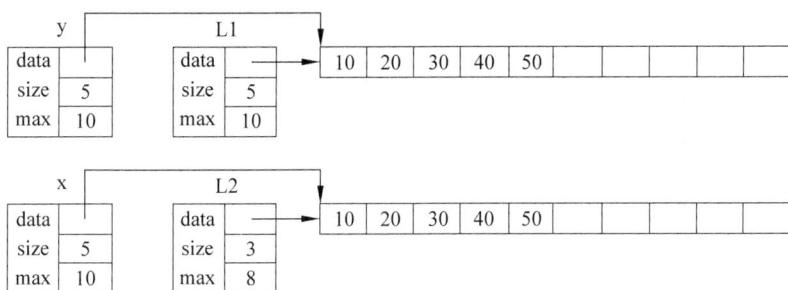

图 10-4　执行赋值运算符函数的值传递完成深复制

这时,实参给形参初始化语句如下:

```
SeqList * x=&L2;
const SeqList * y=&L1;
```

赋值运算符函数的地址传递如图 10-5 所示。

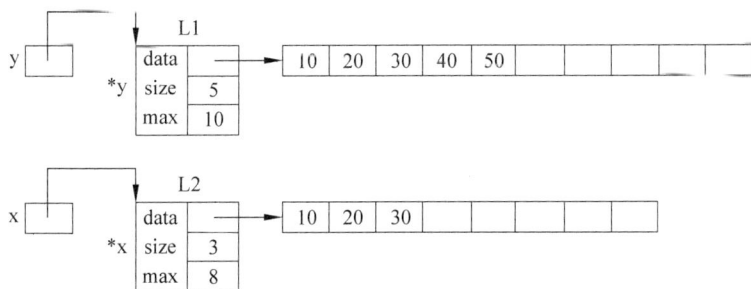

图 10-5　执行赋值运算符函数的地址传递

利用指针,赋值运算符函数可以处理实参,完成深复制,结果是想要的,如图 10-6 所示。

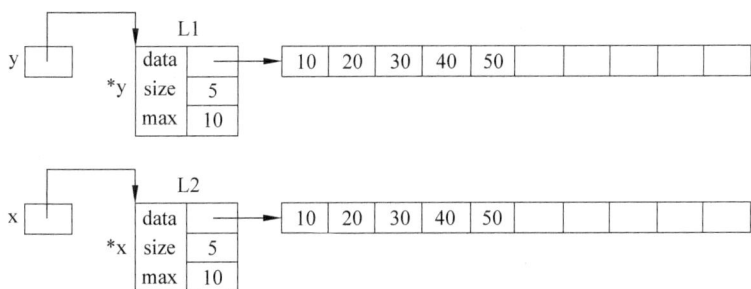

图 10-6　执行赋值运算符函数的地址传递完成深复制

但是,与调用语句 operator(&L2,&L1)对应的赋值语句是

```
&L2=&L1;
```

这显然是不合法的,因为 &L2 是指针常量,不是左值,不能出现在赋值号左边。另外,取址符也破坏了应有的简洁形式 L2＝L1。

综上所述,用赋值运算符函数实现深复制,既不能值传递,也不能地址传递。现在需要一种新的参数传递方式：形式上是值传递,以保留正确的赋值形式(L2＝L1),而实质上是地址传递,以实现深复制。辩证！一种新的参数传递方式产生了。如何产生的呢?其实,仅仅是一种变换。

地址传递中的参数初始化方式如下:

```
SeqList * x=&L2;
const SeqList * y=&L1;
```

其中,形参 x 和 y 的间接访问符 * 以显式的方式表示它们是指针,实参 L2 和 L1 的取址符 & 以显式的方式传递地址,这是产生 &L2＝&L1 这种非法形式的直接原因。

解决方法是将实参前的取址符 & 移到形参前,替代间接访问符 * ,由此,指针转为隐形指针,地址传递变为隐形地址传递:

```
SeqList& x=L2;
const SeqList& y=L1;
```

相应地,赋值运算符函数的形参列表变换为

```
void operator=(SeqList &x,const SeqList& y);
```

调用语句变换为

```
operator(L2,L1);
```

对应的赋值语句形式还原为

```
L2=L1;
```

因为指针 x 和 y 转为隐形指针,所以间接访问表达式 * x 和 * y 也转为隐形间接访问 x 和 y,即初始化后,x 和 y 分别是 * x 和 * y,形式上成为 L2 和 L1 的别名。

这是一种新的参数传递方式,称为引用传递,如图 10-7 所示。

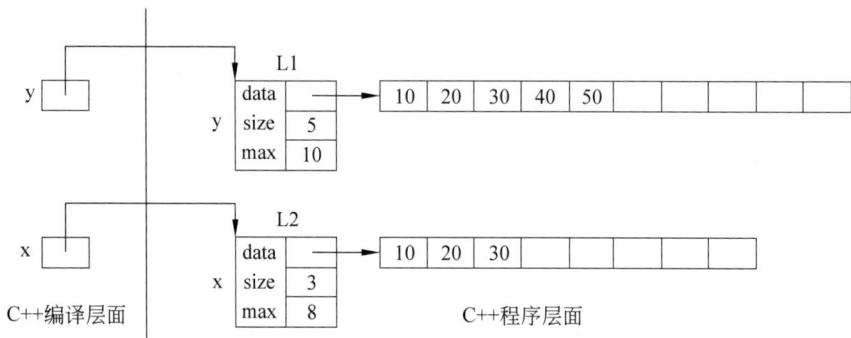

图 10-7 引用传递示意图

综上所述,引用传递可以概括为如下两条变换后的初始化语句:

```
SeqList& x=L2;
const SeqList& y=L1;
```

由此得出引用的概念。

10.5.2　引用声明

引用的定义格式如下：

类型 & 引用=被引用对象；

其中，"类型 &"是引用的类型，表示类型引用。例如：

```
int n=5;
int& x=n;
```

其中，x 是引用，n 是被引用对象，int& 是引用类型，表示整型引用，即只能引用一个整型对象。

实质上，引用 x 是隐形的指针，它必须初始化，在初始化时取得被引用对象 n 的地址，指向对象 n；初始化后，x 就是隐藏了间接访问符 * 的表达式 * x，形式上成为被引用对象 n 的别名，读写 x 就是读写 n。例如：

```
x=10;                                    //等价于 n=10;
```

因为引用实质上是指向被引用对象的指针，所以如果被引用对象是 const 型的，引用实质上应该是指向 const 型的指针，形式上称为 const 型引用。例如：

```
const int n=5;
const int& x=n;
```

一个 const 型引用，可以引用一个非 const 型对象。例如：

```
int n=5;
const int&x=n;
```

通过 const 型引用，不能改写它所引用的对象，不论这个对象是 const 型的还是非 const 型。

指针与两个对象有关：一个是它本身，用来存储一个对象的地址；另一个是它所指向的对象，地址就是这个对象的地址。一个指针，如果对它所指向的对象是只读的，则是指向 const 型的指针（见 3.4 节）；一个指针，如果它本身是 const 型对象，则是 const 型指针。const 型指针只能通过初始化指向一个对象，之后不能再指向别的对象。因此，引用不仅是隐形的指针，还是**隐形的 const 型指针**：它在初始化时指向一个对象，然后形式上就成为这个对象的别名，不能再指向别的对象。const 型引用是隐形的指向 const 型的 const 型指针。

10.5.3　引用传递和返回引用

"引用的主要用途是描述函数的参数和返回值，特别是运算符重载。"（Bjarne Stroustrup）

1. 引用传递

把下面一组语句

(1) int n=5;

(2) int& x=n;

(3) x=10;

用引用传递表示,见程序 10-5。

程序 10-5　引用传递。

```cpp
#include<iostream>
using namespace std;
void Ref(int& x)
{
    x=10;                              //(3)
}
int main()
{
    int n=5;                           //(1)
    Ref(n);                            //(2)转换为参数传递
    cout<<n<<endl;

    system("pause");
    return 0;
}
```

程序运行结果:

```
10
```

程序分析

因为引用的实质是指针,所以引用传递的实质是地址传递。字面量因为不能传址,所以不能是引用传递的实参,即不能是被引用对象。例如:

```cpp
int& n=5;                             //错。字面量不能是被引用对象
Ref(5);                              //错。字面量不能是引用传递的实参
```

假设函数是形参为抽象类型 Type 的值传递,例如:

```cpp
void PushBack(SeqList* l,Type item);
```

因为抽象类型 Type 可以实例化为 SeqList 类型,所以要改为引用传递,以实现深复制。因为原来是值传递,而值传递不会改变实参的值,所以要改为 const 型引用传递:

```cpp
void PushBack(SeqList* l,const Type& item);
```

抽象类型 Type 还可以实例化为整型。因为原来是值传递,而值传递的实参可以是

字面量,所以 const 型引用传递的实参可以是字面量。为了解决字面量传址的问题,编译器首先建立一个临时 const 型对象存储这个字面量,然后用这个对象替代实参。"这个临时对象一直存在,直到这个引用的作用域结束。"(Bjarne Stroustrup)

2. 返回引用

假设函数的返回值类型是抽象类型 Type,例如:

```
Type GetData(const SeqList *  l,int id);
```

因为返回值的机制和参数传递的机制是一样的,所以也应该改为 const 型引用:

```
const Type& GetData(const SeqList *  l,int id);
```

3. 运算符重载

程序 10-6　把程序 10-3 改为 const 型引用传递。

```cpp
#include<iostream>
using namespace std;
struct Student
{
    int id;
    double grades;
};
bool operator==(const Student& x, const Student& y)     //比较学号
{
    return x.id==y.id;
}

bool operator>(const Student& x, const Student& y)     //比较成绩
{
    return x.grades>y.grades;
}
int main()
{
    Student s1;
    Student s2;

    cout<<"Enter a record (id grades):"<<endl;
    cin>>s1.id>>s1.grades;

    cout<<"Enter a record (id grades):"<<endl;
    cin>>s2.id>>s2.grades;

    cout<<"compare==id:"<<endl;
```

```
cout<<(s1==s2)<<endl;

cout<<"compare>grades:"<<endl;
cout<<(s1>s2)<<endl;

system("pause");
return 0;
}
```

程序运行结果(粗体表示输入):

Enter a record (id score):

1001 89[Enter]

Enter a record (id score):

1001 90[Enter]

compare id:

1

compare score:

0

10.6　默认参数和默认函数

整型的零元是 0,字符型的零元是'\0',那么顺序表的零元是什么？这种零元需要函数创建,这引出了默认参数和默认函数的概念。

默认参数是指函数声明中带有默认值的形参。调用函数可以省略相应的实参,编译器将用默认值代替。默认参数只能出现在函数声明中,而且必须从右向左连续列出。例如:

```
void F1(int x,int y=1,int z=0);                      //z 的默认值是 0,y 的默认值是 1
```

下面的函数声明是不合法的:

```
void F(int y=1,int x,int z=0);            //非法
void F(int y=1,int z=0,int x);            //非法
```

若默然参数仅出现在函数定义中,则无效;若同时出现在函数声明和定义中,则是重复定义,系统会给出错误提示 redefinition of default parameter(默认参数重复定义)。

所有形参都是默认参数的函数称为默认函数。例如:

```
void F2(int x=6,int y=8);
```

程序 10-7　默认参数和默认函数。

```
#include<iostream>
using namespace std;
void F1(int x,int y=1,int z=0);                      //默认参数 y 和 z
void F2(int x=6,int y=8);                            //默认函数
```

```
int main()
{
    F1(2,3,4);
    F1(2,3);                                 //等价于 F1(2,3,0);
    F1(2);                                   //等价于 F1(2,1,0);
    F2();                                    //等价于 F2(6,8);
    system("pause");
    return 0;
}
void F1(int x,int y,int z)                    //函数定义
{
    cout<<"F1 called:"<<endl;
    cout<<x<<""<<y<<""<<z<<endl;
}
void F2(int x,int y)                          //函数定义
{
    cout<<"F2 called:"<<endl;
        cout<<x<<""<<y<<endl;
}
```

程序运行结果：

```
F1 called:
2       3       4
F1 called:
2       3       0
F1 called:
2       1       0
F2 called:
6       8
```

练　　习

简要回答以下问题

1. 什么是函数重载？
2. 什么是运算符重载？
3. 什么是浅复制？什么是深复制？
4. 什么是指向 const 型的指针？什么是 const 型指针？
5. 为什么说引用是隐形的指向 const 型的 const 型指针？
6. 字面量为什么不能是引用传递中的实参？
7. 字面量为什么可以是 const 型引用传递中的实参？
8. 当形参是抽象类型 type 时，为什么要改为 const 型引用传递？
9. 什么是默认参数和默认函数？

第 11 章

顺 序 表 类

> C++ 的最关键的概念是类。一个类就是一个用户定义的类型。类提供了对数据的隐藏，数据的初始化保证，用户定义类型的隐式类型转换，动态类型识别，用户控制的存储管理，以及重载运算符的机制等。
>
> ——Bjarne Stroustrup

第 4 章的 C 顺序表结构如图 11-1 所示。它有两个局限性：一是循序表对象既不能整体赋值，也不能作为参数传递；二是基本函数的作用域和值域不完备。第一个局限性已经在 10.5 节解决，本章解决第二个局限性。

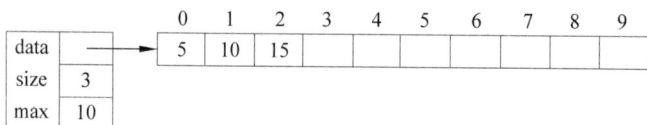

图 11-1　C 顺序表结构

11.1　顺 序 表 类

下面是一个简化的 C 顺序表，已经去掉了结构的 typedef 名字。头文件如下：

```
struct SeqList
{
    Type * data;
    int max;
    int size;
};
void InitSeqList(SeqList * l, int n);          //准构造
void FreeSeqList(SeqList * l);                 //准析构
void PushBack(SeqList * l, Type item);         //尾插
int GetSize(const SeqList * l);                //读取数据元素个数
Type GetData(const SeqList * l, int id);       //读取索引为 id 的数据

void InitSeqList(SeqList * l, int n)           //准构造
{
```

```
    l->data=(Type*)malloc(n*sizeof(Type));
    l->max=n;
    l->size=0;
    return;
}
void FreeSeqList(SeqList * l)                        //准析构
{
    free(l->data);
}
void PushBack(SeqList *  l,Type item)
{
    l->data[l->size]=item;
    l->size++;
}
Type GetData(const SeqList *  l,int id)
{
    return l->data[id];
}
int GetSize(const SeqList *  l)                      //读取数据元素个数
{
    return l->size;
}
```

程序 11-1　C 顺序表的应用。

```
#include<iostream>
using namespace std;
typedef int Type;                                   //将 Type 实例化为 int
#include"seqlist.h"
int main()
{
//建空表
    SeqList L;
    InitSeqList(&L,10);
//带有前哨 0 的输入
    int item;                                       //存储输入
    cout<<"Enter integers (0 to end):"<<endl;
    cin>>item;
    while(item!=0)                                  //0 是前哨
    {
        PushBack(&L,item);
        cin>>item;
    }
//求和
    int s=0;                                        //用于累加器
```

```
        for(int i=0;i<GetSize(&L);i++)              //调用 GetSize
            s=s+GetData(&L,i);                      //调用 GetData
    //输出
        cout<<s<<endl;
    //动态数组释放
        FreeSeqList(&L);

        system("pause");
        return 0;
    }
```

11.1.1 从 C 顺序表到 C++ 顺序表类变换

1. const 型引用传递和返回 const 型引用

形参如果是 Type 型,就变为 const 型引用;返回值如果是 Type 型,就改为 const 型引用。例如把

```
void PushBack(SeqList * l,Type item);              //尾插
Type GetData(const SeqList * l,int id);            //读取索引为 id 的数据
Type GetData(const SeqList * l,int id)
{
    return l->data[id];
}
```

变换为

```
void PushBack(SeqList * l,const Type& item);
const Type& GetData(const SeqList * l,int id);

const Type& GetData(const SeqList * l,int id)
{
    return l->data[id];
}
```

2. this 指针

把形参列表中的第一个指向 SeqList 的指针 l 换名为 this。例如,把

```
void PushBack(SeqList * l,const Type& item);
const Type& GetData(const SeqList * l,int id);

const Type& GetData(const SeqList * l,int id)
{
    return l->data[id];
}
```

变换为

```
void PushBack(SeqList * this,const Type& item);
const Type& GetData(const SeqList * this,int id);

const Type& GetData(const SeqList * this,int id)
{
    return this->data[id];
}
```

3. 隐藏 this 指针

把形参列表中的 this 指针隐藏。如果是指向 const 型的指针,隐藏 this 指针后,将限定符 const 移到形参列表的右括号后,结果如下:

```
void PushBack(const Type& item);
const Type& GetData(int id) const;

const Type& GetData(int id) const
{
    return data[id];                              //在函数体内,this 指针可以不隐藏
}
```

然后把基本函数声明移到结构体内,使其成为其中的成员函数。接下来,在数据成员部分加上访问权限说明符 private,表明这一部分是私有的,只能由成员函数访问;在成员函数声明部分加上访问权限说明符 public,表明这一部分是公有的,应用函数可以直接访问。例如:

```
struct SeqList
{
private:                                          //访问权限说明符
    Type * data;
    int max;
    int size;
public:                                           //访问权限说明符
    void InitSeqList(int n);                      //准构造
    void FreeSeqList();                           //准析构
    void PushBack(const Type& item);
    const Type& GetData(int id) const;
};
```

在变换前,基本函数的调用语句格式为

```
PushBack(&L,5);
```

变换后,因为形参 this 指针被隐藏,相应的实参 &L 转为调用对象:

```
L.PushBack(5);
```

其中，L 为**调用对象**，它的地址传递给隐藏的 this 指针。这种格式和结构数据成员的访问格式一样。

一个成员函数，如果形参列表后面带 const 修饰符，则称为**常量型函数**。

4. 成员函数定义

成员函数可以在结构体内定义，定义格式和应用函数的定义格式一样。但是在结构体内定义已经表明它是成员函数，与一般应用函数不同。如果在结构体之外定义，就要在返回值类型和函数名之间插入作用域说明符 SeqList::，指明它是该结构的成员函数，以区别于一般应用函数。例如：

```
const Type& SeqList::GetData( int id)const
{
    return data[id];
}
```

5. 构造函数和析构函数

4.11 节介绍准构造函数使 C 顺序表基本函数的定义域不完备，问题的原因在于顺序表对象是分两步创建的：

```
SeqList L;                                          //生成顺序表的结构对象 L
InitSeqList(&L,10);                                 //将结构对象 L 转为顺序表对象
```

现在要把第二步并入第一步。准构造函数最初的声明格式变为

```
void InitSeqList(SeqList * l, int n);
```

将声明中的第一个形参 l 改名为 this 后隐藏。去掉返回值类型 void，表示该函数没有调用对象，是用来生成对象。准构造函数 InitSeqList 改为结构名 SeqList，称为构造函数，使定义语句在生成结构对象后，自动调用构造函数，生成结构的深层对象，将结构对象转为顺序表对象。结果如下：

```
SeqList(int n);
```

应用举例如下：

```
SeqList L(10);
```

如果将构造函数的形参改为默认参数

```
SeqList(int n=10);
```

那么定义语句可以简化为

```
SeqList L;
```

准析构函数使顺序表基本函数的值域不完备,原因在于顺序表对象的撤销是分两步进行的:一是调用准析构函数,撤销深层对象,把顺序表对象转为结构对象;二是由系统自动撤销结构对象。解决问题的办法是把将第一步合并到第二步。准析构的声明格式变为

```
void FreeSeqList(SeqList * l);
```

将声明中的第一个形参 l 改名为 this 后隐藏。去掉返回值类型 void。将函数名 FreeSeqList 改为~SeqList,表明它是构造函数的反函数,在系统自动撤销结构对象前,自动调用析构函数,撤销深层对象,使顺序表对象转为结构对象。结果如下:

```
~SeqList();
```

6. 运算符 new 和 delete

有了构造函数,在定义语句生成结构对象后都会自动调用构造函数,将结构对象转为顺序表对象。例如:

```
SeqList L;
```

结果如图 11-2 所示。

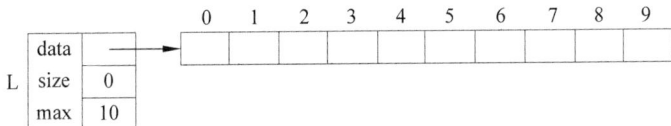

图 11-2 语句 SeqList L 自动调用构造函数

但是,如果 L 是指针,由动态分配函数 malloc 生成动态结构对象时,不会自动调用构造函数生成顺序表对象。例如:

```
SeqList * L;                                //指向结构的指针
L=(SeqList * )malloc(sizeof(SeqList));      //指向结构对象
```

结果如图 11-3 所示。

解决问题的方法是用运算符 new 替代动态分配函数 malloc,可以在生成结构对象后自动调用构造函数,生成顺序表对象:

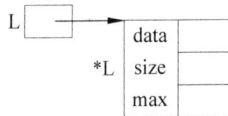

图 11-3 malloc 函数示意图

```
SeqList * L;
L=new SeqList(10);
```

其中,10 是构造函数的实参。因为构造函数有默认参数值,所以这个 10 可以省略。例如:

```
L=new SeqList;
```

如果申请动态数组,则要加索引运算符和长度,格式如下:

```
data=new Type[n];
```

有了析构函数,系统在撤销结构对象前会自动调用析构函数,将顺序表对象转为结构对象。

但是,如果 L 是指针,则需要用函数 free 来撤销结构对象,但是它不会在撤销结构对象前自动调用析构函数:

```
free(L);                                    //撤销结构对象
```

结果如图 11-4 所示,深层对象没有撤销,而是悬挂。

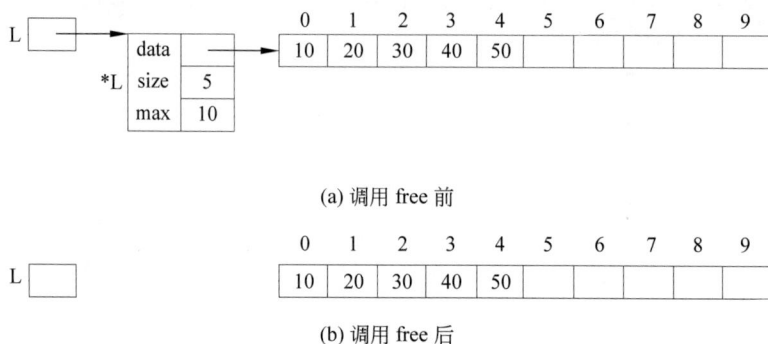

(a) 调用 free 前

(b) 调用 free 后

图 11-4　free 函数示意图

解决这个问题的方法是用运算符 delete 代替函数 free:

```
delete L;
```

new 和 delete 应用结果如图 11-5 所示。

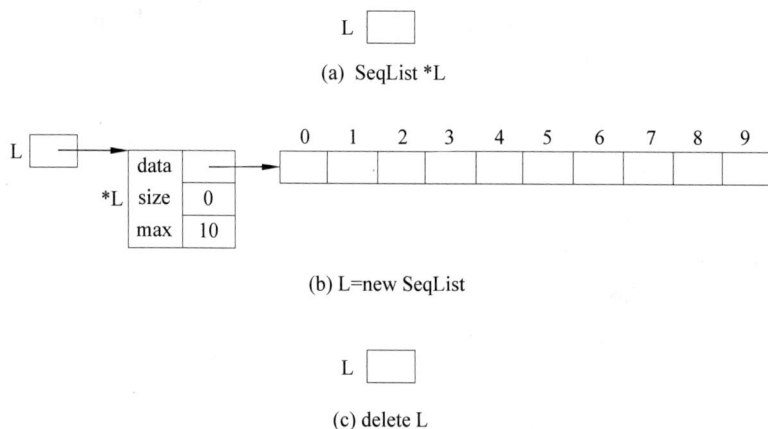

(a) SeqList *L

(b) L=new SeqList

(c) delete L

图 11-5　new 和 delete 应用结果

如果撤销的是数组空间,则要加索引运算符,格式如下:

```
delete []data;
```

7. 关键字 class

把结构定义中的关键字 struct 换为 class,称为**顺序表类**。不换也可以,它们的区别:
如果用关键字 struct,则默认部分是公有的;如果用关键字 class,则默认部分是私有的。

8. 变换后的顺序表类

```
//seqlistclass.h
#ifndef SEQLISTCLASS_H
#define SEQLISTCLASS_H

#include<iostream>
using namespace std;
class SeqList
{
private:
    Type * data;
    int max;
    int size;
public:
    SeqList(int n=10);
    ~SeqList(){delete []data;}
    void PushBack(const Type& item){data[size++]=item;}
    int GetSize()const{return size;}
    const Type& GetData(int id)const{return data[id];}
};
SeqList::SeqList(int n)
{
    data=new Type[n];
    max=n;
    size=0;
}
#endif
```

顺序表类分析

(1) 成员函数分为两类:一类是构造函数和析构函数,它们分别是顺序表类对象生
成语句和撤销语句的一部分;另一类是**方法**,由类对象调用。

(2) 构造函数的默认参数值要在声明中给出,而不是在定义中给出。

(3) 运算符 new 在申请动态数组时的格式为

new 类型[对象个数];

如果仅申请一个对象,则可以带初值,但是要用圆括号:

```
new int(5);                                 //申请一个整型对象,初值是 5
```

(4) 运算符 delete 在释放动态数组空间时,要加索引运算符:

```
delete []data;
```

程序 11-2　将程序 11-1 改为 C++ 版本。

```
#include<iostream>
using namespace std;
typedef int Type;                        //将 Type 实例化为 int
#include"seqlistclass.h"

int main()
{
//建空表
    SeqList L;
//带有前哨 0 的输入
    int item;                            //存储输入
    cout<<"Enter integers (0 to end):"<<endl;
    cin>>item;
    while(item!=0)                       //0 是前哨
    {
        L.PushBack(item);
        cin>>item;
    }
//求和
    int s=0;                             //用于累加器
    for(int i=0;i<L.GetSize();i++)       //调用 GetSize
        s=s+L.GetData(i);                //调用 GetData
//输出
    cout<<s<<endl;

    system("pause");
    return 0;
}
```

11.1.2　复制赋值和复制构造

现在解决顺序表的深复制问题。

1. 复制赋值运算符重载

用已经存在的对象,通过赋值运算符重载,修改另一个已经存在的对象,称为复制赋值。在 10.5.1 节中,复制赋值运算符重载已经由指针传递转为引用传递,形式如下:

```
void operator=(SeqList &x,const SeqList& y);
```

现在把第一个形参还原为指针,并改名为 this 后隐藏。把返回值类型 void 改为引用,以便连续赋值。结果复制赋值函数声明如下：

```
SeqList& operator=(const SeqList& l);
```

其中，形参 y 改名为 l，引用已经存在的对象。复制赋值函数定义如下(结构体外定义)：

```
SeqList& SeqList::operator=(const SeqList& l)
{
    delete[]data;
    data=new Type[l.max];
    size=l.size;
    max=l.max;
    for(int i=0;i<size;i++)
        data[i]=l.data[i];
    return * this;
}
```

应用举例。已知顺序表对象 L1 和 L2 如图 11-6(a)所示。执行赋值语句

```
L2=L1;
```

用对象 L1 修改对象 L2，等价于调用语句

```
L2.operator=(L1);
```

其中，L2 是调用对象，把地址传给隐藏的 this 指针，如图 11-6(b)所示。

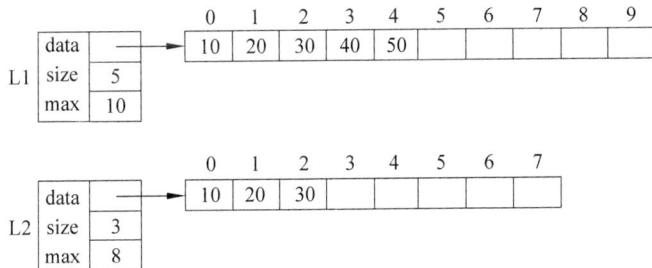

(a) 已知顺序表类的对象 L1 和 L2

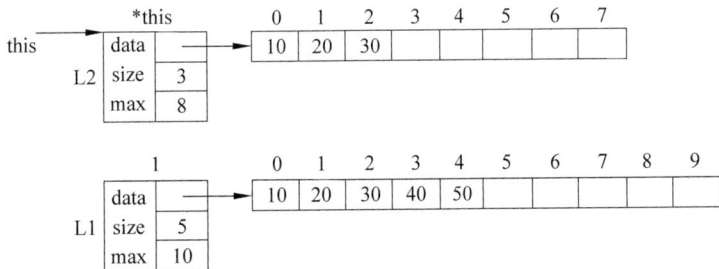

(b) 参数传递

图 11-6　语句 L2＝L1

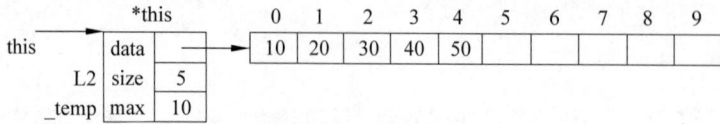

(c) 赋值与返回

图 11-6　(续)

语句分析

(1) 语句

```
return * this;
```

等价于内部语句

```
SeqList& _temp= * this;
```

其中, * this 表示调用对象 L2, 被临时对象_temp 引用, 因此_temp 是 L2 的别名。可以连续赋值如下:

```
(L2=L1)=L;
```

执行过程是先执行 L2＝L1, 再执行 L2＝L。

(2) 因为要向下兼容, 所以在 C++ 中, 基本类型也可以从左向右赋值。例如:

```
int x=5;
int y=6;
(x=y)=10;
```

结果是 x 等于 10, y 等于 6。

2. 复制构造函数

用一个已经存在的对象创建一个新对象, 称为复制构造。复制构造函数定义如下(结构体外定义):

```
SeqList:SeqList(const SeqList& l)              //复制构造函数定义
{
    data=0;
    * this=l;                                  //调用复制赋值函数
};
```

应用举例。已知顺序表对象 L1 如图 11-7(a)所示。执行初始化语句

```
SeqList L3=L1;                                 //或 SeqList L3(L1);
```

结果如图 11-7(b)和 11-7(c)所示。

(a) 已知顺序对象 L1

(b) 参数传递

(c) data=0

(d) *this=1

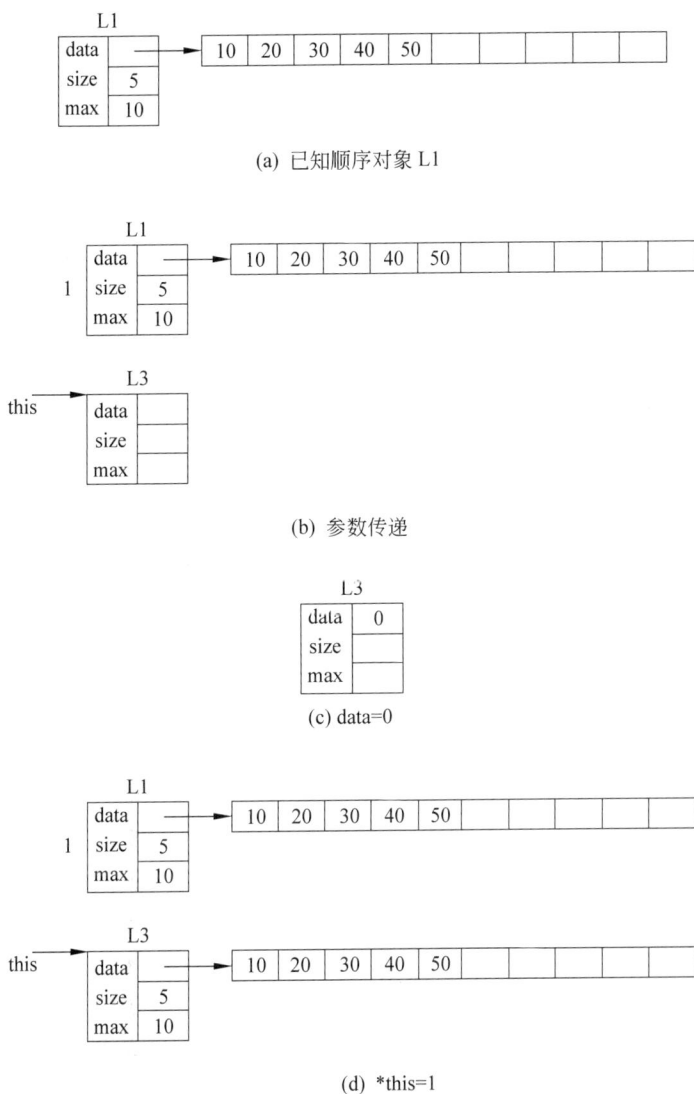

图 11-7　SeqList L3＝L1

函数分析

复制构造函数调用了复制赋值函数,但是在调用前,必须置 data 为指针 0 值,因为复制赋值函数首先调用 delete 语句释放调用对象的 data 成员所指向的动态数组空间,如果 data 不赋值 0,则可能有残留的值,造成 delete 语句出现指针类错误。

11.1.3　修饰词 explicit 和初始化表

1. 修饰词 explicit

默认构造函数的形参是整型:

```
SeqList(int n=10);                      //默认构造函数
```

它用一个整型对象创建一个顺序表类对象。这种用一种类型对象创建另一种类型对象的构造函数称为**转换构造函数**。下面三条语句都需要调用转换构造函数。

```
SeqList L(10);                          //显式调用转换构造函数,其中的(10)是实参列表
SeqList L=10;                           //隐式调用转换构造函数
L=50;                                   //先隐式调用转换构造函数,生成一个临时对象,
                                        //然后调用复制赋值函数
```

它们的差别是:第一条语句是显式调用转换构造函数,其中的(10)是实参列表。第二条语句是隐式调用转换构造函数。第三条语句是先隐式调用转换构造函数,用 50 生成一个临时对象,然后调用复制赋值函数,用这个临时对象给对象 L 赋值。

如果不允许隐式调用转换构造函数,就在转换构造函数前加上修饰符 explicit。例如:

```
explicit SeqList(int n=10);             //默认构造函数和转换构造函数
```

这样语句 SeqList L=10 和语句 L=50 都是非法的。

2. 初始化表

修饰词 explicit 引出了新的问题,以默认构造函数的定义为例:

```
SeqList::SeqList(int n)
{
    data=new Type[n];
    max=n;
    size=0;
}
```

如果成员 max 是一种用户类对象,则语句 max=n 的执行过程便是先隐式调用类的转换构造函数,用 n 生成该类的对象,再调用复制赋值函数。可是如果该类的转换构造函数带有修饰词 explicit,则该语句是非法的。还有,语句 max=n 假设对象已经存在,然后进行赋值,这和构造函数的意义不符。解决这个问题的方法是构造函数初始化表。例如:

```
explicit SeqList(int n=10):size(0),max(n){data=new Type[n];}
```

初始化表由冒号开头,类成员的赋值是构造函数的显式调用形式(除了动态分配)。

11.1.4 默认构造函数与零元

整型的零元是 0,字符型的零元是'\0',顺序表类的零元是什么?

由类的默认构造函数生成的对象是类的零元。例如,顺序表类将默认构造函数的调用 SeqList()所生成的对象作为零元。

```
int Sum(const SeqList& l=SeqList()); //函数声明
```

```
int Sum(const SeqList& l)                    //函数定义
{
    int s=0;
    for(int i=0;i<l.GetSize();++i)
        s+=l[i];
    return s;
}
```

如果调用这个函数时没有实参传递,该函数就把零元作为实参,而零元是空表,所以
返回值是 0。例如:

```
cout<<Sum()<<endl;
```

输出是 0。

为了向下兼容,在 C++ 中,基本类型的零元也可以这样表示,普通整型的零元是 int(),
双浮点型的零元是 double()。例如:

```
int s=int();
```

等价于

```
int s=0;
```

一个类只能有一个默认构造函数,否则编译器在生成零元时就不知道调用哪个。

11.1.5　索引运算符重载

```
Type& SeqList::operator[](int id)
{
    return data[id];
}
const Type& SeqList::operator[](int id)const
{
    return data[id];
}
```

索引运算符函数有常量型和非常量型,调用对象是 const 型的就调用常量型函数,调
用对象是非 const 型的就调用非常量型函数。

程序 11-3　应用索引运算符、复制赋值和复制构造。

```
#include<iostream>
using namespace std;

typedef int Type;                    //将 Type 实例化为 int
#include"seqlistclass.h"

int Sum(const SeqList& l=SeqList());
```

```
int main()
{
    SeqList L1;
    SeqList L2;

    int item;
    cout<<"Enter integers(0 to end):"<<endl;
    cin>>item;
    while(item!=0)                      //0 是前哨
    {
        L1.PushBack(item);
        cin>>item;
    }
    L2=L1;                              //复制赋值

    int s=Sum(L2);
    cout<<"Sum(L2):";
    cout<<s<<endl;

    SeqList L3=L1;                      //复制构造
    cout<<"L3:";
    for(int i=0;i<L3.GetSize();i++)
        cout<<L3[i]<<'\t';             //非常量型索引
    cout<<endl;

    system("pause");
    return 0;
}

int Sum(const SeqList& l)
{
    int s=int();
    for(int i=0;i<l.GetSize();++i)
        s+=l[i];                       //常量型索引
    return s;
}
```

程序运行结果(粗体表示输入)：

```
Enter integers(0 to end):
1 2 3 4 5 0[Enter]
Sum(L2):15
L3:1    2       3       4       5
```

11.1.6　顺序表类头文件

```
#ifndef SEQLISTCLASS_H
#define SEQLISTCLASS_H

#include<iostream>
using namespace std;
class SeqList
{
private:
    Type* data;
    int max;
    int size;
public:
    explicit SeqList(int n=10):max(10),size(0){data=new Type[n];}
                                                    //转换和默认构造
    SeqList(const SeqList& l):data(0){*this=l;};     //复制构造
    ~SeqList(){delete []data;}                       //析构
    SeqList& operator=(const SeqList& l);            //复制赋值
    void Reserve(int newmax);                        //扩容

    void Insert(int id,Type item);                   //定点插入
    void PushBack(const Type& item){Insert(size,item);}  //尾插
    void PushFront(const Type& item){Insert(0,item);}    //首插

    void Erase(int id);                              //定点删除
    void PopFront(){Erase(0);}                       //首删
    void PopBack(){Erase(size);}                     //尾删
    void Clear(){size=0;}                            //清表

    Type& operator[](int id){ return data[id];}      //非常量索引
    const Type& operator[](int id)const{return data[id];} //常量索引
    bool Empty()const{return size==0;}
    int GetSize()const{return size;}
    const Type& GetData(int id)const{return data[id];}
};

void SeqList::Reserve(int newmax)                    //扩容
{
    if(newmax<=max)
        return;
    Type* old=data;                                  //指向数组,以保留原始数据
    max=newmax;                                      //扩大数组长度
```

```
        data=new Type[newmax];                          //建新数组
        for(int i=0;i<size;i++)                          //将原始数据元素写入新数组空间
            data[i]=old[i];
        delete []old;                                    //释放原数组空间
    }


    void SeqList::Insert(int id,Type item)               //定点插入
    {
        if(id<0||id>size+1)
            Error("Insert:Id is illegal");
        if(size==max)
            Reserve(2*max);
        for(int i=size-1;i>=id;i--)
            data[i+1]=data[i];
        data[id]=item;
        size++;
    }


    void SeqList::Erase(int id)                          //定点删除
    {
        if(id<0||id>size)
            Error("Erase: id is illegal");
        for(int i=id+1;i<size;i++)
            data[i-1]=data[i];
        size--;
    }


    SeqList& SeqList::operator=(const SeqList& l)        //复制赋值
    {
        delete[]data;
        data=new Type[l.max];
        size=l.size;
        max=l.max;
        for(int i=0;i<size;i++)
            data[i]=l.data[i];
        return *this;
    }


    #endif
```

顺序表类分析

　　基本函数有 3 个核心：①复制赋值重载，因为复制构造函数调用了它；②定点插入，因为首插和尾插是它的特例；③定点删除，因为首插和尾插是它的特例。

11.2 函 数 模 板

用抽象类型 Type 提高函数的复用率有一个缺点：每一个程序只能实例化一种类型。这是不够的，解决的方法是函数模板(function template)。

函数模板是一个具有通用类型参数的函数，编译器根据函数调用的实参，进行内部函数重载，得到对应的一组函数实例。下面举例说明函数模板定义的格式：

```
template<class T>
const T&Max(const T&x,const T&y)
{
    return x>y? x:y;
}
```

其中，template＜class T＞是**模板参数表**，也称**通用类型参数表**；T 是**模板参数**，代表通用类型；x 和 y 称为**调用参数**。

编译器用调用参数所对应的实参的类型代替模板参数 T，形成函数实例，这个过程称为**实例化**(instantiation)。函数模板代表一族函数。如果有多个函数调用语句，而且调用参数类型不同，实例化的结果就是函数重载。

程序 11-4 函数模板。

```
#include<iostream>
using namespace std;
template<class T>
const T&Max(const T&x,const T&y)
{
    return x>y? x:y;
}
int main()
{
    cout<<Max(5,8)<<endl;
    cout<<Max(6.5,5.4)<<endl;

    system("pause");
    return 0;
}
```

程序运行结果：

```
8
6.5
```

程序分析

(1) 模板参数可以不止一个，名称可以任意，但使用 T 已经成为一种习惯。

(2) 关键字 class 一般表示类。还有关键字 typename，一般表示类中成员的类型。

typename 比 class 出现得晚,但比 class 意义准确。class 容易给人误导,好像只有类类型才能替代模板参数,而事实上,基本类型也可以替代模板参数。

11.3 类 模 板

配有模板参数表的类称为**类模板**。把顺序表类变换为顺序表类模板的步骤如下。

(1) 把形式类型 Type 都替换成通用类型 T,即模板参数。

(2) 把类声明前加模板参数表

```
template<class T>
```

(3) 如果基本函数在类的声明体外定义,则每一函数定义前都要加模板参数表,而且类名 SeqList 要加模板参数。例如:

```
template<class T>                                        //模板参数表
SeqList<T>& SeqList<T>::operator=(const SeqList<T>& l)
{
    delete[]data;
    data=new T[l.max];
    size=l.size;
    max=l.max;
    for(int i=0;i<size;i++)
        data[i]=l.data[i];
    return * this;
}
```

(4) 类模板不是实际存在的类,要与一个实际的类绑定才能定义对象。这个绑定过程称为**类模板实例化**。实例化的格式如下:

```
类模板名称<实际类型>对象;
```

例如:

```
SeqList<int>LN;
SeqList<Date>LD;
```

下面是变换后的顺序表类模板。

```
#ifndef SEQLIST_TEMPLATE_H                              //条件编译
#define SEQLIST_TEMPLATE_H

#include<iostream>
using namespace std;

template<class T>
class SeqList
```

```
{
private:
    T * data;
    int max;
    int size;
public:
    explicit SeqList(int n=10):max(10),size(0){data=new Type[n];}
                                                                //转换和默认构造
    SeqList(const SeqList& l){data=0; * this=l;};              //复制构造
    ~SeqList(){delete []data;}                                 //析构
    SeqList& operator=(const SeqList& l);                      //复制赋值
    void Reserve(int newmax);                                  //扩容

    void Insert(int id,const T& item);                        //定点插入
    void PushBack(const T& item){Insert(size,item);}          //尾插
    void PushFront(const T& item){Insert(0,item);}            //首插

    void Erase(int id);                                       //定点删除
    void PopFront(){Erase(0);}                                //首删
    void PopBack(){Erase(size);}                              //尾删
    void Clear(){size=0;}                                     //清表

    T& operator[](int id){ return data[id];}                 //非常量索引
    const T& operator[](int id)const{return data[id];}       //常量索引
    bool Empty()const{return size==0;}
    int GetSize()const{return size;}
    const T& GetData(int id)const{return data[id];}
};
template<class T>
void SeqList<T>::Reserve(int newmax)                          //扩容
{
        if(newmax<max)
            return;
        Type * old=data;                                     //指向数组,以保留原始数据
        max=2 * newmax;                                      //数组长度扩大一倍
        data=new Type[newmax];                              //建新数组
        for(int i=0;i<size;i++)                             //将原始数据元素写入新数组空间
            data[i]=old[i];
        delete []old;                                       //释放原数组空间
}
template<class T>
void SeqList<T>::Insert(int id,const T& item)                //定点插入
{
        if(id<0||id>size+1)
```

```
        {
            cout<<"Insert:Id is illegal";
            exit(0);
        }
        if(size==max)
            Reserve(2*max);
        for(int i=size-1;i>=id;i--)
            data[i+1]=data[i];
        data[id]=item;
        size++;
    }
    template<class T>
    void SeqList<T>::Erase(int id)                              //定点删除
    {
        if(id<0||id>size)
        {
            cout<<"Erase: id is illegal";
            exit(0);
        }
        for(int i=id+1;i<size;i++)
            data[i-1]=data[i];
        size--;
    }
    template<class T>
    SeqList<T>& SeqList<T>::operator=(const SeqList<T>& l)  //复制赋值
    {
        delete[]data;
        data=new Type[l.max];
        size=l.size;
        max=l.max;
        for(int i=0;i<size;i++)
            data[i]=l.data[i];
        return *this;
    }
    #endif
```

程序 11-5 顺序表类模板的应用(由程序 11-3 变换而来)。

```
#include<iostream>
using namespace std;

typedef int Type;                              //将 Type 实例化为 int
#include"seqlist_template.h"

template<class T>
```

```
int Sum(const SeqList<T>& l=SeqList());

int main()
{
    SeqList<int>L1;
    SeqList<int>L2;

    int item;
    cout<<"Enter integers(0 to end):"<<endl;
    cin>>item;
    while(item!=0)                                    //0 是前哨
    {
        L1.PushBack(item);
        cin>>item;
    }
    L2=L1;                                            //复制赋值

    int s=Sum(L2);
    cout<<"Sum(L2):";
    cout<<s<<endl;

    SeqList<int>L3=L1;                                //复制构造
    cout<<"L3:";
    for(int i=0;i<L3.GetSize();i++)
        cout<<L3[i]<<'\t';                            //非常量型索引
    cout<<endl;

    system("pause");
    return 0;
}
template<class T>
int Sum(const SeqList<T>& l)
{
    int s=int();
    for(int i=0;i<l.GetSize();++i)
        s+=l[i];                                      //常量型索引
    return s;
}
```

程序运行结果（粗体表示输入）：

```
Enter integers(0 to end):
1 2 3 4 5 0[Enter]
Sum(L2):15
L3:1     2       3       4       5
```

11.4   函数模板实例化中的问题

1. 模板参数的正确匹配

函数模板在实例化过程中不会自动类型转换,每个模板参数都必须正确匹配。例如:

```
template<class T>
const T& max(const T &a, const T& b)
{
    return a>b? a:b;
}
```

对调用语句为 max(6, 7.2),编译器指出模板参数 T 有二义性,因为用第一个实参 6 代替模板参数 T,它是整型,用第二个实参 7.2 代替模板参数 T,它是双浮点型。

改进的方法目前有两种,一是对实参进行强制类型转换:

```
max((double) 6, 7.2)
```

二是用参数型表限定模板参数 T 的类型:

```
max<double>(6, 7.2);
```

2. 多个模板参数

模板参数可以有多个。例如:

```
template<class T1, class T2>
T1 max(T1 const& a, T2 const &b)
{
    return a>b? a:b;
}
```

但是这个函数模板可能因参数的顺序不同而结果不同。例如:

```
max(7.2, 6);                                    //结果是 7.2
max(6, 7.2);                                    //结果是 7
```

实参 7.2 如果是第一个参数,它与返回值类型双浮点型相同,返回值就是 7.2;如果是第二个参数,它与返回值类型整型不同,经隐式类型转换后,返回值就是 7。另外,函数返回值类型也不能是 const 型引用,否则,如果 b 是大者,则函数等价于

```
template<class T1, class T2>                    //T1 和 T2 是两个模板参数
const T1& max(T1 const& a, T2 const &b)
{
    return b;                                   //警告
}
```

　　b 的类型与函数返回值类型不一样,需要转换,转换后的值存储在一个临时变量中,而函数的返回值不能是一个临时变量的引用。

练　　习

简要回答以下问题

1. 为什么说 C 语言顺序表基本函数的定义域和值域不完备? C++ 是如何解决的?

2. 什么是调用对象?

3. 举例说明运算符 new 和函数 malloc 的区别。

4. 举例说明运算符 delete 和函数 free 的区别。

5. 什么是默认构造函数?

6. 什么是转换构造函数? 举例说明。

7. 修饰词 explicit 有什么用处?

8. 语句 int& y= *(new int(5))是什么意思?

9. 什么是函数模板? 举例说明。

10. 什么是类模板?

第 12 章

String 类

String 类是扩展的字符串。

C 字符串类型有如下不足。

(1) 空间固定,使插入、复制和连接的字符串长度受限。

(2) 定义域不完备,容易产生运行时错误。

(3) 功能简单,难以支持复杂的应用程序设计。

为了解决这些问题,需要建立 String 类,它是 C 字符串类型的扩展。以后为了表述方便,把 C 字符串简称 C 串,把一个 String 串称为类串。类串的结构如图 12-1 所示。

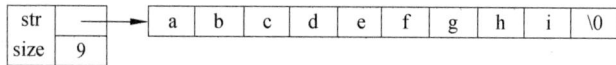

图 12-1 类串的结构

正像字符串是特殊的字符数组一样,String 类是特殊的顺序表类,因为 String 类的深层对象是字符串,顺序表类的深层对象是数组。

12.1　String 类雏形

```
//stringclass.h
class String
{
private:
    char * str;                                        //指向 C 字符串的指针
    int size;                                          //字符串长度
public:
//构造和析构
    String(const char * c=""):size(0),str(0){ * this=c;}   //转换和默认构造
    String(const String& s):size(0),str(0){ * this=s;}    //复制构造
    ~String(){delete[]str;}                            //析构
//赋值
    String& operator=(const char * c);                 //转换赋值:类串=C 串
    String& operator=(const String& s){return * this=s.str;} //复制赋值:类串=类串
```

```
//输入输出
    friend istream& operator>>(istream& istr,String& s);        //提取符
    friend ostream& operator<<(ostream& ostr,const String& s);  //插入符
};
```

类分析

（1）转换赋值。转换和默认构造函数在字符指针赋值 0 后调用了转换赋值，复制构造在字符指针赋值 0 后调用了复制赋值，而复制赋值调用了转换赋值，因此要重点了解转换赋值。

转换赋值步骤如下。

① 释放调用对象的字符串空间，根据赋值 C 串的长度重新分配。

② 把 C 串复制到调用对象的字符串空间。

③ 返回调用对象的引用。

具体代码如下：

```
String& String::operator=(const char * c)               //转换赋值:类串=C串;
{
    delete[]str;                                        //步骤①
    int len=strlen(c);
    str=new char[len+1];
    if(str==0)
    {
        cout<<"operator=:overflow!";
        exit(1);
    }
    Strcpy(str,c);                                      //步骤②
    size=len;
    return * this;                                      //步骤③
}
```

转换赋值 S1＝cs 如图 12-2 所示。

(a) 已知

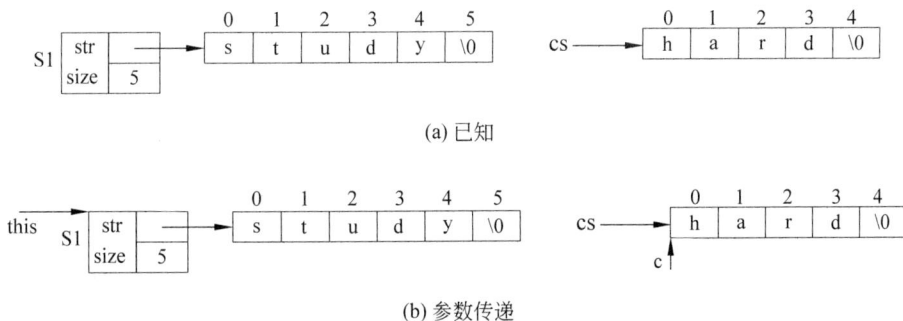

(b) 参数传递

图 12-2　转换赋值 S1＝cs 示意图

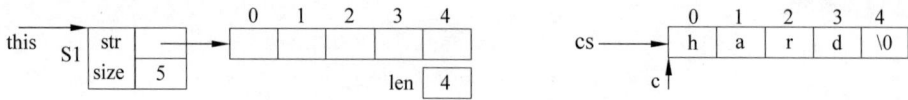

(c) 步骤①：delete[]str、int len=strlen(c) 和 str=new char[len+1]

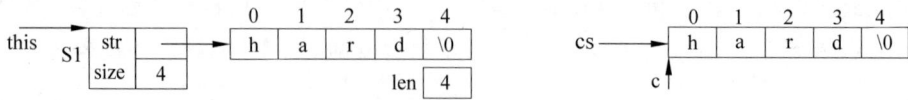

(d) 步骤②：Strcpy(str,c) 和 size=len

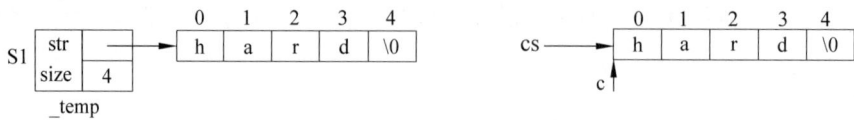

(e) 步骤③：return *this

图 12-2 （续）

（2）在转换构造和复制构造的初始化表中，都有一项 str(0) 给指针赋初值 0，这是不能少的，因为它们要调用转换赋值，而后者有一条语句是 delete[]str，执行前它要求 str 具有合法值（包括指针 0 值）。

（3）在提取符和插入符重载的声明中，有修饰词 friend，它表示这两个函数不是 String 类的成员函数，但可以直接访问类的私有部分。这种函数称为 String 类的**友元函数**。一个类的友元函数可以访问该类的私有部分，但没有调用对象。以插入符<<为例，它的左元是 cout，是输出流 ostream 类的对象，不是 String 类的对象，所以自然不是插入符<<函数的调用对象。这种函数没有隐藏的 this 指针，全部形参都要在形参列表中给出。在类声明体外定义时，它不需要作用域说明，表明它不是类的成员函数，同时不需要关键字 friend，因为在声明中已经说明，不能重复说明。

```
ostream& operator<<(ostream& ostr,const String& s)
{
    ostr<<s.str;
    return ostr;
}
istream& operator>>(istream& istr,String& s)
{
    char buf[80];                        //缓冲器。一行输入最多 80 个字符
    cin.get(buf,80);                     //从键盘输入 1 个字符串进入缓冲器
    cin.get();                           //清空输入缓冲区
    s=buf;                               //调用转换赋值函数
    return istr;
}
```

函数说明

对象 cin 的成员函数 get 是函数重载：get(buf,80)从输入缓冲区最多可以读取 79 个字符,结尾加结束符,存入数组 buf,若提前遇到换行符,则提前结束,换行符不是读取字符;get()从输入缓冲区可以读取任何一个字符,包括换行符,并作为返回值,这里省略了返回值,主要用于把留在输入缓冲区的换行符清除。作为练习,可以把语句 cin.get()改为

```
int n=cin.get();
cout<<n<<endl;
```

检验是否读取了换行符,输出结果应该是换行符的代码 10。但是检验后要把语句改回 cin.get()。

（4）复制赋值。利用转换赋值,把右元类串中的 C 串转换赋值给左元类串。

```
String& String::operator=(const String& s)      //复制赋值:类串=类串
{
    return * this=s.str;                         //转换赋值
}
```

复制赋值 S1＝S2 如图 12-3 所示。

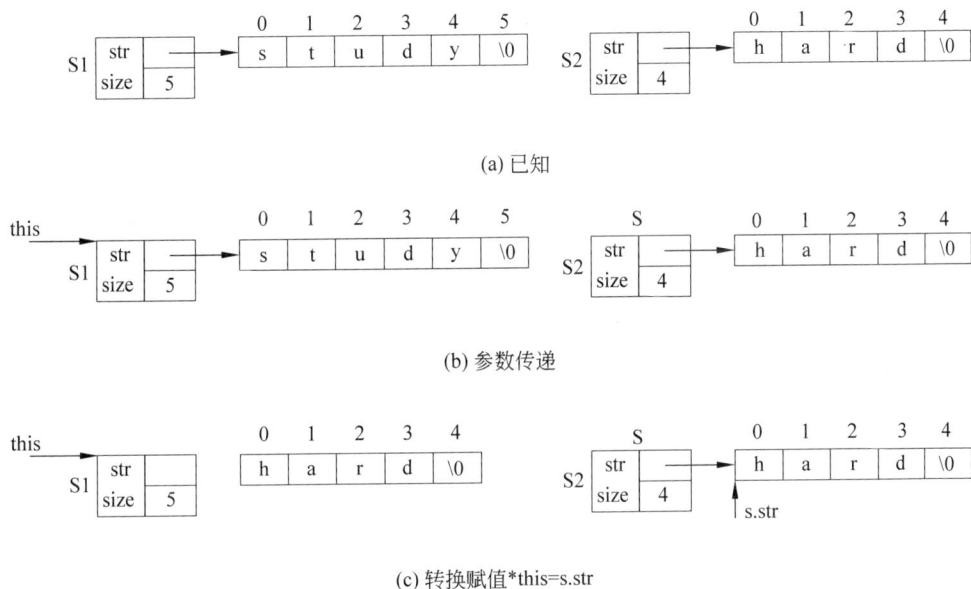

(a) 已知

(b) 参数传递

(c) 转换赋值*this=s.str

图 12-3　复制赋值 S1＝S2 示意图

程序 12-1　构造、输入和输出。

```
#include<iostream>
using namespace std;


#include"stringclass.h"
```

```
int main()
{
    String S;
    cout<<"Enter a string:"<<endl;
    cin>>S;
    cout<<"S:"<<S<<endl;
    String S1(S);                        //复制构造,生成 S1
    cout<<"S1:"<<S1<<endl;

    system("pause");
    return 0;
}
```

程序运行结果(粗体表示输入):

Enter a string:
abcdefghijk[Enter]
S:abcdefghijk
S1:abcdefghijk

12.2　连　　接

连接操作有 3 种:① 一个类串和一个类串连接(类串＋类串);②一个类串和一个 C 串连接(类串＋C 串);③一个 C 串和一个类串连接(C 串＋类串)。

3 种连接操作的结果都是一个新串,连接操作通过重载运算符＋实现。

1. 类串＋类串

左元是类串,是调用对象,其地址传递给隐藏的 this 指针。连接步骤如下。

(1) 生成一个新串,释放原字符串空间,重新分配的空间长度等于连接后的串长加 1。

(2) 调用 C 串的复制函数 Strcpy,将左元的 C 串复制到新串。

(3) 调用 C 串的连接函数 Strcat,将右元的 C 串连接到新串。

(4) 通过复制赋值,返回新串的备份。

```
String String::operator+(const String& s)const   //类串+类串
{
    String w;                            //步骤(1)
    delete[]w.str;
    w.size=size+s.size;
    w.str=new char[w.size+1];

    Strcpy(w.str,str);                   //步骤(2)将左元中的 C 串复制到新串
    Strcat(w.str,s.str);                 //步骤(3)将右元中的 C 串连接到新串中的 C 串
```

```
    return w;                              //步骤(4)
}
```

连接操作 S1＋S2 如图 12-4 所示。

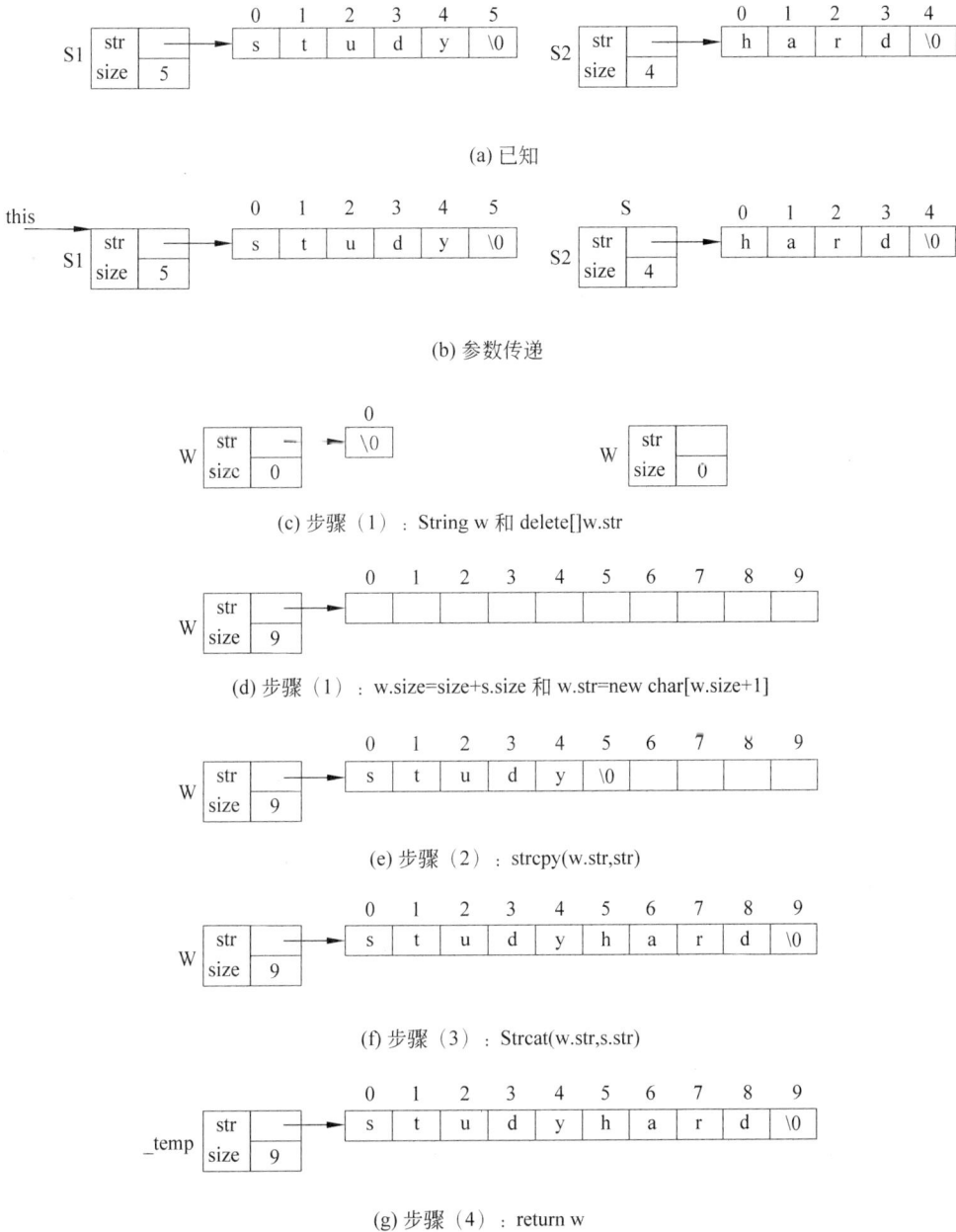

(a) 已知

(b) 参数传递

(c) 步骤（1）：String w 和 delete[]w.str

(d) 步骤（1）：w.size=size+s.size 和 w.str=new char[w.size+1]

(e) 步骤（2）：strcpy(w.str,str)

(f) 步骤（3）：Strcat(w.str,s.str)

(g) 步骤（4）：return w

图 12-4　连接操作 S1＋S2 示意图

2. 类串＋C 串

左元是类串，是调用对象，把地址传递给隐藏的 this 指针。连接步骤如下。

(1) 转换构造,用 C 串生成一个类串。

(2) 用"类串＋类串"将调用对象和上一步生成的类串连接,生成类串。

(3) 用复制赋值将连接生成的类串赋值给步骤(1)生成的类串。

(4) 返回赋值后的类串。

```
String String::operator+(const char * c)const      //类串+C串
{
    String w(c);                                   //步骤(1)
    w= * this+w;                                   //步骤(2)和步骤(3)
    return w;                                       //步骤(4)
}
```

3. C 串＋类串

因为左元是 C 串,不是类串,不能作为调用对象,所以这个函数是 String 类的友元函数,它没有隐藏的 this 指针,左元和右元作为实参,在形参列表中都有对应的形参。连接步骤和"类串＋C 串"基本相同。

(1) 转换构造,用左元 C 串生成一个类串。

(2) 用"类串＋类串"将左元生成的类串和右元连接,生成类串。

(3) 用复制赋值将连接生成的类串赋值给步骤(1)生成的类串。

(4) 返回赋值后的类串。

```
String operator+(const char * c,const String& s)   //C串+类串
{
    String w(c);                                   //步骤(1)
    w=w+s;                                         //步骤(2)和步骤(3)
    return w;                                       //步骤(4)
}
```

程序 12-2 串连接。

```
#include<iostream>
using namespace std;
#include"stringclass.h"
int main()
{
    String R("you laugh");
    String S("the world laugh with you");
    String T;
    T="proverb:"+R+" and "+S;
    cout<<T<<endl;

    system("pause");
    return 0;
```

```
}
```

程序运行结果：

```
proverb:you laugh and the world laugh with you
```

程序分析

语句 T＝"the proverb："＋R＋" and "＋S 的执行顺序如下。

(1) 调用"C 串＋类串"，将 C 串"proverb："和类串 R 连接，返回一个类串。

(2) 调用"类串＋C 串"，将上一步返回的类串和 C 串"and"连接，返回一个类串。

(3) 调用"类串＋类串"，将上一步返回的类串和类串 S 连接，返回一个类串。

(4) 调用复制赋值函数，将上一步返回的类串复制给 T。

12.3 插　　入

1. 定点插入一个类串

在调用对象的一个索引处插入一个类串。插入步骤如下。

(1) 保留调用对象，重新分配调用对象的数组空间。

(2) 把保留的调用对象的 C 串复制到新分配的数组空间。

(3) 把要移动的子串复制保存。

(4) 在调用对象的插入位置复制要插入的子串。

(5) 把保存的子串连接到调用对象。

(6) 改变字符个数，返回调用对象的引用。

```
String& String::Insert(int id,const String& s)      //在索引 id 处插入一个类串
{
    String old(*this);                               //步骤(1)
    str=new char[size+s.size+1];
    if(str==0)
    {
        cout<<"overflow!";
        exit(1);
    }
    Strcpy(str, old.str);                            //步骤(2)
    Strcpy(old.str,str+id);                          //步骤(3)
    Strcpy(str+id,s.str);                            //步骤(4)
    Strcat(str,old.str);                             //步骤(5)
    size=size+s.size;                                //步骤(6)
    return *this;
}
```

插入操作 A.Insert(4,B)如图 12-5 所示。

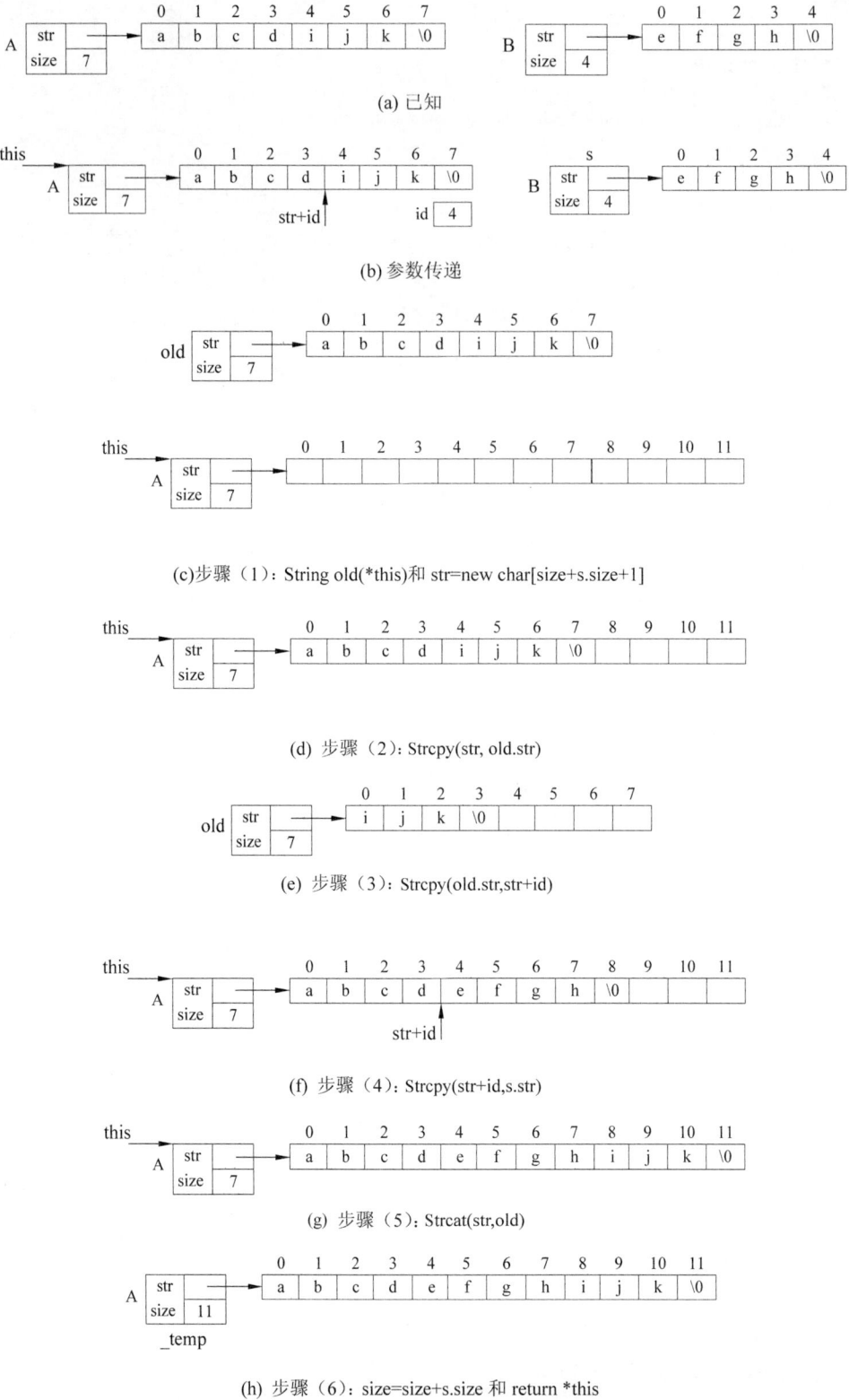

(a) 已知

(b) 参数传递

(c)步骤（1）：String old(*this)和 str=new char[size+s.size+1]

(d) 步骤（2）：Strcpy(str, old.str)

(e) 步骤（3）：Strcpy(old.str,str+id)

(f) 步骤（4）：Strcpy(str+id,s.str)

(g) 步骤（5）：Strcat(str,old)

(h) 步骤（6）：size=size+s.size 和 return *this

图 12-5　插入操作 A.Insert(4，B)示意图

2. 定点插入一个 C 串

在调用对象的一个索引处插入一个 C 串。调用转换构造函数,将插入的 C 串生成一个类串,然后定点插入一个类串。

```
String& String::Insert(int id,const char* c)        //在索引 id 处插入 C 串
{
    String w(c);                                     //转换构造生成类串
    Insert(id,w);                                    //调用类串插入函数
    return *this;                                    //返回调用对象的引用
}
```

程序 12-3　插入的应用。

```
#include<iostream>
using namespace std;
#include"stringclass.h"
int main()
{
    String S("abcdijk");
    S.Insert(4,"efgh");
    cout<<S<<endl;
    system("pause");
    return 0;
}
```

程序运行结果:

```
abcdefghijk
```

12.4　删　　除

在调用对象中,从某个索引开始,删除若干个连续字符。删除步骤如下。

(1) 在调用对象中,计算从删除位置开始的剩余字符个数,如果剩余字符个数小于删除的字符个数,就取剩余个数为删除个数。

(2) 从删除位置开始,把将要保留的子串取出生成类串。

(3) 从调用对象的删除位置开始复制保留的子串。

(4) 通过两次赋值,删除调用对象的多余空间。

(5) 返回调用对象的引用。

```
String& String::Erase(int id,int num)               //删除子串
{
    if(size-id<num)                                 //步骤(1)
        num=size-id;
    String old(str+id+num);                         //步骤(2)
```

```
    Strcpy(str+id,old.str);                    //步骤(3)
    old=str;                                   //步骤(4)
    *this=old;
    return *this;                              //步骤(5)
}
```

删除操作 A.Erase(4,4)如图 12-6 所示。

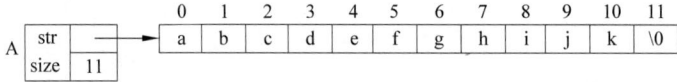

（a）已知

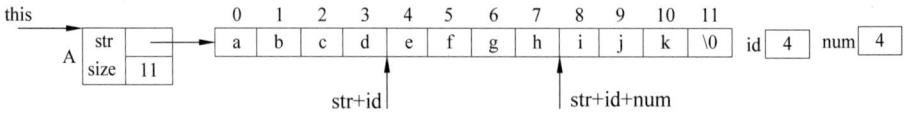

（b）参数传递

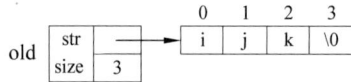

（c）步骤(2)：String old(str+id+num)

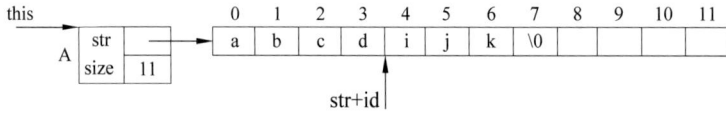

（d）步骤(3)：Strcpy (str+id,old.str)

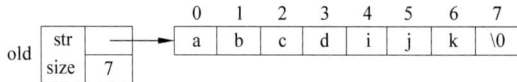

（e）步骤(4)：old=str

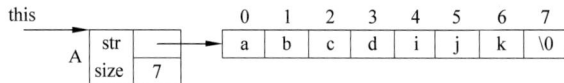

（f）步骤(4)：*this=old

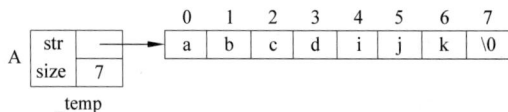

（g）步骤(5)：return*this

图 12-6   删除操作 A.Erase(4,4)示意图

程序 12-4　删除的应用。

```
#include<iostream>
using namespace std;
#include"stringclass.h"
int main()
{
    String S("abcdefghijk");
    cout<<"before erasing:"<<endl;
    cout<<S<<endl;

    S.Erase(4,4);
    cout<<"after erasing:"<<endl;
    cout<<S<<endl;

    system("pause");
    return 0;
}
```

程序运行结果：

```
before erasing:
abcdefghijk
after erasing:
abcdijk
```

12.5　取　子　串

从调用对象的某个索引开始,取出连续若干个字符构成子串返回。取子串步骤如下。

(1) 从调用对象的某个索引开始的所有字符生成类串。

(2) 保留生成的类串前若干个字符。

(3) 返回生成的类串。

```
String String::SubStr(int id,int num)const        //取子串
{
    if(size-id<num)
        num=size-id;
    String w(str+id);                             //步骤(1)
    w.Erase(num,w.size-num);                      //步骤(2)
    return w;                                     //步骤(3)
}
```

取子串操作 A.SubStr(4,5)如图 12-7 所示。

（a）已知

（b）参数传递

（c）步骤（1）：String w(str+id)

（d）步骤（2）：w.Erase(num,w.size−num)

（e）步骤（3）：return w

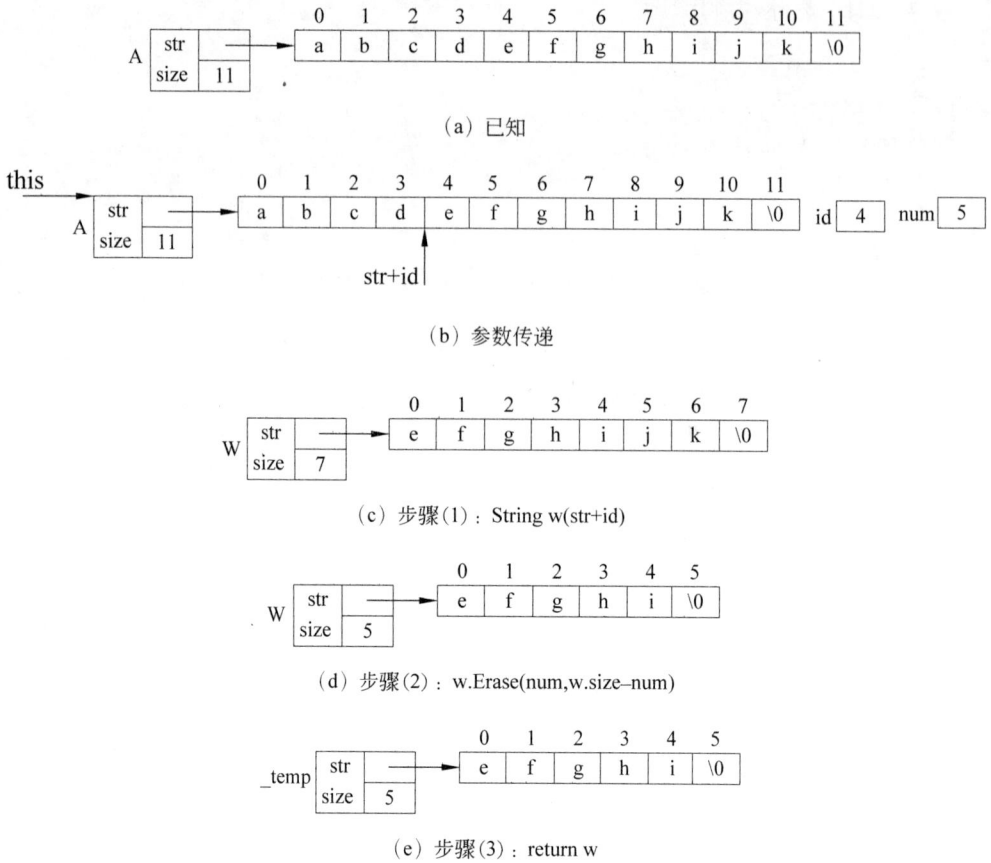

图 12-7　取子串操作 A.SubStr(4,5)示意图

程序 12-5　取子串应用。

```cpp
#include<iostream>
using namespace std;
#include"stringclass.h"
int main()
{
    String S("abcdefghijk");
    S=S.SubStr(4,5);
    cout<<S<<endl;

    system("pause");
    return 0;
}
```

程序运行结果：

efghi

12.6　比　　较

1. 关系符"=="的重载

```
bool String::operator==(const String& s)const              //类串==类串
{
    return strcmp(str,s.str)==0;
}
bool operator==(const char * c)const                       //类串==C 串
{
    return strcmp(str,c)==0;
}
friend bool operator==(const char * c,const String& s)     //C 串==类串
{
    return strcmp(c,s.str)==0;
}
```

其中,返回值是布尔型。布尔型对象只有两个值：1 和 0。1 表示相等,0 表示不等。

2. 关系符"＞"的重载

```
bool String::operator>(const String& s)const               //类串>类串
{
    return strcmp(str,s.str)>0;
}
bool operator>(const char * c)const                        //类串>C 串
{
    return strcmp(str,c)>0;
}
friend bool operator>(const char * c,const String& s)      //C 串>类串
{
    return strcmp(c,s.str)>0;
}
```

其他关系运算符的重载类似。

程序 12-6　比较应用。

```
#include<iostream>
using namespace std;
#include"string class.h"
int main()
{
    String A;
    String B;
```

```
cout<<"Enter your key: "<<endl;
cin>>A;
cout<<"Enter your key again"<<endl;
cin>>B;
while(!(A==B))
{
    cout<<"Not equal!"<<endl;
    cout<<"Enter your key: "<<endl;
    cin>>A;
    cout<<"Enter your key again"<<endl;
    cin>>B;
}
cout<<"You are wellcom!"<<endl;
system("pause");
return 0;
}
```

程序运行结果（粗体表示输入）：

Enter your key:
asdf456[Enter]
Enter your key again
asdf432[Enter]
Not equal!
Enter your key:
asdf123[Enter]
Enter your key again
asdf123[Enter]
You are wellcom!

12.7　索引运算符重载

和顺序表类的索引运算符重载类似。

```
char& String::operator[](int id)
{
    return str[id];
}


const char& String::operator[](int id)const
{
    return str[id];
}
```

程序 12-7　索引运算符重载应用。

```
#include<iostream>
using namespace std;
#include"stringclass.h"
int main()
{
    String S("you laugh and the world laugh");

    int i=S.FindFirstOf("you",0);                    //参见 12.8 节子串查找
    if(i!=-1)
        S[i]='Y';

    i=S.FindFirstOf("world",0);
    if(i!=-1)
        S[i]='W';

    cout<<S<<endl;

    system("pause");
    return 0;
}
```

程序运行结果：

```
You laugh and the World laugh
```

12.8　查　　找

1. 字符查找

在调用串中，从某个索引开始，查找一个字符首次出现的位置即索引，并返回这个索引。不存在时返回－1。

```
int String::FindFirstOf(char ch,int id)const   //从 id 开始查找 ch 首次出现的位置
                                               //即索引
{
    for(int i=id;str[i]!='\0';++i)
        if(str[i]==ch)
            return i;
    return -1;
}
```

2. 子串查找

给定一个类串（也称模式串），从调用串中某个索引开始查找，若存在，则返回首字符索引，否则返回－1。串查找步骤如下。

（1）读取模式串的首尾字符。

（2）在调用串中，从索引 id 开始，查找模式串的首字符，并从该字符开始，读取和模式串等长的子串的尾字符索引。

（3）若首字符存在，且尾子符索引不出界，则判断调用串的子串和模式串是否相等。若相等，则返回首字符索引，查找结束；若不等，则修改查找的起始位置 id，回到步骤(2)。

（4）若首字符不存在，或尾字符索引出界，则返回-1。

```
int String::FindFirstOf(const String& x,int id)const
{
    char firstch=x.str[0],lastch=x.str[x.size-1];       //步骤(1)
    int firstid=FindFirstOf(firstch,id);                //步骤(2)
    int lastid=firstid+x.size-1;
    while(firstid!=-1&&lastid<size)
    {
        if(str[lastid]==lastch)                         //若尾字符相等
        {
            if(SubStr(firstid,x.size)==x)               //步骤(3)
                return firstid;
        }
        id=firstid+1;                                   //修改查找的起始位置
        firstid=FindFirstOf(firstch,id);
        lastid=firstid+x.size-1;
    }
    return -1;                                           //步骤(4)
}
```

模式串查找 A.FindFirstOf(s,0)如图 12-8 所示。

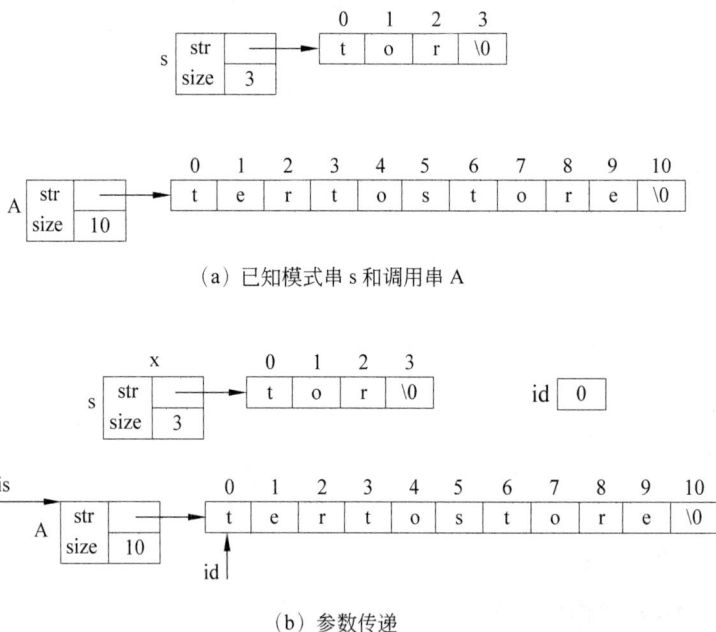

（a）已知模式串 s 和调用串 A

（b）参数传递

图 12-8　模式串查找 A.FindFirstOf(s,0)示意图

$$\text{firstch} \boxed{\text{t}} \qquad \text{lastch} \boxed{\text{r}}$$

（c）步骤（1）：char firstch=x.str[0],lastch=x.str[x.size−1]

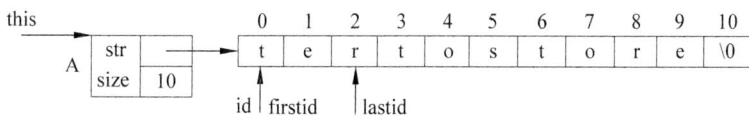

（d）步骤(2)：int firstid=FindFirstOf(firstch,id) 和 intlastid=firstid+x.size−1

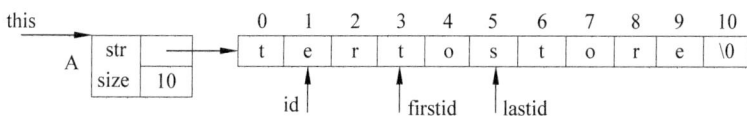

（e）准备第一次迭代：id=firstid+1、firstid=FindFirstOf(firstch,id)和lastid=firstid+x.size−1

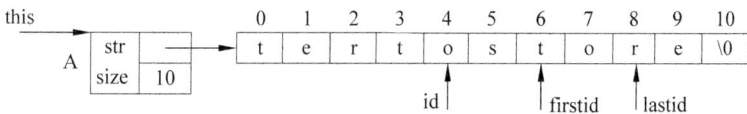

（f）准备第三次迭代：id=firstid+1、firstid=FindFirstOf(firstch,id)和lastid=firstid+x.size−1

$$-\text{temp} \boxed{6}$$

（g）return firstid

图 12-8 （续）

在调用串中，从某个索引开始，查找一个 C 串（也称模式串）首次出现的位置即索引，并返回这个位置。若不存在，则返回−1。

```
int String::FindFirstOf(const char * c,int id)const
{
    return FindFirstOf(String (c),id);
}
```

程序 12-8 查找并删除。

```
#include<iostream>
using namespace std;
#include"stringclass.h"
int main()
{
    String S("abcdefghijk");
```

```
    cout<<S<<endl;                                    //删除前的字符串
    int id=S.FindFirstOf("efgh",0);                   //查找子串"efgh"
    if(i!=-1)                                          //若子串存在,则删除
        S.Erase(4,id);
    cout<<S<<endl;                                     //删除后输出

    system("pause");
    return 0;
}
```

程序运行结果:

```
abcdefghijk
abcdijk
```

12.9　String 类头文件

```
    #ifndef STRINGCLASS_H                              //条件编译
    #define STRINGCLASS_H

    #include"string.h"
    #include<string>
//声明
    class String
    {
    private:
        char * str;
        int size;
    public:
//构造和析构
        String(const char * c=""):size(0),str(0){ * this=c;}    //转换和默认构造
        String(const String& s):size(0),str(0){ * this=s;}      //复制构造
        ~String(){delete[]str;}                                 //析构
//赋值
        String& operator=(const char * c);                      //转换赋值:类串=C串
        String& operator=(const String& s){return * this=s.str;}
                                                                //复制赋值:类串=类串
//输入输出
        friend istream& operator>>(istream& istr,String& s);     //提取符
        friend ostream& operator<<(ostream& ostr,const String& s); //插入符
//连接
        String operator+(const String& s)const;                 //类串+类串
        String operator+(const char * c)const;                  //类串+C串
        friend String operator+(const char * c,const String& s); //C串+类串
```

```
//插入和删除
    String& Insert(int id,const String& s);                      //插入类串
    String& Insert(int id,const char * c);                       //插入 C 串
    String& Erase(int id,int num);                               //删除子串
//取子串
    String SubStr(int id,int num)const;                          //取子串
//关系运算
    bool String::operator==(const String& s)const
                    {return strcmp(str,s.str)==0;}               //类串==类串
    bool operator==(const char * c)const
                    {return strcmp(str,c)==0;}                   //类串==C 串
    friend bool operator==(const char * c,const String& s)
                    {return strcmp(c,s.str)==0;}                 //C 串==类串
    bool String::operator>(const String& s)const
                    {return strcmp(str,s.str)>0;}                //类串>类串
    bool operator>(const char * c)const
                    {return strcmp(str,c)>0;}                    //类串>C 串
    friend bool operator>(const char * c,const String& s)
                    {return strcmp(c,s.str)>0;}                  //C 串>类串
//查找
    int FindFirstOf(char ch,int id)const;        //从 id 开始查找 ch 首次出现的位置
    int FindFirstOf(const String& s,int id)const;
    int FindFirstOf(const char * c,int id)const{return FindFirstOf(String(c),
id);}
    int Size(){return size;}
//索引
    char& operator[](int id){return str[id];}
    const char& operator[](int id)const{return str[id];}
};


//定义
String& String::operator=(const char * c)           //转换赋值:类串=C 串
{
    delete[]str;                                    //步骤(1)
    int len=strlen(c);
    str=new char[len+1];
    if(str==0)
    {
        cout<<"operator=:overflow!";
        exit(1);
    }
    Strcpy(str,c);                                  //步骤(2)
    size=len;
    return * this;                                  //步骤(3)
```

```
    }

ostream& operator<<(ostream& ostr,const String& s)
{
    ostr<<s.str;
    return ostr;
}
istream& operator>>(istream& istr,String& s)
{
    char buf[80];                           //缓冲器。一行输入最多 80 个字符
    cin.get(buf,80);                        //从键盘输入 1 个字符串进入缓冲器
    cin.get();                              //清空输入缓冲区
    s=buf;                                  //调用转换赋值函数
    return istr;
}

String String::operator+(const String& s)const  //类串+类串
{
    String w;                               //步骤(1)新串
    delete[]w.str;
    w.size=size+s.size;
    w.str=new char[w.size+1];

    Strcpy(w.str,str);            //步骤(2)将左元中的 C 串复制到新串
    Strcat(w.str,s.str);          //步骤(3)将右元中的 C 串连接到新串中的 C 串

    return w;
}
String String::operator+(const char * c)const      //类串+C 串
{
    String w(c);                            //转换构造,生成类串 w
    w= * this+w;                            //类串+类串和复制赋值
    return w;                               //返回赋值后的类串
}

String operator+(const char * c,const String& s)  //在索引 id 处插入一个类串
{
    String w(c);                            //调用转换构造,生成类串 w
    w=w+s;                                  //调用"类串+类串"和复制赋值
    return w;
}
String& String::Insert(int id,const String& s)    //子串插入
{
    String old( * this);                    //保留调用对象
```

```
        str=new char[size+s.size+1];              //重新分配调用对象的空间
        if(str==0)
        {
            cout<<"overflow!";
            exit(1);
        }
        Strcpy(str, old.str);                      //取回原调用对象的值
        Strcpy(old.str,str+id);                    //保留调用对象中要移动的子串
        Strcpy(str+id,s.str);                      //在插入位置复制要插入的子串
        Strcat(str,old.str);                       //将保留的移动子串连接到调用对象

        size=size+s.size;
        return *this;
}
String& String::Insert(int id,const char * c)      //在索引 id 处插入 C 串
{
        String w(c);                               //转换构造生成类串
        Insert(id,w);                              //插入类串插入函数
        return *this;
}

String& String::Erase(int id,int num)              //删除子串
{
        if(size-id<num)                            //步骤(1)
            num=size-id;
        String old(str+id+num);                    //步骤(2)
        Strcpy(str+id,old.str);                    //步骤(3)
        old=str;                                   //步骤(4)
        *this=old;
        return *this;
}

String String::SubStr(int id,int num)const         //取子串
{
        if(size-id<num)
            num=size-id;
        String w(str+id);                          //步骤(1)
        w.Erase(num,w.size-num);                   //步骤(2)
        return w;                                  //步骤(3)
}

int String::FindFirstOf(char ch,int id)const       //从 id 开始查找 ch 首次出现的位置
{
        for(int i=id;str[i]!='\0';++i)
```

```
        if(str[i]==ch)
            return i;
    return -1;
}
int String::FindFirstOf(const String& x,int id)const
{
    char firstch=x.str[0],lastch=x.str[x.size-1];
    int firstid=FindFirstOf(firstch,id);
    int lastid=firstid+x.size-1;
    while(firstid!=-1&&lastid<size)
    {
        if(str[lastid]==lastch)
        {
            if(SubStr(firstid,x.size)==x)
                return firstid;
        }
        id=firstid+1;
        firstid=FindFirstOf(firstch,id);
        lastid=firstid+x.size-1;
    }
    return -1;
}
#endif
```

练　　习

简要回答以下问题

1. C 字符串有哪些不足?

2. 为什么说 String 类是特殊的顺序表类?

3. 什么是友元函数? 友元函数有什么特点?

4. 为什么连接和取子串,其返回值类型是 String 类,而不是 String 类的引用?

第 13 章

Date 类和面向对象设计

5.1.2 节介绍了 Date 结构,本章将它变换为 Date 类。

13.1 Date 类

13.1.1 雏形

```
class Date
{
    int year,month,day;
    static const int NoLeapyear[];                      //静态数据成员
    bool Leapyear(int y)const{return(y%4==0&&y%100!=0)||(y%400==0);}
public:
    Date():year(1),month(1),day(1){}                    //默认构造
    Date(int y,int m,int d):year(y),month(m),day(d){}
    explicit Date(int ndays){*this=ndays;}              //转换构造
    Date& operator=(int ndays);                         //转换赋值
    operator int()const;                                //成员转换
    bool Leapyear()const{return Leapyear(year);}
    friend istream& operator>>(istream& istr,Date& dt);
    friend ostream& operator<<(ostream& ostr,const Date& dt);
};
const int Date::NoLeapyear[]={31,28,31,30,31,30,31,31,30,31,30,31};//平常年
```

类声明分析

(1) 修饰符 static 表示数据成员为**静态数据成员**。它只有一个对象,生存周期是程序周期,对所有 Date 类对象可见。它在类的声明体内声明时,带关键字 static;在声明体外定义时,不带关键字 static。

(2) 默认构造为什么不带默认参数呢? 这是为了避免冲突。例如:

```
Date dt(3456);
```

本该调用转换构造,但是,如果默认构造带有默认参数,就优先调用默认构造,结果等价于

```
Date dt(3456,1,1);
```

这显然不是所要求的。

（3）成员函数 operator long()是成员转换函数,它的功能是将 Date 类对象转换为一个长整型对象。在 Date 类对象进行比较和加减运算时,都会自动调用这个函数。

（4）类中没有声明复制构造、析构和复制赋值。因为 Date 类没有深层对象,所以复制构造、析构和复制赋值可以利用系统提供的版本。

（5）转换构造调用转换赋值。

13.1.2　转换赋值

把一个正整数转换为日期,步骤如下。

（1）自公元 1 年开始,从正整数中扣除整年的天数,每扣除 1 年,年份加 1。

（2）自 1 月开始,从正整数中扣除整月的天数,每扣除 1 月,月份加 1。

（3）剩余的整数就是日。

```
Date& Date::operator=(int ndays)
{
    int n;
    year=month=day=0;
    year=1;
    n=Leapyear(year)?366:365;                    //步骤(1)
    while(ndays>n)
    {
        ndays-=n;
        ++year;
        n=Leapyear(year)?366:365;
    }
    month=1;                                     //步骤(2)
    n=NoLeapyear[month-1];
    while(ndays>n)
    {
        ndays-=n;
        ++month;
        n=NoLeapyear[month-1];
        if(month==2&&Leapyear(year))
            ++n;
    }
    day=ndays;                                   //步骤(3)
    return *this;
}
```

13.1.3　成员转换

把日期转换为整数,步骤如下。

（1）从公元 1 年起累加每一个整年的天数。

（2）对日期所属的年份，从 1 月起累加每个整月的天数。如果包含 2 月，还要判断是否闰年，以决定是否再加 1 天。

（3）加上所在月份的天数。

（4）返回结果。

```cpp
Date::operator int()const
{
    int i;
    int ndays=0;
    for(i=1;i<year;++i)                    //步骤(1)
        ndays+=Leapyear(i)?366:365;
    for(i=1;i<month;++i)                   //步骤(2)
        ndays+=NoLeapyear[i-1];
    if(month>2&&Leapyear(year))
        ++ndays;
    ndays+=day;                            //步骤(3)
    return ndays;                          //步骤(4)
}
```

13.1.4　提取符和插入符重载

```cpp
ostream& operator<<(ostream& ostr,const Date& dt)
{
    ostr<<dt.yr<<'-'<<dt.mo<<'-'<<dt.day;
    return ostr;
}


istream& operator>>(istream& istr,Date& dt)
{
    istr>>dt.yr>>dt.mo>>dt.day;
    return istr;
}
```

程序 13-1　应用 Date 类。

```cpp
#include<iostream.h>
using namespace std;
#include"date.h"
int main()
{
    Date dt1(2018,5,1);
    Date dt2(8900);                        //调用转换构造
```

```
        cout<<"dt1:"<<dt1<<endl;
        cout<<"dt2:"<<dt2<<endl;

        int n=dt1-dt2;                              //两次调用成员转换
        cout<<"dt1-dt2="<<n<<endl;

        dt1=dt2+n;                                  //先调用成员转换,再调用转换赋值
        cout<<"dt1=dt2+(dt1-dt2):"<<dt1<<endl;

        system("pause");
        return 0;
}
```

程序运行结果:

```
dt1:2018-5-1
dt2:25-5-14
dt1-dt2=727915
dt1=dt2+(dt1-dt2):2018-5-1
```

程序分析

(1) 表达式 dt1-dt2 两次自动调用成员转换函数,分别将 dt1 和 dt2 转换为正整数。

(2) 表达式 dt1=dt2+n 先自动调用成员转换函数,将 dt2 转换为正整数,然后与 n 求和,最后调用转换赋值,将和数转换为日期赋给 dt1。

13.1.5　自增自减

1. 自增运算

前++是调用对象的值增 1,并返回增值后的调用对象,步骤如下。

(1) 调用成员转换,将调用对象转换为整数。

(2) 整数增 1。

(3) 调用转换赋值,将整数转换赋值给调用对象。

(4) 返回调用对象的引用。

```
Date& Date::operator++()                       //前++
{
    int ndays= * this;                         //步骤(1)
    ++ndays;                                   //步骤(2)
    * this=ndays;                              //步骤(3)
    return * this;                             //步骤(4)
}
```

后++是调用对象的值增 1,但是返回值是调用对象的原值,步骤如下。

(1) 保留调用对象的原值。

（2）调用成员转换，将调用对象转换为整数。

（3）整数增 1。

（4）调用转换赋值，将整数转换赋值给调用对象。

（5）返回调用对象的保留值。

```
Date Date::operator++(int)                              //后++
{
    Date t(*this);
    int ndays=*this;
    ++ndays;
    *this=ndays;
    return t;
}
```

函数分析

（1）后++定义中的形参列表只有类型，没有形参。缺失的形参称为**亚元**。亚元在这里是用来区别前++的。

（2）为什么后++的返回值是自定义对象 t，而不是它的引用？因为引用的本质是地址，而自定义对象在函数执行后被撤销，返回它的地址没有意义。

2. 自减运算

自减运算和自增运算是对称的。

前−−是调用对象的值减 1，并返回减值后的调用对象，步骤如下。

（1）调用成员转换，将调用对象转换为整数。

（2）整数减 1。

（3）调用转换赋值，将整数转换赋值给调用对象。

（4）返回调用对象的引用。

```
Date& Date::operator--()                    //前--
{
    int ndays=*this;                        //步骤(1)
    --ndays;                                //步骤(2)
    *this=ndays;                            //步骤(3)
    return *this;                           //步骤(4)
}
```

后−−是调用对象的值减 1，但是返回值是调用对象的原值，步骤如下。

（1）保留调用对象的原值。

（2）调用成员转换，将调用对象转换为整数。

（3）整数减 1。

（4）调用转换赋值，将整数转换赋值给调用对象。

（5）返回调用对象的保留值。

```
Date Date::operator--(int)                              //后--
{
    Date t(*this);
    int ndays=*this;
    --ndays;
    *this=ndays;
    return t;
}
```

13.1.6　取值和赋值

1. 成员赋值

```
void Date::SetYear(int y){year=y;}
void Date::SetMonth(int m)const{month=m;}
void Date::SetDay(int d){day=d;}
```

2. 成员取值

```
int Date::GetYear()const{return year;}
int Date::GetMonth()const{return month;}
int Date::GetDay()const{return day;}
```

13.2　继　　承

要设计一个新类,它和已存在的类有如下**继承关系**(inheritance)。

(1) 前者包含后者的数据成员和方法。

(2) 增加新的数据成员和方法,新的方法包括对后者一些方法的改进、特化。

(3) 继续使用在后者基础上开发的应用程序。

C++ 用派生类和基类表示这种关系。举例说明:

```
class Date                                              //基类
{
protected:                                              //保护性成员
    int year,month,day;
public:
    Date():year(1949),month(10),day(1){}               //默认构造
    Date(int y,int m,int d):year(y),month(m),day(d){} //一般构造
    void Display() const {cout<<year<<'/'<<month<<'/'<<day<<endl;}
};
class NewDate:public Date                               //派生类。派生方式是公有
{
public:
```

```
NewDate(){}
NewDate(int y,int m,int d):Date(y,m,d){}
void Display()const {cout<<year<<'-'<<month<<'-'<<day<<endl;}
};
```

类声明分析

(1) 基类是简化的 Date 类。它只有一个方法 Display,数据成员声明为保护性成员(protected)。保护性成员对派生类是可见的,对非派生类是不可见的。派生类 NewDate 继承了基类的全部数据成员,只是从数据格式上重新定义了方法 Display。派生方式有公有和私有,用处最多的是公有。

(2) 派生类对象的生成过程:首先生成基类对象,然后生成派生类对象。因此,先执行基类构造函数,再执行派生类构造函数。如果基类构造函数需要参数,则派生类构造函数以参数初始化表的形式传递参数,显式调用基类构造函数。

(3) 基类的构造函数不能在派生类中扩展,友元函数不能继承。

(4) 如果派生类和基类具有同名的方法,则派生类对象直接调用的是派生类方法,但是通过作用域说明符可以调用基类方法。

程序 13-2　继承的应用。

```cpp
#include<iostream>
using namespace std;
#include"newdate.h"                              //包含基类和派生类

int main()
{
    Date dt1;                                    //基类对象
    dt1.Display();                               //调用基类方法
    Date dt2(2019,5,1);
    dt2.Display();
    NewDate bt1;                                 //派生类对象
    bt1.Display();                               //调用派生类方法
    NewDate bt2(2019,5,1);
    bt2.Display();
    bt2.Date::Display();                         //调用基类方法

    system("pause");
    return 0;
}
```

程序运行结果:

```
1949/10/1
2019/5/1
1949-10-1
2019-5-1
```

2019/5/1

13.3　多态性和虚函数

在基类基础上开发的应用函数,如何在派生类中使用? 举例说明:

```
void BasedCall(const Date& dt)
{
    dt.Display();
}
void BasedCall(const Date * dt)
{
    dt->Display();
}
```

这是两个在基类 Date 上开发的应用函数,一个形参是基类引用,另一个形参是指向基类的指针,它们都通过形参调用了基类方法 Display。如果传递给形参的是派生类对象的引用或指针,那么应用函数调用的就是派生类方法 Display,这种机制称为**多态性**(polymorphism)。

为了实现多态性,需要在基类中用关键词 virtual 将方法 Display 声明为**虚函数**(virtual functions)。基类的虚函数在派生类中依然是虚函数,即使没有修饰词 virtual。例如:

```
class Date                                          //基类
{
protected:
    int year,month,day;
public:
    Date():year(1949),month(10),day(1){}
    Date(int y,int m,int d):year(y),month(m),day(d){}
    virtual void Display()const{cout<<year<<'/'<<month<<'/'<<day<<endl;}
};
class NewDate:public Date                            //派生类
{
public:
    NewDate(){}
    NewDate(int y,int m,int d):Date(y,m,d){}
    void Display()const{cout<<year<<'-'<<month<<'-'<<day<<endl;}
};
```

程序 13-3　多态性的应用。

```
#include<iostream>
using namespace std;
```

```
#include"base.h"

void BasedCall(const Date& dt)
{
    dt.Display();
}
void BasedCall(const Date * dt)
{
    dt->Display();
}
int main()
{
    NewDate newdt(2019,5,1);                        //调用派生类方法
    BasedCall(newdt);
    BasedCall(&newdt);

    system("pause");
    return 0;
}
```

程序运行结果：

```
2019-5-1
2019-5-1
```

C++ 编译器是如何实现多态性的呢？它为每一个带有虚函数的类对象增加一个成员指针 vptr,这个指针指向一个虚函数表 VTABLE,这个表包含了该类的虚函数指针。当一个基类指针所指向的是派生类对象,或一个基类引用所引用的是派生类对象时,通过派生类对象的成员指针 vptr 找到派生类的虚函数指针,执行派生类的方法,如图 13-1 所示。

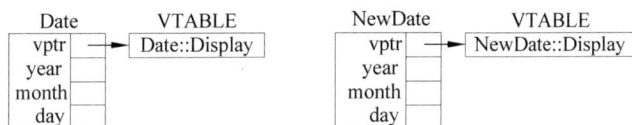

图 13-1　虚函数表示意图

结构分析

（1）基类的虚函数在派生类中可以扩展,也可以不扩展。如果不扩展,则基类的虚函数就是派生类的虚函数。

（2）派生类的非虚函数是不能由基类引用来引用或基类指针来调用的,因为它的指针不在虚函数表中。

（3）值传递不能实现多态性（作为练习来检验）。

13.4　虚析构函数

在继承关系中,一个派生类对象,其构造函数的执行顺序是先基类构造函数,再派生类构造函数。其析构函数的执行顺序正好相反,先派生类析构函数,再基类析构函数。

而多态性使运算符 new 生成的派生类对象可以传址给一个基类指针,那么在利用基类指针撤销派生类对象时,如何找到派生类的析构函数呢? 利用虚函数表。这就要求将析构函数声明为虚函数。

程序 13-4　虚析构函数。

```
#include<iostream>
using namespace std;
class Base                                              //基类
{
public:
    Base(){cout<<"Base constructor"<<endl;}
    virtual~Base(){cout<<"Base destructor"<<endl;}         //虚析构函数
};
class Derived:public Base                               //派生类
{
public:
    Derived(){cout<<"Derived constructor"<<endl;}
    virtual~Derived(){cout<<"Derived destructor"<<endl;}  //关键字 virtual 可省
};
int main()
{
    Base * bp=new Derived;                             //基类指针指向派生类对象
    delete bp;                                         //利用基类指针撤销派生类对象
    system("pause");
    return 0;
}
```

程序运行结果:

```
Base constructor
Derived constructor
Derived destructor
Base destructor
```

13.5　纯虚函数和抽象类

很多方法的代码不同,但接口是相同的。以文件管理为例,文件有很多种类型,但是打开、删除、复制和剪切,其接口是一样的。再以面积计算为例,现实中只有具体的形状,如三角形、矩形、梯形、圆形等,但是每一种形状的面积计算和输出,它们的接口可以是一样的。如果把抽象接口归于基类,把具体算法归于派生类,即"同一接口,多种方法",那么基类和派生类的关系就是一种抽象和具体的关系。

只用来声明接口的虚函数称为**纯虚函数**,这样的函数必须在派生类中扩展,给出具体的定义。纯虚函数的声明格式如下:

```
virtual 类型　函数名(参数列表)=0;
```

一个类,只要有一个纯虚函数,就称为**抽象类**。抽象类只能是基类,而且没有抽象类对象。但是有抽象类指针和抽象类引用,以便访问派生类对象,实现多态。下面以形状Shape 为抽象类,以三角形、矩形、梯形、圆形为派生类,实现相关的设计,如图 13-2 所示。

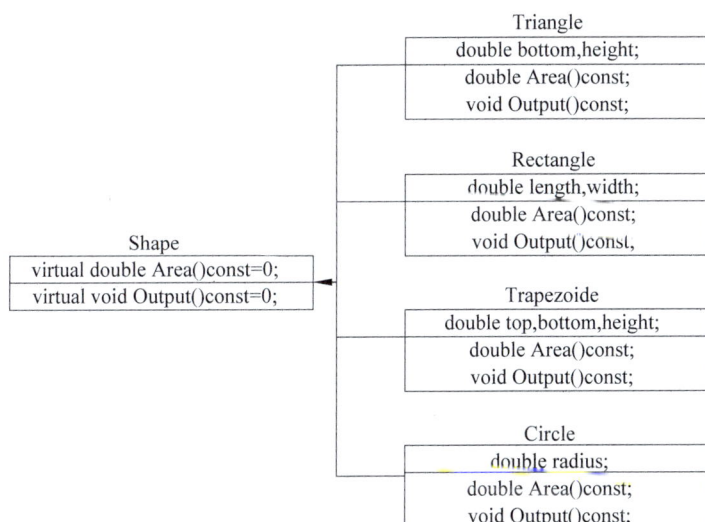

图 13-2　抽象基类与派生类示意图

抽象基类和派生类的设计如下:

```
//shape.h
#ifndef SHAPE_H
#define SHAPE_H

#include<iostream.h>
const double PI=3.1415926;                      //外部对象,对所有类可见
class Shape                                     //抽象基类
{
public:
    virtual double Area()const=0;               //面积计算接口
    virtual void Output()const=0;               //面积输出接口
};

class Triangle:public Shape                     //三角形
```

```
{
    double bottom;                                      //底
    double height;                                      //高
    double Area()const{return bottom * height/2;}       //面积计算

public:
    Triangle(double b=0,double h=0):bottom(b),height(h){}
    ~Triangle(){}
    void Output()const{cout<<Area()<<endl;}             //面积输出

};


class Rectangle:public Shape                            //矩形
{
    double length;                                      //长
    double width;                                       //宽
    double Area()const{return length * width;}          //面积计算
public:
    Rectangle(double l=0,double w=0):length(l),width(w){}
    ~Rectangle(){}
    void Output()const{cout<<Area()<<endl;}             //面积输出
};


class Trapezoide:public Shape                           //梯形
{
    double top;
    double bottom;
    double height;
    double Area()const{return(top+bottom) * height/2;}  //面积计算
public:
    Trapezoide(double t=0,double b=0,double h=0):top(t),bottom(b),height(h){}
    ~Trapezoide(){}
    void Output()const{cout<<Area()<<endl;}             //面积输出

};


class Circle:public Shape                               //圆形
{
    double radius;
    double Area()const{return PI * radius * radius;}    //面积计算
public:
    Circle(double r=0):radius(r){}
    ~Circle(){}
    void Output()const{cout<<Area()<<endl;}             //面积输出
```

```
};

#endif
```

程序 13-5　抽象类的应用。

```
#include<iostream>
using namespace std;
#include"shape.h"
void Output(const Shape& sp)
{
    sp.Output();
}

int main()
{
    Triangle tri(3,4);                          //生成三角形对象
    cout<<"Triangle: ";                         //输出三角形面积
    Output(tri);
    Rectangle rec(5,8);                         //生成矩形对象
    cout<<"Rectangle: ";                        //输出矩形面积
    Output(rec);
    Trapezoide trap(5,7,8);                     //生成梯形对象
    cout<<"Trapezoide: ";                       //输出梯形面积
    Output(trap);
    Circle cir(8);                              //生成圆形对象
    cout<<"Circle: ";                           //输出圆形面积
    Output(cir);

    system("pause");
    return 0;
}
```

程序运行结果：

```
Triangle: 6
Rectangle: 40
Trapezoide: 48
Circle: 201.062
```

练　　习

一、简要回答以下问题

1. 什么是基类？什么是派生类？

2. 什么是多态性?

3. 实现多态性的机制是什么?

4. 为什么要把析构函数声明为虚函数?

5. 举例说明纯虚函数的意义?

二、编写程序

1. 用程序检验,值传递不能实现多态性。

2. 实现下面的 Pair 类。

```
template<class T1,class T2>
class Pair
{
public:
    T1 first;
    T2 second;
    Pair(const T1& f=T1(),const T2& s=T2()):first(f),second(s){}
    Pair(const Pair& pa):first(pa.first),second(pa.second){}
    bool operator==(const Pair& pa);    //两个 Pair 对象的 first 和 second 依次相等
    bool operator<(const Pair& pa);      //按字典顺序比较 Pair 的两个对象
};
template<class T1,class T2>                  //以 f 和 s 创建一个新的 Pair 对象
Pair<T1,T2>make_pair(const T1& f,const T2& s);
```

3. 读入一系列 String 类和整型数据对,将每一对存储在一个 Pair 对象中,然后将 Pair 对象存储在顺序表对象中,最后输出。

4. 在派生类 NewDate 中增加一个数据成员,wk 表示星期。方法 Display()在输出日期的同时,输出星期几。当然,这还需要增加一个方法,计算一个日期是星期几,基本步骤是把日期转换为整数,对 7 求余。

三、写出以下程序的执行结果

1.

```
class Base
{
    char c;
public:
    Base(char n):c(n){}
    virtual  ~Base(){cout<<c;}
};
class Derived:public Base
{
    char c;
public:
```

```
    Derived(char n):Base(n+1),c(n){}
    ~Derived(){cout<<c;}
};
int main()
{
    Derived('X');
    return 0;
}
```

2.

```
#include<iostream.h>
class base
{
public:
    virtual void who()
    {cout<<"base class"<<endl;}
};
class derive1:public base
{
public:
    void who()
    {cout<<"derive1 class"<<endl;}
};
class derive2:public base
{
public:
    void who()
    {cout<<"derive2 class"<<endl;}
};
int main()
{
    base obj1, * p;
    derive1 obj2;
    derive2 obj3;
    p=&obj1;
    p->who();
    p=&obj2;
    p->who();
    p=&obj3();
    p->who();
    return 0;
}
```

第 14 章

向量类模板

向量类模板既是顺序表类模板的简化，又是顺序表类模板的扩展。

向量类模板与顺序表类模板有两点不同。

（1）向量类模板的方法只有尾插和尾删，没有定点插入和定点删除，这是对顺序表类模板的简化。

（2）向量类模板将指针扩展为迭代器。

14.1 迭　代　器

什么是迭代器？这需要从索引和指针谈起。目前遍历数组元素的方法有两种：索引（见图 14-1(a)）和指针（见图 14-1(b)）。它们的区别如表 14-1 所示。

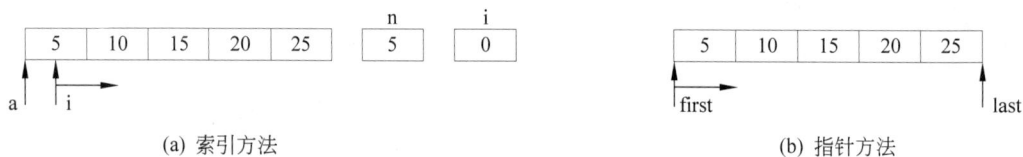

(a) 索引方法　　　　　　　　　　　　　　(b) 指针方法

图 14-1　索引和指针

表 14.1　索引方法和指针方法的区别

索引方法（见图 14-1(a)）	指针方法（见图 14-1(b)）
```c#include<stdio.h>void OutputArrayByIndex(int * p,int n){ int i; for(i=0;i<n;++i) printf("%d\t",p[i]); printf("\n");}```	```c#include<stdio.h>void OutputArrayByPointer(int * p,int n){ int * first=p; int * last=p+n; for(;first!=last;++first) printf("%d\t", * first); printf("\n");}```
应用举例：`int a[5]={5,10,15,20,25};``OutputArrayByIndex(a,5);`	应用举例：`int a[5]={5,10,15,20,25};``OutputArrayByPointer(a,5);`

表 14-1 分析

索引方法只适用于线性连续容器。指针即可以通过 C 语言固有的自增自减运算,用于线性连续容器,又可以通过自增自减运算符重载,用于线性非连续容器(例如,链表)和非线性容器(例如,二叉树)。

为了不同容器,统一遍历方法,需要做以下 3 件事。

(1)统一命名。目前习惯的做法是用 iterator 表示指针,用 const_iterator 表示指向 const 型的指针。

(2)个性化。每一个容器都要在自己的声明体内,指定指针的自增自减运算,以适合该容器的特点。

(3)每一个容器都要自定义成员函数 Begin 和 End,分别用来读取指针左闭右开区间的左右边界。

这样扩展后的指针称为**迭代器**。因为向量类模板是线性连续容器,指针的自增自减运算就是 C 语言固有的运算,所以只需要在类的声明体内,把 iterator 和 const_iterator 分别指定为指针和指向 const 型的指针的 typedef 名字,同时增加成员函数 Begin 和 End。

14.2　向量类模板

基于 14.1 节的分析和设计,将第 11 章的顺序表类模板变换为向量类模板如下:

```
#ifndef VECTOR_H
#define VECTOR_H

#include<iostream>
#include<stdlib.h>
using namespace std;


template<class T>
class Vector
{
private:
    T * data;                               //指向动态数组的指针
    int size;                               //数组的数据元素个数
    int max;                                //数组容量
public:
//迭代器类型
    typedef T * iterator;                   //迭代器
    typedef const T * const_iterator;       //const 型迭代器

//读取迭代器区间边界
```

```
        iterator Begin(){return data;}                        //读取左闭边界
        const_iterator Begin()const{return data;}
        iterator End(){return data+size;}                     //读取右开边界
        const_iterator End()const{return data+size;}
    //构造与析构
        explicit Vector(int n=10):size(0),max(n){data=new T[max];}//转换和默认构造
        Vector(const Vector& v):data(0),max(0){*this=v;}//复制构造
        ~Vector(){delete[]data;}
    //复制赋值
        Vector& operator=(const Vector<T>& v);                //复制赋值
    //插入
        void Reserve(int newMax);                             //扩大数组容量,保留原数据
        void PushBack(const T& item);                         //尾插
    //删除
        void PopBack(){--size;}                               //尾删
        void Clear(){size=0;}                                 //清空
    //索引运算符重载
        T& operator[](int id){return data[id];}               //下标运算符函数
        const T& operator[](int id)const{return data[id];}    //常量型下标运算符函数
    //读取
        bool Empty()const{return size==0;}                    //判空
        int Size()const{return size;}                         //求数据元素个数
        int Max()const{return max;}                           //求数组容量
        const T& Back()const{return data[size-1];}            //返回尾元素的引用
        const T& Front()const{return data[0];}                //返回首元素的引用
};


template<class T>
Vector<T>& Vector<T>::operator=(const Vector<T>& v) //复制赋值
{
    delete[]data;
    data=new T[v.max];
    size=v.size;
    max=v.max;
    for(int i=0;i<size;i++)
        data[i]=v.data[i];
    return *this;
}


template<class T>
void Vector<T>::PushBack(const T& item)                       //尾插
{
    if(size==max)                                             //如果空间数据已满,就要先扩大容量
        Reserve(2*max+1);
```

```
    data[size++]=item;                        //插入元素到尾部,数据元素个数增1
}

template<class T>
void Vector<T>::Reserve(int newmax)
{
    if(newmax<=max)                           //如果数组容量已满足,则返回
        return;
    T * old=data;                             //保留原数组
    data=new T[newmax];                       //重新分配新数组
    for(int i=0;i<size;i++)                   //将原数组中的数据复制到新数组
        data[i]=old[i];
    max=newmax;                               //修改数组容量
    delete[]old;                              //释放原数组空间
}
#endif
```

程序 14-1 向量类模板的应用。

```
#include<iostream>
using namespace std;
#include"vector.h"

template<class T>
void Output(Vector<T>v);

int main()
{
    Vector<int>V;
    int item;
    cout<<"Enter integers(0 to end):"<<endl;
    cin>>item;
    while(item!=0)
    {
        V.PushBack(item);                     //尾插
        cin>>item;
    }
    cout<<"Vector:"<<endl;
    Output(V);

    cout<<"Back and PopBack:"<<endl;
    while(!V.Empty())                         //判空
    {
        cout<<V.Back()<<'\t';                 //读取尾元素
        V.PopBack();                          //尾删
```

```
    }
    cout<<endl;
    system("pause");
    return 0;
}


template<class T>
void Output(Vector<T>v)
{
    Vector<T>::const_iterator first=v.Begin();
    Vector<T>::const_iterator last=v.End();
    for(;first!=last;++first)
        cout<< * first<<'\t';
    cout<<endl;
}
```

程序运行结果(粗体表示输入)：

Enter integers (0 to end):
1 2 3 4 5 6 7 8 9 0[Enter]
Vector:
1   2   3   4   5   6   7   8   9
Back and PopBack:
9   8   7   6   5   4   3   2   1

14.3   函 数 对 象

下面是一个函数模板,其功能是查找容器中第一个最大元素,并返回它的迭代器。

```
template<class Iterator>
Iterator FindMax(Iterator first,Iterator last)
{
    Iterator max=first;                          //假设第一个元素是当前最大元素
    for(++first;first!=last;++first)             //从第二个元素开始扫描
        if( * max< * first)                       //如果当前元素大于最大元素
            max=first;                           //令迭代器 max 指向当前元素
    return max;                                  //将指向最大元素的迭代器返回
}
```

函数模板中的关系运算符<是根据元素所属的类型来重载的,是类型设计的一部分。但是这有明显的局限性:如果元素是复合类型,有学号、姓名和成绩等多个数据成员,应该比较哪一个成员呢?

解决这个问题的原则:把关系运算符的解释权单独组成一个类,这个类只有一个成员函数,实现关系运算,然后通过传递该类的对象传递这个函数,以解释关系运算,这样的对象称为**函数对象**(function object)。下面举例说明：

```
struct Student                                  //结构
{
    long unsigned id;                           //学号
    char name[20];                              //姓名
    double grades;                              //成绩
};
class MyCriterion                               //只含一个成员函数的类
{
public:                                         //实现比较运算的成员函数
    bool isLessThan(const Student& s1,const Student& s2)const
        {return s1.grades<s2.grades;}
};
template<class Iterator,class C>                 //返回第一个最大元素的迭代器
Iterator FindMax(Iterator first,Iterator last,C cmp)  //函数对象 cmp
{
    Iterator max=first;
    for(++first;first!=last;++first)
        if(cmp.isLessThan(*max,*first))         //调用对象的成员函数
            max=first;
    return max;
}
```

通过函数对象引用比较函数，其形式 cmp.isLessThan(*max,*first)有些烦琐，可以通过函数调用运算符()的重载来简化，如下所示：

```
class MyCriterion
{
public:
    bool operator()(const Student& s1,const Student& s2)const
    {return s1.grades<s2.grades;}
};
```

这时，表达式 cmp.isLessThan(*max,*first)简化为 cmp(*max,*first)，将对象名直接用作函数名。

为了便于理解，还可以把函数模板 Max 的参数名称 cmp 改为 isLessThan，使表达式 cmp(*max,*first)转换为 isLessThan(*max,*first)，更直观。

```
template<class Iterator,class C>
Iterator FindMax(Iterator first,Iterator last,C isLessThan)
                                                //把参数名称 cmp 改为 isLessThan
{
    Iterator max=first;
    for(++first;first!=last;++first)
        if(isLessThan(*max,*first))             //对象名用作函数名
```

```
        max=first;
    return max;
}
```

编写程序：有文本文件 student.txt，如图 14-2 所示。读取该文件，把成绩最大者在显示器上输出。具体步骤如下。

（1）读取文本文件 student.txt，参考 7.3.3 节的程序 7-4。

（2）把读取的记录插入向量类模板对象。

（3）调用函数 FindMax。

（4）输出返回值。

程序 14-2　读取记录文件，输出成绩最大者。

图 14-2　文本文件

```cpp
#include<iostream>
using namespace std;
#include"vector.h"
#include<stdio.h>
#include<stdlib.h>
struct Student
{
    long unsigned id;                          //学号
    char name[20];                             //姓名
    double grades;                             //成绩
};
class MyCriterion
{
public:
    bool operator()(const Student& s1,const Student& s2)const
    {return s1.grades<s2.grades;}
};
template<class Iterator,class C>
Iterator FindMax(Iterator first,Iterator last,C isLessThan)
                                     //把参数名称 cmp 改为 isLessThan
{
    Iterator max=first;
    for(++first;first!=last;++first)
        if(isLessThan(*max,*first))            //对象名用作函数名
            max=first;
    return max;
}
int main()
{
    Student s;
    Vector<Student>vc;
```

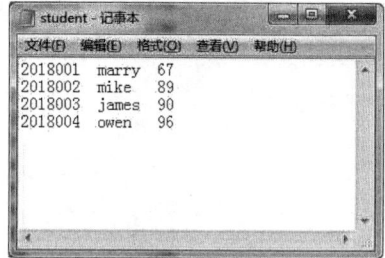

```
MyCriterion cr;

FILE * readfile;
readfile=fopen("D:\\student.txt","r");          //读取文本文件
if(!readfile)
{
    printf("st cannot be opened");
    exit(1);
}

fscanf(readfile,"%Ld%s%Lf",&s.id,&s.name,&s.grades);     //步骤(1)
while(!feof(readfile))                                     //数据是否读取完
{
    vc.PushBack(s);                                       //步骤(2)
    fscanf(readfile,"%Ld%s%Lf",&s.id,&s.name,&s.grades);
}
Vector<Student>::const_iterator itr=FindMax(vc.Begin(),vc.End(),cr);
                                                          //步骤(3)
cout<<(*itr).id<<":"<<(*itr).name<<" "<<(*itr).grades<<endl;
                                                          //步骤(4)
fclose(readfile);

system("pause");
return 0;
}
```

程序运行结果：

2018004:owen 96

练　　习

一、简要回答以下问题

1. 索引方法和指针方法有什么区别？
2. 什么是迭代器？
3. 什么是函数对象？

二、编写程序

将 3.5.2 节选择排序中的数组转换为向量类模板对象。

第15章

链表类模板

第8章介绍了C链表,结构如图15-1所示,它的局限性不仅包含了C顺序表的局限性,同时要有指针运算的局限性。本章解决这些局限性。

15.1 链表类模板设计

15.1.1 雏形

下面是链表类模板的雏形。

```
template<class T>
class List
{
    struct Node
    {
        T data;
        Node * prev, * next;
        Node(const T& d=T(), Node * p=0, Node * n=0):
                            data(d),prev(p),next(n){}    //默认构造
    };
    int size;
    Node * head;
    Node * tail;
    void Init(){size=0; head=new Node;tail=new Node;
            head->next=tail;tail->prev=head; }           //初始化函数
public:
    List(){Init();}                                      //默认构造
    int Size()const{return size; }                       //读取元素结点个数
    int Empty()const{return size==0; }                   //判空
};
```

类分析

(1) 将结点结构 Node 声明置于链表类模板 List 声明体内,使两者可以共用一个模板参数表,简化了模板参数的实例化过程。

(2) 默认构造函数调用私有的初始化函数 Init,后者使用动态分配运算符 new 生成

链表结点,其中自动调用结构 Node 的默认构造函数。

程序 15-1　建空表(从 8.1.2 节中程序 8-2 的 C 版本变换而来,见图 15-1)。

```
#include<iostream>
using namespace std;
#include"list.h"
int main()
{
    List<int>L;
    cout<<L.Size()<<endl;
    cout<<L.Empty()<<endl;

    system("pause");
    return 0;
}
```

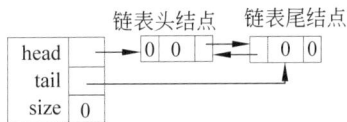

(a) 结点结构

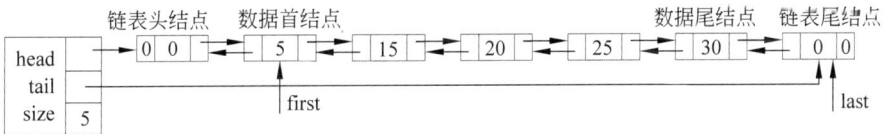

(b) 空链表

(c) 非空链表

图 15-1　结点结构和链表结构示例

程序运行结果:

```
0
1
```

15.1.2　迭代器

下面是迭代器的声明,它属于链表类模板声明中的公有部分。

```
public:
    class const_iterator                                    //常量型迭代器类
    {
```

```
    protected:
        Node * current;
        T& Retrieve()const{ return current->data;}
        const_iterator(Node * p):current(p){}                    //转换构造
        friend class List<T>;
    public:
        const_iterator():current(0){}                            //默认构造
        const T& operator * ()const{return Retrieve();}
//自增自减
        const_iterator& operator++()                             //前++
        {
            current=current->next;
            return * this;
        }
        const_iterator operator++(int)                           //后++
        {
            const_iterator old= * this;
            ++( * this);
            return old;
        }
        const_iterator& operator--()                             //前--
        {
            current=current->prev;
            return * this;
        }
        const_iterator operator--(int)                           //后--
        {
            const_iterator old= * this;
            --( * this);
            return old;
        }
//关系运算
        bool operator==(const const_iterator & itr)const {return current==itr.
current;}
        bool operator!=(const const_iterator & itr)const {return current!=itr.
current;}
    };
    class iterator:public const_iterator                        //非常量型迭代器类
    {
    protected:
        iterator(Node * p):const_iterator(p){}                  //转换构造
        friend class List<T>;
    public:
        iterator(){}                                            //默认构造
```

```
        T& operator * (){return Retrieve();}
        const T& operator * ()const{return const_iterator::operator * ();}
    //自增自减
        iterator& operator++()                              //前++
        {
            current=current->next;
            return * this;
        }
        iterator operator++(int)                            //后++
        {
            iterator old= * this;
            ++( * this);
            return old;
        }
        iterator& operator--()                              //前--
        {
            current=current->prev;
            return * this;
        }
        iterator operator--(int)                            //后--
        {
            iterator old= * this;
            --( * this);
            return old;
        }
    };
```

迭代器分析

（1）链表的迭代器类只有一个数据成员，是指向链表结点的指针。一个链表的迭代器是一个迭代器类对象。之所以把链表的结点指针封装为迭代器类对象，是为了自增自减运算符的重载和间接访问符的重载。结点指针的自增自减运算是 C 语言固有的，只适用于线性连续存储模式，不适用于链表的线性离散结构。只有封装为迭代器类，才能通过重载，使一个指向链表结点的指针，自增或自减后，指向后继结点或前驱结点。结点有三个成员，即两个结点指针成员和一个数据成员，只有间接访问符重载，才能访问数据成员。

（2）迭代器类使用最多的是转换构造函数，即用一个结点指针生成一个迭代器。

（3）私有函数 Retrieve 用于间接访问符的重载。

（4）因为关系运算重载属于常量型函数，所以只有基类才有关系运算符重载，而派生类没有。

（5）作为迭代器类的友元类，List 的公有部分需要具备读取结点指针的左闭右开边界的函数。这些函数在类的声明体内定义，属于公有部分，例如：

```
const_iterator Begin()const{return const_iterator(head->next);}    //常量型的
iterator Begin(){return iterator(head->next);}                      //非常量型的
```

```
const_iterator End()const{return const_iterator(tail);}          //常量型的
iterator End(){return iterator(tail);}                            //非常量型的
```

这些函数的返回值都调用了转换构造函数,将结点指针转换为迭代器。但是迭代器有常量型 const_iterator 和非常量型 iterator 之分,因此同一个函数也有常量型和非常量型之分,这取决于调用对象是常量型还是非常量型。常量型调用对象所对应的 this 指针是指向 const 型的指针,因此调用函数应该是常量型的,否则是非常量型的。

15.1.3　插入

1. 定点插入

表 15-1 给出了链表定点插入从 C 版本到 C++ 版本的变换。

表 15-1　链表定点插入从 C 版本到 C++ 版本的变换

C++ 版本	C 版本(见 8.1.4 节)
```template<class T>` `typename List<T>::iterator List<T>::` `Insert(iterator itr,const T& item)` `{` ` Node * p=itr.current;` ` p->prev->next=new Node(item,p->prev,p);` ` p->prev=p->prev->next;` ` size++;` ` return iterator(p->prev);` `}```	```Node * Insert(List * l,Node * itr,Type item)` `{` ` Node * p=itr;` ` p->prev->next=GetNode(item,p->prev,p);` ` p->prev=p->prev->next;` ` l->size++;` ` return p->prev;` `}```

变换步骤如下。

(1) 函数头要加模板参数表:template<class T>。

(2) 返回值类型 Node * 改为迭代器类,并加作用域说明:typename List<T>::iterator。

(3) 函数名加作用域说明符:List<T>::Insert。

(4) 第一个形参 List 指针 l 换名为 this 后隐藏,第二个形参指向结点 Node 的指针 itr 改为迭代器类 iterator 的对象 itr,第三个参数 item 改为 const 型引用。

(5) 第一条语句中的指针 itr 改为迭代器 itr 的数据成员。

(6) 第二条语句中的函数 GetNode 改为运算符 new。

(7) 第四条语句 l->size++简化为 size++,因为 l 已经改为 this 后隐藏。

(8) 最后一条语句 return p->prev 改为 return iterator(p->prev),调用转换构造函数,将指针改为迭代器。

定点插入如图 15-2 所示。

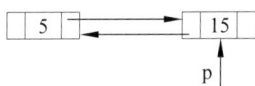

(a) Node *p=itr.current

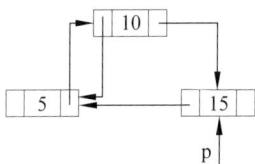

(b) p->prev->next=new Node(item,p->prev,p)

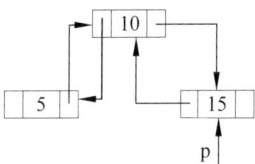

(c) p->prev=p->prev->next

图 15-2　定点插入示例

2. 首插和尾插

首插是在元素首结点前插入,尾插是在链表尾结点前插入,它们都调用了定点插入。表 15-2 给出了首插和尾插从 C 版本到 C++ 版本的变换。

表 15-2　链表首插和尾插从 C 版本到 C++ 版本的变换

C++ 版本	C 版本

`template<class T>`
`void List<T>::PushFront(const T& item)  //首插`
`{`
`    Insert(Begin(),item);`
`}`
	`void PushFront(List * l,Type item)`
	`{`
	`    Insert(l,Begin(l),item);`
	`}`

`template<class T>`
`void List<T>::PushBack(const T& item)   //尾插`
`{`
`    Insert(End(),item);`
`}`
	`void PushBack(List * l,Type item)`
	`{`
	`    Insert(l,End(l),item);`
	`}`

程序 15-2　输入一组整数到链表,从前往后和从后往前分别输出(从 8.1.4 节中程序 8-3 的 C 版本变换而来)。

```
#include<iostream>
using namespace std;
```

```cpp
#include"list.h"

template<class T>
void OutputList(const List<T>& L);

template<class T>
void OutputListReverse(const List<T>& L);

int main()
{
    int item;
    List<int>L;

//输入
    cout<<"Enter integers(0 to end):"<<endl;
    cin>>item;
    while(item!=0)                                              //0 是前哨
    {
        L.PushBack(item);
        cin>>item;
    }
//从前往后输出
    cout<<"Front to back:"<<endl;
    OutputList(L);
//从后往前输出
    cout<<"Back to front:"<<endl;
    OutputListReverse(L);

    system("pause");
    return 0;
}

template<class T>
void OutputList(const List<T>& L)
{
    List<T>::const_iterator first=L.Begin(),last=L.End();
    for(;first!=last;++first)
        cout<< * first<<'\t';
    cout<<endl;
}
```

```
template<class T>
void OutputListReverse(const List<T>& L)
{
    List<T>::const_iterator last=--L.End(),first=--L.Begin();
    for(;last!=first;--last)
        cout<< * last<<'\t';
    cout<<endl;
}
```

程序运行结果(粗体表示输入):

Enter integers(0 to end):

1 2 3 4 5 0[Enter]

Front to back:

1　　　2　　　3　　　4　　　5

Back to front:

5　　　4　　　3　　　2　　　1

15.1.4　删　除

1. 定点删除

定点删除是删除迭代器指向的结点。表 15-3 给出链表定点删除从 C 版本到 C++ 版本的变换。变换步骤参考表 15-1。

表 15-3　链表定点删除从 C 版本到 C++ 版本的变换

C++ 版本	C 版本(见 8.1.5 节)
| ```
template<class T>
typename List<T>::iterator
List<T>::Erase(iterator itr)
{
    Node * p=itr.current;
    iterator re(p->next);
    p->prev->next=p->next;
    p->next->prev=p->prev;
    delete p;
    size--;
    return re;
}
``` | ```
Node * Erase(List * l,Node * itr)
{
    Node * p=itr;
    Node * re=p->next;
    p->prev->next=p->next;
    p->next->prev=p->prev;
    free(p);
    l->size--;
    return re;
}
``` |

定点删除如图 15-3 所示。

(a) Node *p=itr.current

(b) iterator re(p->next)　　　　　　　　(c) p->prev->next=p->next)

(d) p->next->prev=p->prev)　　　　　　　　(e) delete p

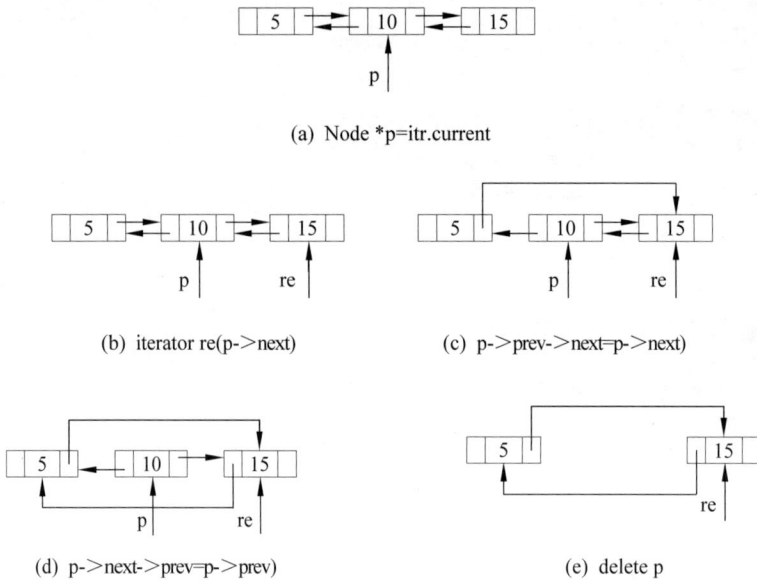

图 15-3　定点删除示例

2. 首删和尾删

首删是删除数据首结点,尾删是删除数据尾结点。它们都调用了定点删除。表 15-4 给出了链表首删和尾删从 C 版本到 C++ 版本的变换。变换步骤参考表 15-1。

表 15-4　链表首删和尾删从 C 版本到 C++ 版本的变换

C++ 版本	C 版本
```\ntemplate<class T>\nvoid List<T>::PopFront() //首删\n{\n Erase(Begin());\n}\ntemplate<class T>\nvoid List<T>::PopBack() //尾删\n{\n Erase(--End());\n}\n```	```\nvoid PopFront(List * l)\n{\n Erase(l,Begin(l));\n}\n\n\nvoid PopBack(List * l)\n{\n Erase(l,GetPrev(End(l)));\n}\n```

3. 清表和析构

清表是撤销非空链表的数据结点,只留链表头尾结点。析构是撤销所有结点,包括链表头尾结点。表 15-5 给出了链表清表和析构从 C 版本到 C++ 版本的变换。变换步骤参考表 15-1。

表 15-5 链表清表和析构从 C 版本到 C++ 版本的变换

C++ 版本	C 版本

``cpp
template<class T>
void List<T>::Clear()   //清表
{
    while(!Empty())
        PopFront();
}
template<class T>
List<T>::~List()   //析构
{
    Clear();
    delete head;
    delete tail;
}
``
	``c
	void Clear(List * l)
	{
	    while(!Empty(l))
	        PopFront(l);
	}
	
	void FreeList(List * l)
	{
	    Clear(l);
	    free(l->head);
	    free(l->tail);
	}
	``

程序 15-3 输入一组整数到链表,删除首尾元素结点后输出链表(从 8.1.5 节中程序 8-4 的 C 版本变换而来)。

```cpp
#include<iostream>
using namespace std;
#include"list.h"

template<class T>
void OutputList(const List<T>& L);

int main()
{
    int item;
    List<int>L;

//输入
    cout<<"Enter integers(enter 0 to end):"<<endl;
    cin>>item;
    while(item!=0)                              //0 是前哨
    {
        L.PushBack(item);
        cin>>item;
    }
    L.PopFront();                               //删除首元素结点
    L.PopBack();                                //删除尾元素结点
//输出
    cout<<"after erasing:"<<endl;
    OutputList(L);

    system("pause");
```

```
        return 0;
    }
template<class T>
void OutputList(const List<T>& L)
{
    List<T>::const_iterator first=L.Begin(),last=L.End();
    for(;first!=last;++first)
        cout<< * first<<'\t';
    cout<<endl;
}
```

程序运行结果(粗体表示输入):

```
Enter integers(0 to end):
```
1 2 3 4 5 0[Enter]
```
after erasing:
2       3       4
```

15.1.5　复制赋值与复制构造

1. 复制赋值

复制赋值是指用一个链表对象改写另一个已经存在的链表对象,使后者等于前者。后者是调用对象。定义如下:

```
template<class T>                                    //复制赋值成员运算符函数的实现
const List<T>& List<T>::operator=(const List<T>& l)
{
    Clear();                                         //清表
    const_iterator first=l.Begin(),last=l.End();
    for(;first!=last;++first)
        Push Back( * itr);
    return * this;
}
```

复制赋值如图 15-4 所示。

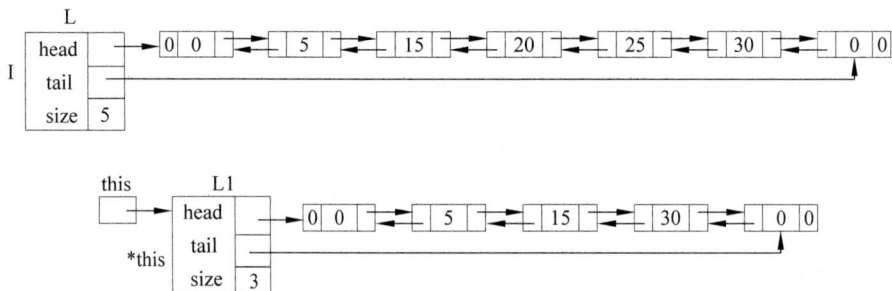

(a) 参数传递

图 15-4　复制赋值 L1＝L

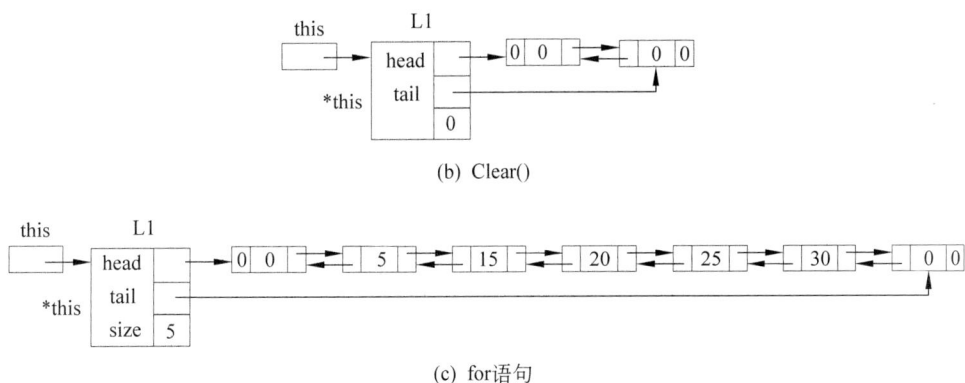

(b) Clear()

(c) for语句

图 15-4 （续）

2. 复制构造

复制构造是指用一个链表对象生成一个新的链表对象。下面是在声明体内实现的代码。它调用的复制赋值函数。

```
List(const List<T>&l){Init();*this=l;}          //复制构造
```

复制构造 SeqList$<$int$>$L$_1$(L)如图 15-5 所示。

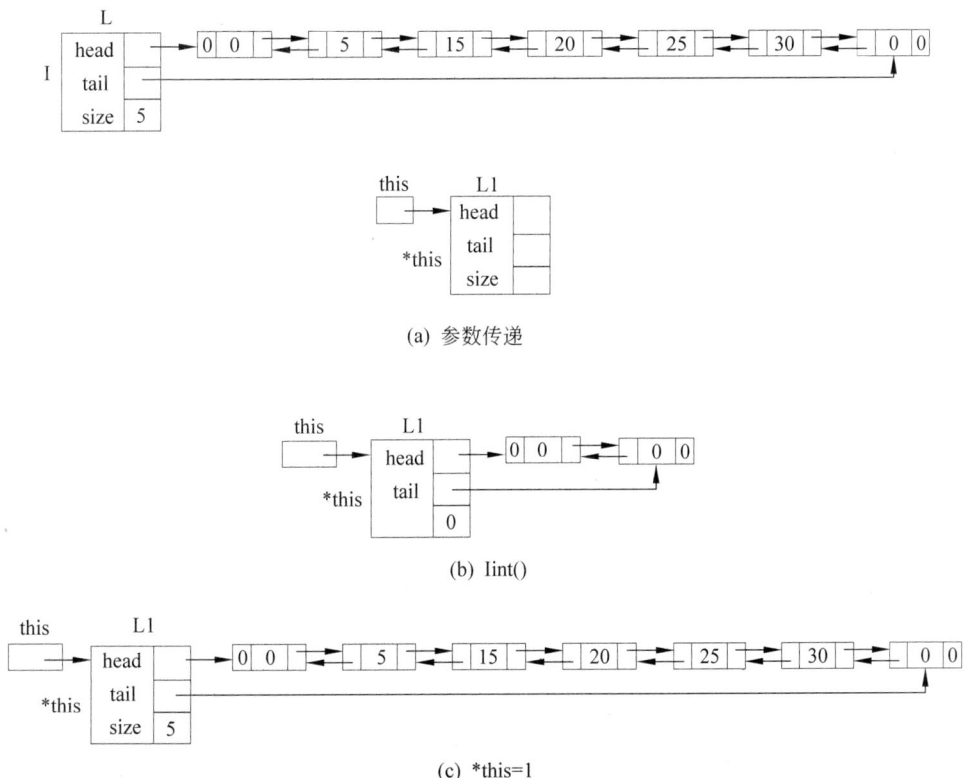

(a) 参数传递

(b) Iint()

(c) *this=l

图 15-5 复制构造 SeqList$<$int$>$L$_1$(L)

程序 15-4 输入一组整数到链表,用该链表复制生成一个新链表,然后删除新链表的首尾元素结点,最后复制赋值给原链表,输出原链表。

```cpp
#include<iostream>
using namespace std;
#include"list.h"

template<class T>
void OutputList(const List<T>& L);

int main()
{
    int item;
    List<int>L;

//输入
    cout<<"Enter integers(0 to end):"<<endl;        //输入数据到链表
    cin>>item;
    while(item!=0)                                   //0 是前哨
    {
        L.PushBack(item);
        cin>>item;
    }
    List<int>L1(L);                                  //复制生成一个新链表

    L1.PopFront();                                   //删除新链表的首尾元素结点
    L1.PopBack();

    L=L1;                                            //复制赋值给原链表
//输出
    cout<<"after erasing:"<<endl;
    OutputList(L);

    system("pause");
    return 0;
}

template<class T>
void OutputList(const List<T>& L)
{
    List<T>::const_iterator first=L.Begin(),last=L.End();
    for(;first!=last;++first)
        cout<< * first<<'\t';
    cout<<endl;
}
```

程序运行结果（粗体表示输入）：

Enter integers(0 to end):

1 2 3 4 5 0[Enter]

after erasing:

2　　　3　　　4

15.1.6　数据首尾元素引用

```
T& Front(){return * Begin();}                    //返回首元素的引用
const T& Front()const{return * Begin();}         //返回首元素的常量型引用


T& Back(){return * --End();}                     //返回尾元素的引用
const T& Back()const{return * --End();}          //返回尾元素的常量型引用
```

程序 15-5　输出链表的首尾元素，修改首尾元素，输出链表。

```
#include<iostream>
using namespace std;
#include"list.h"

template<class T>
void OutputList(const List<T>& L);

int main()
{
    int item;
    List<int>L;

//输入
    cout<<"Enter integers(0 to end):"<<endl;
    cin>>item;
    while(item!=0)                               //0是前哨
    {
        L.PushBack(item);
        cin>>item;
    }
    cout<<"the first and the last:"<<endl;
    cout<<L.Front()<<endl;                       //输出首元素
    cout<<L.Back()<<endl;                        //输出尾元素
    L.Front()=50;                                //修改首元素
    L.Back()=100;                                //修改尾元素
//输出链表
    cout<<"after changing:"<<endl;
    OutputList(L);
```

```
        system("pause");
        return 0;
    }


template<class T>
void OutputList(const List<T>& L)
{
    List<T>::const_iterator first=L.Begin(),last=L.End();
    for(;first!=last;++first)
        cout<< * first<<'\t';
    cout<<endl;
}
```

程序运行结果（粗体表示输入）：

```
Enter integers(0 to end):
1 2 3 4 5 0[Enter]
the first and the last:
1
5
after changing:
50      2       3       4       100
```

15.1.7　链表类头文件

```
#ifndef LIST_H
#dcfine LIST_H


template<class T>
class List
{
    struct Node
    {
        T data;
        Node * prev, * next;
        Node(const T& d=T(),Node * p=0,Node * n=0):data(d),prev(p),next(n){}
    };

    int size;
    Node * head;
    Node * tail;
    void Init(){size=0; head=new Node; tail=new Node; head->next=tail; tail->
prev=head;}
```

```
public:
    class const_iterator
    {
    protected:
        Node * current;
        T& Retrieve()const{ return current->data;}
        const_iterator(Node * p):current(p){}        //转换构造
        friend class List<T>;
    public:
        const_iterator():current(0){}                //默认构造
        const T& operator * ()const{return Retrieve();}
//自增自减
        const_iterator& operator++()                 //前++
        {
            current=current->next;
            return * this;
        }
        const_iterator operator++(int)               //后++
        {
            const_iterator old= * this;
            ++( * this);
            return old;
        }
        const_iterator& operator--()                 //前--
        {
            current=current->prev;
            return * this;
        }
        const_iterator operator--(int)               //后--
        {
            const_iterator old= * this;
            --( * this);
            return old;
        }
//关系运算
        bool operator==(const const_iterator & itr)const
        {return current==itr.current;}
        bool operator!=(const const_iterator & itr)const
        {return current!=itr.current;}
    };
    class iterator:public const_iterator
    {
    protected:
```

```
            iterator(Node * p):const_iterator(p){}      //转换构造
            friend class List<T>;
        public:
            iterator(){}                                  //默认构造
            T& operator * (){return Retrieve();}
            const T& operator * ()const{return const_iterator::operator * ();}
//自增自减
            iterator& operator++()                       //前++
            {
                current=current->next;
                return * this;
            }
            iterator operator++(int)                     //后++
            {
                iterator old= * this;
                ++( * this);
                return old;
            }
            iterator& operator--()                       //前--
            {
                current=current->prev;
                return * this;
            }
            iterator operator--(int)                     //后--
            {
                iterator old= * this;
                --( * this);
                return old;
            }
        };
    public:
        List(){Init();}                                 //默认构造
        List(const List<T>&l){Init(); * this=l;}         //复制构造
        ~List(){Clear();delete head;delete tail;}        //析构
        const List<T>& operator=(const List<T>& l);      //复制赋值

        int Empty()const{return size==0;}
        int Size()const{return size; }

        const_iterator Begin()const{return const_iterator(head->next);}
                                                         //指向元素首结点
        iterator Begin(){return iterator(head->next);}
        const_iterator End()const{return const_iterator(tail);}  //指向链表尾结点
```

```
    iterator End(){return iterator(tail);}

    iterator Erase(iterator itr);                           //删除迭代器指向的结点
    void PopFront(){Erase(Begin());}                        //删除元素首结点
    void PopBack(){Erase(--End());}                         //删除元素尾结点
    void Clear(){ while(!Empty())PopFront();}               //清表

    iterator Insert(iterator itr,const T& item);            //在迭代器位置插入
    void PushBack(const T& item){Insert(End(),item);}       //在链表尾结点前插入
    void PushFront(const T& item){Insert(Begin(),item);}    //前插

    T& Front(){return * Begin();}                           //返回首元素的引用
    const T& Front()const{return * Begin();}                //返回首元素的常量型引用
    T& Back(){return * --End();}                            //返回尾元素的引用
    const T& Back()const{return * --End();}                 //返回尾元素的常量型引用
};
template<class T>
typename List<T>::iterator List<T>::Erase(iterator itr)
{
    Node * p=itr.current;
    iterator re(p->next);
    p->prev->next=p->next;
    p->next->prev=p->prev;
    delete p;
    size--;
    return re;
}


template<class T>
typename List<T>::iterator   List<T>::Insert(iterator itr,const T& item)
{
    Node * p=itr.current;
    p->prev->next=new Node(item,p->prev,p);
    p->prev=p->prev->next;
    size++;
    return iterator(p->prev);
}
template<class T>                                           //复制赋值
const List<T>& List<T>::operator=(const List<T>& l)
{
    Clear();                                                //清表
    const_iterator first=l.Begin(),last=l.End();
    for( ;first!=last; ++first)
```

```
        PushBack(*first);
    return *this;
}
#endif
```

15.2 链表逆置

链表逆置。表 15-6 给出了链表逆置从 C 版本到 C++ 版本的变换。变换步骤参考表 15-1。

表 15-6   链表逆置从 C 版本到 C 版本的变换

C++ 版本	C 版本（见 8.2 节）

`template<class T>`
`void InvertList(List<T>& L)`
`{`
`   List<T>::iterator first=L.Begin();`
`   List<T>::iterator last=L.End();`
`   List<T>::iterator next=first;`
`   ++next;`
`   if(L.Size()>=1)`
`       while(next!=last)`
`       {`
`           L.PushFront(*next);`
`           L.Erase(next);`
`           next=first;`
`           ++next;`
`       }`
`}`
	`void InvertList(List* l)`
	`{`
	`   Node* first=Begin(l);`
	`   Node* last=End(l);`
	`   Node* next=GetNext(first);`
	
	`   if(Size(l)>=1)`
	`       while(next!=last)`
	`       {`
	`           PushFront(l,GetData(next));`
	`           Erase(l,next);`
	`           next=GetNext(first);`
	`       }`
	`}`

程序 15-6   链表逆置后输出（从 8.2 节中程序 8-5 的 C 版本变换而来）。

```
#include<time.h>
#include<iostream>
using namespace std;
#include"list.h"

template<class T>
void OutputList(const List<T>& L);

template<class T>
void InvertList(List<T>& L);
```

```
int main()
{
    int item;
    List<int>L;

    cout<<"Enter integers(enter 0 to end):"<<endl;
    cin>>item;
    while(item!=0)                                    //0 是前哨
    {
        L.PushBack(item);
        cin>>item;
    }
    cout<<"Before invert:"<<endl;
    OutputList(L);

    cout<<"After invert:"<<endl;
    InvertList(L);
    OutputList(L);

    system("pause");
    return 0;
}


template<class T>
void OutputList(const List<T>& L)
{
    List<T>::const_iterator first=L.Begin();
    List<T>::const_iterator last=L.End();
    for(;first!=last;++first)
        cout<< * first<<'\t';
    cout<<endl;
}
template<class T>
void InvertList(List<T>& L)
{
    //代码见表 15-6(C++版本)
}
```

15.3　Josephus 问题

表 15-7 给出了 Josephus 算法从 C 版本到 C++ 版本的变换。变换步骤参考表 15-1。

表 15-7　Josephus 算法从 C 版本到 C++ 版本的变换

<table>
<tr><th>C++ 版本</th><th>C 版本</th></tr>
<tr><td>

```
void Josephus(int n)
{
  int counter,step;
  List<int>::iterator first,last;
  List<int>Party,Loser,Odd;


  for(counter=1; counter<=n; ++
counter)
      Party.PushBack(counter);
  cout<<"Party:"<<endl;
  OutputList(Party);
  srand(time(0));
  first=Party.Begin();
  last=Party.End();
  while(Party.Size()>1)
  {
    step=1+rand()%10;
    Odd.PushBack(step);
    for(counter=1;counter<step;
++counter)
    {
      ++first;
      if(first==last)
        first=Party.Begin();
    }
    Loser.PushBack(*first);
    first=Party.Erase(first);
    if(first==last)
        first=Party.Begin();
  }
  cout<<"Odd:"<<endl;
  OutputList(Odd);
  cout<<"Losers:"<<endl;
  OutputList(Loser);
  cout<<"Winner:"<<endl;
  cout<<*Party.Begin()<<endl;


  return;
}
```

</td><td>

```
void Josephus(int n)
{
  int counter,step;
  Node * firs, * lastt;
  List Party,Lose, Oddr;
  InitList(&Party);
  InitList(&Loser);
  InitList(&Odd);
  for(counter=1;counter<=n;++counter)
      PushBack(&Party,counter);
  printf("Party:\n");
  OutputList(&Party);
  srand(time(0));
  first=Begin(&Party);
  last=End(&Party);
  while(Size(&Party)>1)
  {
    step=1+rand()%10;
    PushBack(&Odd,step);
    for(counter=1;counter<step;++counter)
    {
      first=GetNext(first);
      if(first==last)
        first=Begin(&Party);
    }
    PushBack(&Loser,GetData(first));
    first=Erase(&Party,first);
    if(first==last)
        first=Begin(&Party);
  }
  printf("Odds:\n");
  OutputList(&Odd);
  printf("Losers:\n");
  OutputList(&Loser);
  printf("Winner:\n");
  printf("%d\n", * Begin(&Party));
  FreeList(&Party);
  FreeList(&Loser);
  FreeList(&Odd);
  return;
}
```

</td></tr>
</table>

程序 15-7　Josephus 问题（从 8.3 节中程序 8-5 的 C 版本变换而来）。

```
#include<time.h>
#include<iostream>
using namespace std;
#include"list.h"

template<class T>
void OutputList(const List<T>& L);
void Josephus(int n);

int main()
{
    int n;                                          //人数
    cout<<"Enter the number of party"<<endl;
    cin>>n;
    Josephus(n);

    system("pause");
    return 0;
}


template<class T>
void OutputList(const List<T>& L)
{
    List<T>::const_iterator first=L.Begin();
    List<T>::const_iterator last=L.End();
    for(;first!=last;++first)
        cout<< * first<<'\t';
    cout<<endl;
}
void Josephus(int n)
{
    //见表 15-7(C++版本)
}
```

程序运行结果（粗体表示输入）：

```
Enter the number of party
9
Party:
1       2       3       4       5       6       7       8       9
Odds:
1       7       4       2       7       6       1       9
Losers:
```

```
2     1     7     3     6     4     8     5
Winner:
9
```

15.4　适　配　器

把 Vector 和 List 用作基础数据结构，建立新的、接口简化的、用途专项的数据结构，这种数据结构称为**适配器**。

15.4.1　链栈

把链表类模板 List 作为底部结构，插入和删除都置于链表一端，后进先出，这种数据结构称为链栈。在链栈中，插入称为**入栈**，删除称为**弹栈**。

```cpp
//Stack.h
#ifndef STACK_H
#define STACK_H

#include"list.h"
template<class T>
class Stack
{
    List<T>st;
public:
    Stack(){}
    ~Stack(){}

    void Push(const T& item) {st.PushBack(item);}        //入栈
    T Pop(){T item=st.Back();st.PopBack();return item;}  //弹栈
    const T& Top()const{return st.Back();}               //取栈顶元素
    void Clear(){st.Clear();}                            //清栈

    int Size()const{return st.Size();}                   //取个数
    int Empty()const{return st.Empty();}                 //判空

};
#endif
```

程序 15-8　输入一组整数到链栈，然后输出。

```cpp
#include<iostream>
using namespace std;
#include"stack.h"
```

```
int main()
{
    Stack<int>S;

    int item;
    cout<<"Enter integers(0 to end):"<<endl;
    cin>>item;
    while(item!=0)
    {
        S.Push(item);                              //入栈
        cin>>item;
    }

    while(!S.Empty())
    {
        item=S.Top();                              //取栈顶元素
        cout<<item<<'\t';
        S.Pop();                                   //弹栈
    }
    cout<<endl;

    system("pause");
    return 0;
}
```

程序运行结果（粗体表示输入）：

```
Enter integers(0 to end):
```
1 2 3 4 5 0[Enter]
```
5       4       3       2       1
```

15.4.2　链队列

把链表类模板 List 作为底部结构，插入置于链表一端，删除置于链表另一端，先进先出，这种数据结构称为**链队列**。在链队列中，插入称为**入队**，删除称为**出队**。

```
#ifndef QUEUE_H
#define QUEUE_H

#include"list.h"
template<class T>
class Queue
{
    List<T>que;
public:
```

```
    Queue(){}
    ~Queue(){}

    void Push(const T& item){que.PushBack(item);}          //入队
    T Pop(){T item=que.Front(); que.PopFront(); return item;}  //出队
    const T& Front()const{return que.Front();}             //取队头元素
    void Clear(){que.Clear();}                             //置空队

    int Size()const{return que.Size();}                    //取个数
    int Empty()const{return que.Empty();}                  //判空
};

#endif
```

程序 15-9　输入一组整数到链队列，然后输出。

```
#include<iostream>
using namespace std;
#include"queue.h"

int main()
{
    Queue<int>Q;

    int item;
    cout<<"Enter integers(0 to end):"<<endl;
    cin>>item;
    while(item!=0)
    {
        Q.Push(item);                                      //入队
        cin>>item;
    }

    while(!Q.Empty())
    {
        item=Q.Front();                                    //取队头元素
        cout<<item<<'\t';
        Q.Pop();                                           //出队
    }
    cout<<endl;

    system("pause");
    return 0;
}
```

程序运行结果（粗体表示输入）：

```
Enter integers(0 to end):
1 3 5 7 9 0[Enter]
1    3    5    7    9
```

15.4.3　优先级链队列

优先级链队列与链队列的不同点在于：优先级链队列是以优先级最高的元素为出队元素。本例中以最小值为优先级最高。

```cpp
//pqueue.h
#ifndef PQUEUE_H
#define PQUEUE_H

#include"list.h"
template<class T>
class PQueue
{
    List<T>que;
public:
    PQueue(){}
    ~PQueue(){}

    void Push(const T& item){que.PushBack(item);}     //入队
    T Pop();                                            //出队
    void Clear(){que.Clear();}                          //清空队列

    int Size()const{return que.Size();}                 //取数据元素个数
    bool Empty()const{return que.Empty();}              //判空
};
template<class T>
T PQueue<T>::Pop()
{
    List<T>::iterator min=que.Begin();                  //假设首元素是最小元素
    List<T>::iterator first=que.Begin();
    List<T>::iterator last=que.End();
    for(;first!=last;++first)                           //查找最小元素
        if((*first)<(*min))
            min=first;                                  //指向当前最小元素
    T item=*min;                                         //存储最小元素值
    que.Erase(min);                                     //删除最小元素结点
    return item;                                         //返回最小元素值
}
```

```
#endif
```

程序 15-10　随机输入一组整数入队，然后出队输出。

```
#include<iostream>
using namespace std;
#include"pqueue.h"

int main()
{
    PQueue<int>Q;

    int item;
    cout<<"Enter integers(0 to end):"<<endl;
    cin>>item;
    while(item!=0)
    {
        Q.Push(item);                            //入队
        cin>>item;
    }

    while(!Q.Empty())
    {
        item=Q.Pop();                            //出队
        cout<<item<<'\t';
    }
    cout<<endl;

    system("pause");
    return 0;
}
```

程序运行结果（粗体表示输入）：

```
Enter integers(0 to end):
5 6 7 4 3 2 1 8 9 0[Enter]
1        2        3        4        5        6        7        8        9
```

15.5　事件驱动模拟

对一个复杂系统，建立模型进行模拟，可以引入各种条件，观察和分析结果，从而发现问题，对系统做进一步改进。以排队服务系统为例。

一般的排队服务系统有如下特征。

（1）有 n 个服务窗口（n>1）。

（2）客户到达时间和服务时间都是随机的。

（3）每个窗口一次接待一位客户。

（4）一位客户来了，先选择空闲的窗口，如果没有，就选择人数最少的窗口排队。通过建模，可以观察到的结果如下。

① 一天中，每个窗口接待多少客户。

② 总的服务时间和客户等待时间。

③ 客户平均等待时间。

1. 模拟信息（simulation design）

1）事件

模拟中最重要的部分是事件：客户到达事件和离开事件。每一种事件都有发生的时间，系统按照发生时间的顺序处理事件。事件类型定义如下：

```
class Event            //事件类型
{
    int time;          //事件发生时间
    int etype;         //事件类型。0 表示到达，非 0 整数表示从该号窗口离开
public:
    Event():time(0),etype(0){}              //默认构造
    Event(int t,int e):time(t),etype(e){}   //一般构造
    operator int()const{return(time);}      //成员转换
    int GetTime()const{return(time);}       //读取事件发生时间
    int GetEventType()const{return(etype);} //读取事件类型
};
```

成员转换函数的返回值是事件发生的时间，在比较事件前后的关系运算中使用。

2）客户

客户信息主要包括到达时间和服务时间。描述的结构定义如下：

```
struct Service                        //排队客户信息结构
{
    int arrivalTime;                  //客户到达时间
    int serviceTime;                  //服务时间
};
```

3）窗口

窗口信息主要包括接待客户总数、服务时间总数、客户等待时间总数。描述的结构定义如下：

```
struct TellerStatus                   //窗口信息结构
{
    int totalCustomer;                //接待客户总数
    int totalService;                 //服务时间总数
    int totalWait;                    //客户等待时间总数
```

```
};
```

4) 数据结构

建立一个窗口信息结构数组,一个数组元素描述一个窗口的服务状况。一组客户信息结构链队列,一个链队列描述一个窗口的排队状况。一个事件优先级链队列用作事件表。

2. 事件驱动

给定服务时间长度(以分钟为单位)、服务窗口个数(最多为 10 个)、客户到达时间间隔的最短值和最长值、客户服务时间最短值和最长值。

假设第一个事件是 0 时到达事件,将它插入事件表。然后进入条件控制循环:每一次从事件表中提取事件,根据事件不同类型(到达事件或离开事件)做相应处理,直到事件表为空。

1) 处理到达事件(Arrived())

处理到达事件的步骤如下。

(1) 调用成员函数 GetTime(),读取客户到达时间。

(2) 调用成员函数 GetServiceTime(),生成服务时间。

(3) 调用成员函数 GetNextTeller(),查找可用窗口。

(4) 到达窗口队列。如果排在第 1,就计算出该客户离开事件,插入事件表。

(5) 调用成员函数 GetIntertime(),计算下一位客户的到达时间,若小于关门时间,则将客户到达事件插入事件表。

(6) 显示信息:客户服务时间、服务窗口和下一位客户的到达时间。

2) 处理离开事件(Departure())

处理离开事件的步骤如下。

(1) 读取离开窗口,从该窗口队列中删除一个记录,修改该窗口的信息记录(接待客户总数增 1、服务时间累加、客户等待时间累加)。

(2) 若该窗口队列不空,则计算下一位客户的离开时间,将该事件插入事件表。

假设模拟服务时间 20 分钟,客户到达时间间隔 3~5 分钟,办理业务时间 6~8 分钟,窗口 2 个,表 15-8 给出了一次模拟过程的数据。

表 15-8 一次模拟过程

事 件 表	处理事件	ServiceTime	NextTeller	next	窗口 1	窗口 2
(0, 0)						
(5, 0)(8, 1)	(0, 0)	8	1	5	(0, 8)	
(9, 0)(11, 2)(8, 1)	(5, 0)	6	2	9	(0, 8)	(5, 6)
(9, 0)(11, 2)	(8, 1)					(5, 6)
(14, 0)(19, 1)(11, 2)	(9, 0)	10	1	14	(9, 10)	(5, 6)
(14, 0)(19, 1)	(11, 2)				(9, 10)	

续表

事　件　表	处理事件	ServiceTime	NextTeller	next	窗口 1	窗口 2
(17, 0) (23, 2) (19, 1)	(14, 0)	9	2	17	(9, 10)	(14, 9)
(23, 2) (19, 1)	(17, 0)	10	1	21	(9, 10) (17, 10)	(14, 9)
(29, 1) (23, 2)	(19, 1)				(17, 10)	(14, 9)
(29, 1)	(23, 2)				(17, 10)	
	(29, 1)					

模拟类声明（simulation.h）

```
#include"pqueue.h"                          //优先级链队列类模板
#include"queue.h"                           //链队列类模板
class Simulation
{
    int SimulationLength;                   //模拟时间长度
    int numTellers;                         //服务窗口个数
    int arrivalLow,arrivalHigh;             //客户到达最短和最长时间间隔
    int serviceLow,serviceHigh;             //客户最短和最长服务时间
    TellerStatus t[11];                     //最多10个窗口,TellerStatus t[1]~
                                            //TellerStatus t[10]
    Queue<Service>Q[11];                    //最多10个窗口队列,Q[1]~Q[10]
    PQueue<Event> PQ;                       //事件是优先级链队列
    int GetIntertime()                      //读取客户到达的时间间隔
    { return(arrivalLow+rand()%(arrivalHigh-arrivalLow+1));}
    int GetServiceTime()                    //读取服务时间
    {return(serviceLow+rand()%(serviceHigh-serviceLow+1));}
    int GetNextTeller();                    //取下一个可用窗口
    void Arrived(const Event& e);           //处理一位客户到达事件
    void Daparture(const Event& e);         //处理一位客户离开事件
    void PrintPQueue();                     //显示事件表
    void PrintQueue();                      //显示窗口队列
public:
    Simulation();                           //模拟过程初始化
    Simulation(int L,int nT,int aL,int aH,int sL,int sH);
    void RunSimulation();                   //执行模拟
    void PrintSimulationResults();          //显示模拟结果
};
```

模拟类型 Simulation 实现（simulation.cpp）

```
Simulation::Simulation()                    //模拟过程初始化
{
```

```
        cout<<"Enter the simulation time in minutes:";    //从终端读取数据
        cin>>SimulationLength;
        cout<<"Enter the number of tellers(2~10):";
        cin>>numTellers;
        cout<<"Enter the range of arrival times in minutes:";
        cin>>arrivalLow>>arrivalHigh;
        cout<<"Enter the range of service times in minutes:";
        cin>>serviceLow>>serviceHigh;
        for(int i=1;i<=numTellers;i++)                      //窗口信息初始化
        {
            t[i].totalCustomer=0;
            t[i].totalService=0;
            t[i].totalWait=0;
        }
        PQ.Push(Event(0,0));                                //一位客户于 0 时到达
    }
    Simulation::Simulation(int L,int nT,int aL,int aH,int sL,int sH)
    {
        SimulationLength=L;
        numTellers=nT;
        arrivalLow=aL;
        arrivalHigh=aH;
        serviceLow=sL;
        serviceHigh=sH;
        for(int i=1;i<=numTellers;i++)                      //窗口信息初始化
        {
            t[i].totalCustomer=0;
            t[i].totalService=0;
            t[i].totalWait=0;
        }
        PQ.Push(Event());                                   //一位客户于 0 时到达
    }
    int Simulation::GetNextTeller()                         //计算下一个可用窗口
    {
        int i,size=Q[1].Size(),min=1;
        for(i=2;i<=numTellers;i++)
            if(Q[i].Size()<size)
            {
                size=Q[i].Size();
                min=i;
            }
        return min;
    }
    void Simulation::Arrived(const Event& e)                //处理一位客户的到达事件
```

```
{
    Service s;
    int next,i;
    s.arrivalTime=e.GetTime();              //步骤(1)客户到达时间
    s.serviceTime=GetServiceTime();         //步骤(2)客户服务时间
    i=GetNextTeller();                      //步骤(3)读取下一个可用窗口
    Q[i].Push(s);                           //步骤(4)到窗口排队
    if(Q[i].Size()==1)                      //若立即接受服务,则生成离开事件
        PQ.Push(Event(s.arrivalTime+s.serviceTime,i));
    next=e.GetTime()+GetIntertime();        //步骤(5)计算下一位客户到达时间
    if(next<SimulationLength)               //下一位客户到达时间小于关门时间
        PQ.Push(Event(next,0));
    cout<<"ServiceTime NextTeller next\n";  //步骤(6)显示随机数据
    cout<<setw(5)<<s.serviceTime;
    cout<<setw(12)<<i;
    cout<<setw(8)<<next<<endl;
}
```

Arrived 函数分析

举例说明上面的显示随机数据的格式设计：

```
ServiceTime NextTeller next
7           1     5
```

7 前面空 5 个字符位(setw(5)),7 和 1 之间空 12 个字符位(setw(12)),1 和 5 之间空 8 个字符位(setw(8))。

setw(8)是操作算子,包含在 iomanip 中,用于格式化输出控制,8 表示输出宽度。

```
void Simulation::Daparture(const Event& e)  //处理一位客户离开事件
{
    int i=e.GetEventType();                 //步骤(1)读取离开的窗口
    Service s=Q[i].Pop();                   //从窗口队列中删除一个记录
    t[i].totalCustomer++;                   //修改窗口的信息记录
    t[i].totalService+=s.serviceTime;
    t[i].totalWait+=e.GetTime()-s.arrivalTime;
    if(!Q[i].Empty())  //步骤(2)若链队列不空,则计算下一位客户离开事件,并插入事件表
    {
        s=Q[i].Front();
        PQ.Push(Event(e.GetTime()+s.serviceTime,i));
    }
}
void Simulation::PrintPQueue()              //显示事件表
{
    int n=PQ.Size();                        //记录事件表长度
    int i=0;
```

```
        Event e, * p=new Event[n];                      //建立动态数组
        cout<<"***** * EventQueue***** * \n";
        while(!PQ.Empty())
        {
            e=PQ.Pop();                                 //取出事件表一个元素输出
            cout<<'('<<e.GetTime()<<" "<<e.GetEventType()<<')';     //输出队列元素
            p[i++]=e;                                   //把事件表出队元素保存到数组
        }
        for(i=0;i<n;i++)                                //把数组中的元素插入事件表
            PQ.Push(p[i]);
        cout<<endl;
        delete[]p;
    }
    void Simulation::PrintQueue()                       //显示窗口队列
    {
        int n;
        Service s;
        cout<<"***** * Tellers***** * \n";
        for(int t=1;t<=numTellers;t++)
        {
            cout<<t<<":";
            n=Q[t].Size();
            for(int i=1;i<=n;i++)
            {
                s=Q[t].Pop();
                cout<<'('<<s.arrivalTime<<" "<<s.serviceTime<<')';
                Q[t].Push(s);
            }
            cout<<endl;
        }
    }
    void Simulation::RunSimulation()                    //执行模拟
    {
        Event e;
        PrintPQueue();                                  //显示事件队列
        PrintQueue();                                   //显示排队窗口
        cout<<endl;                                     //为了显示清楚而空一行
        system("pause");                                //按任意键继续

        while(!PQ.Empty())
        {
            e=PQ.Pop();
            if(e.GetEventType()==0)                     //如果是到达事件
            {
```

```
            Arrived(e);                        //处理到达事件
            PrintPQueue();                     //显示事件队列
            PrintQueue();                      //显示排队窗口
            cout<<endl;                        //空一行
        }
        else                                   //如果是离开事件
        {
            Daparture(e);                      //处理离开事件
            PrintPQueue();                     //显示事件队列
            PrintQueue();                      //显示排队窗口
            cout<<endl;                        //空一行
        }
        system("pause");                       //按任意键继续
    }
}
void Simulation::PrintSimulationResults()      //显示模拟结果
{
    int i,totalCustomers=0,totalWait-0;
    for(i=1;i<=numTellers;i++)
    {
        totalCustomers+=t[i].totalCustomer;
        totalWait+=t[i].totalWait;
    }
    cout<<totalCustomers<<endl;
    cout<<totalWait<<endl;
}
```

程序 15-11　事件模拟。

```
#include"simulation.h"
#include<iostream>
using namespace std;
int main()
{
    Simulation S(20,2,3,5,6,10);
    S.RunSimulation();
    cout<<"the result:"<<endl;
    S.PrintSimulationResults();
    system("pause");
    return 0;
}
```

程序运行结果：

```
**** * EventQueue**** *
(0 0)
```

```
**** * Tellers**** *
1:
2:
请按任意键继续…
ServiceTime NextTeller Intertime
   7        1         5
**** * EventQueue**** *
(5 0) (7 1)
**** * Tellers**** *
1:(0 7)
2:
请按任意键继续…
ServiceTime NextTeller Intertime
   10          2          4
**** * EventQueue**** *
(7 1) (9 0) (15 2)
**** * Tellers**** *
1:(0 7)
2:(5 10)
请按任意键继续…
**** * EventQueue**** *
(9 0) (15 2)
**** * Tellers**** *
1:
2:(5 10)
请按任意键继续…
ServiceTime NextTeller Intertime
10          1          4
**** * EventQueue**** *
(13 0) (15 2) (19 1)
**** * Tellers**** *
1:(9 10)
2:(5 10)
请按任意键继续…
ServiceTime NextTeller Intertime
9          1          3
**** * EventQueue**** *
(15 2) (16 0) (19 1)
**** * Tellers**** *
1:(9 10) (13 9)
2:(5 10)
请按任意键继续…
**** * EventQueue**** *
(16 0) (19 1)
```

```
**** * Tellers**** *
1:(9 10)(13 9)
2:
```

请按任意键继续…

```
ServiceTime NextTeller Intertime
8          2          5
**** * EventQueue**** *
(19 1)(24 2)
**** * Tellers**** *
1:(9 10)(13 9)
2:(16 8)
```

请按任意键继续…

```
**** * EventQueue**** *
(24 2)(28 1)
**** * Tellers**** *
1:(13 9)
2:(16 8)
```

请按任意键继续…

```
**** * EventQueue**** *
(28 1)
**** * Tellers**** *
1:(13 9)
2:
```

请按任意键继续…

```
**** * EventQueue**** *

**** * Tellers**** *
1:
2:
```

请按任意键继续…

```
the result:
5
136
```

程序分析

第一条语句 Simulation S(20,2,3,5,6,10)可以改为 Simulation S,调用默认构造函数,然后从键盘输入(粗体表示输入):

```
Enter the simulation time in minutes:20
Enter the number of tellers:2
Enter the range of arrival times in minutes:3   5
Enter the range of service times in minutes:6   10
```

练　　习

简要回答以下问题

1. 链表迭代器有什么特点？
2. 什么是适配器？

第 16 章

C++ 流与文件

C++ 管理数据流的方法主要来自 I/O 流库。图 16-1 是 I/O 流库的一部分类的结构,其中 ios 类是一个虚基类,istream 和 ostream 是 ios 的派生类。istream 负责向流中写数据,ostream 负责从流中读取数据。iostream 是这两个类的派生类。

ostream 类的标准输出操作(即显示器输出)由重载的插入符<<实现,cout 是它的对象。istream 类的标准输入操作(即键盘输入)由重载的提取符>>实现,cin 是它的对象。

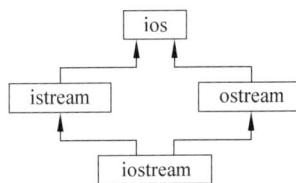

图 16-1 I/O 流库的一部分类的结构

16.1 格式化输入输出

为了控制输入输出格式,I/O 流库提供了 3 种方法:标志字、格式输出函数和操作算子。

16.1.1 标志字

ios 类包含一个长整型数据成员称为**标志字**,它的数位用作标志位,记录当前输出格式。对标志字维护,ios 类提供了若干个成员函数,如表 16-1 所示。

表 16-1 ios 类用于标志字维护的成员函数

成 员 函 数	功 能
long flagx();	返回标志字
long flags(long);	利用参数值更新标志字,返回更新前的标志字
long setf(long setbits,long field);	将 field 指定的标志位清零,将 setbits 指定的标志位置 1,返回更新前的标志字
long setf(long);	设置参数指定的标志位,返回更新前的标志字
long unsetf(long);	清除参数指定的标志位,返回更新前的标志字

对一些常用标志位,ios 类定义了相应的静态对象:

```
static const long basefield;        //其值为 del | oct | hex
static const long adjustfield;      //其值为 left | right | internal
```

```
static const long floatfield;                    //其值为 scientific | fixed
```

例如，要清除当前数制标志，设置 dec 标志，表达式语句如下：

```
cout.setf(ios::dec,ios::basefield);
```

程序 16-1   应用标志字。

```
#include<iostream>
using namespace std;
int main()
{
    cout.setf(ios::oct,ios::basefield);    //按八进制输出
    cout<<"OCT:\t"<<48<<endl;
    cout.setf(ios::dec,ios::basefield);    //按十进制输出
    cout<<"DEC:\t"<<48<<endl;
    cout.setf(ios::hex,ios::basefield);    //按十六进制输出
    cout<<"HEX:\t"<<48<<endl;
    cout.setf(ios::showbase);              //带小写基数符号,按十六进制输出
    cout<<"HEX:\t"<<32<<endl;
    cout.setf(ios::uppercase);             //带大写基数符号,按十六进制输出
    cout<<"HEX:\t"<<254<<endl;

    system("pause");
    return 0;
}
```

程序运行结果：

```
OCT:    60
DEC:    48
HEX:    30
HEX:    0x20
HEX:    0XFE
```

16.1.2   格式化输出函数

ios 类还提供了与标志字无关的格式化输出方法，如表 16-2 所示。

表 16-2   与标志字无关的格式化输出方法

方　　法	功　　能
int ios::width()const;	返回当前输出宽度
int ios::width(int);	按参数值设置输出宽度，并返回更新前的输出宽度
char ios::fill()const;	返回当前填充字符
char ios::fill(char);	按参数值设置填充字符，并返回更新前的填充字符

方　　法	功　　能
int ios::precision()const;	返回当前有效数字的位数
int ios::precision(int);	按参数设置有效数字的位数,并返回更新前的值

表 16-2 说明

(1) 默认输出宽度为输出数据所需最少的字符数。若设置的输出宽度小于所需,则按默认情况处理。

(2) 默认填充字符为空格符。

(3) 单浮点型(float)有效数字最多 7 位,双浮点型有效数字(double)最多 15 位,长浮点型有效数字(long double)最多 19 位。

程序 16-2　格式化输出函数应用。

```cpp
#include<iostream>
using namespace std;

int main()
{
    cout<<"12345678901234567890"<<endl;
    int i=123456;
    cout<<i<<endl;
    cout.width(12);                             //宽度 12,默认右对齐
    cout<<i<<endl;

    cout.width(12);
    cout.setf(ios::left,ios::adjustfield);      //左对齐
    cout.fill('*');                             //'*'字符填充
    cout<<i<<endl;

    cout.width(12);
    cout.setf(ios::right,ios::adjustfield);     //右对齐
    cout.fill('#');                             //'#'字符填充
    cout<<i<<endl;

    double x=1234.56789;
    cout.precision(6);
    cout<<x<<endl;

    cout<<"width="<<cout.width()<<endl;             //输出宽度当前值
    cout<<"precision="<<cout.precision()<<endl;     //输出当前有效数字的位数

    system("pause");
```

```
        return 0;
    }
```

程序运行结果:

```
12345678901234567890
123456
        123456
123456******
######123456
1234.57
width=0
precision=6
```

程序分析

(1) 设置输出宽度函数 width(int),只对最近的一条由插入符 cout 引导的语句有效,之后的输出宽度归为 0。

(2) 设置有效数字的位数函数 precision(int),只要不更新,则一直有效。

(3) 利用 ios 类的成员函数控制格式化输出,每一种格式的控制都需要一条语句。这种方法用于表格形式的输出就会很烦琐,而利用 16.1.3 节的操作算子更方便。

16.1.3　操作算子

I/O 流库提供了一些操作算子,可以直接由插入符和提取符使用,如表 16-3 所示。它们包含在头文件 iomanip.h 中。

表 16-3　操作算子

操 作 子 名	含　　义	输入输出
dec	十进制表示	i/o
hex	十六进制表示	i/o
oct	八进制表示	i/o
setbase(int n)	设置数制转换基数为 n(n 为 0,8,10,16),0 表示使用默认基数	i/o
ws	提取空白符	i
ends	插入空字符	o
flush	刷新与流相关联的缓冲区	o
resetiosflag(long)	清除参数所指定的标志位	i/o
setiosflags(long)	设置参数所指定的标志位	i/o
setfill(int)	设置填充字符	o
setsprecision(int)	设置浮点数输出的有效数字的位数	o
setw(int)	设置输出数据项的域宽	o

程序 16-3　操作算子应用(由程序 16-2 变换而来)。

```cpp
#include<iostream>
#include<iomanip>                                  //包含操作算子
using namespace std;

int main()
{
    cout<<"12345678901234567890"<<endl;
    int i=123456;
    cout<<i<<endl;
    cout<<setw(12)<<i<<endl;
    cout<<setw(12)<<setiosflags(ios::left)<<setfill('*')<<i<<endl;
    cout<<setw(12)<<resetiosflags(ios::left)<<setfill('#')<<i<<endl;
    double x=1234.56789;
    cout<<setprecision(6)<<x<<endl;

    system("pause");
    return 0;
}
```

程序运行结果：

```
12345678901234567890
123456
      123456
123456******
######123456
1234.57
```

程序 16-4　利用操作算子显示表格。

```cpp
#include<iostream>
#include<iomanip>                                          //包含操作算子
using namespace std;

int main()
{
    double a[]={78.86,67.534,567.234,899.678};
    char* name[]={"Zoot","Jimmy","AI","Stan"};
    for(int i=0;i<4;++i)
        cout<<setiosflags(ios::left)              //输出名字,左对齐
            <<setw(10)<<name[i]
            <<resetiosflags(ios::left)            //取消左对齐,恢复右对齐
            <<setw(10)<<a[i]
            <<endl;
```

```
        system("pause");
        return 0;
}
```

程序运行结果:

```
Zoot          78.86
Jimmy         67.534
AI            567.234
Stan          899.678
```

16.2　文件的读写

打开文件的过程是定义一个 fstream 类对象,由该对象调用类的成员函数 open。例如:

```
fstream outfile;                                    //对象名称由用户决定
outfile.open("D:\\student.rec,ios::out|ios::binary);
```

其中,student.rec 是文件名;ios∷out|ios∷binary 是 ios 类提供的文件使用方式,out 表示输出(写),binary 表示二进制。

又如,以输入(读)方式打开一个文本文件:

```
fstream infile;
infile.open("D:\\pirm.txt",ios::in);
```

表 16-4 是 ios 类提供的文件使用方式常量,它们可以通过"位或"运算结合起来使用。例如:

```
ios::in|ios::out|ios::binary
```

表示二进制的读和写。

还可以在定义 fstream 类的对象时打开文件。例如:

```
fstream infile("s.txt",ios::in);
```

另外,ofstream 类负责对文件的写操作,以写方式打开文件可以是

```
ofstream outfile("s.txt");
```

或者

```
ofstream outfile;
outfile("s.txt");
```

ifstream 类提供对文件的读操作,以读方式打开文件可以是

```
ifstream infile("s.txt");
```

或者

```
ofstream infile;
infile("s.txt");
```

关闭文件调用成员函数 close。例如：

```
outfile.close();
```

表 16-4　ios 类提供的文件使用方式常量

文件使用方式	含　　义
in	以输入(读)方式打开文件
out	以输出(写)方式打开文件
app	以输出追加方式打开文件
ate	文件打开时,文件指针置于文件尾
trunc	若文件存在,则将其长度截断为 0,并清除原有内容;若文件不存在,则创建新文件
binary	打开二进制文件,默认时,打开文本文件
nocreate	打开一个已有的文件,若该文件不存在,则打开失败
noreplace	若文件存在,必须设置 ios::ate 或 ios::app,否则失败
ios::in|ios::out	以读写方式打开文件
ios::out|ios::binary	以输出(写)方式打开二进制文件
ios::in|ios::binary	以输入(读)方式打开二进制文件

16.2.1　字符读写函数

编写程序：从键盘读取一段文本,改成大写,写入磁盘文本文件 poem.txt,结果如图 16-2 所示。磁盘文件的字符读写函数分别是类 fstream 的成员函数 get 和 put。

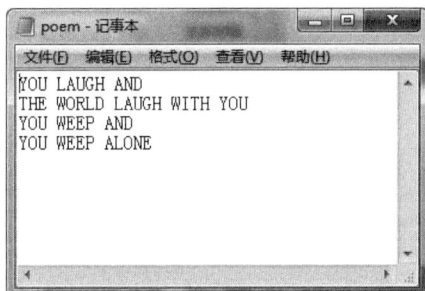

图 16-2　读取文件 poem.txt

表 16-5 给出了写文件程序从 C 版本到 C++ 版本的变换。

表 16-5   写文件程序从 C 版本到 C++ 版本的变换

C++ 版本	C 版本
程序 16-5 从键盘读取一段文本,改成大写,写入磁盘文本文件 poem.txt。	对比 7.3.1 节程序 7-1

```cpp
#include<fstream>
#include<iostream>
using namespace std;
int main()
{
    char ch;
    fstream outfile;
    outfile.open("D:\\poem.txt",ios::
out);
    if(!outfile)
    {
        cout<<"file cannot be opened";
        exit(1);
    }
    cout<<"Enter a text (to end with '#')
:"<<endl;
    cin.get(ch);
    while(ch!='#')
    {
        if(islower(ch))      //若是小写字符
            ch=toupper(ch);//则改大写字符
        outfile.put(ch);
        cin.get(ch);
    }
    outfile.close();

    system("pause");
    return 0;
}
```

```c
#include<stdio.h>
#include<stdlib.h>
#include<string>
int main()
{
    char ch;
    FILE * writefile;
    writefile=fopen("D:\\poem.txt","w");

    if(!writefile)
    {
        printf("file cannot be opened");
        exit(1);
    }
    printf("Enter a text (to end with '#')
:\n");
    ch=getchar();
    while(ch!='#')
    {
        if(islower(ch))
            ch=toupper(ch);
        fputc(ch,writefile);
        ch=getchar();
    }
    fclose(writefile);


    return 0;
}
```

程序运行结果(粗体表示输入):

Enter a text (to end with '#'):
you laugh and
the world laugh with you
you weep and
you weep alone# [Enter]

编写程序:从程序 16-5 生成的磁盘文本文件 poem.txt 读取,在显示器上输出。

表 16-6 给出了读取文件程序从 C 版本到 C++ 版本的变换。

表 16-6　读取文件程序从 C 版本到 C++ 版本的变换

C++ 版本	C 版本
程序 16-6　从磁盘文件 poem.txt 读取，在显示器上输出。	对比 7.3.1 节程序 7-2

C++ 版本：

```cpp
#include<fstream>
#include<iostream>
using namespace std;

int main()
{
    char ch;
    fstream infile;
    infile.open ("D:\\poem.txt", ios::in);
    if(!infile)
    {
        cout<<"file cannot be opened";
        exit(1);
    }

    infile.get(ch);
    while(!infile.eof())
    {
        cout.put(ch);
        infile.get(ch);
    }
    cout<<endl;

    infile.close();

    system("pause");
    return 0;
}
```

C 版本：

```c
#include<stdio.h>
#include<stdlib.h>

int main()
{
    char ch;
    FILE * readfile;
    readfile=fopen("D:\\poem.txt","r");

    if(!readfile)
    {
        printf("file cannot be opened");
        exit(1);
    }

    ch=fgetc(readfile);
    while(!feof(readfile))
    {
        putchar(ch);
        ch=fgetc(readfile);
    }
    printf("\n");

    fclose(readfile);

    return 0;
}
```

16.2.2　字符串读写函数

编写程序：读取文本文件 poem.txt（见图 16-2），并将其大写改为小写，写入文本文件 copy.txt。

表 16-7 给出了字符串读写程序从 C 版本到 C++ 版本的变换。

表 16-7　字符串读写程序从 C 版本到 C++ 版本的变换

C++ 版本	C 版本
程序 16-7　读取文本文件 poem.txt，并将其大写改为小写，写入文本文件 copy.txt。	对比 7.3.2 节程序 7-3。

```cpp
#include<fstream>
#include<iostream>
using namespace std;

int main()
{
    char s[80];

    fstream infile;
    infile.open("D:\\poem.txt",ios::
in);
    if(!infile)
    {
        cout<<"file cannot be opened";
        exit(1);
    }
    fstream outfile;
    outfile.open("D:\\copy.txt",ios::
out);
    if(!outfile)
    {
        cout<<"file cannot be opened";
        exit(1);
    }

    while(!infile.eof())
    {
        infile.getline(s,80);
        strlwr(s);                     /
        outfile<<s<<endl;
    }

    infile.close();
    outfile.close();

    system("pause");
    return 0;
}
```

```c
#include<stdio.h>
#include<stdlib.h>
#include<string>

int main()
{
    char s[80];

    FILE * readfile;
    readfile=fopen("D:\\poem.txt","r");

    if(!readfile)
    {
        printf("cannot open file code.txt");
        exit(1);
    }
    FILE * writefile;
    writefile=fopen("D:\\copy.txt","w");

    if(!writefile)
    {
        printf("cannot open file code.txt");
        exit(1);
    }

    while(!feof(readfile))
    {
        fgets(s,80,readfile);
        strlwr(s);
        fputs(s,writefile);
    }

    fclose(readfile);
    fclose(writefile);

    return 0;
}
```

程序 16-7 分析

（1）infile.getline(s,80)一次最多读取 79 个字符，若遇到换行符或文件结束符，则提前结束，然后加上串结束符\0。换行符和文件结束符不是读取字符。

（2）语句 outfile≪s 是磁盘文件格式输出语句，可以和语句 cout≪s 对比理解：
cout 是 ostream 类的对象，表示在显示器上输出；outfile 是 fstream 类的对象，表示在某
一磁盘文件上输出。

16.2.3 格式读写

在显示器文件上的格式读写是分别通过 iostream 类对象 cin 加提取符≫和对象
cout 加插入符≪实现的。

在磁盘文件上的格式读写是通过 fstream 类的相应对象实现的。

编写程序：从图 16-3(a)所示的数据文件 student.txt 读取数据，写入文件 copy.txt，
结果如图 16-3(b)所示。

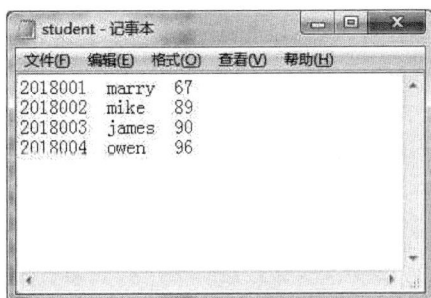

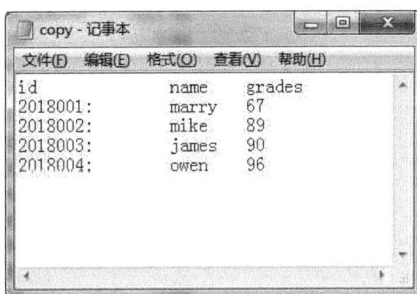

(a) 数据文件 student.txt	(b) 数据文件 copy.txt

图 16-3 磁盘文件

表 16-8 给出了文件格式读写程序从 C 版本到 C++ 版本的变换。

表 16-8 文件格式读写程序从 C 版本到 C++ 版本的变换

C++ 版本	C 版本
程序 16-8 从文件 student.txt 读取数据，写入文件 copy.txt。	对比 7.3.3 节程序 7-4。

```cpp
#include<fstream>
#include<iostream>
#include<iomanip>        //包含操作算子
using namespace std;
struct Student
{
    long unsigned id;
    char name[20];
    double grades;
};
int main()
{
    Student s;
    fstream infile;
```

```c
#include<stdio.h>
#include<stdlib.h>



typedef struct
{
    long unsigned id;
    char name[20];
    double grades;
} Student;
int main()
{
    Student s;
    FILE * readfile;
```

续表

C++ 版本	C 版本
| ```
    infile.open("D:\\student.txt",ios::
in);
    if(!infile)
    {
        cout<<"st.txt cannot be opened ";
        exit(1);
    }
    fstream outfile;
    outfile.open("D:\\copy.txt",ios::
out);
    if(!outfile)
    {
        cout<<"copy.txt cannot be opened";
        exit(1);
    }
    outfile<<setiosflags(ios::left)<<
setw(16)<<"id"
        <<setw(8)<<"name"
        <<setw(8)<<"grades:"<<endl;
    infile>>s.id>>s.name>>s.grades;
    while(!infile.eof())
    {
        outfile<<setiosflags(ios::left)
        <<setw(16)<<s.id
        <<setw(8)<<s.name
        <<setw(8)<<s. grades<<endl;
        infile>>s.id>>s.name>>s. grades;
    }
    infile.close();
    outfile.close();

    system("pause");
    return 0;
}
``` | ```
    readfile=fopen("D:\\student.txt","r");
    if(!readfile)
    {
        printf("st cannot be opened");
        exit(1);
    }
    FILE * writefile;
    writefile=fopen("D:\\copy.txt","w");
    if(!writefile)
    {
        printf("copy cannot be opened");
        exit(1);
    }
    fprintf(writefile,"id\t\tname\
tgrades\n");
    fscanf(readfile,"%Ld%s%Lf",
        &s.id,&s.name,&s.grades);

    while(!feof(readfile))
    {
        fprintf(writefile,"%ld:\t%s\
t%g\n",s.id,s.name,s.grades);
        fscanf(readfile,"%Ld%s%Lf",
            &s.id,&s.name,&s.grades);
    }


    fclose(readfile);
    fclose(writefile);

    return 0;
}
``` |

16.2.4 无格式读写函数

无格式读写也称**数据段读写**,主要用于二进制文件的处理。二进制文件是字节序列,数据段读写是指按类型分段读写。以下是用于数据段读写的 fstream 类成员函数。

1. 用于数据段写的 fstream 类成员函数

```
write(char * buffer, int size);
```

从程序数据区地址 buffer 开始,将连续 size 字节作为一个数据段,写入文件输出缓冲区。size 的值一般用运算符 sizeof 根据数据类型大小决定。

　　编写程序：根据输入提示，从键盘输入一批学生记录，存储到二进制文件 st.rec。

　　表 16-9 给出了文件无格式写程序从 C 版本到 C++ 版本的变换。其中的主要方法是首先按数字串读取数据，然后变换为相应的类型。

表 16-9　文件无格式写程序从 C 版本到 C++ 版本的变换

C++ 版本	C 版本
程序 16-9　根据提示，从键盘输入一批学生记录，存储到二进制文件 st.rec。	对比 7.3.4 节程序 7-5。

<table>
<tr><td>

```cpp
#include<fstream>
#include<iostream>
using namespace std;
#include<conio.h>
struct Student
{
    long unsigned id;       //学号
    char name[20];          //姓名
    double grades;          //成绩
};
int main()
{
    char ch;
    char num[80];
    Student s;
    fstream outfile;
    outfile.open("D:\\st.rec",ios::out|
ios::binary);
    if(outfile==0)
    {
        cout<<"file cannot be opened";
        exit(1);
    }

    cout<<"Ready for entering? (y or n)"
<<endl;
    cin.get(ch);
    if(ch=='n')
        return 0;
    cin.getline(num,80); //清空输入缓冲区
    while(1)
    {
        cout<<"id:";
```

</td><td>

```c
#include<stdio.h>
#include<stdlib.h>



typedef struct
{
    long unsigned id;
    char name[20];
    double grades;
}Student;
int main()
{
    char ch;
    char num[80];
    Student st;
    FILE * writefile;
    writefile=fopen("D:\\st.rec","wb");
    if(writefile==0)
    {
        printf("file cannot be opened");
        exit(1);
    }

    printf("Ready for Entering(y or n)?");
    ch=getchar();
    if(ch=='n')
        return 0;
    fflush(stdin);      //清空输入缓冲区
    while(1)
    {
        printf("id:");
        gets(num);
        st.id=atol(num);
```

</td></tr>
</table>

续表

C++ 版本	C 版本
```cin.getline(num,80);s.id=atol(num);cout<<"name:";cin.getline(s.name,80);cout<<"grades:";cin.getline(num,80);s.grades=atof(num);outfile.write((char *)&s,sizeof(Student));cout<<"another(y/n)?";cin.get(ch);if(ch=='n') break;cin.getline(num,80); //清空输入缓冲区}outfile.close();system("pause");return 0;}```	```printf("name:"); gets(st.name);printf("grades:");gets(num);st.grades=atof(num);fwrite(&st,sizeof(st),1,writefile);printf("another(y/n)?");ch=getchar();if(ch=='n') break; fflush(stdin);}fclose(writefile);return 0;}```

程序分析

(1) 把输入的学号和成绩,先作为数字串读取,再转换为相应的类型,写入相应的结构成员。函数 atol 把数字串转换为长整型,atof 把数字串转换为实型。

(2) 用字符串读取函数 getline 把输入缓冲区清空,以便读取下一个数据。

2. 用于数据段读的 fstream 类成员函数

```
read(char *buffer, int size);
```

将文件输入缓冲区连续 size 字节作为一个数据段写入 buffer 指向的程序数据区。size 的值一般用运算符 sizeof 根据数据类型大小决定。

编写程序:读取程序 16-9 生成的二进制文件 st.rec,按照图 16-3(b)的格式,分别输出到显示器和磁盘文本文件 copy.txt。

表 16-10 给出了文件无格式读程序从 C 版本到 C++ 版本的变换。

表 16-10　文件无格式读程序从 C 版本到 C++ 版本的变换

C++ 版本	C 版本
程序 16-10　读取二进制文件 st.rec,16-3(b)的格式,分别输出到显示器和磁盘文本文件 copy.txt。	对比 7.3.4 节程序 7-6。

```cpp
#include<fstream>
#include<iostream>
#include<iomanip>          //操作算子
using namespace std;
struct Student
{
    long unsigned id;
    char name[20];
    double grades;
};
int main()
{
    Student s;
    fstream infile;
    infile.open("D:\\st.rec",ios::in|
ios::binary);
    if(!infile)
    {
        cout<<"file cannot be opened";
        exit(1);
    }
    fstream outfile;
    outfile.open("D:\\copy.txt",ios::
out);
    if(!outfile)
    {
        cout<<"copy.txt cannot be opened";
        exit(1);
    }
    cout<<setiosflags(ios::left)<<
setw(16)<<"id"
        <<setw(8)<<"name"
        <<setw(8)<<"grades:"<<endl;
    infile.read((char*)&s,sizeof(s));
    while(!infile.eof())
    {
        cout<<setiosflags(ios::left)<<
setw(16)<<s.id
```

```c
#include<stdio.h>
#include<stdlib.h>


typedef struct
{
    long unsigned id;
    char name[20];
    double grades;
} Student;
int main()
{
    Student s;
    FILE * readfile;
    readfile=fopen("D:\\st.rec","rb");

    if(!readfile)
    {
        printf("file cannot be opened");
        exit(1);
    }
    FILE * writefile;
    writefile=fopen("D:\\copy.txt","w");
    if(!writefile)
    {
        printf("copy cannot be opened");
        exit(1);
    }
    printf("id\t\tname\tgrades\n");
    fprintf(writefile,"id\t\tname\
tgrades\n");

    fread(&s,sizeof(s),1,readfile);
    while(!feof(readfile))
    {
    printf("%ld:\t%s\t%g\n",s.id,s.
name,s.grades);
```

续表

C++ 版本	C 版本
`            <<setw(8)<<s.name`	
`            <<setw(8)<<s.grades<<endl;`	`    fprintf(writefile,"%ld:\t%s\t%g\n",`
`    outfile<<setiosflags(ios::left)<<`	`        s.id,s.name,s.grades);`
`setw(16)<<s.id`	
`            <<setw(8)<<s.name`	
`            <<setw(8)<<s.grades<<endl;`	
`    infile.read((char*)&s,sizeof(s));`	`    fread(&s,sizeof(s),1,readfile);`
`    }`	`    }`
`    infile.close();`	`    fclose(readfile);`
`    outfile.close();`	`    fclose(writefile);`
`    system("pause");`	`    return 0;`
`    return 0;`	`}`
`}`	

练　　习

编写程序

将第 7 章的全部练习按 C++ 格式完成。

第 17 章

命 名 空 间

> 思维的范畴不是人的工具,而是自然的和人的规律性的表述。
>
> ——列宁

编写应用程序,经常使用多个供应商提供的库,有许多名字具有全局作用域,如模板名、类型名、函数名和变量名。这些名字不可避免地会发生冲突,这种冲突称为**命名空间污染**(namespace pollution)。命名空间(namespace)是防止这种污染的机制。

17.1　命名空间的定义

命名空间是全局作用域名字的一个附加层。访问全局作用域名字必须首先指明其所在的命名空间名字。命名空间的声明以关键字 namespace 开始,后接命名空间名字和声明体。定义格式如下:

```
namespace 命名空间名字
{
    全局作用域名字的定义;
}
```

例如:

```
namespace MyNames
{
    int x=10;
    int y=2*x;
}
```

一个命名空间是一个作用域,不同命名空间表示不同作用域,因此不同命名空间可以具有同名的成员。在命名空间中定义的名字在该命名空间内部可以被其他成员直接访问,但是在命名空间外部必须加命名空间名字和作用域限定符::。例如:

```
MyNames::x+MyNames::y;
```

C++ 标准库的命名空间名字是 std。如果标准库头文件省去扩展名.h,就表明启用了命名空间,这时使用 cout、cin 或 endl 等流对象,需要指定命名空间。例如:

```
std::cout<<MyNames::val2<<std::endl;
```

程序 17-1 命名空间举例。

```
#include<iostream>
namespace MyNames
{
    int x=10;
    int y=2 * x;
}
int main()
{
    std::cout<<MyNames::x<<std::endl;
    std::cout<<MyNames::y<<std::endl;
    std::cout<<MyNames::x+MyNames::y<<std::endl;

    system("pause");
    return 0;
}
```

程序运行结果：

```
10
20
30
```

17.2   using namespace 语句

使用命名空间定义的名字有另一种简单的方式，它是 using namespace 语句，语句格式如下：

```
using namespace 命名空间名字;
```

有了这条语句，该命名空间定义的名字就可以直接访问。

程序 17-2 在程序 17-1 中应用 using namespace 语句。

```
#include<iostream>
namespace MyNames
{
    int x=10;
    int y=2 * x;
}
using namespace std;
using namespace MyNames;
int main()
{
```

```
    cout<<x<<endl;
    cout<<y<<endl;
    cout<<x+y<<endl;
    system("pause");
    return 0;
}
```

使用 using namespace 语句也可能引起名字冲突，例如：

```
namespace MyNames
{
    int x=100;
    int y=200;
}
namespace OtherNames
{
    int x=300;
    int y=500;
}
using namespace MyNames;
using namespace OtherNames;
```

对如下的语句：

```
cout<<x<<endl;
cout<<y<<endl;
cout<<x+y<<endl;
```

编译器不知道 x 和 y 属于哪个命名空间。

17.3 命名空间的成员

一个命名空间可以包含多种名字，如变量名、常量名、函数名、结构名、类名和命名空间名。

程序 17-3 命名空间中的多种名字应用举例。

```
#include<iostream>
using namespace std;
namespace MyNames
{
    const int OFFSET=15;
    int x=10;
    int y=20;
    char ch='A';
    int IntSum()
    {
```

```
        int total=x+y+OFFSET;
        return total;
    }
    char CharSum()
    {
        char result=ch+OFFSET;
        return result;
    }
}
int main()
{
    cout<<"Namespace member values:"<<endl;
    cout<<MyNames::x<<endl;
    cout<<MyNames::y<<endl;
    cout<<MyNames::ch<<endl;

    cout<<"Results of Namespace functions:"<<endl;
    cout<<MyNames::IntSum()<<endl;
    cout<<MyNames::CharSum()<<endl;

    system("pause");
    return0;
}
```

程序运行结果：

```
Namespace member values:
10
20
A
Results of Namespace functions:
45
P
```

程序 17-4 嵌套命名空间应用举例。

```
#include<iostream>
using namespace std;
namespace MyNames
{
    int x=10;
    int y=20;
    namespace MyInnerNames                          //嵌套命名空间
    {
        int x=30;
        int y=50;
```

```
    }
}
int main()
{
    cout<<"MyNames values:"<<endl;
    cout<<MyNames::x<<endl;
    cout<<MyNames::y<<endl;
    cout<<"MyInnerNames values:"<<endl;
    cout<<MyNames::MyInnerNames::x<<endl;
    cout<<MyNames::MyInnerNames::y<<endl;

    system("pause");
    return 0;
}
```

程序运行结果：

```
MyNames values:
10
20
MyInnerNames values:
30
50
```

17.4　命名空间的别名

对一个已经定义的命名空间，可以再声明一个别名。声明格式如下：

namespace 别名=命名空间名字；

例如：

```
namespace MyNames
{
    int x=100;
    int y=200;
}
namespace MyAlias=MyNames;
```

这时的 MyAlias 和 MyNames 是等价的。

练　　习

一、简要回答下列问题

1. 什么是命名空间污染？

2. 什么是命名空间？

3. 什么是嵌套命名空间？

4. 命名空间的意义是什么？

二、编写程序

编写一个命名空间别名的应用程序。

第 18 章

二 叉 树

程序要解决的问题绝大部分是非线性问题。解决这类问题需要非线性结构。二叉树是非线性结构的基础性结构。

18.1 二叉树的基本概念

二叉树是一个元素集合,其中,每个元素最多只有一个前驱、两个后继,如图 18-1(a) 所示。没有前驱的元素是**根**,如 A。没有后继的元素是叶子或终端,如 D、H、I、J、G。叶子以外的元素是分支元素,如 A、B、C 等。

一个元素的后继称为该元素的**孩子**,而且分左孩子和右孩子,即使一个孩子也是如此,例如,B 和 C 分别是 A 的左孩子和右孩子,J 是 F 的右孩子。一个元素的前驱称为该元素的**双亲**,例如 D 和 E 的双亲是 B,H 和 I 的双亲是 E。

两个元素,若有同一个双亲,则称为兄弟,例如,F 和 G 是兄弟。

以一个元素的左孩子为根的子树称为该元素的**左子树**,以一个元素的右孩子为根的子树称为该元素的**右子树**。例如,A 的左子树如图 18-1(b) 所示,A 的右子树如图 18-1(c) 所示。

一个元素序列,如果前后相邻的两个元素都是双亲和孩子,该序列称为一条**路径**或**道路**。路径所含元素个数减 1 是路径长度。例如,A、B、D 是长度为 2 的路径,A、C、F、J 是长度为 3 的路径。

最长的路径长度称为树的**深度**或**层数**。例如,图 18-1(a) 的二叉树,其深度是 3。

从一个元素到另一个元素,若存在路径,则前者称为后者的**祖先**。例如,图 18-1(a) 中的 A 是所有其他元素的祖先,C 是 F、G 和 J 的祖先。

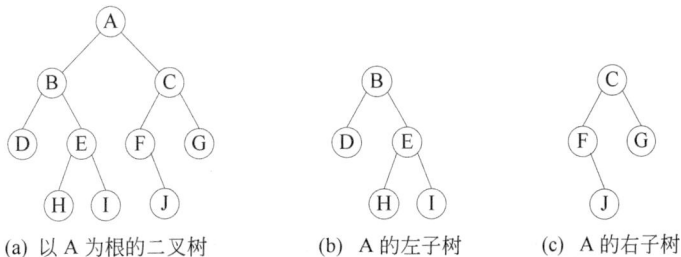

(a) 以 A 为根的二叉树　　(b) A 的左子树　　(c) A 的右子树

图 18-1　二叉树示意图

18.2　二叉树的性质

二叉树的性质如下。

（1）二叉树第 i 层上的元素个数最多为 2^i。

证明：当 $i=0$ 时，$2^i=2^0=1$ 结论正确。假设第 i 层上的元素最多为 2^i，结论正确，那么第 $i+1$ 层上的元素最多为 $2\times2^i=2^{i+1}$，结论也正确。

每层元素都是最多的二叉树是**满二叉树**，如图 18-2(a)所示。

（2）深度为 k 的二叉树，元素最多为 $2^{k+1}-1$ 个。

证明：按每一层最多的元素个数求和，即

$$2^0+2^1+\cdots+2^k=2^{k+1}-1$$

对二叉树的元素从上层到下层，每一层从左到右排列（序号从 0 开始），称为二叉树的**层次序列**。

假设一棵二叉树的层次序列为

$$a_0,a_1,\cdots,a_n$$

满二叉树的性质如下。

① 序号为 0 的元素是根。

② 序号为 i 的元素，双亲的序号为 $(i-1)/2$。

③ 序号为 i 的元素，若 $2i+1\leqslant n$，则左孩子的序号为 $2i+1$，否则是叶子。

④ 序号为 i 的元素，若 $2i+2\leqslant n$，则右孩子的序号为 $2i+2$，否则无右孩子。

⑤ 序号为 i 的元素，若 $i\leqslant n$，且是偶数，则左兄弟的序号为 $i-1$。

⑥ 序号为 i 的元素，若 $i+1\leqslant n$，且是奇数，则右兄弟的序号为 $i+1$。

一棵二叉树，若元素之间的关系与满二叉树的相同，则称为**完全二叉树**（complete binary tree），如图 18-2(b)所示。满二叉树是完全二叉树，但反之不然。图 18-2(c)不是一棵完全二叉树，因为按完全二叉树的要求，序号为 5 的元素 F 应该是 C 的左孩子而不是右孩子。

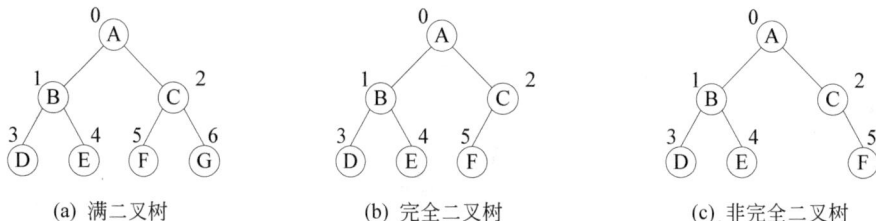

图 18-2　满二叉树与完全二叉树示意图

（3）具有 n 个元素的完全二叉树，其深度为 $\lfloor\log_2 n\rfloor$。

证明：假设完全二叉树的深度为 k，从 0 层到 $k-1$ 层应该是一棵满二叉树，一共有 2^k-1 个元素，所以 $n>2^k-1$。又因为深度为 k 的满二叉树一共有 $2^{k+1}-1$ 个元素，所以 $n\leqslant2^{k+1}-1$，综合起来得到不等式

$$2^k-1<n\leqslant2^{k+1}-1$$

不等式两面加 1，得

$$2^k \leqslant n < 2^{k+1}$$

取对数，得

$$k \leqslant \log_2 n < k+1$$

因为 k 是整数，所以应该是 $k = \lfloor \log_2 n \rfloor$。

图 18-1 仅仅是树的一种表示法，称为**树状表示法**，它比较直观，有利于理解树的基本概念。树还有其他表示法（见图 18-3）。根据不同的应用，选择相应的表示法，有助于分析和解决实际问题。

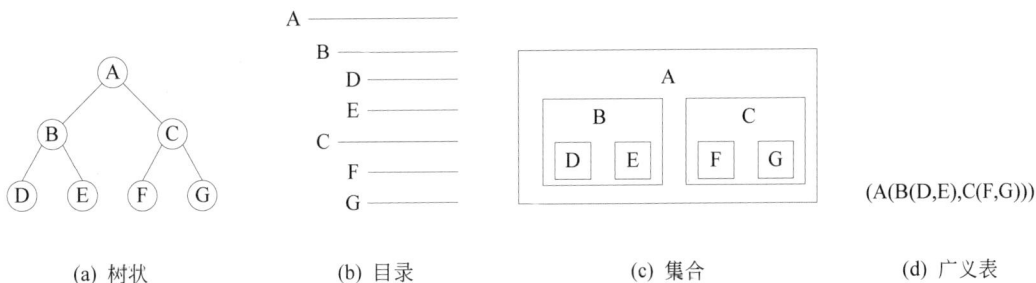

(a) 树状   (b) 目录   (c) 集合   (d) 广义表

图 18-3　二叉树的各种表示法示意图

18.3　二叉树的存储

18.3.1　二叉树的顺序存储

把数组元素看作一棵完全二叉树按层次顺序排列的结点。对于长度为 N 的数组 a，a[0]是根结点，a[i]的左孩子是 a[2*i+1]（如果 2*i+1<N），右孩子是 a[2*i+2]（如果 2*i+2<N），a[i]（0<i<N）的双亲是 a[(i-1)/2]。具体方法如下。

以图 18-4(a)为例，用零元素把二叉树填充为完全二叉树，如图 18-4(b)所示；将填充后的二叉树结点按层次序列存储到数组中，如图 18-4(c)所示。

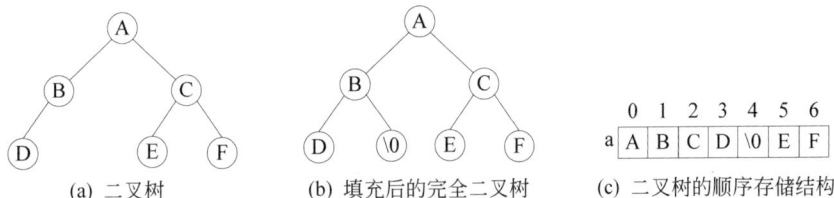

(a) 二叉树   (b) 填充后的完全二叉树   (c) 二叉树的顺序存储结构

图 18-4　二叉树的顺序存储

一个元素在层次序列中的序号是它在数组元素中的序号。

18.3.2　二叉树的链式存储

二叉树的链式存储称为**二叉链表**。链表结点结构有一个数据域和两个指针域，数据域存储数据元素,两个指针域分别指向左右孩子所在的结点,如图 18-5 所示。

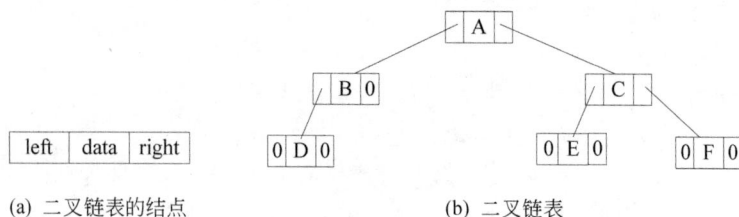

(a) 二叉链表的结点　　　　　　　　　　(b) 二叉链表

图 18-5　二叉链表示意图

二叉链表的声明如下:

```cpp
template<class T>
struct BTNode                                       //二叉树结点
{
    T data;                                         //存储数据元素
    BTNode * left, * right;                         //指向左右孩子结点的指针
    BTNode(const T& item=T(),BTNode * l=0,BTNode * r=0):
                    data(item),left(l),right(r){}   //默认构造
};
```

应用举例,生成图 18-5(b):

```cpp
BTNode<char> * r0=new BTNode<char>('F',0,0);
BTNode<char> * l0=new BTNode<char>('E',0,0);
BTNode<char> * r1=new BTNode<char>('C',l0,r0);
l0=new BTNode<char>('D',0,0);
BTNode<char> * l1=new BTNode<char>('B',l0,0);
BTNode<char> * root=new BTNode<char>('A',l1,r1);
```

18.4　层　次　遍　历

遍历是指按照某种次序访问所有结点。遍历是算法的模型,算法一般是在某种遍历的基础上完成的。在线性结构中,遍历的顺序与存储的顺序相同,遍历一般只有一种,而且和算法的相互依赖关系比较简单。而非线性结构的遍历有若干种,算法不同,依赖的遍历可能也不同。

18.4.1　层次遍历迭代算法

从左往右,逐层访问二叉树结点称为**层次遍历**。由此形成的元素序列称为**层次序列**。以图 18-5 为例,层次序列为

```
A B C D E F
```

与线性结构的遍历不同,遍历二叉链表,每一个结点都有两个后继,因此无法从当前

访问的结点中直接得到下一个要访问的结点指针,因此需要借助存储。层次步骤如下。

(1) 建队列,根指针入队。

(2) 若队列不空,则从队列删除一个指针,然后访问该指针指向的结点,并把该结点的左右孩子指针(如果存在)依次插入队列。

(3) 重复步骤(2),直至队列为空。

```
template<class T>
void Level(BTNode<T> * t)
{
    if(t==0)
        return;
    Queue<BTNode<T> * >Q;
    Q.Push(t);
    while(!Q.Empty())
    {
        t-Q.Pop();
        cout<<t->data;
        if(t->left)
            Q.Push(t->left);
        if(t->right)
            Q.Push(t->right);
    }
    cout<<endl;
}
```

过程如表 18-1 所示,圆括号表示指向结点的指针,即结点指针。

表 18-1　图 18-5 的二叉树层次遍历过程演示

出　队	访　问	队 列 状 体
		(A)
(A)	A	(B)(C)
(B)	B	(C)(D)
(C)	C	(D)(E)(F)
(D)	D	(E)(F)
(E)	E	(F)
(F)	F	

二叉链表的声明和层次遍历函数包含在头文件 btnode.h 中。

程序 18-1　层次遍历。

```
#include<iostream>
using namespace std;
```

```
#include"btnode.h"
int main()
{
    BTNode<char> * r0=new BTNode<char>('F',0,0);
    BTNode<char> * l0=new BTNode<char>('E',0,0);
    BTNode<char> * r1=new BTNode<char>('C',l0,r0);
    l0=new BTNode<char>('D',0,0);
    BTNode<char> * l1=new BTNode<char>('B',l0,0);
    BTNode<char> * root=new BTNode<char>('A',l1,r1);
    Level(root);
    system("pause");
    return 0;
}
```

程序运行结果：

ABCDEF

18.4.2　垂直输出二叉树

以层次遍历为模型，垂直输出二叉树。

在层次遍历中对结点的访问改为定位输出，因此，队列不仅要存储结点指针，而且要存储输出位置。

如何确定结点输出位置？显示器的横向是 X 轴，纵向是 Y 轴，坐标轴的交点在左上角。假设屏幕宽度（screen width）是 80 个字符，如图 18-6 所示。

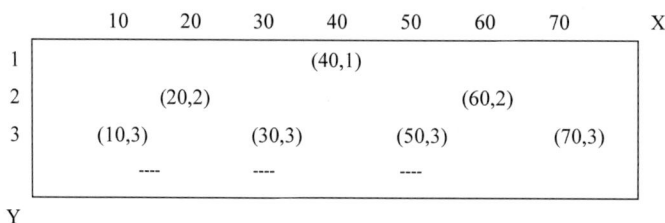

图 18-6　二叉树结点的输出定位

第 1 层只有一个结点，是根，输出位置是（40,1）点，偏移量（offset）是 40 个字符。

假设第 i 层上一个结点的输出位置是（parentpos,i），偏移量是 offset，那么它的左右孩子在第 i+1 层的输出位置是（parentpos-offset/2,i+1）和（parentpos+offset/2,i+1）。

存储位置的对象需要定义一个结构，代码如下：

```
struct Location
{
    int x indent,y level;          //结点坐标位置
};
```

把光标移到输出位置，需要一个定位函数，代码如下：

```
void Gotoxy(int x,int y)              //移动光标到坐标(x,y)
{
    static int indent=0;              //偏移量
    static int level=0;               //层数
    if(y==0)
    {
        level=0;
        indent=0;
    }
    if(y!=level)                      //换行输出时,从头开始
    {
        int n=y-level;
        for(int i=0;i<n;i++)
        {
            cout<<endl;
            ++level;
        }
        indent=0;
    }
    cout.width(x-indent);             //同行输出时减量
    indent=x;                         //记录输出的列坐标
}
```

算法需要在层次遍历模式上实现,但需要两个平行队列,一个用于存储结点指针,另一个用于存储结点输出位置。代码如下(加入头文件 btnode.h):

```
template<class T>
void PrintBTree(const BTNode<T> * t,int w)
{
    if(t==0)
        return;
    int level=0,off=w/2;              //从 0 层开始,偏移量是宽度的 1/2
    Location f,c;
    Queue<const BTNode<T> * >Q;       //存储结点指针
    Queue<Location>LQ;                //存储结点输出位置
    f.x=off;
    f.y=level;
    Q.Push(t);
    LQ.Push(f);
    while(!Q.Empty())
    {
        t=Q.Pop();
        f=LQ.Pop();
```

```
            Gotoxy(f.x,f.y);              //移动光标到输出位置
            cout<<t->data;
            if(f.y!=level)                //除根外,每层首结点输出后,都修改层数和偏移量
            {
                ++level;
                off=off/2;
            }
            if(t->left)
            {
                Q.Push(t->left);
                c.x=f.x-off/2;
                c.y=f.y+1;
                LQ.Push(c);
            }
            if(t->right)
            {
                Q.Push(t->right);
                c.x=f.x+off/2;
                c.y=f.y+1;
                LQ.Push(c);
            }
        }
        cout<<endl;
}
```

程序 18-2   生成垂直输出和层次遍历图 18-5 的二叉树。

```
#include<iostream>
using namespace std;
#include"btnode.h"
int main()
{
    BTNode<char> * r0=new BTNode<char>('F',0,0);
    BTNode<char> * l0=new BTNode<char>('E',0,0);
    BTNode<char> * r1=new BTNode<char>('C',l0,r0);
    l0=new BTNode<char>('D',0,0);
    BTNode<char> * l1=new BTNode<char>('B',l0,0);
    BTNode<char> * root=new BTNode<char>('A',l1,r1);
    PrintBTree(root,80);
    Level(root);

    system("pause");
    return 0;
}
```

程序运行结果:

```
                              A
              B                               C
              D                       E       F
ABCDEF
```

18.4.3　由顺序存储生成二叉链式存储

以层次遍历为模型,将图 18-4(a)的二叉树用顺序存储生成二叉链式存储。

用零元把二叉树补充为完全二叉树,如图 18-4(b)所示。然后把补充后的完全二叉树的层次序列存储到数组,如图 18-4(c)所示。最后利用层次遍历模型把数组中的二叉树生成二叉链表。主要包含两个步骤。

(1) 父子关系由指针表示改为索引表示,索引为 i 的数组元素,其左右孩子是索引分别为 $2i+1$ 和 $2i+2$ 的数组元素。数组元素若是非零元,则表示孩子存在。

(2) 访问双亲结点改为生成孩子结点,并与双亲结点连接。

结果如下(加入头文件 btnode.h):

```
template<class T>
BTNode<T> * MakeBTree(const T * p,int n)
{
    if(n<=0)
        return 0;
    Queue<BTNode<T> * >Q;
    BTNode<T> * t=new BTNode<T>(p[0]);          //生成根指针
    BTNode<T> * f,* c;                          //双亲和孩子指针
    Q.Push(t);                                  //根指针入队
    int i=0;
    while(!Q.Empty())
    {
        f=Q.Pop();                              //一个结点指针出队
        if(2 * i+1<n&&p[2 * i+1]!=T())          //如果有左孩子
        {
            c=new BTNode<T>(p[2 * i+1]);        //生成左孩子结点
            f->left=c;                          //与双亲链接
            Q.Push(c);                          //左孩子指针入队
        }
        if(2 * i+2<n&&p[2 * i+2]!=T())          //如果有右孩子
        {
            c=new BTNode<T>(p[2 * i+2]);        //生成右孩子结点
            f->right=c;                         //与双亲链接
            Q.Push(c);                          //右孩子指针入队
        }
        i++;
```

```
        while(i<n&&p[i]==T())                       //查找下一个非 0 元素
            i++;
    }
    return t;
}
```

程序 18-3　由顺序存储生成二叉链表。

```
#include<iostream>
using namespace std;
#include"btnode.h"
int main()
{
    char a[]={'A','B','C','D','\0','E','F'};
    BTNode<char> * root=MakeBTree(a,7);          //生成二叉链表
    PrintBTree(root,80);                          //垂直输出二叉树
    Level(root);

    system("pause");
    return 0;
}
```

程序运行结果:

```
                    A
        B                       C
    D               E       F
ABCDEF
```

18.5　前 序 遍 历

前序遍历定义如下。

(1) 访问根。

(2) 前序遍历左子树。

(3) 前序遍历右子树。

以图 18-4(a)为例,前序序列为 ABDCEF。

这是一种递归定义,自己定义自己。递归定义在数学里是常见的,例如,n 的阶乘是 n 乘以($n-1$)的阶乘。

递归定义之所以可行,是因为它用规模小的自己定义规模大的自己。经过有限步,规模小到不再需要递归定义,就像 1 的阶乘就是 1 一样,然后回溯,递推出规模大的自己,例如,2 的阶乘是 $2×1$,3 的阶乘是 $3×2×1$。

下面归纳证明二叉树的前序序列是唯一的。

当二叉树的高度为 0 或 1 时,显然命题成立。

假设二叉树高度不大于 n 时,命题成立。现在证明,当二叉树高度为 $n+1$ 时,命题也成立:二叉树的前序序列由根、左子树的前序序列和右子树的前序序列构成,对高度为 $n+1$ 的二叉树,其根的左、右子树的高度都不大于 n,由于假设它们的前序序列是唯一的,而根也是唯一的,因此命题成立。

18.5.1 前序遍历递归算法

与递归定义对应的是递归函数,递归定义是自己定义自己,递归函数是自己调用自己。递归函数的形参链表中都有一种参数称为**递归参数**,每一次自我调用,递归参数都会变小,经过有限次自我调用后,递归参数小到递归函数不再需要调用自己为止,开始回溯。

实现前序遍历递归算法的递归函数如下:

```
template<class T>
void Preorder(const BTNode<T> * t)            //前序遍历,t 是指向根的指针
{
    if(t==0)
        return;
    cout<<t->data<<'\t';                       //访问根
    Preorder(t->left);                         //前序遍历左子树
    Preorder(t->right);                        //断点(1)。前序遍历右子树
}                                              //断点(2)
```

这个函数两次调用自己:一次是前序遍历左子树,另一次是前序遍历右子树。形参 t 是递归参数,是指向二叉树结点的指针。开始时,它指向二叉树的根。前序遍历左子树时,它指向左孩子;前序遍历右子树,它指向右孩子。每一次调用自己都是树的层数减少,递归参数变小。直到树为空,指针是 0,开始回溯。

一个递归函数自己调用自己,主调函数和被调函数是不同层次的递归函数,不同层次的递归函数应该视为不同的函数。一个递归函数在调用下一层递归函数时,要把自动对象(包括递归参数)地址和断点(调用语句的下一条语句地址)压栈,保护现场,以便回溯时,可以恢复现场,从断点处开始继续执行。

前序遍历递归过程如图 18-7 所示。

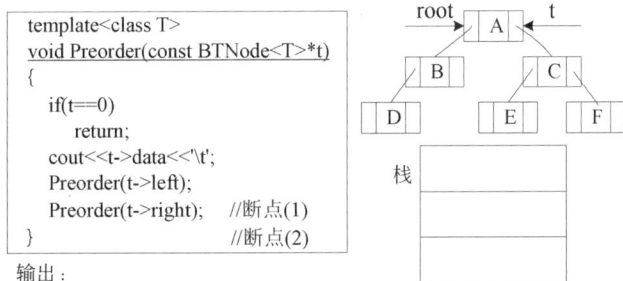

(a) Preorder(root)

图 18-7 前序遍历递归过程示例(部分)

```
template<class T>
void Preorder(const BTNode<T>*t)
{
    if(t==0)
        return;
    cout<<t->data<<'\t';
    Preorder(t->left);
    Preorder(t->right);    //断点(1)
}                          //断点(2)
```

输出：A

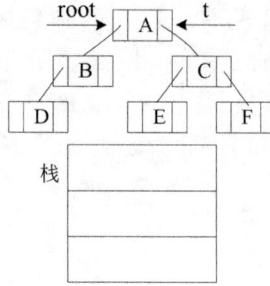

(b) 输出 A，准备遍历 A 的左子树 B

```
template<class T>
void Preorder(const BTNode<T>*t)
{
    if(t==0)
        return;
    cout<<t->data<<'\t';
    Preorder(t->left);
    Preorder(t->right);    //断点(1)
}                          //断点(2)
```

输出：A

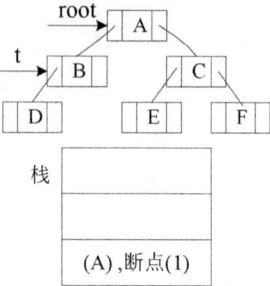

(c) 入栈保护 A 现场，开始遍历 A 的左子树 B

```
template<class T>
void Preorder(const BTNode<T>*t)
{
    if(t==0)
        return;
    cout<<t->data<<'\t';
    Preorder(t->left);
    Preorder(t->right);    //断点(1)
}                          //断点(2)
```

输出：A B

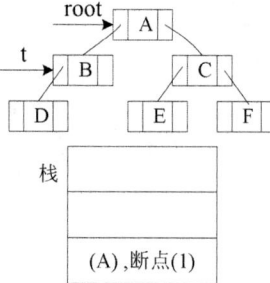

(d) 输出 B，准备遍历 B 的左子树 D

```
template<class T>
void Preorder(const BTNode<T>*t)
{
    if(t==0)
        return;
    cout<<t->data<<'\t';
    Preorder(t->left);
    Preorder(t->right);    //断点(1)
}                          //断点(2)
```

输出：A B

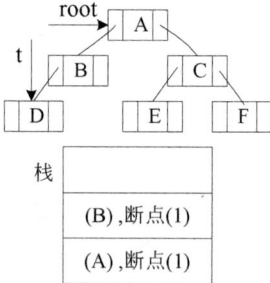

(e) 入栈保护 B 现场，开始遍历 B 的左子树 D

图 18-7　（续）

```
template<class T>
void Preorder(const BTNode<T>*t)
{
   if(t==0)
      return;
   cout<<t->data<<'\t';
   Preorder(t->left);
   Preorder(t->right);     //断点(1)
}                          //断点(2)
输出：A  B  D
```

root → A
t ↓ B, C
D, E, F

栈

| (B),断点(1) |
| (A),断点(1) |

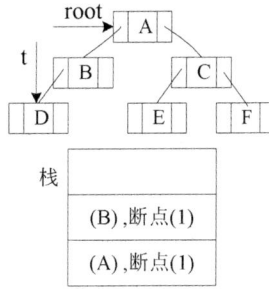

(f) 输出 D，准备遍历 D 的左子树 0

```
template<class T>
void Preorder(const BTNode<T>*t)
{
   if(t==0)
      return;
   cout<<t->data<<'\t';
   Preorder(t->left);
   Preorder(t->right);     //断点(1)
}                          //断点(2)
输出：A  B  D
```

root → A   t=0
B, C
D, E, F

栈

| (D),断点(1) |
| (B),断点(1) |
| (A),断点(1) |

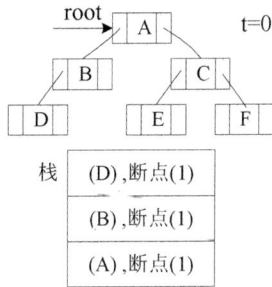

(g) 入栈保护 D 现场，开始遍历 D 的左子树 0

```
template<class T>
void Preorder(const BTNode<T>*t)
{
   if(t==0)
      return;
   cout<<t->data<<'\t';
   Preorder(t->left);
   Preorder(t->right);     //断点(1)
}                          //断点(2)
输出：A  B  D
```

root → A   t=0
B, C
D, E, F

栈

| (D),断点(1) |
| (B),断点(1) |
| (A),断点(1) |

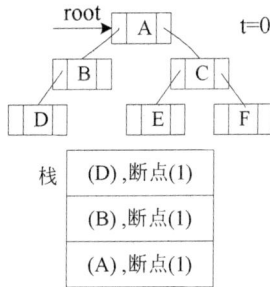

(h) D 没有左子树，准备返回 D 子树

```
template<class T>
void Preorder(const BTNode<T>*t)
{
   if(t==0)
      return;
   cout<<t->data<<'\t';
   Preorder(t->left);
   Preorder(t->right);     //断点(1)
}                          //断点(2)
输出：A  B  D
```

root → A
t ↓ B, C
D, E, F

栈

| (B),断点(1) |
| (A),断点(1) |

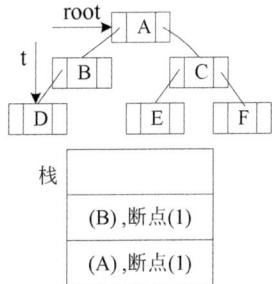

(i) 出栈恢复 D 现场，准备遍历 D 的右子树 0

图 18-7 （续）

```
template<class T>
void Preorder(const BTNode<T>*t)
{
    if(t==0)
        return;
    cout<<t->data<<'\t';
    Preorder(t->left);
    Preorder(t->right);     //断点(1)
}                           //断点(2)
```

输出：A B D

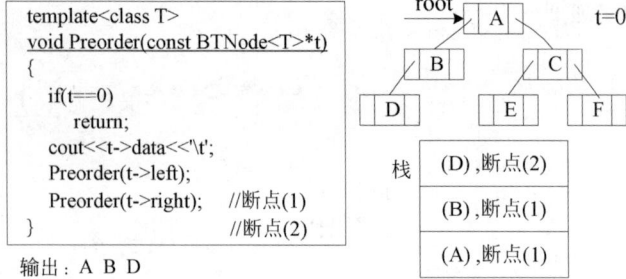

(j) 入栈保存 D 现场，开始遍历 D 的右子树 0

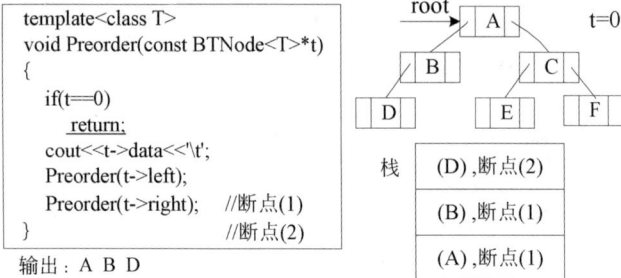

```
template<class T>
void Preorder(const BTNode<T>*t)
{
    if(t==0)
        return;
    cout<<t->data<<'\t';
    Preorder(t->left);
    Preorder(t->right);     //断点(1)
}                           //断点(2)
```

输出：A B D

(k) D 没有右子树，准备返回 D 子树

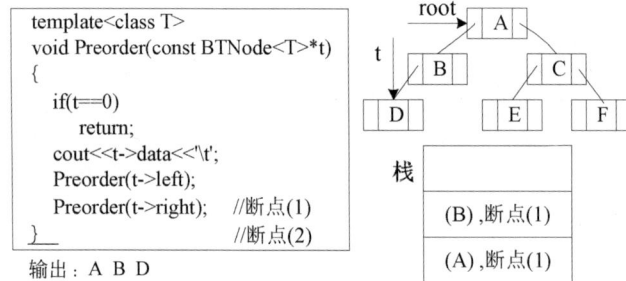

```
template<class T>
void Preorder(const BTNode<T>*t)
{
    if(t==0)
        return;
    cout<<t->data<<'\t';
    Preorder(t->left);
    Preorder(t->right);     //断点(1)
}                           //断点(2)
```

输出：A B D

(l) 出栈恢复D 现场，准备返回 B 子树

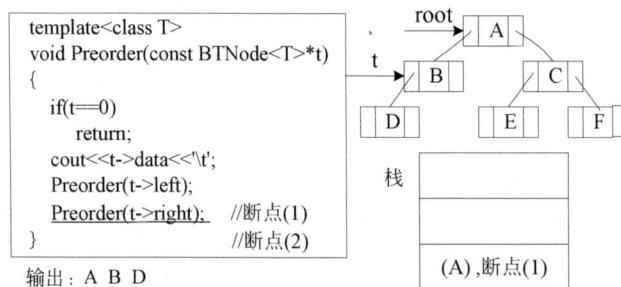

```
template<class T>
void Preorder(const BTNode<T>*t)
{
    if(t==0)
        return;
    cout<<t->data<<'\t';
    Preorder(t->left);
    Preorder(t->right);     //断点(1)
}                           //断点(2)
```

输出：A B D

(m) 出栈恢复 B 现场，准备遍历 B 的右子树 0

图 18-7   (续)

```
template<class T>
void Preorder(const BTNode<T>*t)
{
    if(t==0)
        return;
    cout<<t->data<<'\t';
    Preorder(t->left);
    Preorder(t->right);    //断点(1)
}                          //断点(2)
```
输出：A B D

(n) 入栈保护 B 现场，开始遍历 B 的右子树 0

```
template<class T>
void Preorder(const BTNode<T>*t)
{
    if(t==0)
        return;
    cout<<t->data<<'\t';
    Preorder(t->lcft);
    Prcorder(t->right);    //断点(1)
}                          //断点(2)
```
输出：A B D

(o) B 没有右子树，准备返回 B 子树

```
template<class T>
void Preorder(const BTNode<T>*t)
{
    if(t==0)
        return;
    cout<<t->data<<'\t';
    Preorder(t->left);
    Preorder(t->right);    //断点(1)
}                          //断点(2)
```
输出：A B D

(p) 出栈恢复 B 现场，准备返回 A 树

```
template<class T>
void Preorder(const BTNode<T>*t)
{
    if(t==0)
        return;
    cout<<t->data<<'\t';
    Preorder(t->left);
    Preorder(t->right);    //断点(1)
}                          //断点(2)
```
输出：A B D

(q) 出栈恢复 A 现场，准备遍历 A 的右子树 C

图 18-7 （续）

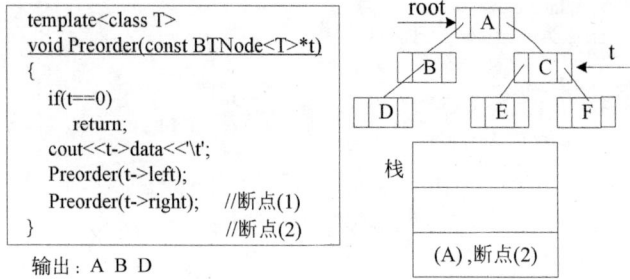

(r) 入栈保护 A 现场,开始遍历 A 树右子树 C

图 18-7 (续)

前序遍历递归函数还有另一个版本,含有 if 子句,遍历的左、右子树不能为空。代码如下:

```
template<class T>
void Preorder(const BTNode<T> * t)              //前序遍历,t 是指向根的指针
{
    if(t==0)
        return;
    cout<<t->data<<'\t';                        //访问根
    if(t->left)
        Preorder(t->left);                      //前序遍历左子树
    if(t->right)                                //断点(1)
        Preorder(t->right);                     //前序遍历右子树
}                                               //断点(2)
```

18.5.2 前序遍历迭代算法

从图 18-7 中不难看出,一个简单的递归函数,需要自我调用很多次,既占用内存,又耗费时间,解决的办法是将递归变换为循环迭代。如何变换呢?

前序遍历递归过程分析:访问结点;结点指针入栈保存,提取左孩子指针,遍历左子树;遍历左子树后,结点指针出栈,从中提取右孩子指针,遍历右子树。结点指针入栈保存的目的是保存右孩子指针。

模仿栈机制:建立一个用户栈,在遍历左子树前,直接将非 0 的右孩子指针入栈保存。

实现前序遍历迭代算法的迭代函数如下:

```
template<class T>
void SimPreorder(const BTNode<T> * t)
{
    if(t==0)
        return;
    Stack<const BTNode<T> * >S;                 //用户栈
```

```
while(t||!S.Empty())
    if(t)
    {
        cout<<t->data<<'\t';                //访问结点
        if(t->right)
            S.Push(t->right);               //右孩子指针入栈保存
        t=t->left;                          //提取左孩子指针
    }
    else
        t=S.Pop();                          //右孩子指针出栈
}
```

前序遍历迭代过程如图 18-8 所示。

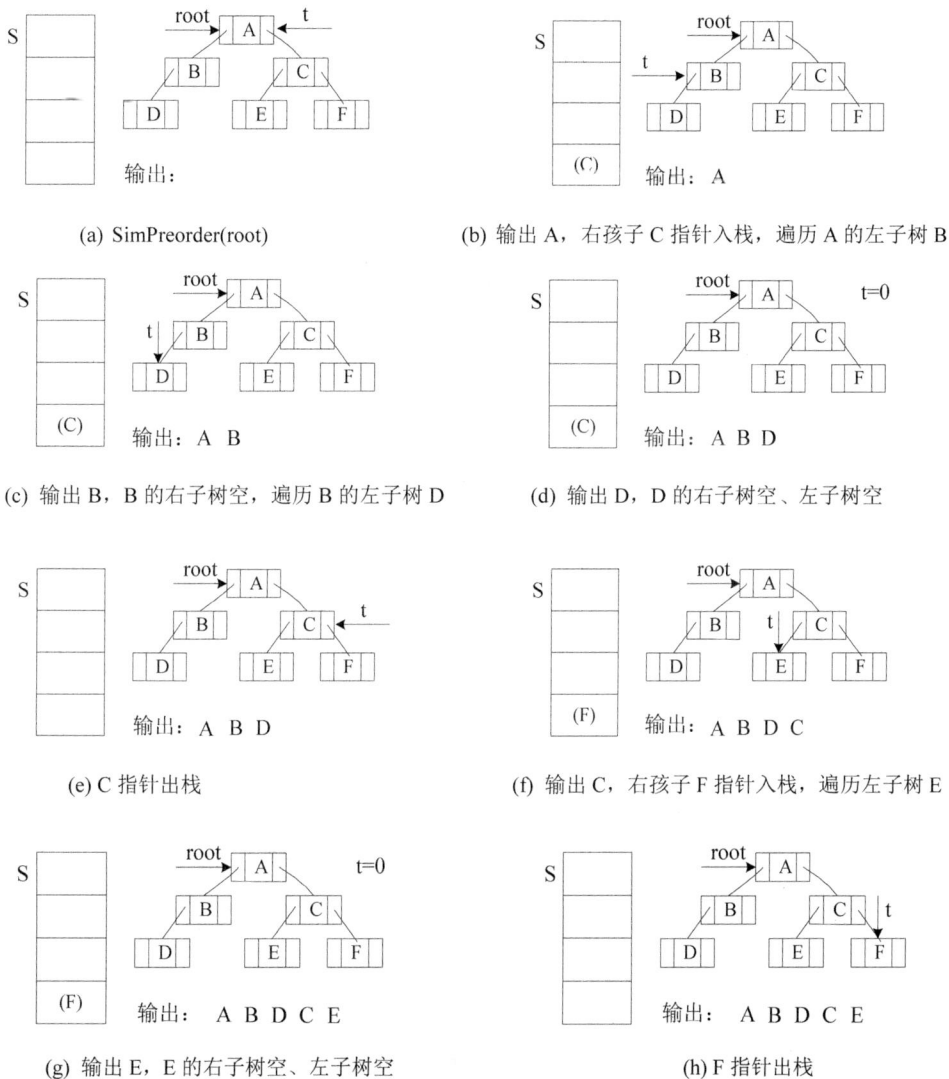

(a) SimPreorder(root)

(b) 输出 A，右孩子 C 指针入栈，遍历 A 的左子树 B

(c) 输出 B，B 的右子树空，遍历 B 的左子树 D

(d) 输出 D，D 的右子树空、左子树空

(e) C 指针出栈

(f) 输出 C，右孩子 F 指针入栈，遍历左子树 E

(g) 输出 E，E 的右子树空、左子树空

(h) F 指针出栈

图 18-8　前序遍历迭代过程示例

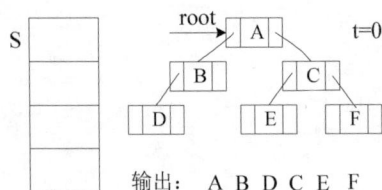

(i) 输出 F，F 的右子树空、左子树空，结束

图 18-8 　(续)

程序 18-4　前序遍历递归算法和迭代算法。

```
#include<iostream>
using namespace std;
#include"btnode.h"
int main()
{
    char a[]={'A','B','C','D','\0','\0','E','F'};
    BTNode<char> * root=MakeBTree(a,7);        //生成二叉链表
    PrintBTree(root,80);                       //垂直输出二叉树
    SimPreorder(root);                         //前序遍历迭代算法
    cout<<endl;
    Preorder(root);                            //前序遍历递归算法
    cout<<endl;

    system("pause");
    return 0;
}
```

18.5.3　快速排序

1. 数组元素划分

按照二叉树的集合表示法，根的意义在于把集合分成两部分：一部分是左子树元素，另一部分是右子树元素。

数组元素划分：选择一个数据元素作为根，把数据元素分为左、中、右三段：中段只有一个元素，是根；左段的元素都不大于根，相当于左子树元素；右段的元素都不小于根，相当于右子树元素。划分步骤如下。

（1）提取数据首元素作为根，留出空位。

（2）在剩余的数据元素中，从右往左遍历，找到第一个小于根的元素停止。将该元素移到上一步的空位，留出新的空位。

（3）在没有访问的数据元素中，从左往右遍历，找到第一个大于根的元素停止。将该元素移到上一步的空位，留出新的空位。

（4）重复（2）和（3），直到所有元素都访问过，只剩一个空位。将根移到空位，返回根的索引。

快速排序如图 18-9 所示。

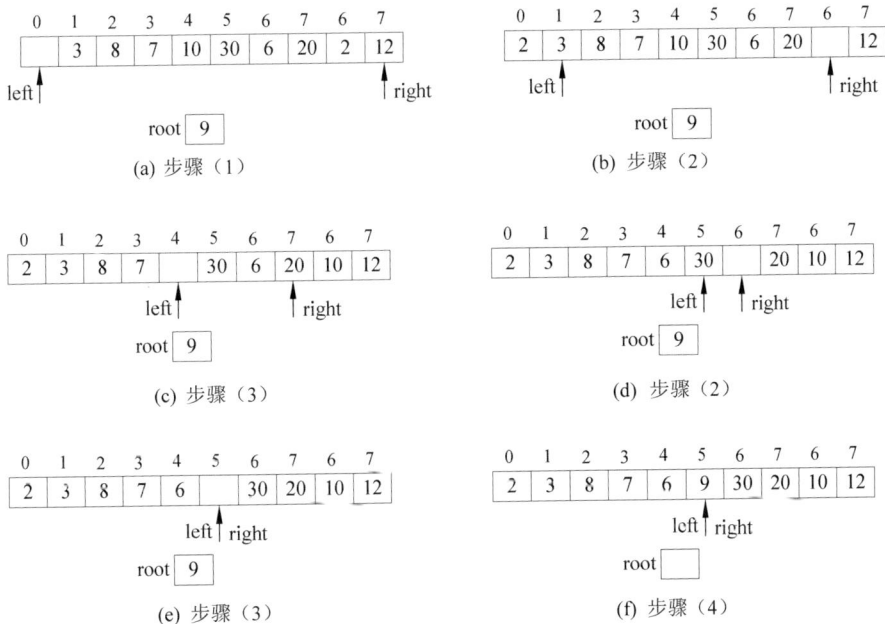

（a）步骤（1）

（b）步骤（2）

（c）步骤（3）

（d）步骤（2）

（e）步骤（3）

（f）步骤（4）

图 18-9　快速排序示例

```
template<class T>
int Partition(T * p,int left,int right)      //对 p[left:right]划分,返回根的索引
{
    T root=p[left];                          //步骤(1)
    while(left!=right)
    {
        while(p[right]>=root&&right>left)    //步骤(2)
            right--;
        if(right>left)
            p[left++]=p[right];
        while(p[left]<=root&&left<right)     //步骤(3)
            left++;
        if(left<right)
            p[right--]=p[left];
    }
    p[left]=root;                            //步骤(4)
    return left;
}
```

2. 快速排序

快速排序递归算法如下。

（1）对数组划分。

（2）对左子树快速排序。

（3）对右子树快速排序。

二叉树前序遍历递归算法是快速排序递归算法的模型，步骤（1）是访问根，步骤（2）和（3）是遍历左子树和右子树。

```cpp
template<class T>
void QuickSort(T * p,int left,int right)        //快速排序
{
    if(left>=right)
        return;
    int m=Partition(p,left,right);              //对数组划分
    QuickSort(p,left,m-1);                      //对左子树快速排序
    QuickSort(p,m+1,right);                     //对右子树快速排序
}
template<class T>
void QuickSort(T * p,int n)                     //快速排序引擎
{
    QuickSort(p,0,n-1);                         //调用快速排序递归算法
}
```

函数分析

快速排序引擎的意义：使快速排序函数的形参列表和其他排序函数的形参列表一致。

程序 18-5　快速排序。

```cpp
#include<iostream>
using namespace std;
template<class T>
int Partition(T * p,int left,int right);        //划分

template<class T>
void QuickSort(T * p,int low,int high );        //快速排序

template<class T>
void QuickSort(T * p,int n);                    //快速排序引擎

template<class T>
void Output(const T * p,int n);

int main()
{
    int data[10];
    int item;
    cout<<"Enter 10 integers:"<<endl;
```

```
    for(int i=0;i<10;i++)
    {
        cin>>item;
        data[i]=item;
    }

    QuickSort(data,10);

    Output(data,10);

    system("pause");
    return 0;
}
template<class T>
int Partition(T * p,int left,int right)
{
    T root=p[left];                             //步骤(1)
    while(left!=right)
    {
        while(p[right]>=root&&right>left)       //步骤(2)
            right--;
        if(right>left)
            p[left++]=p[right];
        while(p[left]<=root&&left<right)        //步骤(3)
            left++;
        if(left<right)
            p[right--]=p[left];
    }
    p[left]=root;                               //步骤(4)
    return left;
}
template<class T>
void QuickSort(T * p,int left,int right)        //快速排序
{
    if(left>=right)
        return;
    int m=Partition(p,left,right);
    QuickSort(p,left,m-1);
    QuickSort(p,m+1,right);
}
template<class T>
void QuickSort(T * p,int n)                     //快速排序引擎
{
    QuickSort(p,0,n-1);
}
template<class T>
```

```
void Output(const T * p,int n)                    //输出
{
    int i;
    for(i=0;i<n;i++)
        cout<<p[i]<<'\t';
    cout<<endl;
}
```

程序运行结果(粗体表示输入):

```
Enter 10 integers:
6 4 7 3 8 1 3 10 9 2[Enter]
1      2      3      3      4      6      7      8      9      10
```

18.6　中　序　遍　历

中序遍历定义如下。

(1) 中序遍历左子树。

(2) 访问根。

(3) 中序遍历右子树。

以图 18-4(a)为例,中序序列为 DBAECF。这是一种递归定义。可以证明,二叉树的中序序列是唯一的,证明方法与前序序列的证明方法类似。

18.6.1　中序遍历递归算法

实现中序遍历递归算法的递归函数如下:

```
template<class T>
void Inorder(const BTNode<T> * t)
{
    if(t==0)
        return;
    Inorder(t->left);                 //中序遍历左子树
    cout<<t->data<<'\t';              //断点(1)
    Inorder(t->right);                //中序遍历右子树
}                                     //断点(2)
```

这个函数两次调用自己:一次是中序遍历左子树,另一次是中序遍历右子树。形参 t 是递归参数,是指向二叉树结点的指针。在调用自己时,这个参数指向子树的根,子树的层数减少,因此参数变小。最深层的递归是指针指向的结点没有左、右子树,函数在输出结点的值后,不再调用自己,开始回溯。

中序遍历递归过程如图 18-10 所示。

```
template<class T>
void Inorder(const BTNode<T>* t)
{
    if(t==0)
        return;
    Inorder(t->left);
    cout<<t->data<<'\t';    //断点(1)
    Inorder(t->right);
}                           //断点(2)
```
输出：

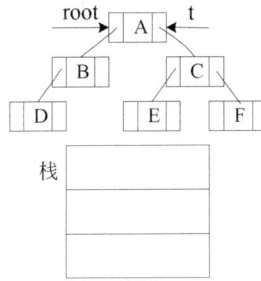

(a) Inorder(root)

```
template<class T>
void Inorder(const BTNode<T>* t)
{
    if(t==0)
        return;
    Inorder(t->left);
    cout<<t->data<<'\t';    //断点(1)
    Inorder(t->right);
}                           //断点(2)
```
输出：

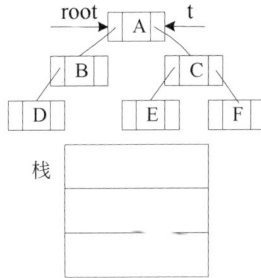

(b) 准备遍历 A 的左子树 B

```
template<class T>
void Inorder(const BTNode<T>* t)
{
    if(t==0)
        return;
    Inorder(t->left);
    cout<<t->data<<'\t';    //断点(1)
    Inorder(t->right);
}                           //断点(2)
```
输出：

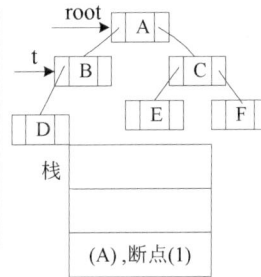

(c) 一次入栈保护 A 现场，开始遍历 A 的左子树 B

```
template<class T>
void Inorder(const BTNode<T>* t)
{
    if(t==0)
        return;
    Inorder(t->left);
    cout<<t->data<<'\t';    //断点(1)
    Inorder(t->right);
}                           //断点(2)
```
输出：

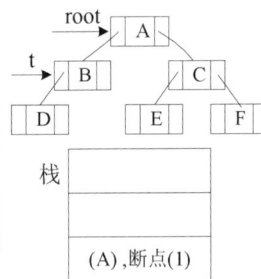

(d) 准备遍历 B 的左子树 D

图 18-10　中序遍历递归过程示例（部分）

```
template<class T>
void Inorder(const BTNode<T>* t)
{
    if(t==0)
        return;
    Inorder(t->left);
    cout<<t->data<<'\t';    //断点(1)
    Inorder(t->right);
}                            //断点(2)
```
输出：

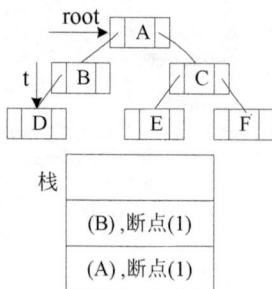

(e) 一次入栈保护 B 现场，开始遍历 B 的左子树 D

```
template<class T>
void Inorder(const BTNode<T>* t)
{
    if(t==0)
        return;
    Inorder(t->left);
    cout<<t->data<<'\t';    //断点(1)
    Inorder(t->right);
}                            //断点(2)
```
输出：

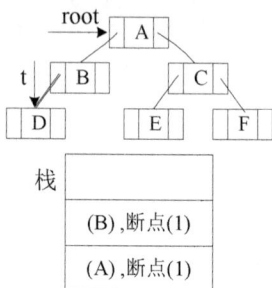

(f) 准备遍历 D 的左子树 0

```
template<class T>
void Inorder(const BTNode<T>* t)
{
    if(t==0)
        return;
    Inorder(t->left);
    cout<<t->data<<'\t';    //断点(1)
    Inorder(t->right);
}                            //断点(2)
```
输出：

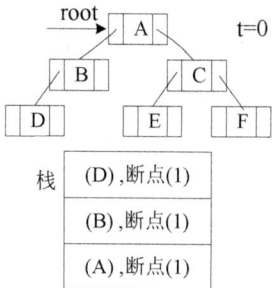

(g) 一次入栈保护 D 现场，开始遍历 D 的左子树 0

```
template<class T>
void Inorder(const BTNode<T>* t)
{
    if(t==0)
        return;
    Inorder(t->left);
    cout<<t->data<<'\t';    //断点(1)
    Inorder(t->right);
}                            //断点(2)
```
输出：

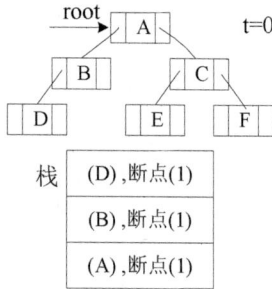

(h) D 没有左子树，准备一次返回 D 子树

图 18-10 （续）

```
template<class T>
void Inorder(const BTNode<T>* t)
{
    if(t==0)
        return;
    Inorder(t->left);
    cout<<t->data<<'\t';    //断点(1)
    Inorder(t->right);
}                           //断点(2)
输出：
```

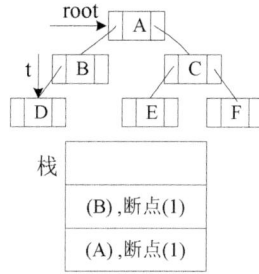

(i) 一次出栈恢复 D 现场

```
template<class T>
void Inorder(const BTNode<T>* t)
{
    if(t==0)
        return;
    Inorder(t->left);
    cout<<t->data<<'\t';    //断点(1)
    Inorder(t->right);
}                           //断点(2)
输出：D
```

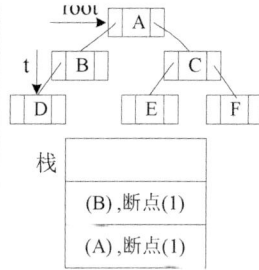

(j) 输出 D，准备遍历 D 的右子树 0

```
template<class T>
void Inorder(const BTNode<T>* t)
{
    if(t==0)
        return;
    Inorder(t->left);
    cout<<t->data<<'\t';    //断点(1)
    Inorder(t->right);
}                           //断点(2)
输出：D
```

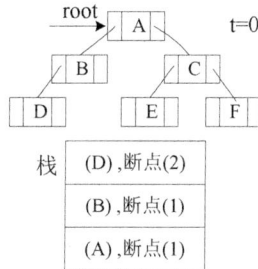

(k) 二次入栈保护 D 现场，开始遍历 D 的右子树 0

```
template<class T>
void Inorder(const BTNode<T>* t)
{
    if(t==0)
        return;
    Inorder(t->left);
    cout<<t->data<<'\t';    //断点(1)
    Inorder(t->right);
}                           //断点(2)
输出：D
```

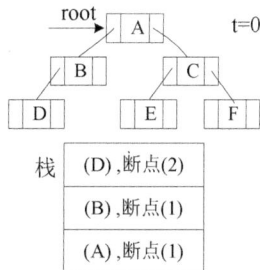

(l) D 没有右子树，准备二次返回 D 子树

图 18-10　（续）

```
template<class T>
void Inorder(const BTNode<T>* t)
{
    if(t==0)
        return;
    Inorder(t->left);
    cout<<t->data<<'\t';    //断点(1)
    Inorder(t->right);
}                           //断点(2)
```
输出：D

栈	
(B),断点(1)	
(A),断点(1)	

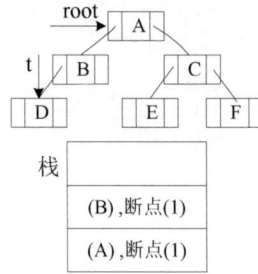

(m) 二次出栈恢复 D 现场，准备一次返回 B 子树

```
template<class T>
void Inorder(const BTNode<T>* t)
{
    if(t==0)
        return;
    Inorder(t->left);
    cout<<t->data<<'\t';    //断点(1)
    Inorder(t->right);
}                           //断点(2)
```
输出：D

栈	
(A),断点(1)	

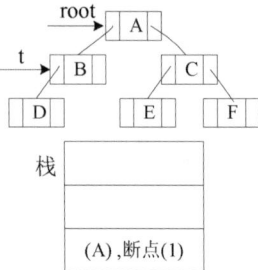

(n) 一次出栈恢复 B 现场

```
template<class T>
void Inorder(const BTNode<T>* t)
{
    if(t==0)
        return;
    Inorder(t->left);
    cout<<t->data<<'\t';    //断点(1)
    Inorder(t->right);
}                           //断点(2)
```
输出：D B

栈	
(A),断点(1)	

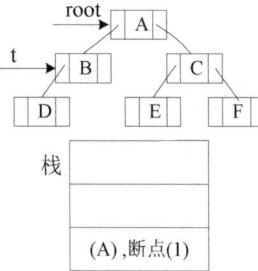

(o) 输出 B，准备遍历 B 的右子树 0

```
template<class T>
void Inorder(const BTNode<T>* t)
{
    if(t==0)
        return;
    Inorder(t->left);
    cout<<t->data<<'\t';    //断点(1)
    Inorder(t->right);
}                           //断点(2)
```
输出：D B

栈	
(B),断点(2)	
(A),断点(1)	

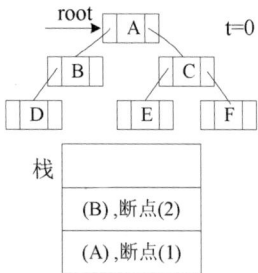

(p) 二次入栈保护 B 出现场，开始遍历 B 的右子树 0

图 18-10　（续）

```
template<class T>
void Inorder(const BTNode<T>* t)
{
    if(t==0)
        return;
    Inorder(t->left);
    cout<<t->data<<'\t';   //断点(1)
    Inorder(t->right);
}                          //断点(2)
```
输出：D B

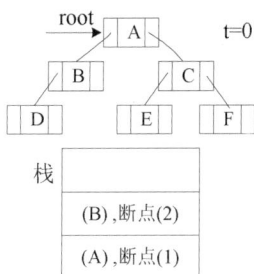

(q) B 没有右子树，准备二次返回 B 子树

```
template<class T>
void Inorder(const BTNode<T>* t)
{
    if(t==0)
        return;
    Inorder(t->left);
    cout<<t->data<<'\t';   //断点(1)
    Inorder(t->right);
}                          //断点(2)
```
输出：D B

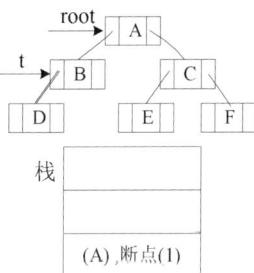

(r) 二次出栈恢复 B 现场，准备一次返回 A 树

```
template<class T>
void Inorder(const BTNode<T>* t)
{
    if(t==0)
        return;
    Inorder(t->left);
    cout<<t->data<<'\t';   //断点(1)
    Inorder(t->right);
}                          //断点(2)
```
输出：D B

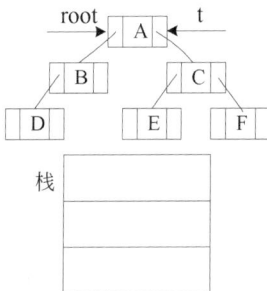

(s) 一次出栈恢复 A 现场

```
template<class T>
void Inorder(const BTNode<T>* t)
{
    if(t==0)
        return;
    Inorder(t->left);
    cout<<t->data<<'\t';   //断点(1)
    Inorder(t->right);
}                          //断点(2)
```
输出：D B A

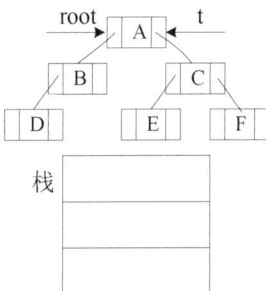

(t) 输出 A，准备遍历 A 的右子树 C

图 18-10 （续）

```
template<class T>
void Inorder(const BTNode<T>* t)
{
    if(t==0)
        return;
    Inorder(t->left);
    cout<<t->data<<'\t';    //断点(1)
    Inorder(t->right);
}                           //断点(2)
```
输出：D B A

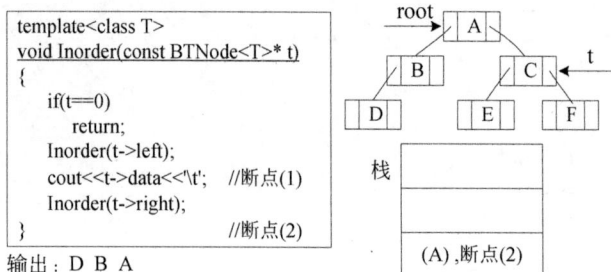

(u) 二次保护 A 现场，开始遍历 A 的右子树 C

图 18-10 （续）

中序遍历递归函数还有另一个版本，含有 if 子句，遍历的左、右子树不能为空，即递归过程直到指针所指向的结点没有左、右子树 0 为止，开始回溯。代码如下：

```
template<class T>
void Inorder(const BTNode<T> * t)
{
    if(t==0)
        return;
    if(t->left)
        Inorder(t->left);               //中序遍历左子树
    cout<<t->data<<'\t';                 //断点(1)
    if(t->right)
        Inorder(t->right);              //中序遍历右子树
}                                        //断点(2)
```

18.6.2 中序遍历迭代算法

从图 18-10 分析中序遍历递归过程：结点指针入栈保存，提取左孩子指针，遍历左子树；结点指针出栈，访问结点；从中提取右孩子指针，遍历右子树。结点指针入栈保存的目的既要输出结点，又要提取右孩子指针。

模仿栈机制：建立一个用户栈，保存结点指针。

实现中序遍历迭代算法的迭代函数如下：

```
template<class T>
void SimInorder(const BTNode<T> * t)
{
    if(t==0)
        return;
    Stack<const BTNode<T> * >S;          //用户栈
    while(t||!S.Empty())
        if(t)
        {
            S.Push(t);                   //结点指针入栈保存
```

```
        t=t->left;                        //提取左孩子指针
    }
    else
    {
        t=S.Pop();                        //结点指针出栈
        cout<<t->data<<'\t';              //访问结点
        t=t->right;                       //提取右孩子指针
    }
}
```

中序遍历迭代过程如图 18-11 所示。

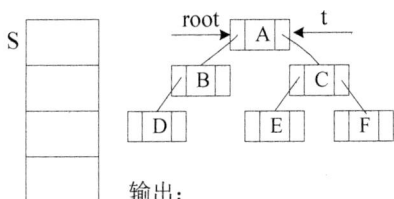

(a) SimInorder(root)

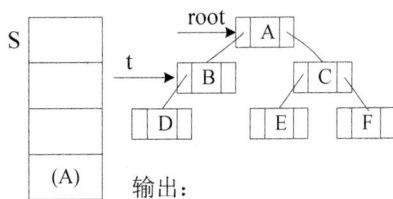

(b) A 指针入栈，遍历 A 的左子树 B

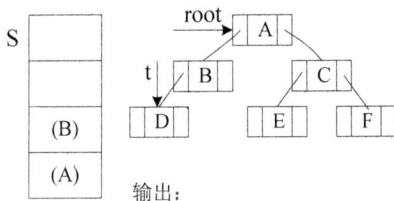

(c) B 指针入栈，遍历 B 的左子树 D

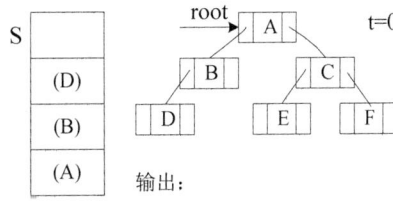

(d) D 指针入栈，左子树空

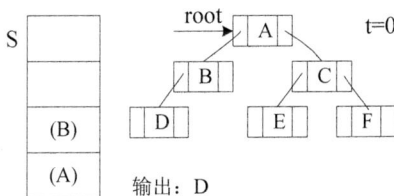

(e) D 出栈，输出 D，D 的右子树空

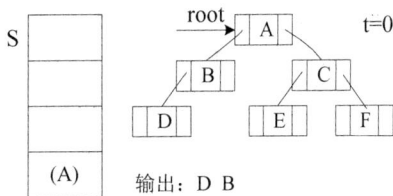

(f) B 出栈，输出 B，B 的右子树空

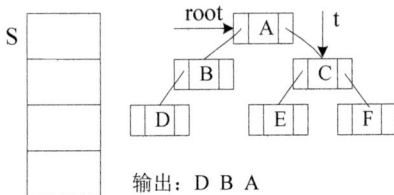

(g) A 出栈，输出 A，遍历 A 的右子树 C

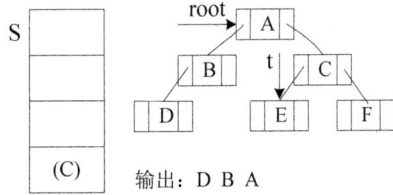

(h) C 指针入栈，遍历 C 的左子树 E

图 18-11　中序遍历迭代过程示例

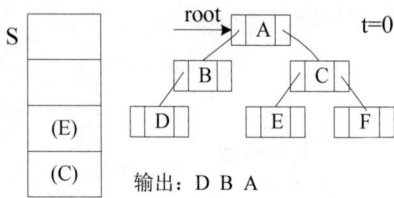

(i) E 指针入栈，E 的左子树空

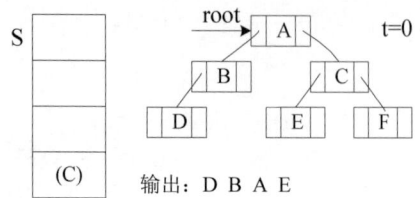

(j) E 出栈，输出 E，E 的右子树空

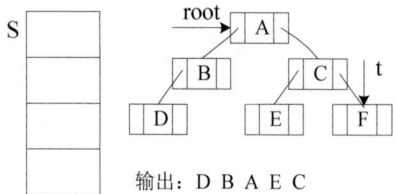

(k) C 出栈，输出 C，遍历 C 的右子树 F

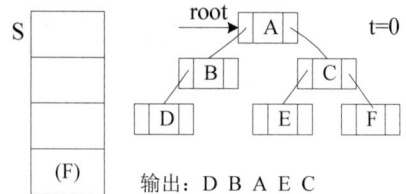

(l) F 指针入栈，F 的左子树空

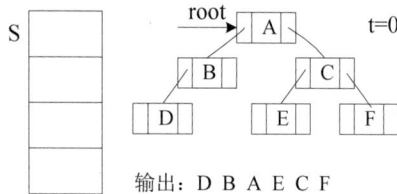

(m) F 出栈，输出 F，F 的右子树空，结束

图 18-11 （续）

程序 18-6 中序遍历递归算法和迭代算法。

```
#include<iostream>
using namespace std;
#include"btnode.h"
int main()
{
    char a[]={'A','B','C','D','\0','E','F'};
    BTNode<char> * root=MakeBTree(a,7);        //生成二叉链表
    PrintBTree(root,40);                       //垂直输出二叉树
    SimInorder(root);                          //中序遍历迭代算法
    cout<<endl;
    Inorder(root);                             //中序遍历递归算法
    cout<<endl;

    system("pause");
    return 0;
}
```

程序运行结果：

```
                A
        B               C
    D               E       F
    D   B   A       E   C       F
    D   B   A       E   C       F
```

18.6.3　n 阶汉诺塔

印度有一个古老的传说。大梵天创造世界的时候做了三根金刚石柱,在一根金刚石柱上,从大到小摞着 64 个黄金圆盘。大梵天命令婆罗门把盘子移到另一根金刚石柱上,每次只移动一个盘子,任何时刻,大盘子不能压在小盘子上。据说,盘子移动完了,世界就到末日了。这就是著名的汉诺塔(tower of Hanoi)问题。n 阶汉诺塔问题是指把 n 个盘子从一根金刚石柱上移到另一根金刚石柱上。下面对 n 阶汉诺塔问题编程求解。

用 A、B、C 表示三根金刚石柱。用 1~n 给盘子从上到下编号。用四元组(n,起始位置,中间位置,结束位置)表示 n 阶汉诺塔问题。例如,(n,A,B,C)表示把 n 个盘子从 A 移到 C,可以借助 B;(n,B,A,C)表示把 n 个盘子从 B 移到 C,可以借助 A。

下面用归纳法证明汉诺塔问题存在解。

如果只有一个盘子,直接把这个盘子从起始位置移到结束位置。例如,1 阶汉诺塔问题(1,A,B,C),直接把 1 号盘子从 A 移到 C。

假设 n 阶汉诺塔问题存在解,现在证明 n+1 阶汉诺塔问题也存在解。盘子分三步顺序移动:第一步,把上面 n 个盘子从起始位置移到中间位置,这是 n 阶汉诺塔问题,按照假设,它存在解;第二步,把第 n+1 号盘子从起始位置直接移动到结束位置;第三步,把中间位置的 n 个盘子移到结束位置,这是 n 阶汉诺塔问题,按照假设,它存在解。归纳证明完毕。

以 2 阶汉诺塔问题(2,A,B,C)为例:第一步把上面的 1 号盘子从 A 移到 B,这是 1 阶汉诺塔问题(1,A,C,B);第二步把第 2 号盘子直接移到 C;第三步把 B 上的 1 个盘子移到 C,这也是 1 阶汉诺塔问题(1,B,A,C)。如图 18-12 所示。

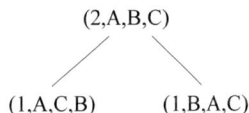

这是一棵满二叉树,树的每个结点都是一个用四元组表示的汉诺塔问题。如果阶数大于 1,它就有左右孩子。它和左孩子的关系是阶数差 1,中间位置和结束位置交换;它和右孩子的关系是阶数差 1,起始位置和中间位置交换。这棵树称为**汉诺塔状态树**。这棵树的中序序列(1,A,C,B),(2,A,B,C),(1,B,A,C)是 2 阶汉诺塔问题的解。其中,每个结点在中序序列中表示直接移动,(1,A,C,B)表示把 1 号盘子直接移到 B,如图 18-13(b)所示;(2,A,B,C)表示把 2 号盘子从 A 直接移到 C,如图 18-13(c)所示;(1,B,A,C)表示把 1 号盘子从 B 直接移到 C,所图 18-13(d)所示。

图 18-12　2 阶汉诺塔状态树

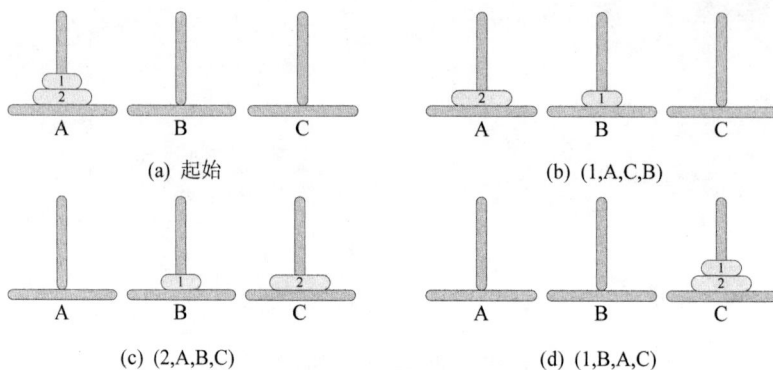

(a) 起始　　　　　　　　　　　(b) (1,A,C,B)

(c) (2,A,B,C)　　　　　　　　　(d) (1,B,A,C)

图 18-13　2 阶汉诺塔问题的解

再以 3 阶汉诺塔问题（3，A，B，C）为例，如图 18-14 所示。

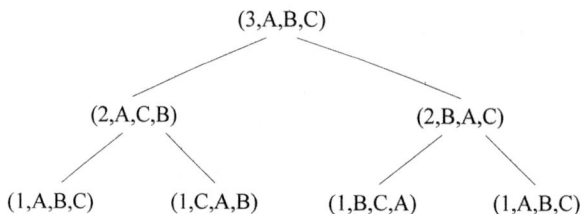

图 18-14　3 阶汉诺塔状态树

这棵树的中序序列(1,A,B,C),(2,A,C,B),(1,C,A,B),(3,A,B,C),(1,B,C,A),
(2,B,A,C),(1,A,B,C)是 3 阶汉诺塔问题的解。

n 阶汉诺塔问题递归求解如下（见图 18-15）。

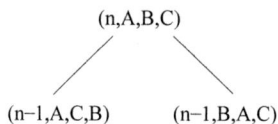

图 18-15　n 阶汉诺塔问题求解模型

（1）n−1 阶汉诺塔问题求解，中间位置和结束位置交换。

（2）把第 n 号盘子从起始位置直接移到结束位置。

（3）n−1 阶汉诺塔问题求解，起始位置和中间位置交换。

n 阶汉诺塔问题递归求解模型是二叉树中序遍历递归算法。

程序 18-7　汉诺塔问题求解。

```
#include<iostream>
using namespace std;
void Hanoi(int n,char S,char M,char E)
{
    if(n<=0)
        return;
```

```
    if(n>1)
        Hanoi(n-1,S,E,M);                    //步骤(1)
    cout<<n<<':'<<S<<"->"<<E<<endl;          //步骤(2)
    if(n>1)
        Hanoi(n-1,M,S,E);                    //步骤(3)
}
int main()
{
    Hanoi(3,'A','B','C');                    //3阶汉诺塔问题(3,A,B,C)

    system("pause");
    return 0;
}
```

程序运行结果：

```
1:A->C
2:A->D
1:C->B
3:A->C
1:B->A
2:B->C
1:A->C
```

18.7　后　序　遍　历

后序遍历定义如下。

(1) 后序遍历左子树。

(2) 后序遍历右子树。

(3) 访问根。

以图 18-4(a) 为例,后序序列为 DBEFCA。可以证明,二叉树的后序序列是唯一的,证明方法与前序序列的证明方法类似。

18.7.1　后序遍历递归算法

实现后序遍历递归算法的递归函数如下:

```
template<class T>
void Postorder(const BTNode<T> * t)
{
    if(t==0)
        return;
    Postorder(t->left);                      //后序遍历左子树
```

```
    Postorder(t->right);                //断点(1)。后序遍历右子树
    cout<<t->data<<'\t';                //断点(2)。输出结点数据元素
}
```

后序遍历递归过程如图 18-16 所示。

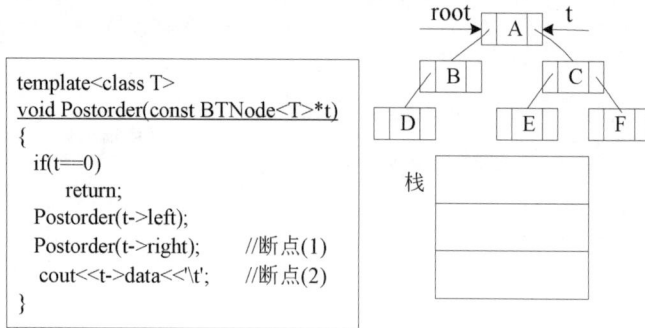

```
template<class T>
void Postorder(const BTNode<T>*t)
{
  if(t==0)
      return;
  Postorder(t->left);
  Postorder(t->right);     //断点(1)
   cout<<t->data<<'\t';     //断点(2)
}
```

输出：

(a) Postorder(root)

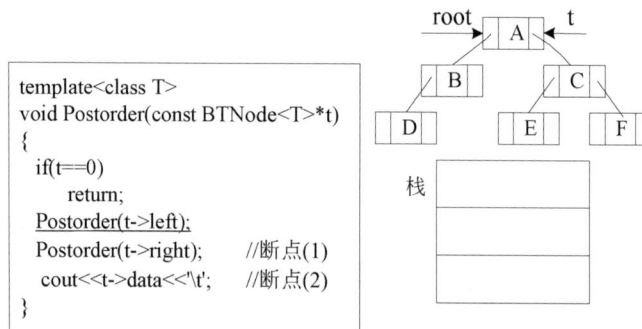

```
template<class T>
void Postorder(const BTNode<T>*t)
{
  if(t==0)
      return;
  Postorder(t->left);
  Postorder(t->right);        //断点(1)
   cout<<t->data<<'\t';       //断点(2)
}
```

输出：

(b) 准备遍历 A 的左子树 B

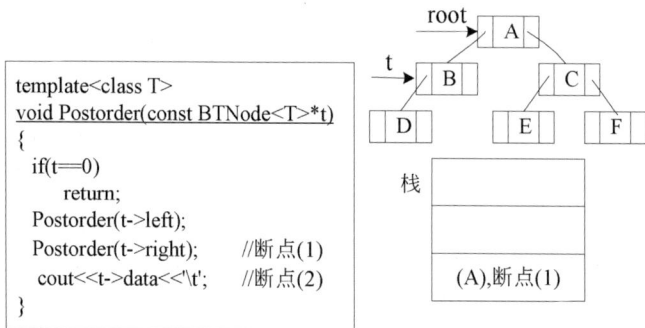

```
template<class T>
void Postorder(const BTNode<T>*t)
{
  if(t==0)
      return;
  Postorder(t->left);
  Postorder(t->right);        //断点(1)
   cout<<t->data<<'\t';       //断点(2)
}
```

输出：

(c) 一次入栈保护 A 现场，开始遍历 A 的左子树 B

图 18-16　后序遍历递归过程示例（部分）

```
template<class T>
void Postorder(const BTNode<T>*t)
{
  if(t==0)
      return;
  Postorder(t->left);
  Postorder(t->right);        //断点(1)
   cout<<t->data<<'\t';       //断点(2)
}
```

输出:

(d) 准备遍历 B 的左子树 D

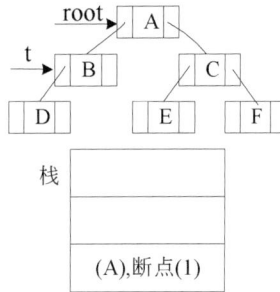

```
template<class T>
void Postorder(const BTNode<T>*t)
{
  if(t==0)
      return;
  Postorder(t->left);
  Postorder(t->right);        //断点(1)
   cout<<t->data<<'\t';       //断点(2)
}
```

输出:

(e) 一次入栈保护 B 现场，开始遍历 B 的左子树 D

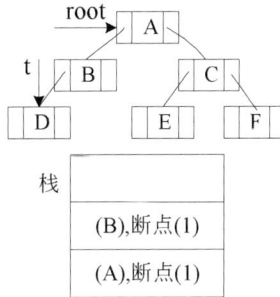

```
template<class T>
void Postorder(const BTNode<T>*t)
{
  if(t==0)
      return;
  Postorder(t->left);
  Postorder(t->right);        //断点(1)
   cout<<t->data<<'\t';       //断点(2)
}
```

输出:

(f) 准备遍历 D 的左子树 0

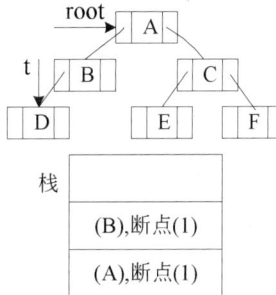

图 18-16 （续）

```
template<class T>
void Postorder(const BTNode<T>*t)
{
  if(t==0)
      return;
  Postorder(t->left);
  Postorder(t->right);      //断点(1)
   cout<<t->data<<'\t';     //断点(2)
}
```

输出:

(g) 一次入栈保护 D 现场，开始遍历 D 的左子树 0

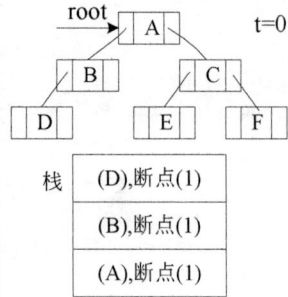

```
template<class T>
void Postorder(const BTNode<T>*t)
{
  if(t==0)
      return;
  Postorder(t->left);
  Postorder(t->right);      //断点(1)
   cout<<t->data<<'\t';     //断点(2)
}
```

输出:

(h) D 没有左子树，指针为 0，准备一次返回 D 子树

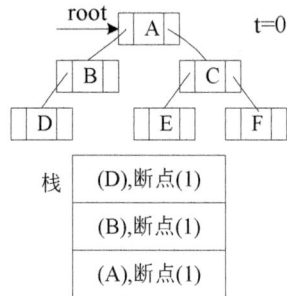

```
template<class T>
void Postorder(const BTNode<T>*t)
{
  if(t==0)
      return;
  Postorder(t->left);
  Postorder(t->right);      //断点(1)
   cout<<t->data<<'\t';     //断点(2)
}
```

输出:

(i) 一次出栈恢复 D 现场，准备遍历 D 的右子树 0

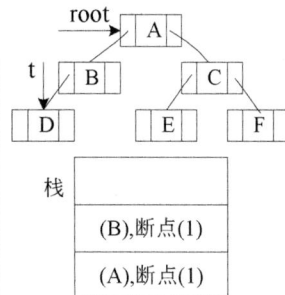

图 18-16　（续）

```
template<class T>
void Postorder(const BTNode<T>*t)
{
  if(t==0)
      return;
  Postorder(t->left);
  Postorder(t->right);        //断点(1)
   cout<<t->data<<'\t';       //断点(2)
}
```

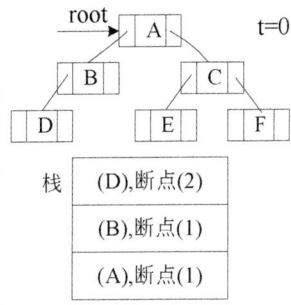

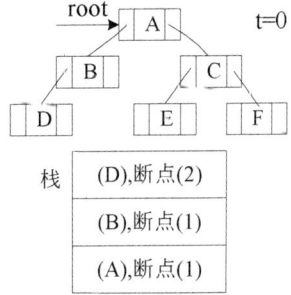

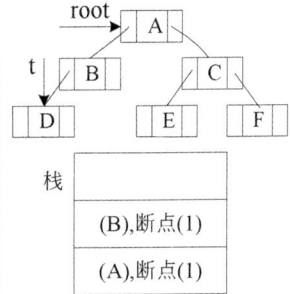

输出：

(j) 二次入栈保护 D 现场，开始遍历 D 的右子树 0

```
template<class T>
void Postorder(const BTNode<T>*t)
{
  if(t==0)
      return;
  Postorder(t->left);
  Postorder(t->right);        //断点(1)
   cout<<t->data<<'\t';       //断点(2)
}
```

输出：

(k) D 没有右子树，指针为 0，准备二次返回 D 子树

```
template<class T>
void Postorder(const BTNode<T>*t)
{
  if(t==0)
      return;
  Postorder(t->left);
  Postorder(t->right);        //断点(1)
   cout<<t->data<<'\t';       //断点(2)
}
```

输出：

(l) 二次出栈恢复 D 现场，准备输出 D

图 18-16 （续）

```
template<class T>
void Postorder(const BTNode<T>*t)
{
  if(t==0)
     return;
  Postorder(t->left);
  Postorder(t->right);      //断点(1)
   cout<<t->data<<'\t';     //断点(2)
}
```

输出：D

(m) 输出 D， 准备一次返回 B 子树

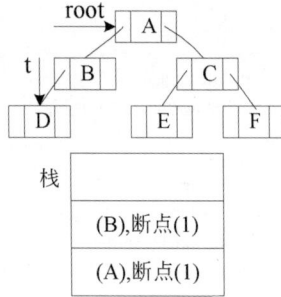

```
template<class T>
void Postorder(const BTNode<T>*t)
{
  if(t==0)
     return;
  Postorder(t->left);
  Postorder(t->right);      //断点(1)
   cout<<t->data<<'\t';     //断点(2)
}
```

输出：D

(n) 一次出栈恢复 B 现场，准备遍历 B 的右子树

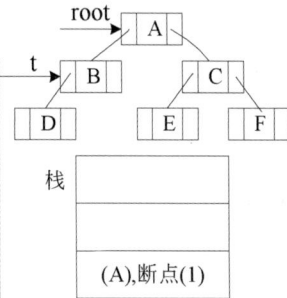

```
template<class T>
void Postorder(const BTNode<T>*t)
{
  if(t==0)
     return;
  Postorder(t->left);
  Postorder(t->right);      //断点(1)
   cout<<t->data<<'\t';     //断点(2)
}
```

输出：D

(o) 二次入栈保护 B 现场，开始遍历 B 的右子树

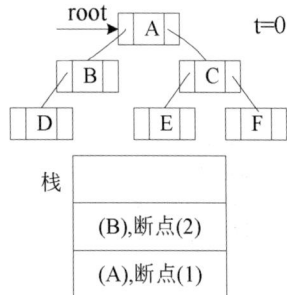

图 18-16　（续）

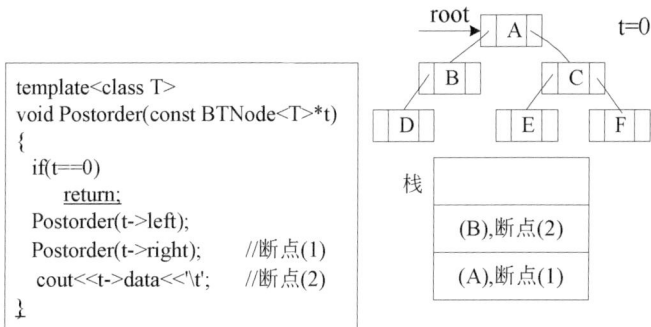

```
template<class T>
void Postorder(const BTNode<T>*t)
{
  if(t==0)
     return;
  Postorder(t->left);
  Postorder(t->right);      //断点(1)
  cout<<t->data<<'\t';      //断点(2)
}
```

输出：D

(p) B 没有右子树，指针为 0，准备二次返回 B 子树

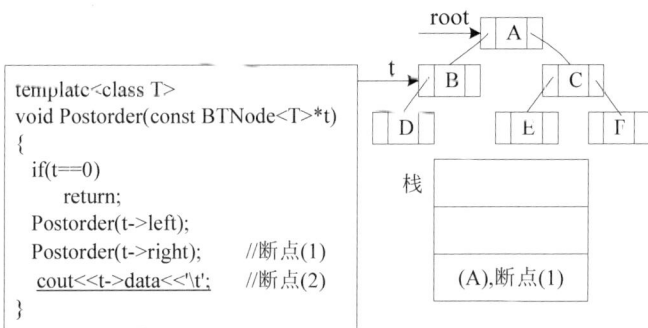

```
template<class T>
void Postorder(const BTNode<T>*t)
{
  if(t==0)
     return;
  Postorder(t->left);
  Postorder(t->right);      //断点(1)
  cout<<t->data<<'\t';      //断点(2)
}
```

输出：D

(q) 二次出栈恢复 B 现场

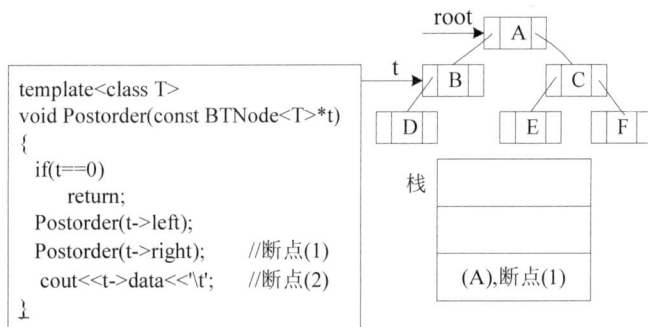

```
template<class T>
void Postorder(const BTNode<T>*t)
{
  if(t==0)
     return;
  Postorder(t->left);
  Postorder(t->right);      //断点(1)
  cout<<t->data<<'\t';      //断点(2)
}
```

输出：D B

(r) 输出 B，准备一次返回 A 树

图 18-16　（续）

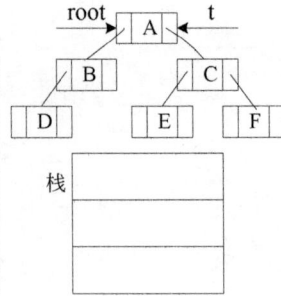

```
template<class T>
void Postorder(const BTNode<T>*t)
{
    if(t==0)
        return;
    Postorder(t->left);
    Postorder(t->right);      //断点(1)
    cout<<t->data<<'\t';      //断点(2)
}
```

输出：D B

(s) 一次出栈恢复 A 现场，准备遍历 A 的右子树 C

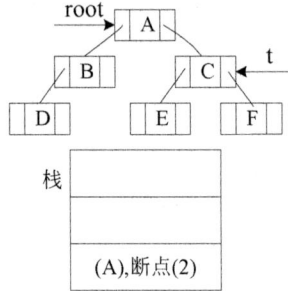

```
template<class T>
void Postorder(const BTNode<T>*t)
{
    if(t==0)
        return;
    Postorder(t->left);
    Postorder(t->right);      //断点(1)
    cout<<t->data<<'\t';      //断点(2)
}
```

输出：D B

(t) 二次入栈保护 A 现场，开始遍历 A 的右子树 C

图 18-16 （续）

中序遍历递归函数还有另一个版本,含有 if 子句,代码如下：

```
template<class T>
void Postorder(const BTNode<T> * t)
{
    if(t==0)
        return;
    if(t->left)
        Postorder(t->left);           //后序遍历左子树
    if(t->right)                       //断点(1)
        Postorder(t->right);          //后序遍历右子树
    cout<<t->data<<'\t';              //断点(2)
}
```

18.7.2 后序遍历迭代算法

从图 18-16 分析后序遍历递归过程：结点指针入栈保存，提取左孩子指针，遍历左子树；结点指针第一次出栈，再入栈保存，提取右孩子指针，遍历右子树；结点指针第二次出栈，访问结点。

模仿栈机制：建立两个平行的栈，一个保存结点指针，另一个记录结点指针入栈次数，当结点指针第二次出栈时，访问该结点。

实现后序遍历迭代算法的迭代函数如下：

```
template<class T>
void SimPostorder(const BTNode<T> * t)
{
    if(t==0)
        return;
    int tag;
    Stack<int>tagS;
    Stack<const BTNode<T> * >S;
    const BTNode<T> * p;
    while(t||!S.Empty())
        if(t)
        {
            S.Push(t);
            tagS.Push(1);
            t=t->left;
        }
        else
        {
            p=S.Pop();
            tag=tagS.Pop();
            if(tag==1)                      //第一次出栈
            {
                S.Push(p);
                tagS.Push(2);
                t=p->right;
            }
            else                            //第二次出栈
                cout<<p->data<<'\t';
        }
}
```

后序遍历迭代过程如图 18-17 所示。

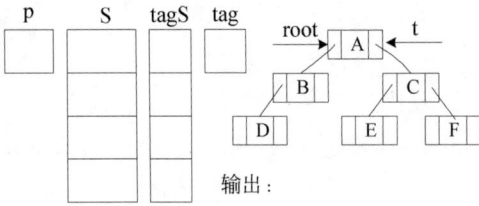

(a) SimPostorder(root)

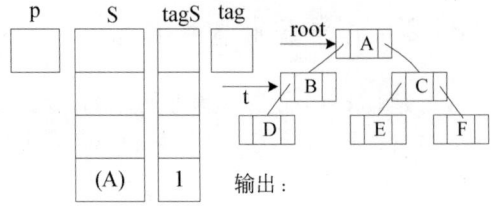

(b) A 第一次入栈，遍历 A 的左子树 B

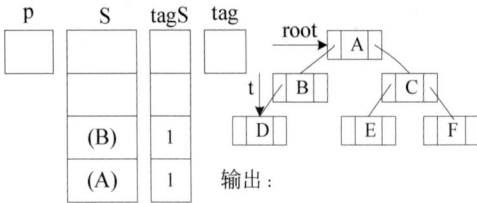

(c) B 第一次入栈，遍历 B 的左子树 D

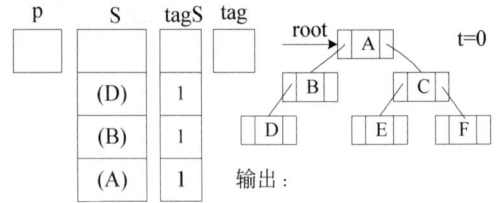

(d) D 第一次入栈，D 的左子树空

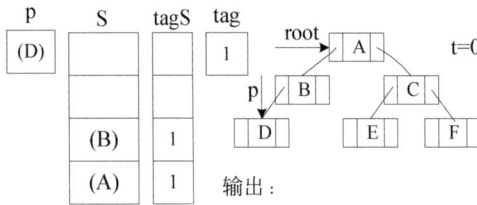

(e) D 第一次出栈

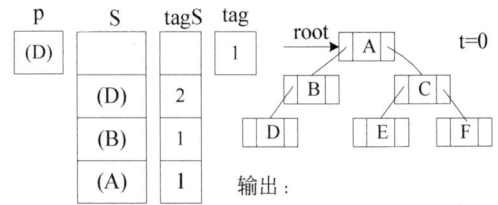

(f) D 第二次入栈，D 的右子树空

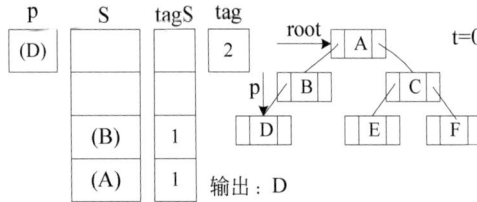

(g) D 第二次出栈，输出 D

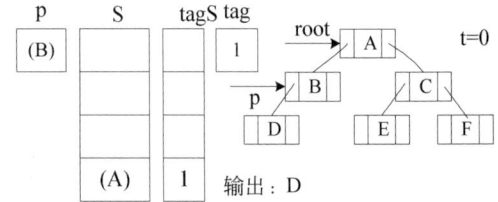

(h) B 第一次出栈

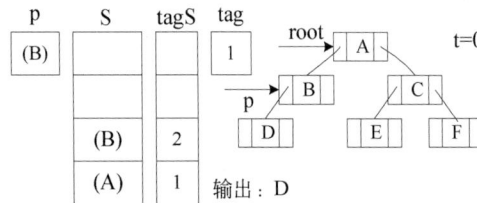

(i) B 第二次入栈，B 的右子树空

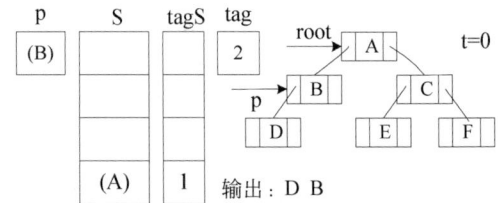

(i) B 第二次出栈，输出 B

图 18-17　后序遍历迭代过程示例

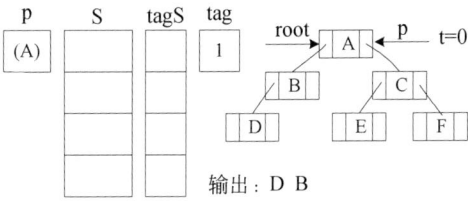

(k) A 第一次出栈

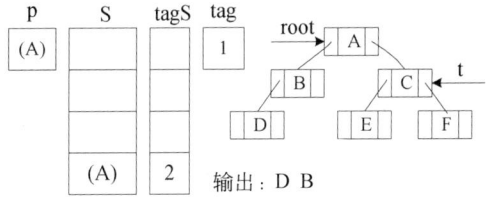

输出：D B

(l) A 第二次入栈，遍历 A 的右子树 C

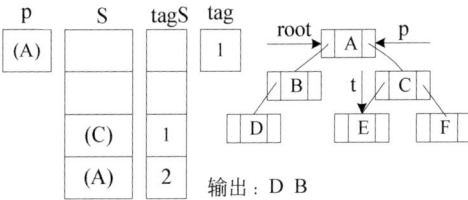

输出：D B

(m) C 第一次入栈，遍历 C 的左子树 E

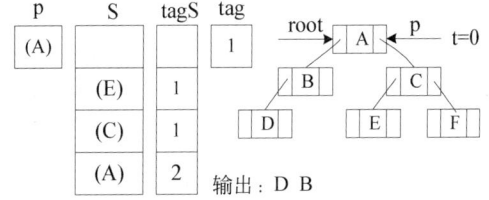

输出：D B

(n) E 第一次入栈，E 的左子树空

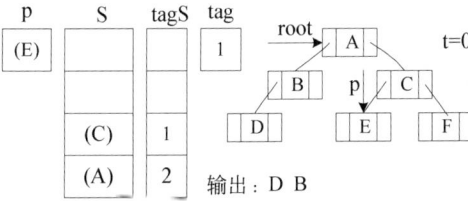

输出：D B

(o) E 第一次出栈

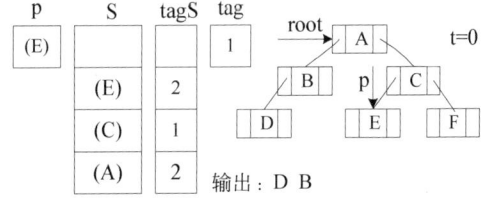

输出：D B

(p) E 第二次入栈，E 的右子树空

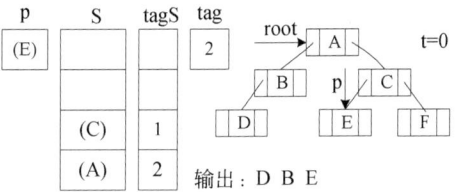

输出：D B

(q) E 第二次出栈，输出 E

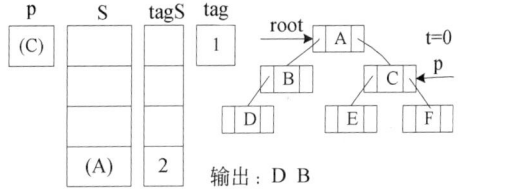

输出：D B E

(r) C 第一次出栈

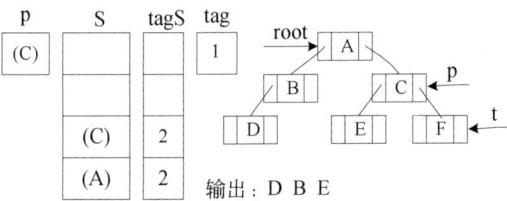

输出：D B

(s) C 第二次入栈，遍历 C 的右子树 F

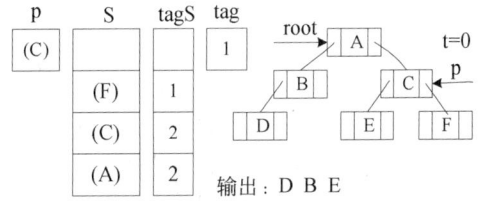

输出：D B E

(t) F 第一次入栈，F 的左子树空

输出：D B E

图 18-17　（续）

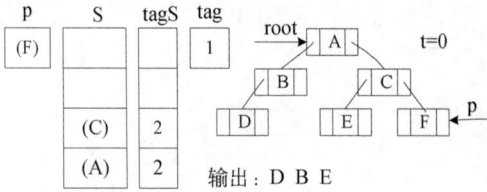

(u) F 第一次出栈

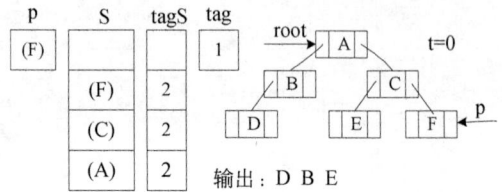

(v) F 第二次入栈，F 的右子树空

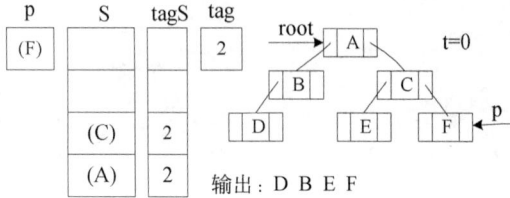

(w) F 第二次出栈，输出 F

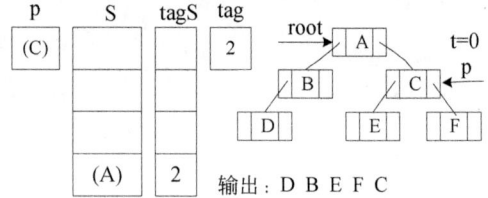

(x) C 第二次出栈，输出 C

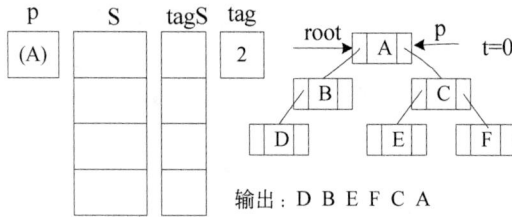

(y) A 第二次出栈，输出 A

图 18-17 （续）

程序 18-8 后序遍历递归算法和迭代算法。

```cpp
#include<iostream>
using namespace std;
#include"btnode.h"
int main()
{
    char a[]={'A','B','C','D','\0','E','F'};
    BTNode<char> * root=MakeBTree(a,7);        //生成二叉链表
    PrintBTree(root,80);                        //垂直输出二叉树
    SimPostorder(root);                         //后序遍历迭代算法
    cout<<endl;
    Postorder(root);                            //后序遍历递归算法
    cout<<endl;
    system("pause");
    return 0;
}
```

程序运行结果：

```
                        A
            B                       C
            D               E           F
    D       B       E       F       C       A
    D       B       E       F       C       A
```

18.7.3　复制二叉链表的递归算法

以后序遍历递归算法为模型,把左右二叉链表的遍历改为左右二叉链表的复制,把双亲结点的访问改为双亲结点的复制。

```
template<class T>
BTNode<T> * CopyTree(const BTNode<T> * t)
{
    if(t==0)
        return 0;
    BTNode<T> * l=CopyTree(t->left);
    BTNode<T> * r=CopyTree(t->right);
    return new BTNode<T>(t->data,l,r);
}
```

18.7.4　计算二叉树高度

以后序遍历递归算法为模型,把左右二叉链表的遍历改为左右二叉链表的高度计算,把双亲结点的访问改为以双亲结点为根的树的高度计算。

```
template<class T>
int Depth(const BTNode<T> * t)
{
    if(t==0)
        return -1;
    int l=Depth(t->left);
    int r=Depth(t->right);
    return(1+(l>r? l:r));
}
```

18.7.5　删除二叉链表的递归算法

以后序遍历递归算法为模型,把左右二叉链表的遍历改为左右二叉链表的删除,把双亲结点的访问改为双亲结点的删除。

```
template<class T>
```

```
void DeleteBTree(BTNode<T> * t)
{
    if(t==0)
        return;
    DeleteBTree(t->left);
    DeleteBTree(t->right);              //断点(1)
    delete t;                           //断点(2)
}
```

18.7.6　生成二叉链表的递归算法

以后序遍历递归算法为模型，把左右二叉链表的遍历改为左右二叉链表的生成，把双亲结点的访问改为双亲结点的生成。

```
template<class T>
BTNode<T> * MakeBTree(const T * p,int size,int i)
{
    if(size==0||i>=size||p[i]==T())
        return 0;
    BTNode<T> * l=MakeBTree(p,size,2 * i+1);  //断点(1)
    BTNode<T> * r=MakeBTree(p,size,2 * i+2);  //断点(2)
    return new BTNode<T>(p[i],l,r);
}
```

程序 18-9　复制二叉链表。

```
#include<iostream>
using namespace std;
#include"btnode.h"
int main()
{
    char a[]={'A','B','C','D','\0','E','F'};
    BTNode<char> * root1=MakeBTree(a,7,0);    //递归生成二叉链表
    BTNode<char> * root=CopyTree(root1);      //复制递归
    PrintBTree(root,40);                      //垂直输出二叉树
    cout<<"preorder:"<<endl;                  //前序递归
    Preorder(root);
    cout<<endl;
    cout<<"inorder:"<<endl;                   //中序递归
    Inorder(root);
    cout<<endl;
    cout<<"postorder:"<<endl;                 //后序递归
    Postorder(root);
    cout<<endl;
    cout<<"depth:"<<endl;                     //高度计算
```

```
    int n=Depth(root);
    cout<<n<<endl;

    DeleteBTree(root);                          //删除二叉链表
    DeleteBTree(root1);

    system("pause");
    return 0;
}
```

程序运行结果：

```
                  A
          B               C
      D               E       F
preorder:
A       B       D       C       E       F
inorder:
D       B       A       E       C       F
postorder:
D       B       E       F       C       A
depth:
2
```

18.8   二叉链表头文件

```
//btnode.h
#ifndef BTNODE_H
#define BTNODE_H

#include"vector.h"
#include"queue.h"
#include"stack.h"

#include<iostream>
using namespace std;

template<class T>
struct BTNode
{
    T data;
    BTNode * left; BTNode * right;
    BTNode(const T& item=T(),BTNode * l=0,BTNode * r=0):data(item),left(l),
right(r){}
```

```
    };

    template<class T>
    BTNode<T> * MakeBTree(const Vector<T>& L)
    {
        if(L.Size()==0)
            return 0;
        Queue<BTNode<T> * >Q;
        BTNode<T> * t=new BTNode<T>(L[0]), * f, * c;
        Q.Push(t);
        int i=0,n=L.Size();
        while(!Q.Empty())
        {
            f=Q.Pop();
            if(2 * i+1<n&&L[2 * i+1]!=T())
            {
                c=new BTNode<T>(L[2 * i+1]); f->left=c; Q.Push(c);
            }
            if(2 * i+2<n&&L[2 * i+2]!=T())
            {
                c=new BTNode<T>(L[2 * i+2]); f->right=c; Q.Push(c);
            }
            i++;
            while(i<n&&L[i]==T())
                i++;
        }
        return t;
    }

    template<class T>
    BTNode<T> * MakeBTree(const T * p, int n)
    {
        if(n<=0)
            return 0;
        Queue<BTNode<T> * >Q;
        BTNode<T> * t=new BTNode<T>(p[0]);           //生成根指针
        BTNode<T> * f, * c;                          //双亲和孩子指针
        Q.Push(t);                                   //根指针入队
        int i=0;
        while(!Q.Empty())
        {
            f=Q.Pop();                               //一个结点指针出队
            if(2 * i+1<n&&p[2 * i+1]!=T())           //如果有左孩子
            {
```

```
                c=new BTNode<T>(p[2*i+1]);           //生成左孩子结点
                f->left=c;                           //与双亲连接
                Q.Push(c);                           //左孩子指针入队
            }
            if(2*i+2<n&&p[2*i+2]!=T())               //如果有右孩子
            {
                c=new BTNode<T>(p[2*i+2]);           //生成右孩子结点
                f->right=c;                          //与双亲连接
                Q.Push(c);                           //右孩子指针入队
            }
            i++;
            while(i<n&&p[i]==T())                     //查找下一个非 0 元素
                i++;
        }
        return t;
}


template<class T>
BTNode<T> * MakeBTree(const T * p,int size,int i)
{
    if(size==0||i>=size||p[i]==T())
        return 0;
    BTNode<T> * l=MakeBTree(p,size,2*i+1);   //断点(1)
    BTNode<T> * r=MakeBTree(p,size,2*i+2);   //断点(2)
    return new BTNode<T>(p[i],l,r);
}


template<class T>
void Level(BTNode<T> * t)
{
    if(t==0)
        return;
    Queue<BTNode<T> * >Q;
    Q.Push(t);
    while(!Q.Empty())
    {
        t=Q.Pop();
        cout<<t->data;
        if(t->left)
            Q.Push(t->left);
        if(t->right)
            Q.Push(t->right);
    }
    cout<<endl;
```

```
}
template<class T>
void Preorder(const BTNode<T> * t)
{
    if(t==0)
        return;
    cout<<t->data<<'\t';
    if(t->left)
        Preorder(t->left);
    if(t->right)                                //断点(1)
        Preorder(t->right);
}                                               //断点(2)


template<class T>
void SimPreorder(const BTNode<T> * t)
{
    if(t==0)
        return;
    Stack<const BTNode<T> * >S;
    while(t||!S.Empty())
        if(t)
        {
            cout<<t->data<<'\t';
            if(t->right)
                S.Push(t->right);
            t=t->left;
        }
        else
            t=S.Pop();
}


template<class T>
void Inorder(const BTNode<T> * t)
{
    if(t==0)
        return;
    if(t->left)
        Inorder(t->left);
    cout<<t->data<<'\t';                         //断点(1)
    if(t->right)
        Inorder(t->right);
}                                                //断点(2)
```

```
template<class T>
void SimInorder(const BTNode<T> * t)
{
    if(t==0)
        return;
    Stack<const BTNode<T> * >S;
    while(t||!S.Empty())
        if(t)
        {
            S.Push(t);
            t=t->left;
        }
        else
        {
            t=S.Pop();
            cout<<t->data<<'\t';
            t=t->right;
        }
}


template<class T>
void Postorder(const BTNode<T> * t)
{
    if(t==0)
        return;
    if(t->left)
        Postorder(t->left);
    if(t->right)                                //断点(1)
        Postorder(t->right);
    cout<<t->data<<'\t';                         //断点(2)
}


template<class T>
void SimPostorder(const BTNode<T> * t)
{
    if(t==0)
        return;
    int tag;
    Stack<int>tagS;
    Stack<const BTNode<T> * >S;
    const BTNode<T> * p;
    while(t||!S.Empty())
        if(t)
        {
```

```
                        S.Push(t);
                        tagS.Push(1);
                        t=t->left;
                }
            else
            {
                p=S.Pop();
                tag=tagS.Pop();
                if(tag==1)
                {
                        S.Push(p);
                        tagS.Push(2);
                        t=p->right;
                }
                else
                    cout<<p->data<<'\t';
            }
    }


template<class T>
BTNode<T> * CopyTree(const BTNode<T> * t)
{
    if(t==0)
        return 0;
    BTNode<T> * l=CopyTree(t->left);
    BTNode<T> * r=CopyTree(t->right);
    return new BTNode<T>(t->data,l,r);
}


template<class T>
int Depth(const BTNode<T> * t)
{
    if(t==0)
        return -1;
    int l=Depth(t->left);
    int r=Depth(t->right);
    return(1+(l>r?l:r));
}


template<class T>
void DeleteBTree(BTNode<T> * t)
{
    if(t==0)
        return;
```

```cpp
        DeleteBTree(t->left);
        DeleteBTree(t->right);                  //断点(1)
        delete t;                               //断点(2)

}

struct Location
{
    int x,y;
};

void Gotoxy(int x,int y)                        //移动光标到坐标(x,y)
{
    static int indent=0;                        //偏移量
    static int level=0;                         //层数
    if(y==0)
    {
        level=0;
        indent=0;
    }
    if(y!=level)
    {
        int n=y-level;
        for(int i=0;i<n;i++)
        {
            cout<<endl;
            ++level;
        }
        indent=0;
    }
    cout.width(x-indent);
    indent=x;
}

template<class T>
void PrintBTree(const BTNode<T> * t,int w)
{
    if(t==0)
        return;
    int level=0,off=w/2;
    Location f,c;
    Queue<const BTNode<T> * >Q;
    Queue<Location>LQ;
    f.x=off;
```

```
        f.y=level;
        Q.Push(t);
        LQ.Push(f);
        while(!Q.Empty())
        {
            t=Q.Pop();
            f=LQ.Pop();
            Gotoxy(f.x,f.y);            //移动光标到输出位置
            cout<<t->data;
            if(f.y!=level)              //除根之外,每一层首结点输出后,都修改偏移量和层数
            {
                ++level;
                off=off/2;
            }
            if(t->left)
            {
                Q.Push(t->left);
                c.x=f.x-off/2;
                c.y=f.y+1;
                LQ.Push(c);
            }
            if(t->right)
            {
                Q.Push(t->right);
                c.x=f.x+off/2;
                c.y=f.y+1;
                LQ.Push(c);
            }
        }
        cout<<endl;
}

#endif
```

练　　习

一、编写程序

1. 快速排序迭代算法。
2. 汉诺塔迭代算法。
3. 复制二叉链表的迭代算法。
4. 删除二叉链表的迭代算法。
5. 计算二叉树高度的迭代算法

6. 编写递归函数,计算 n 的阶乘。

7. 编写递归函数,计算斐波那契序列第 n 项的值。

8. 编写递归函数,计算数组元素的和。

二、画图

1. 完成图 18-7 的剩余部分。

2. 模仿图 18-7,画出下面程序前序遍历递归过程。

```cpp
template<class T>
void Preorder(const BTNode<T> * t)        //前序遍历,t 是指向根的指针
{
    if(t==0)
        return;
    cout<<t->data<<'\t';                   //访问根
    if(t->left)
        Preorder(t->left);
    if(t->right)                           //断点(1)
        Preorder(t->right);
}                                          //断点(2)
```

3. 完成图 18-10 的剩余部分。

4. 模仿图 18-10,画出下面程序中序遍历递归的过程。

```cpp
template<class T>
void Inorder(const BTNode<T> * t)
{
    if(t==0)
        return;
    if(t->left)
        Inorder(t->left);
    cout<<t->data<<'\t';                   //断点(1)
    if(t->right)
        Inorder(t->right);
}                                          //断点(2)
```

5. 完成图 18-16 的剩余部分。

6. 模仿图 18-16,画出下面程序后序遍历递归过程。

```cpp
template<class T>
void Postorder(const BTNode<T> * t)
{
    if(t==0)
        return;
    if(t->left)
```

```
        Postorder(t->left);
    if(t->right)                        //断点(1)
        Postorder(t->right);
    cout<<t->data<<'\t';                //断点(2)
}
```

第 19 章

堆

> 堆是以线性连续方式存储的完全二叉树。

堆有小根堆和大根堆之分。小根堆的每一个元素都不大于其左右孩子,大根堆的每一个元素都不小于其左右孩子,如图 19-1 所示。

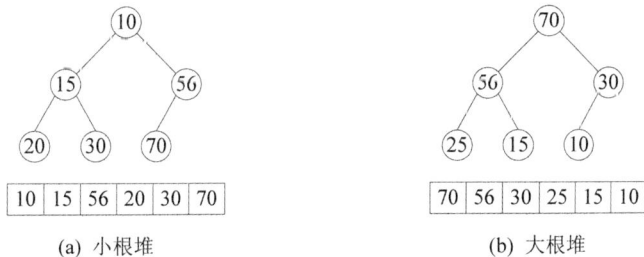

图 19-1　堆示例

19.1　堆　　类

19.1.1　堆类声明

堆类是以向量类为底层结构的一种适配器,它重新定义了插入和删除,以实现堆的特点。下面以小根堆为例。

(1)插入是尾插。插入前是小根堆,插入后可能不再是小根堆,需要从下往上调整为小根堆。

(2)删取是首删。读取首元素,用尾元素覆盖首元素,删除尾元素。删除前是小根堆,删除后可能不再是小根堆,需要从上往下调整为小根堆。

```
template<class T>
class Heap
{
    Vector<T>vt;                        //以向量类为底层结构
    void PercolateDown();               //向下调整为小根堆,用于删取操作
    void PercolateUp();                 //向上调整为小根堆,用于插入操作
public:
```

```
    explicit Heap(int max=100):vt(max){}           //建空堆
    virtual~Heap(){};                              //析构
    int Empty()const{ return vt.Empty();}          //判断堆是否为空
    int Size()const{return vt.Size();}             //取堆元素个数
    const T& Top()const{return vt.Front();}        //取堆首元素
    void Insert(const T&item);                     //插入
    void Remove(T& item);                          //删取,将删除元素取回
    void Clear(){vt.Clear();}                      //堆清空
    const T& operator[](int id){return vt[id];}    //索引运算符重载
};
```

19.1.2　堆 插 入

插入步骤如下。

(1) 尾插。

(2) 向上调整为小根堆。

```
template<class T>                                  //堆插入
void Heap<T>::Insert(const T&item)
{
    vt.PushBack(item);                             //步骤(1)
    PercolateUp();                                 //步骤(2)
}
```

向上调整为小根堆的步骤如下。

(1) 读取尾元素。

(2) 比较循环: 以尾元素为孩子, 将双亲与读取元素比较, 若不大于读取元素, 则结束循环; 否则从双亲读取, 写入孩子, 然后以原来双亲为孩子继续迭代。

(3) 把读取元素写入最后读取的位置。

```
template<class T>
void Heap<T>::PercolateUp()                        //向上调整为小根堆
{
    int size=size();                               //元素个数
    int c=size-1;                                  //尾插元素的索引
    int f=(c-1)/2;                                 //双亲索引
    T x=vt[c];                                     //步骤(1)
    while(c>0)                                     //步骤(2)
        if(vt[f]<=x)                               //双亲不大于读取的元素
            break;
        else                                       //双亲大于读取的元素
        {
            vt[c]=vt[f];                           //从双亲读取,写入孩子
            c=f;                                   //以原来双亲为孩子
```

```
            f=(c-1)/2;
        }
    vt[c]=x;                                        //步骤(3)
}
```

小根堆的插入过程如图 19-2 所示。

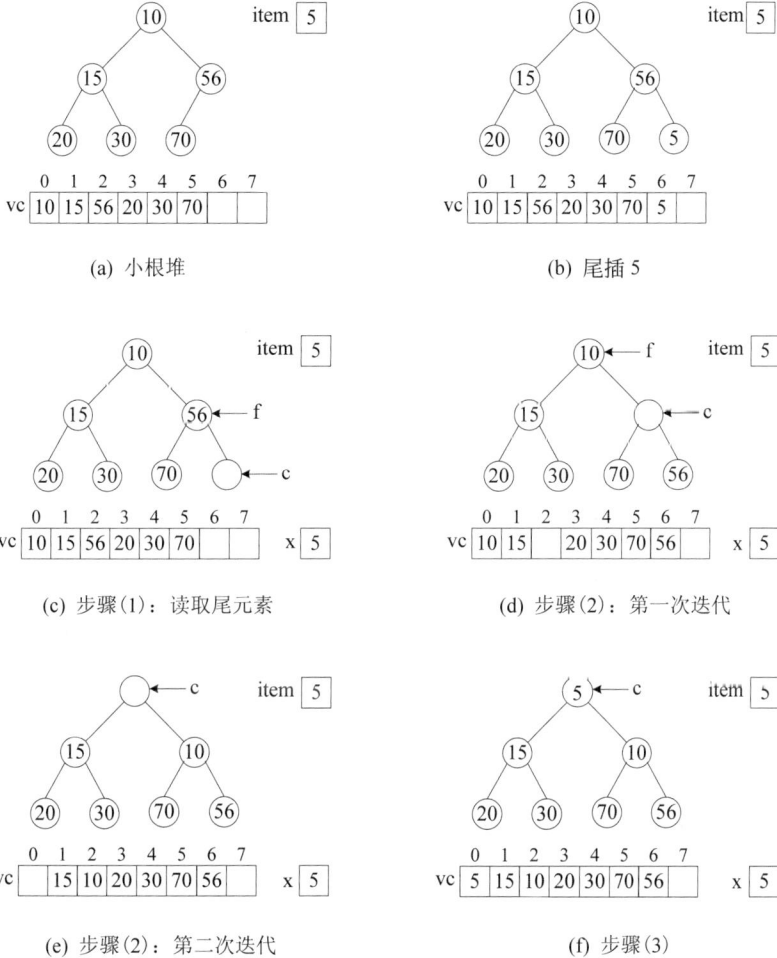

(a) 小根堆

(b) 尾插 5

(c) 步骤(1)：读取尾元素

(d) 步骤(2)：第一次迭代

(e) 步骤(2)：第二次迭代

(f) 步骤(3)

图 19-2　小根堆的插入过程

程序 19-1 堆插入。

```
#include<iostream>
using namespace std;
#include"heap.h"
#include"btnode.h"


template<class T>
BTNode<T> * MakeBTree(const Heap<T>& H)          //由堆生成二叉链表
```

```
{
    Queue<BTNode<T> * >Q;
    BTNode<T> * t=new BTNode<T>(H[0]);
    BTNode<T> * f;
    BTNode<T> * c;
    Q.Push(t);
    int i=0,n=H.Size();
    while(!Q.Empty())
    {
        f=Q.Pop();
        if(2 * i+1<n&&H[2 * i+1]!=T())
        {
            c=new BTNode<T>(H[2 * i+1]);
            f->left=c;
            Q.Push(c);
        }
        if(2 * i+2<n&&H[2 * i+2]!=T())
        {
            c=new BTNode<T>(H[2 * i+2]);
            f->right=c;
            Q.Push(c);
        }
        i++;
    }
    return t;
}

int main()
{
    Heap<int>h;
    BTNode<int> * root;
    int a[6]={20,10,70,15,30,56};
    for(int i=0;i<6;i++)
    {
        cout<<"Insert "<<a[i]<<endl;
        h.Insert(a[i]);
        root=MakeBTree(h);                  //生成二叉链表
        if(root!=0)
        {
            PrintBTree(root,40);            //垂直输出小根堆
            DeleteBTree(root);              //删除二叉链表
        }
    }
```

```
        system("pause");
        return 0;
    }
```

程序运行结果：

```
Insert 20
                    20
Insert 10
                    10
            20
Insert 70
                    10
            20              70
Insert 15
                    10
            15              70
    20
Insert 30
                    10
            15              70
    20      30
Insert 56
                    10
            15              56
    20      30      '70
```

19.1.3　堆 删 取

删取步骤如下。

(1) 读取首元素。

(2) 用尾元素覆盖首元素。

(3) 尾删。

(4) 向下调整为小根堆。

```
template<class T>
void Heap<T>::Remove(T& item)          //堆删取,删除的元素通过参数返回
{
    item=vt[0];                        //步骤(1)
    vt[0]=vt[Size()-1];                //步骤(2)
    vt.PopBack();                      //步骤(3)
    PercolateDown();                   //步骤(4)
}
```

向下调整为小根堆的步骤如下。

(1) 读取首元素。

(2)比较循环：以首元素为双亲，将左右孩子的小者与读取元素比较，若不小于读取元素，则结束循环；否则从小者读取，写入双亲，然后以原来小者为双亲继续迭代。

(3)把读取元素写入最后读取的位置。

```
template<class T>
void Heap<T>::PercolateDown()              //向下调整为小根堆
{
    int size=Size();                       //元素个数
    int f=0;                               //双亲索引
    int c=2 * f+1;                         //左孩子索引
    T x=vt[f];                             //步骤(1)
    while(c<size)                          //步骤(2)
    {
        if(c+1<size&&vt[c+1]<vt[c])        //取左右孩子的小者
            ++c;
        if(vt[c]>=x)                       //小者不小于读取元素
            break;
        else                               //小者小于读取元素
        {
            vt[f]=vt[c];                   //从小者读取，写入双亲
            f=c;                           //以原来小者为双亲
            c=2 * f+1;
        }
    }
    vt[f]=x;                               //步骤(3)
}
```

小根堆的删取过程如图 19-3 所示。

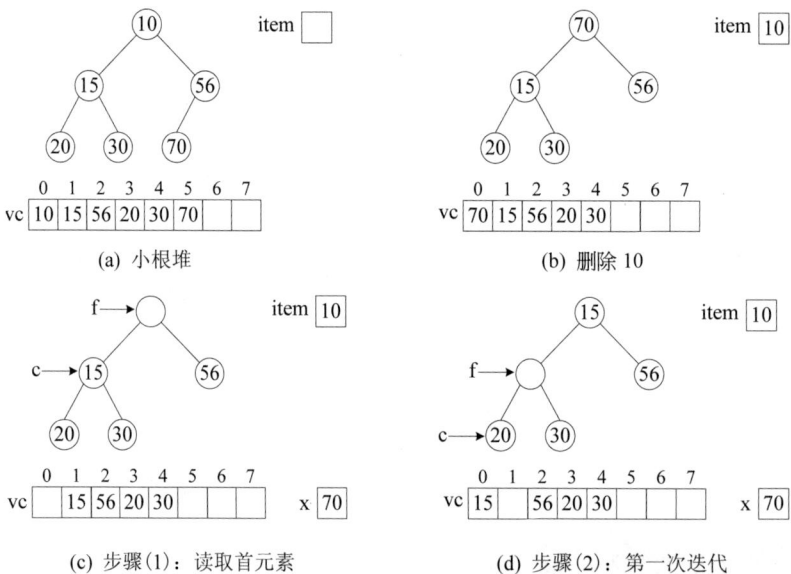

图 19-3 小根堆的删取过程

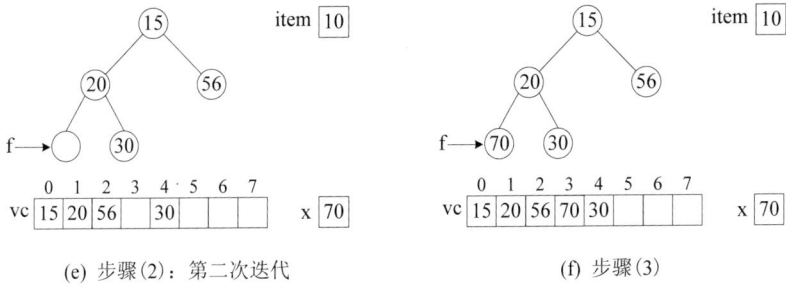

(e) 步骤(2)：第二次迭代　　　　　　　　(f) 步骤(3)

图 19-3 （续）

程序 19-2　堆删取。

```cpp
#include<iostream>
using namespace std;
#include"heap.h"
#include"btnode.h"

template<class T>
BTNode<T> * MakeBTree(const Heap<T>& H)        //由堆生成二叉链表
{
    if(H.Size()==0)
        return 0;
    Queue<BTNode<T> * >Q;
    BTNode<T> * t=new BTNode<T>(H[0]);
    BTNode<T> * f;
    BTNode<T> * c;
    Q.Push(t);
    int i=0,n=H.Size();
    while(!Q.Empty())
    {
        f=Q.Pop();
        if(2 * i+1<n&&H[2 * i+1]!=T())
        {
            c=new BTNode<T>(H[2 * i+1]);
            f->left=c;
            Q.Push(c);
        }
        if(2 * i+2<n&&H[2 * i+2]!=T())
        {
            c=new BTNode<T>(H[2 * i+2]);
            f->right=c;
            Q.Push(c);
        }
```

```
            i++;
        }
        return t;
    }

int main()
{
    Heap<int>h;
    BTNode<int> * root;
    int a[6]={20,10,70,15,30,56};
    for(int i=0;i<6;i++)
        h.Insert(a[i]);
    root=MakeBTree(h);                  //生成二叉链表
    PrintBTree(root,40);                //垂直输出二叉树
    DeleteBTree(root);                  //删除二叉链表
    int item;
    while(!h.Empty())
    {
        h.Erase(item);                  //删取首元素
        cout<<"delete "<<item<<endl;    //输出删取的首元素
        root=MakeBTree(h);              //生成二叉链表
        if(root!=0)
        {
            PrintBTree(root,40);        //垂直输出二叉树
            DeleteBTree(root);          //删除二叉链表
        }
    }

    system("pause");
    return 0;
}
```

程序运行结果：

```
                    10
            15                  56
    20          30          70
delete 10
                    15
            20                  56
    70          30
delete 15
                    20
            30                  56
    70
```

```
delete 20
                    30
            70                  56
delete 30
                    56
            70
delete 56
                    70
delete 70
```

19.1.4　堆类头文件

```
#ifndef HEAP_H
#define HEAP_H

#include"vector.h"
#include<iostream>
using namespace std;

template<class T>
class Heap
{
    Vector<T>vt;                                    //以向量类为底层结构
    void PercolateDown();                           //向下调整为小根堆,用于删取操作
    void PercolateUp();                             //向上调整为小根堆,用于插入操作
public:
    explicit Heap(int max=100):vt(max){}           //默认构造
    virtual ~Heap(){};                             //析构
    int Empty()const{ return vt.Empty();}          //判断堆是否为空
    int Size()const{return vt.Size();}             //取堆元素个数
    const T& Top()const{return vt.Front();}        //取堆首元素
    void Insert(const T&item);                      //插入
    void Remove(T& item);                           //删取,将删除元素取回
    void Clear(){vt.Clear();}                       //堆清空
    const T& operator[](int id)const{return vt[id];} //输出堆
};

template<class T>
void Heap<T>::Insert(const T&item)                  //堆插入
{
    vt.PushBack(item);                              //步骤(1)尾插
    PercolateUp();                                  //步骤(2)向上调整为小根堆
}
```

```
template<class T>
void Heap<T>::PercolateUp()                    //向上调整为小根堆
{
    int size=Size();                           //元素个数
    int c=size-1;                              //尾插元素的索引
    int f=(c-1)/2;                             //双亲索引
    T x=vt[c];                                 //步骤(1)
    while(c>0)                                 //步骤(2)
        if(vt[f]<=x)                           //双亲不大于读取的元素
            break;
        else                                   //双亲大于读取的元素
        {
            vt[c]=vt[f];                       //从双亲读取写入孩子
            c=f;                               //以原来双亲为孩子
            f=(c-1)/2;
        }
    vt[c]=x;                                   //步骤(3)
}


template<class T>
void Heap<T>::Remove(T& item)                  //堆删取,删除的元素通过参数返回
{
    item=vt[0];                                //步骤(1)
    vt[0]=vt[Size()-1];                        //步骤(2)
    vt.PopBack();                              //步骤(3)
    PercolateDown();                           //步骤(4)
}


template<class T>
void Heap<T>::PercolateDown()                  //向下调整为小根堆
{
    int size=Size();                           //元素个数
    int f=0;                                   //双亲索引
    int c=2*f+1;                               //左孩子索引
    T x=vt[f];                                 //步骤(1)
    while(c<size)                              //步骤(2)
    {
        if(c+1<size&&vt[c+1]<vt[c])            //取左右孩子的小者
            ++c;
        if(vt[c]>=x)                           //小者不小于读取元素
            break;
        else                                   //小者小于读取元素
        {
            vt[f]=vt[c];                       //从小者读取,写入双亲
```

```
        f=c;                              //以原来小者为双亲
        c=2 * f+1;
    }
    }
    vt[f]=x;                              //步骤(3)
}

#endif
```

19.2 堆 排 序

19.2.1 对数组堆排序

对数组从大到小进行堆排序用到两个方法：一是堆插入；二是堆删取。假设要排序的数组是 p[0:n)。

1. 使用堆插入

使用堆插入是为了将数组建成小根堆。当数组只有一个数据元素时，它是小根堆。用归纳法，假设数组 p[0：num)是小根堆，但是 p[0：num＋1)可能不再是小根堆，需要向上调整为小根堆，这等于堆插入。调整方法与堆类中向上调整为小根堆的方法类似。将数组 p[0:n)建成小根堆的算法如下：

```
template<class T>
void BuildHeap(T * p,int n)                //将 p[0:n)建成小根堆
{
    for(int num=1;num<n;num++)             //堆插入
        PercolateUp(p,0,num+1);           //将 p[0,num+1)向上调整为小根堆
}
template<class T>
void PercolateUp(T * p,int id,int n)       //将 p[id:n)向上调整为小根堆
{
    int c=n-1;
    int f=(c-1)/2;
    T x=p[c];
    while(c>id)
        if(p[f]<=x)
            break;
        else
        {
            p[c]=p[f];
            c=f;
            f=(c-1)/2;
```

```
        }
    p[c]=x;
}
```

2. 使用堆删取

使用堆删取是为了将已经建成小根堆的数组 p[0:n)从大到小排序。假设数组 p[0:num)是小根堆，但是首尾元素交换后（最小元素排序到位），p[0:num-1)可能不再是小根堆，需要向下调整为小根堆，这等于堆删取。调整方法堆类中与向下调整为小根堆的方法类似。堆排序算法如下：

```
template<class T>
void HeapSort(T* p,int n)                        //将 p[0:n)从大到小堆排序
{
    T item;
    BuildHeap(p,n);                              //将 p[0:n)建成小根堆
    for(int num=n;num>0;num--)                   //堆删取
    {
        item=p[0];
        p[0]=p[num-1];
        p[num-1]=item;
        PercolateDown(p,0,num-1);                //将 p[0,num-1)向下调整为小根堆
    }
}
template<class T>
void PercolateDown(T* p,int id,int n)            //将 p[id:n)向下调整为小根堆
{
    int f=id;
    int c=2*f+1;
    T x=p[f];
    while(c<n)
    {
        if(c+1<n&&p[c+1]<p[c])
            ++c;
        if(p[c]>=x)
            break;
        else
        {
            p[f]=p[c];
            f=c;
            c=2*f+1;
        }
    }
    p[f]=x;
}
```

程序 19-3 堆排序。

```
#include<iostream>
using namespace std;
#include"heapsort.h"                        //包含堆排序方法
void Output(const int * p,int n);
int main()
{
    int a[10];
    cout<<"Enter 10 integers:"<<endl;
    for(int i=0;i<10;i++)
        cin>>a[i]);                         //scanf("%d",a+i);
    HeapSort(a,10);
    cout<<"after heapsort:"<<endl;
    Output(a,10);

    system("pause");
    return 0;
}
void Output(const int * p,int n)            //输出
{
    int i;
    for(i=0;i<n;i++)
        cout<<p[i]<<'\t';
    cout<<endl
}
```

程序运行结果(粗体表示输入)：

```
Enter 10 integers:
7 6 5 3 2 1 4 9 10 8[Enter]
after heapsort:
10      9       8       7       6       5       4       3       2       1
```

将数组建成小根堆还可以使用另一个思路。

把数组看作是完全二叉树的层次序列，每个叶子都是小根堆。从索引最大的非叶子开始到根，每增加一个元素，都可能不再是小根堆，需要向下调整为小根堆。

```
template<class T>
void BuildHeap(T * p,int n)                 //将 p[0:n]建成小根堆
{
    for(int id=n/2-1;id>-1;id--)            //n/2-1是非叶子的最大索引
        PercolateDown(p,id,n);              //将 p[id,n]向下调整为小根堆
}
```

方法分析

建堆方法 BuildHeap() 有两种实现代码，哪一种更好呢？第一种，因为它更自然、更简洁。它和 HeapSort() 一起，不仅以对称的形式分别使用了堆插入和堆删取两种方法，展现了它们的新用途，而且以对称的形式分别调用了 PercolateUp() 和 PercolateDown() 方法。总结为一句话：以对称的方法，运用了堆类的所有方法。

19.2.2　堆排序头文件

```
#ifndef HEAPSORT_H
#define HEAPSORT_H
//声明
template<class T>
void BuildHeap(T * p,int n);                    //将 p[0:n]建成小根堆

template<class T>
void PercolateUp(T * p,int id,int n);           //将 p[id:n]向上调整为小根堆

template<class T>
void PercolateDown(T * p,int id,int n);         //将 p[id:n]向下调整为小根堆

template<class T>
void HeapSort(T * p,int n);                      //堆排序

//定义
template<class T>
void BuildHeap(T * p,int n)                       //将 p[0:n]建成小根堆
{
    for(int num=1;num<n;num++)                    //堆插入
        PercolateUp(p,0,num+1);                   //将 p[0,num+1]向上调整为小根堆
}

template<class T>
void PercolateUp(T * p,int id,int n)             //将 p[id:n]向上调整为小根堆
{
    int c=n-1;
    int f=(c-1)/2;
    T x=p[c];
    while(c>id)
        if(p[f]<=x)
            break;
        else
        {
            p[c]=p[f];
```

```
                c=f;
                f=(c-1)/2;
            }
        p[c]=x;
}


template<class T>
void HeapSort(T * p,int n)                    //将 p[0:n]从大到小堆排序
{
    T item;
    BuildHeap(p,n);                           //将 p[0:n]建成小根堆
    for(int num=n;num>0;num--)                //堆删取
    {
        item=p[0];
        p[0]=p[num-1];
        p[num-1]=item;
        PercolateDown(p,0,num-1);             //将 p[0,num-1)向下调整为小根堆
    }
}


template<class T>
void PercolateDown(T * p,int id,int n)        //将 p[id:n)向下调整为小根堆
{
    int f=id;
    int c=2 * f+1;
    T x=p[f];
    while(c<n)
    {
        if(c+1<n&&p[c+1]<p[c])
            ++c;
        if(p[c]>=x)
            break;
        else
        {
            p[f]=p[c];
            f=c;
            c=2 * f+1;
        }
    }
    p[f]=x;
}


#endif
```

19.3　哈 夫 曼 树

19.3.1　哈夫曼树定义和算法

键盘字符,使用频率越高,离食指越近。通信字符,使用频率越高,编码越短。给一个元素赋予一个有意义的值,这个值称为权。例如,一个字符的使用频率是该字符的权。

二叉树的一个元素和根之间的路径长度与该元素的权的乘积称为该元素带权路径长度。二叉树中所有叶子结点的带权路径长度之和称为**二叉树的带权路径长度**(weighted path length of tree),通常记为 WPL。

$$WPL = \sum_{i=1}^{n} w_i l_i$$

式中,n 为叶子数目;w_i 和 l_i 分别为第 i 个叶子的权和它与根之间的路径长度。

带权路径长度最小的二叉树称为**最优二叉树**,也称**哈夫曼树**(Huffman tree)。

图 19-4 是三棵带权路径长度不同的二叉树。完全二叉树不一定是最优二叉树,最优二叉树的特点一般是权越大的叶子离根越近。

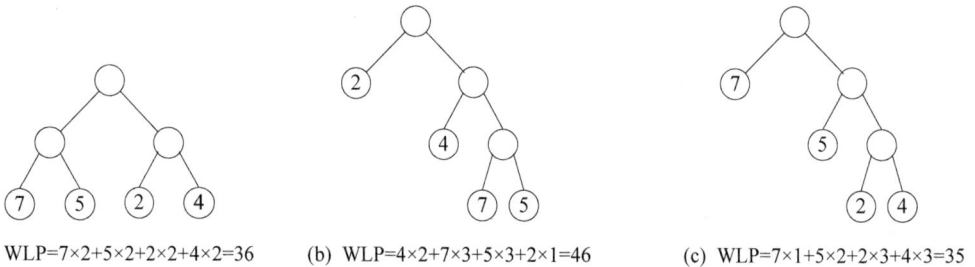

(a) WLP=7×2+5×2+2×2+4×2=36　　(b) WLP=4×2+7×3+5×3+2×1=46　　(c) WLP=7×1+5×2+2×3+4×3=35

图 19-4　带权路径长度不同的二叉树

如何构造最优二叉树呢?下面介绍**哈夫曼算法**。

(1)给每个权建立一棵独根树,构成森林。

(2)从森林中取出两棵树,根的权都最小。作为左、右子树,构成一棵新的二叉树,根的权是左右孩子的权之和。将该树加入森林。

(3)重复步骤(2),直到森林只有一棵树,这棵树就是哈夫曼树。

哈夫曼树的构造过程如图 19-5 所示。

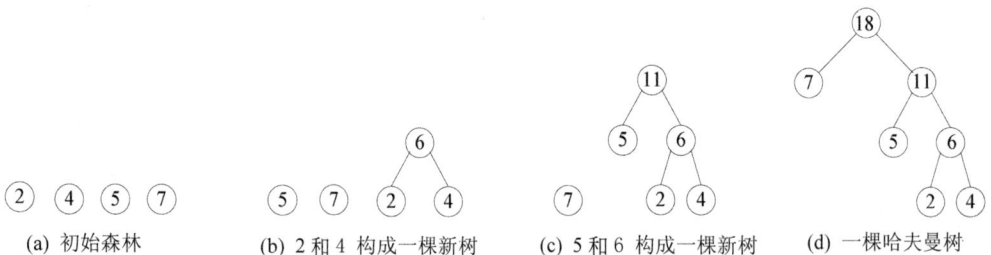

(a) 初始森林　　　　(b) 2 和 4 构成一棵新树　　(c) 5 和 6 构成一棵新树　　(d) 一棵哈夫曼树

图 19-5　哈夫曼树的构造过程

19.3.2　哈夫曼结构

```
template<class T>
struct Hufm
{
    BTNode<T> * t;
    int operator<(const Hufm& h){return t->data<h.t->data;}
    int operator<=(const Hufm& h){return t->data<=h.t->data;}
    int operator>(const Hufm& h){return t->data>h.t->data; }
    int operator>=(const Hufm& h){ return t->data>=h.t->data;}
    int operator==(const Hufm& h){return t->data==h.t->data;}
    int operator!=(const Hufm& h){return t->data!=h.t->data; }
};
```

类分析

把二叉链表的结点指针封装为结构成员，是为了进行关系运算符重载，使结构对象可以直接进行所需要的比较运算，建立堆。这里只重载了两个关系运算符，还可以重载更多，但目前不需要。

假设一组权存储在数组中，建立哈夫曼树步骤如下。

（1）建立以哈夫曼结构对象为元素的小根堆。

（2）每一个权生成一个哈夫曼结构对象，作为独根哈夫曼树插入堆。根的权就是结点数据成员 data 的值。

（3）进入循环。每一次迭代都从堆中提取两个元素作为左右孩子，形成二叉树，根的权是左右孩子的权之和，然后插入堆，直到堆中只有一个元素。

（4）提取堆中的元素，返回其中的数据成员，那是哈夫曼树的根。

```
template<class T>
BTNode<T> * HufmTree(const T * p, int n)        //n 个权存储在数组中
{
    Hufm<T>hf;                                  //哈夫曼结构对象
    BTNode<T> * l;                              //二叉链表结点指针
    BTNode<T> * r;                              //二叉链表结点指针
    Heap<Hufm<T>>H(n);                          //步骤(1)
    for(int i=0;i<n;i++)                        //步骤(2)
    {
        hf.t=new BTNode<T>(p[i]);
        H.Insert(hf);
    }
    while(H.Size()>1)                           //步骤(3)
    {
        H.Remove(hf);
        l=hf.t;
```

```
        H.Remove(hf);
        r=hf.t;
        hf.t=new BTNode<T>(l->data+r->data,l,r);
        H.Insert(hf);
    }
    H.Remove(hf);                              //步骤(4)
    return hf.t;
}
```

程序 19-4   哈夫曼树。

```
#include<iostream>
using namespace std;
#include"heap.h"
#include"btnode.h"
#include"hufm.h"
int main()
{
    int a[]={7,5,2,4};
    BTNode<int> * root=HufmTree(a,4);
    PrintBTree(root,40);
    cout<<endl;

    system("pause");
    return 0;
}
```

程序运行结果：

```
              18
      7              11
                 5      6
                      2   4
```

19.3.3   哈夫曼编码

在通信中,电文是以 0、1 序列传送的。发送端将电文中的字符序列转换成 0、1 序列(编码),接收端将 0、1 序列转换为对应的字符序列(译码)。

最简单的编码方式是等长编码。假设 E、T、Q 的编码分别为 00000、00001、00010,电文 ETEEQ 的编码为 0000000001000000000000010,接收端只需按 5 位分隔进行译码即可。

然而,字符使用的频率是不相等的,E 和 T 比 Q 使用得多。使用频率高的字符其编码应尽可能短,以减小电文总长度。例如,用 0 代表 E、01 代表 T、00010 依然代表 Q,原编码可减短为 0010000010。但是,不等长的编码使译码变得困难。例如：00010 可以代表 Q 也可以代表 EETE。解决办法之一是,一字符的编码与另一字符的编码的前缀不同,这种编码叫作**前缀编码**。由于 E 的编码 0 与 T 的编码 01 的前缀相同,因此不是前缀编码,而它们的等长编码是前缀编码。

如何设计使电文更短的前缀编码? 下面举例说明哈夫曼算法。假设组成电文的字符集和字符的使用频率为

```
D={ a,b,c,d }
W={ 7,5,2,4 }
```

(1) 以频率作为叶子的权,构造哈夫曼树。

(2) 根到叶子的路径上,左分支表示 0,右分支表示 1,由此构成的 0 和 1 序列是叶子的哈夫曼编码。

因为没有一个叶子是另一个叶子的祖先,所以哈夫曼编码是前缀编码,如图 19-6 所示。

因为字符与使用频率一一对应,所以字符 a、b、c、d 的编码依次为 0、10、110、111。

编写程序,实现哈夫曼算法。

以频率作为叶子的权,构造哈夫曼树,这一步已经由函数 HufmTree()实现。下面实现步骤(2)。

图 19-6　哈夫曼编码树

以二叉树后序遍历迭代算法为模型。在这个模型中,当输出叶子时,结点指针栈所存储的恰恰是从根到该叶子的路径,通过该路径就可以得到该叶子的哈夫曼编码。但需要做如下改动。

(1) 把结点指针栈改为结点指针向量,以便通过遍历路径来得到哈夫曼编码。

(2) 把输出结点的条件改为输出叶子的条件,叶子的左、右子树为空。

(3) 把输出叶子的操作改为 3 步:①将叶子尾插到向量对象,这是向量对象存储的根到该叶子的路径;②通过向量对象输出该叶子的编码;③尾删,把该叶子删除,继续后序遍历迭代算法。

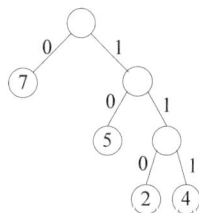

```cpp
template<class T>
void HafmCoder(const BTNode<T> * t)
{
    if(t==0)
        return;
    const BTNode<T> * p;
    Vector<const BTNode<T> * >S;                //改动(1)
    int tag;
    Stack<int>tagS;
    while(t||!S.Empty())
        if(t)
        {
            S.PushBack(t);
            tagS.Push(1);
```

```
            t=t->left;
        }
        else
        {
            p=S.Back();
            S.PopBack();
            tag=tagS.Pop();
            if(tag==1)
            {
                S.PushBack(p);
                tagS.Push(2);
                t=p->right;
            }
            else if(p->left==0&&p->right==0)   //改动(2)
            {
                S.PushBack(p);                         //改动(3)将叶子尾插
                OutputCode(S);                         //输出叶子的编码
                S.PopBack();                           //删除叶子
            }
        }
    }
}


template<class T>
void OutputCode(Vector<const BTNode<T> * >vt)
{
    Vector<const BTNode<T> * >::iterator first=vt.Begin();
    Vector<const BTNode<T> * >::iterator last=vt.End();
    cout<<(* (last-1))->data<<':';                //输出代码的权
    const BTNode<T> *  t= * first;
    ++first;
    while(first!=last)
    {
        if(t->left== * first)
            cout<<'0';
        else
            cout<<'1';
        t= * first;
        ++first;
    }
    cout<<endl;
}
```

程序 19-5　哈夫曼编码。

```
#include<iostream>
```

```
using namespace std;
#include"btnode.h"
#include"hufm.h"
int main()
{
    int a[]={7,5,2,4};                        //权
    BTNode<int> * root=HufmTree(a,4);         //建立哈夫曼二叉链表
    PrintBTree(root,40);                      //输出哈夫曼树
    cout<<endl;
    HafmCoder(root);                          //哈夫曼编码

    system("pause");
    return 0;
}
```

程序运行结果：

```
                    18
         7                   11
                        5         6
                               2    4


7:0
5:10
2:110
4:111
```

19.3.4　哈夫曼译码

哈夫曼树可以编码，也可以译码。译码从哈夫曼树的根结点开始，逐个读入电文的二进制码，若读入 0 则走向左孩子，否则走向右孩子，一旦达到叶子，这个叶子所对应的字符就是译码的一个字符，然后重新从根开始继续译码，直到二进制电文结束。

```
template<class T>
void Hufm Decoder(const BTNode<T> * t,char * c)
{
    const BTNode<T> * r=t;                    //提取二叉树根
    int i=0;
    Vector<int>v;                             //用于存放译码
    while(c[i]!='\0'&&r!=0)
    {
        if(c[i]=='0')
            r=r->left;
        else
            r=r->right;
```

```
        if(r->left==0&&r->right==0)                    //读到叶子
        {
            v.PushBack(r->data);                       //保存译码的一个字符
            r=t;                                        //回到二叉树根
        }
        ++i;
    }
    if(c[i]=='\0'&&r!=t)                               //电文没有结束或提前结束
        cout<<"error"<<endl;
    else
        Output(v);
}


template<class T>
void  Output(const Vector<T>vt)                        //输出电文
{
    Vector<T>::const_iterator first=vt.Begin();
    Vector<T>::const_iterator last=vt.End();
    while(first!=last)
    {
        cout<< * first;
        ++first;
    }
    cout<<endl;
}
```

程序 19-6　哈夫曼译码。

```
#include<iostream>
using namespace std;
#include"btnode.h"
#include"hufm.h"
int main()
{
    int a[]={7,5,2,4};                                //权
    char * ch="010111110";                            //电文
    BTNode<int> * root=HufmTree(a,4);                 //建立哈夫曼二叉链表
    PrintBTree(root,40);                              //输出哈夫曼树
    cout<<endl;

    cout<<ch<<endl;                                   //输出电文
    HufmDecoder(root,ch);                             //输出译码

    system("pause");
    return 0;
```

```
}
```

程序运行结果：

```
                    18
        7                       11
                    5           6
                        2   4

010111110
7542
```

19.3.5　哈夫曼结构头文件

```cpp
//hufm.h
#ifndef HUFM_H
#define HUFM_H

#include"vector.h"
#include"btnode.h"
#include"heap.h"
#include"stack.h"

template<class T>
struct Hufm
{
    BTNode<T> * t;
    int operator<(const Hufm& h){return t->data<h.t->data;}
    int operator<=(const Hufm& h){return t->data<=h.t->data;}
    int operator>(const Hufm& h){return t->data>h.t->data; }
    int operator>=(const Hufm& h){ return t->data>=h.t->data;}
    int operator==(const Hufm& h){return t->data==h.t->data;}
    int operator!=(const Hufm& h){return t->data!=h.t->data; }
};

template<class T>
BTNode<T> * HufmTree(const T * p, int n)          //n 个权存储在数组中
{
    Hufm<T>hf;                                    //哈夫曼结构对象
    BTNode<T> * l;                                //二叉链表结点指针
    BTNode<T> * r;                                //二叉链表结点指针
    Heap<Hufm<T>>H(n);                            //步骤(1)
    for(int i=0;i<n;i++)                          //步骤(2)
    {
            hf.t=new BTNode<T>(p[i]);
```

```
            H.Insert(hf);
    }
    while(H.Size()>1)                              //步骤(3)
        {
            H.Remove(hf);
            l=hf.t;
            H.Remove(hf);
            r=hf.t;
            hf.t=new BTNode<T>(l->data+r->data,l,r);
            H.Insert(hf);
        }
        H.Remove(hf);                              //步骤(4)
        return hf.t;
}

template<class T>
void HafmCoder(const BTNode<T> * t)
{
    if(t==0)
        return;
    const BTNode<T> * p;
    Vector<const BTNode<T> * >S;
    int tag;
    Stack<int>tagS;
    while(t||!S.Empty())
        if(t)
        {
            S.PushBack(t);
            tagS.Push(1);
            t=t->left;
        }
        else
        {
            p=S.Back();
            S.PopBack();
            tag=tagS.Pop();
            if(tag==1)
            {
                S.PushBack(p);
                tagS.Push(2);
                t=p->right;
            }
            else if(p->left==0&&p->right==0)
            {
```

```
                S.PushBack(p);
                OutputCode(S);
                S.PopBack();
            }
        }
}


template<class T>
void OutputCode(const Vector<const BTNode<T> * >vt)
{
    Vector<const BTNode<T> * >::const_iterator first=vt.Begin();
    Vector<const BTNode<T> * >::const_iterator last=vt.End();
    cout<<( * (last-1))->data<<':';
    const BTNode<T> *  t= * first;
    ++first;
    while(first!=last)
    {
        if(t->left== * tirst)
            cout<<'0';
        else
            cout<<'1';
        t= * first;
        ++first;
    }
    cout<<endl;
}


template<class T>
void HufmDecoder(const BTNode<T> *  t,char * c)
{
    const BTNode<T> *  r=t;
    int i=0;
    Vector<int>v;
    while(c[i]!='\0'&&r!=0)
    {
        if(c[i]=='0')
            r=r->left;
        else
            r=r->right;
        if(r->left==0&&r->right==0)
        {
            v.PushBack(r->data);
            r=t;
        }
```

```
            ++i;
        }
        if(c[i]=='\0'&&r!=t)
            cout<<"error"<<endl;
        else
            Output(v);
    }

template<class T>
void Output(const Vector<T>vt)
{
    Vector<T>::const_iterator first=vt.Begin();
    Vector<T>::const_iterator last=vt.End();
    while(first!=last)
    {
        cout<< * first;
        ++first;
    }
    cout<<endl;
}
#endif
```

练　　习

编写程序

1. 用最快的速度,在 n 个元素中选出第 k 个最大元素。
2. 利用堆排序,将数组元素从大到小排序。

第 20 章

二叉搜索树

二叉搜索树也称二叉查找树（binary search tree），是专门用于查找的二叉树。二叉搜索树的每个结点不小于左子树的结点，也不大于右子树的结点，如图 20-1 所示。

二叉搜索树的中序序列是递增有序序列。以图 20-1 为例，中序序列为

1,3,5,14,30,37,45,60,65,70,90,95

二叉搜索树可以显著地改进查找的效率，查找 1 个数据的路径最长不超过树的深度。查找性能最优的是完全二叉树，在 10 000 个元素中查找 1 个元素，比较次数不超过 14。

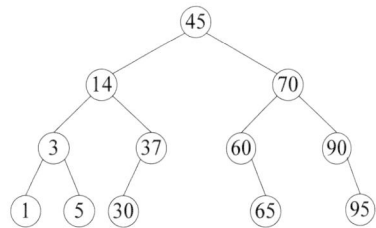

图 20-1　二叉搜索树示例

20.1　二叉搜索链表类

20.1.1　类声明

二叉搜索链表结构如图 20-2 所示。

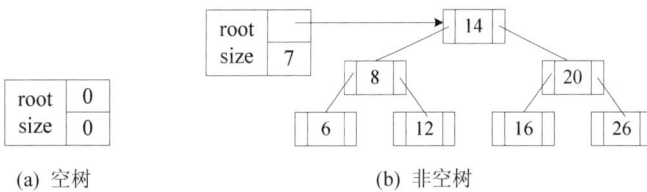

  (a) 空树　　　　　　　　　(b) 非空树

图 20-2　二叉搜索链表结构图

二叉搜索链表类声明如下：

```
template<class T>
class BSTree
{
    struct BTNode
    {
        T data;
        BTNode * left, * right;
```

```
            BTNode(const T& item=T(),BTNode * l=0,BTNode * r=0):
                            data(item),left(l),right(r){}
        };
        BTNode* root;                                      //根指针
        int size;                                          //结点个数
        void Insert(const T& x,BTNode** t);                //插入
        void Erase(const T& x,BTNode** t);                 //删除
        void Clear(BTNode * t);                            //清空
        BTNode * FindMin(BTNode * t)const;                 //查找最小元素
        BTNode * FindMax(BTNode * t)const;                 //查找最大元素
        BTNode * Find(const T& x,BTNode * t)const;         //查找
        void PrintBSTree(const BTNode * t,int w);

    public:
        BSTree():root(0),size(0){};                        //默认构造
        virtual~BSTree(){Clear();}                         //析构

        void Insert(const T& x){Insert(x,&root);}          //插入
        void Erase(const T& x){Erase(x,&root);}            //删除
        void Update(const T& x);                           //更新
        void Clear(){Clear(root);}                         //清空
        T& FindMin()const {return FindMin(root)->data;}    //查找最小元素
        T& FindMax()const {return FindMax(root)->data;}    //查找最大元素
        int Find(const T& x)const{return Find(x,root)!=0;} //查找
        int Size(){return size;}                           //读取结点个数
        void PrintBSTree(int w){PrintBSTree(root,w);}      //垂直输出
    };
```

类说明

因为二叉搜索链表结点是私有的,所以几乎所有方法都有私有和公有两个版本,私有的参量表含有私有数据成员 root,而公有没有。私有为公有的调用。

20.1.2 插 入

二叉搜索链表的插入是保序插入。如果插入的元素比当前结点的值小,就到左子树查找插入位置;如果插入的元素比当前结点的值大,就到右子树查找插入位置。插入位置的指针一定是 0。

插入有公有方法和私有方法,公有方法调用私有方法。因为插入方法要修改结点中指针域的值,所以需要传递指针的地址,相应的形参为指向指针的指针。

```
template<class T>
void BSTree<T>::Insert(const T& x)                         //公有方法
{
    Insert(&root,x);                                       //调用私有方法
```

```
    }

template<class T>
void BSTree<T>::Insert(BTNode** t,const T& y)          //私有方法
{
    while((*t)!=0)
    {
        if(y<(*t)->data)                               //如果比当前结点的值小
            t=&((*t)->left);                           //到左子树查找插入位置
        else                                           //如果比当前结点的值大
            t=&((*t)->right);                          //到右子树查找插入位置
    }
    (*t)=new BTNode(y);                                //插入
    size++;
}
```

二叉搜索链表的插入如图 20-3 所示。

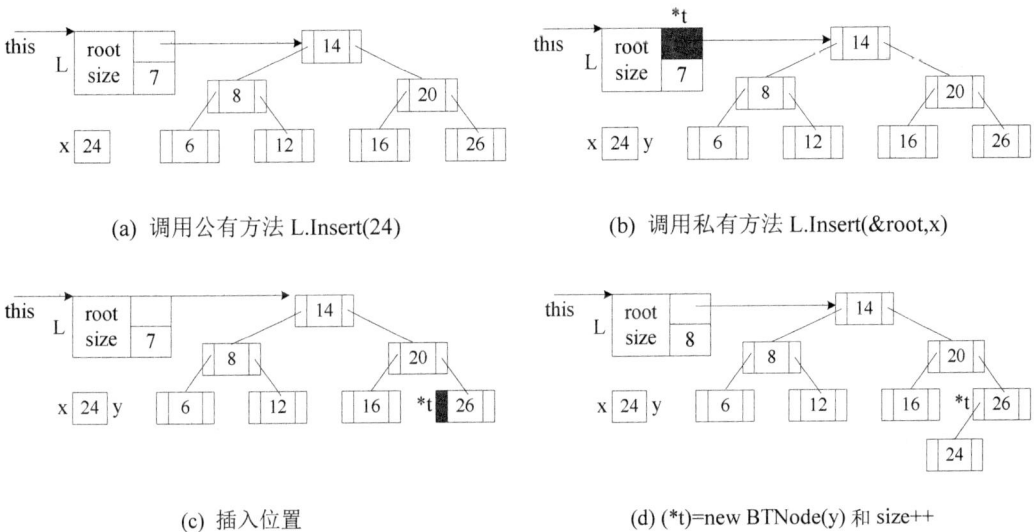

(a) 调用公有方法 L.Insert(24)   (b) 调用私有方法 L.Insert(&root,x)

(c) 插入位置   (d) (*t)=new BTNode(y) 和 size++

图 20-3   二叉搜索链表的插入示例

二叉搜索链表的垂直输出也有公有方法和私有方法,公有方法调用私有方法。私有方法和二叉搜索链表的方法一样,只是成员函数。

```
template<class T>
void BSTree<T>::PrintBSTree(int w)                     //垂直输出的公有方法
{
    PrintBSTree(root,w);                               //调用私有方法
}
template<class T>
void BSTree<T>::PrintBSTree(const BTNode* t,int w)     //垂直输出的私有方法
```

```
{
    //代码同 18.4.2 节垂直输出二叉树的代码
}
```

程序 20-1　二叉搜索链表的插入。

```
#include<iostream>
using namespace std;
#include"bstree.h"
int main()
{
    int a[]={14,8,20,6,12,16,26};
    BSTree<int>L;
    for(int i=0;i<7;i++)                                    //生成图
        L.Insert(a[i]);
    L.PrintBSTree(40);

    cout<<"after Insert(24):"<<endl;
    L.Insert(24);
    L.PrintBSTree(40);

    system("pause");
    return 0;
}
```

程序运行结果：

```
            14
        8            20
6       12      16      26
after Insert(24):
            14
        8            20
6       12      16      26
                     24
```

20.1.3　删　除

二叉搜索链表的删除是删除最小元素结点，步骤如下。

（1）查找要删除的结点。如果要删除的元素比当前结点的值小，就到左子树查找；如果要删除的元素比当前结点的值大，就到右子树查找。

（2）要删除的元素结点有左、右子树。查找该结点右子树的最小结点，用最小结点的值覆盖要删除的结点的值；然后将这个值作为要删除的元素，在右子树查找该元素结点，这个结点一定没有左子树，于是进入步骤（3）。

（3）要删除的元素结点没有左子树，或没有右子树，或左、右子树都没有。将子树直接与要删除的结点的双亲连接。

　　删除有公有方法和私有方法，公有方法调用私有方法。因为删除方法要修改结点中指针域的值，所以需要传递指针的地址，相应的形参为指向指针的指针。

```
template<class T>
void BSTree<T>::Erase(const T& x)                        //公有方法
{
    Erase(&root,x);
}
template<class T>
void BSTree<T>::Erase(BTNode** t,const T& y)             //私有方法
{
    T z=y;
    while(*t)                                            //步骤(1)
        if(z<(*t)->data)
            t=&((*t)->left);
        else if(z>(*t)->data)
            t=&((*t)->right);
        else if((*t)->left!=0&&(*t)->right!=0)           //步骤(2)
        {
            (*t)->data=FindMin((*t)->right)->data;
            z=(*t)->data;
            t=&((*t)->right);
        }
        else                                             //步骤(3)
        {
            BTNode* old=*t;                              //指向要删除的结点
            (*t)=((*t)->left!=0)?(*t)->left:(*t)->right;
            delete old;                                  //删除
            size--;
        }
}
```

　　二叉搜索链表的删除如图 20-4 所示。

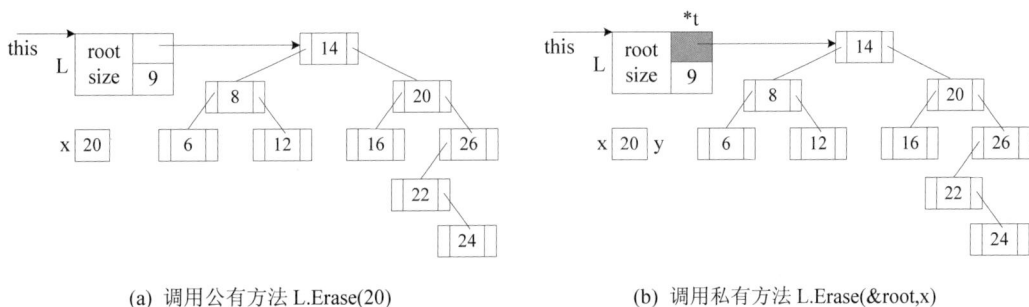

(a) 调用公有方法 L.Erase(20)　　　　　　(b) 调用私有方法 L.Erase(&root,x)

图 20-4　二叉搜索链表的删除示例

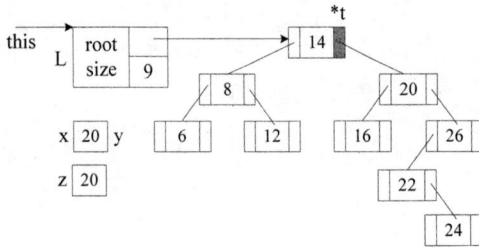

(c) 步骤(1)

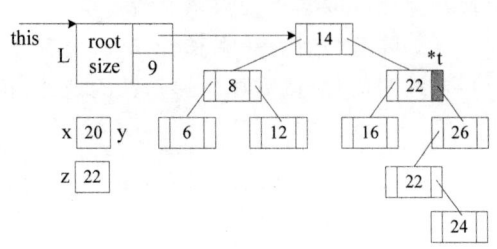

(c) 步骤(2)

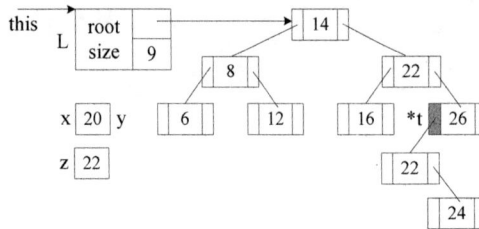

(e) 步骤(3)

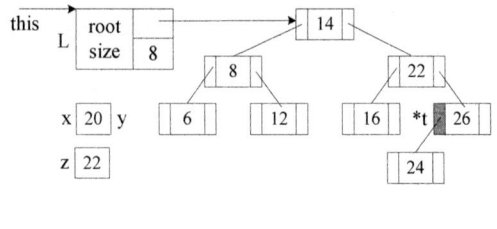

(f) 步骤(3)

图 20-4　（续）

程序 20-2　二叉搜索链表的删除。

```cpp
#include<iostream>
using namespace std;
#include"bstree.h"
int main()
{
    int a[]={14,8,20,6,12,16,26,22,24};
    BSTree<int>L;
    for(int i=0;i<9;i++)
        L.Insert(a[i]);
    L.PrintBSTree(40);

    cout<<"after Erase(20):"<<endl;
    L.Erase(20);
    L.PrintBSTree(40);

    system("pause");
    return 0;
}
```

程序运行结果：

```
                    14
          8                   20
     6         12        16        26
                                 22
                               24
```

```
after Erase(20):
                        14
            8                       22
      6           12          16          26
                                    24
```

20.1.4　查找和修改

1. 查找最小元素

假设二叉搜索链表不空。根据二叉搜索链表的性质,最小元素结点是最左边的结点。只要指针指向的结点有左孩子,就令指针指向左孩子。直到指针指向的结点没有左孩子,这时指针指向的结点就是最小元素结点。

查找最小元素有公有方法和私有方法,公有方法调用私有方法。

```cpp
template<class T>
T& BSTree<T>::FindMin()const                    //公有方法。返回最小元素引用
{
    return FindMin(root)->data;                 //调用私有方法
}
template<class T>                               //私有方法。返回最小元素结点指针
typename BSTree<T>::BTNode * BSTree<T>::FindMin(BTNode * t)const   //私有方法
{
    if(t!=0)
        while(t->left!=0)
            t=t->left;
    return t;
}
```

方法分析:

私有方法的返回值是指向结点类 BTNode 的指针,但是结点类是类 BTNode 私有的,所以需要加类型说明符"typename BSTree<T>::"。

二叉搜索链表查找最小元素如图 20-5 所示。

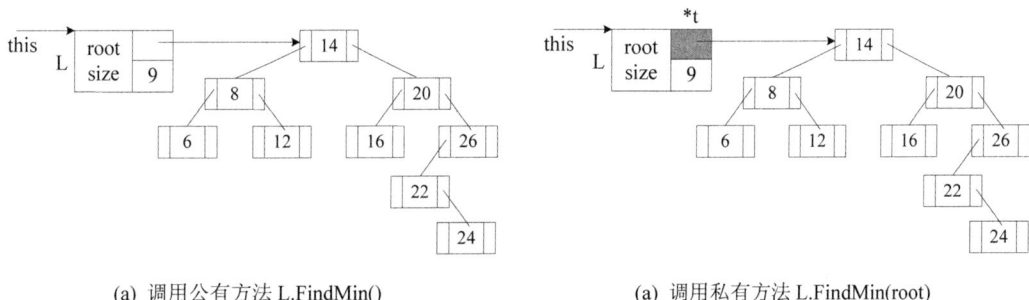

(a) 调用公有方法 L.FindMin()　　　　　(a) 调用私有方法 L.FindMin(root)

图 20-5　二叉搜索链表查找最小元素示例

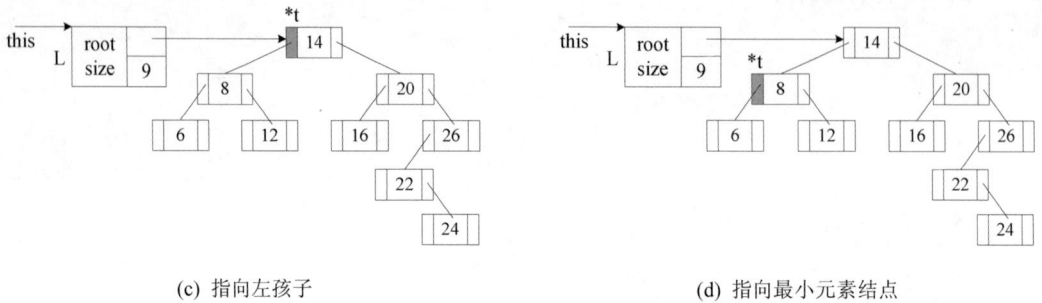

(c) 指向左孩子　　　　　　　　　(d) 指向最小元素结点

图 20-5　（续）

2. 查找最大元素

假设二叉搜索链表不空。根据二叉搜索链表的性质,最大元素结点是最右边的结点。只要指针指向的结点有右孩子,就令指针指向右孩子。直到指针指向的结点没有右孩子,这时指针指向的结点就是最大元素结点。

查找最大元素有公有方法和私有方法,公有方法调用私有方法。

```
template<class T>                          //公有方法。返回最大元素引用
T& BSTree<T>::FindMax()const
{
    return FindMax(root)->data;            //调用私有方法
}
template<class T>                          //私有方法。返回最大元素结点指针
typename BSTree<T>::BTNode * BSTree<T>::FindMax(BTNode * t)const
{
    if(t!=0)
        while(t->right!=0)
            t=t->right;
    return t;
}
```

程序 20-3　查找最小元素和最大元素。

```
#include<iostream>
using namespace std;
#include"bstree.h"

int main()
{
    int a[]={14,8,20,6,12,16,26,22,24};
    BSTree<int>L;
    for(int i=0;i<9;i++)
        L.Insert(a[i]);
```

```
        L.PrintBSTree(40);
        cout<<"the minimum:"<<endl;
        cout<<L.FindMin()<<endl;
        cout<<"the maximum:"<<endl;
        cout<<L.FindMax()<<endl;

        system("pause");
        return 0;
}
```

程序运行结果：

```
                        14
                8                   20
        6           12          16          26
                                        22
                                            24
the minimum:
6
the maximum:
26
```

3. 修改

到目前为止，二叉搜索链表结点中的元素都只是整型，一般情况下，它是类，比较的是类对象的关键字。例如：

```
struct Student
{
    long unsigned id;
    double  grades;

    bool operator<(const Student& s)const{return id<s.id;}
    bool operator>(const Student& s)const{return id>s.id;}
    bool operator!=(const Student& s)const{return id!=s.id;}
    bool operator==(const Student& s)const{return id==s.id;}
    friend ostream& operator<<(ostream& ostr,const Student& s)
        {cout<<s.id<<':'<<s.grades;return ostr;}
};
```

其中，学号是关键字，关系运算符重载指定的是学号比较。

修改是根据关键字查找结点，如果查找到，就修改结点的关键字以外的成员，否则就插入。

```
template<class T>
void BSTree<T>::Update(const T& x)
```

```
{
    BTNode *  p=Find(root,x);                //根据关键字查找结点
    if(p)                                    //查找到
        p->data=x;
    else                                     //没查找到
        Insert(x);
}
```

编写程序，修改图 20-6 所示文件 st.txt 中的记录。

图 20-6　文件 st.txt

程序 20-4　二叉搜索链表的修改。

```
#include<fstream>
#include<iostream>
#include<iomanip>
using namespace std;
#include"bstree.h"
struct Student
{
    long unsigned id;
    double  grades;

    bool operator<(const Student& s)const{return id<s.id;}
    bool operator>(const Student& s)const{return id>s.id;}
    bool operator!=(const Student& s)const{return id!=s.id;}
    bool operator==(const Student& s)const{return id==s.id;}
    friend ostream& operator<<(ostream& ostr,const Student& s)
                            {cout<<s.id<<':'<<s.grades;return ostr;}
};
int main()
{
    Student s;
    BSTree<Student>L;
```

```
    fstream infile;
    infile.open("D:\\st.txt",ios::in);
    if(!infile)
    {
        cout<<"st.txt cannot be opened ";
        exit(1);
    }

    infile>>s.id>>s.grades;
    while(!infile.eof())
    {
        L.Insert(s);
        infile>>s.id>>s. grades;
    }
    L.PrintBSTree(70);

    cout<<"after update (106 90):"<<endl;
    Student t={106,90};
    L.Update(t);
    L.PrintBSTree(70);

    cout<<"after update (110 100):"<<endl;
    t.id=110;
    t.grades=100;
    L.Update(t);                              //查找,但没有找到,因此插入
    L.PrintBSTree(70);

    infile.close();

    system("pause");
    return 0;
}
```

程序运行结果：

```
                                114:80
                    108:70                          120:60
        106:86              112:87          116:70          126:78
                                                    122:98
                                                        124:95
after update (106 90):
                                114:80
                    108:70                          120:60
        106:90              112:87          116:70          126:78
                                                    122:98
```

```
                                                        124:95
after update (110 100):
                                      114:80
              108:70                              120:60
       106:90              112:87        116:70            126:78
                 110:100                        122:98
                                                      124:95
```

程序分析

(1) 如何把修改后的记录写回文件,20.2 节介绍。

(2) 文件记录应该按学号有序排列,但这里是无序的,因为如果有序,插入后的二叉搜索链表就退化为线性链表。这个问题留在第 21 章解决。

20.1.5 中序迭代器

中序遍历迭代算法的指针移动需要栈作为辅助空间,而迭代器是封装的指针,也需要栈来辅助,以便找到当前结点的后继指针。

```cpp
public:
    class const_iterator
    {
    protected:
        BTNode * current;
        T& retrieve()const{return current->data;}
        const_iterator(BTNode * t){current=GoFarLeft(t);}    //构造函数
        Stack<BTNode * >St;                                  //栈
        BTNode *  GoFarLeft(BTNode * t)                 //查找中序序列首结点指针
        {
            if(t==0)
                return 0;
            while(t->left)
            {
                St.Push(t);
                t=t->left;
            }
            return t;
        }
        friend class BSTree<T>;
    public:
        const_iterator():current(0){}
        const T&operator * ()const{return retrieve();}
        const_iterator& operator++()                     //前++
        {
            if(current->right)
```

```
                current=GoFarLeft(current->right);
            else if(!St.Empty())
                current=St.Pop();
            else
                current=0;
            return * this;
        }
        bool operator==(const const_iterator& rhs)const{return current==rhs.
current;}
        bool operator!=(const const_iterator& rhs)const{return current!=rhs.
current;}
    };


    class iterator:public const_iterator
    {
    protected:
        iterator(BTNode * t):const_iterator(t){}
        friend class BSTree<T>;
    public:
        iterator(){}
        T& operator * (){return retrieve();}
        const T&operator * ()const{return(const_iterator::operator * ());}
        iterator& operator++()                          //前++
        {
            if(current->right)
                current=GoFarLeft(current->right);
            else if(!St.Empty())
                current=St.Pop();
            else
                current=0;
            return * this;
        }
    };
    const_iterator Begin()const{return const_iterator(root);}
    iterator Begin(){return iterator(root);}
    const_iterator End()const{return const_iterator(0);}
    iterator End(){return iterator(0);}
```

类分析

　　成员函数 GoFarLeft 的返回值是中序序列首结点指针。构造函数利用它,取得二叉搜索链表中序序列的首结点指针,运算符函数 operator＋＋利用它,取得当前结点右子树的中序序列首结点指针,即当前结点在中序序列中的后继指针。

　　编写程序:利用二叉搜索链表读取文件 st.txt(见图 20-7(a)),修改后写入文件 st1.txt(见图 20-7(b))。

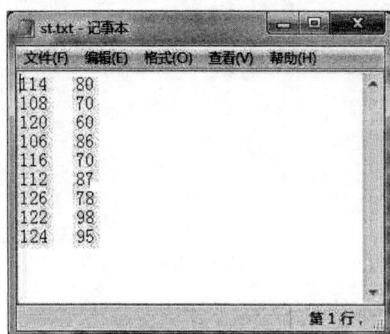

(a) 文件 st.txt

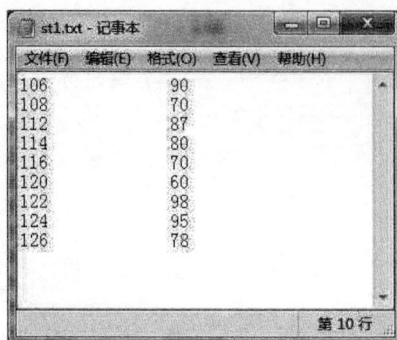

(b) 文件 st1.txt

图 20-7　文件读写

程序 20-5　利用二叉搜索链表读写文件。

```cpp
#include<fstream>
#include<iostream>
#include<iomanip>
using namespace std;
#include"bstree.h"
struct Student
{
    long unsigned id;
    double  grades;

    bool operator<(const Student& s)const{return id<s.id;}
    bool operator>(const Student& s)const{return id>s.id;}
    bool operator!=(const Student& s)const{return id!=s.id;}
    bool operator==(const Student& s)const{return id==s.id;}
    friend ostream& operator<<(ostream& ostr,const Student& s)
                    {cout<<s.id<<':'<<s.grades;return ostr;}
};
int main()
{
    Student s;
    BSTree<Student>L;

    fstream infile;
    infile.open("D:\\st.txt",ios::in);
    if(!infile)
    {
        cout<<"st.txt cannot be opened ";
        exit(1);
    }
```

```
    infile>>s.id>>s.grades;                              //读取文件到二叉搜索链表
    while(!infile.eof())
    {
        L.Insert(s);
        infile>>s.id>>s.grades;
    }

    Student t={106,90};                                  //修改文件记录
    L.Update(t);

    fstream outfile;
    outfile.open("D:\\st1.txt",ios::out);
    if(!outfile)
    {
        cout<<"st1.txt cannot be opened";
        exit(1);
    }
    BSTree<Student>::const_iterator first=L.Begin();   //写入文件
    BSTree<Student>::const_iterator last=L.End();
    for(;first!=last;++first)
    {
        outfile<<setiosflags(ios::left)
            <<setw(16)<<(*first).id
            <<setw(8)<<(*first).grades<<endl;
    }

    infile.close();
    outfile.close();

    system("pause");
    return 0;
}
```

程序分析

可以再写回文件 st.txt。

20.1.6　频 率 统 计

在 0～9 中产生 100 000 个随机数,统计每个数出现的次数。

程序 20-6　频率统计。

```
#include<iostream>
using namespace std;
#include"bstree.h"
```

```
#include<time.h>                            //srand()
#include<stdlib.h>                          //rand()

class Counter
{
public:
    int number;                            //记录键值
    int count;                             //记录频率
    Counter(int n=0,int c=0):number(0),count(c){}
    operator int()const{return number;}       //成员转换函数,主要用于比较时的转换
    friend ostream& operator<<(ostream& ostr,const Counter& x);
};
ostream& operator<<(ostream& ostr,const Counter& x)
{
    ostr<<x.number<<':'<<x.count<<endl;
    return ostr;
}

template<class Iterator>
void Output(Iterator first,Iterator last)
{
    for(;first!=last;++first)
        cout<< * first;
    cout<<endl;
}

int main()
{
    BSTree<Counter>L;
    Counter N;
    srand(time(0));                  //激活随机函数的种子函数
    for(long i=0;i<100000L;i++)
    {
        N.number=rand()%10;
        if(L.Find(N))
        {
            N.count++;                 //找到键值,count+1,并更新该结点
            L.Update(N);
        }
        else
        {
            N.count=1;                 //若键值第一次出现,count 赋值为 1,然后插入
            L.Insert(N);
        }
```

```
    }
    Output(L.Begin(),L.End());

    system("pause");
    return 0;
}
```

程序运行结果：

```
0:99958
1:99954
2:99943
3:99951
4:99956
5:99944
6:99929
7:99957
8:99950
9:99948
```

20.2   二叉搜索链表类头文件

```
#ifndef BSTREE_H
#define BSTREE_H

#include"queue.h"
#include"stack.h"
#include<iostream>
using namespace std;
template<class T>
class BSTree
{
    struct BTNode
    {
        T data;
        BTNode * left, * right;
        BTNode(const T& item=T(),BTNode * l=0,BTNode * r=0):
                data(item),left(l),right(r){}
    };
    BTNode * root;                              //根指针
    int size;                                   //结点个数
    void Insert(BTNode** t,const T& x);         //插入
    void Erase(BTNode** t,const T& x);          //删除
    void Clear(BTNode * t);                     //清空
```

```
        BTNode * FindMin(BTNode * t)const;                      //查找最小元素
        BTNode * FindMax(BTNode * t)const;                      //查找最大元素
        BTNode * Find(BTNode * t,const T& x)const;              //查找
        void PrintBSTree(const BTNode * t,int w);
public:
    class const_iterator
    {
    protected:
        BTNode * current;
        T& retrieve()const{return current->data;}
        const_iterator(BTNode * t){current=GoFarLeft(t);}  //构造函数
        Stack<BTNode * >St;                                 //栈
        BTNode * GoFarLeft(BTNode * t)                      //查找中序首结点指针
        {
            if(t==0)
                return 0;
            while(t->left)
            {
                St.Push(t);
                t=t->left;
            }
            return t;
        }
        friend class BSTree<T>;
    public:
        const_iterator():current(0){}
        const T&operator * ()const{return retrieve();}
        const_iterator& operator++()                        //前++
        {
            if(current->right)
                current=GoFarLeft(current->right);
            else if(!St.Empty())
                current=St.Pop();
            else
                current=0;
            return * this;
        }
        bool operator==(const const_iterator& rhs)const{return current==rhs.
current;}
        bool operator!=(const const_iterator& rhs)const{return current!=rhs.
current;}
    };

    class iterator:public const_iterator
```

```
    {
    protected:
        iterator(BTNode * t):const_iterator(t){}
        friend class BSTree<T>;
    public:
        iterator(){}
        T& operator * (){return retrieve();}
        const T&operator * ()const{return(const_iterator::operator * ());}
        iterator& operator++()                          //前++
        {
            if(current->right)
                current=GoFarLeft(current->right);
            else if(!St.Empty())
                current=St.Pop();
            else
                current=0;
            return * this;
        }
    };

public:
    BSTree():root(0),size(0){};                         //默认构造
    virtual~BSTree(){Clear();}                          //析构

    const_iterator Begin()const{return const_iterator(root);}
    iterator Begin(){return iterator(root);}
    const_iterator End()const{return const_iterator(0);}
    iterator End(){return iterator(0);}

    void Insert(const T& x){Insert(&root,x);}           //插入
    void Erase(const T& x){Erase(&root,x);}             //删除
    void Update(const T& x);                            //更新
    void Clear(){Clear(root);}                          //清空
    T& FindMin()const {return FindMin(root)->data;}     //查找最小元素
    T& FindMax()const{return FindMax(root)->data;}      //查找最大元素
    bool Find(const T& x)const{return Find(root,x)!=0;} //查找
    int Size(){return size;}                            //读取结点个数

    void PrintBSTree(int w){PrintBSTree(root,w);}       //垂直输出

};

template<class T>
void BSTree<T>::Insert(BTNode** t,const T& y)           //私有方法
```

```
{
    while((*t)!=0)
    {
        if(y<(*t)->data)                                    //如果比当前结点的值小
            t=&((*t)->left);                                //到左子树查找插入位置
        else                                                //如果比当前结点的值大
            t=&((*t)->right);                               //到右子树查找插入位置
    }
    (*t)=new BTNode(y);                                     //插入
    size++;
}
template<class T>
void BSTree<T>::Erase(BTNode** t,const T& y)                //私有方法
{
    T z=y;
    while(*t)                                               //步骤(1)
        if(z<(*t)->data)
            t=&((*t)->left);
        else if(z>(*t)->data)
            t=&((*t)->right);
        else if((*t)->left!=0&&(*t)->right!=0)              //步骤(2)
        {
            (*t)->data=FindMin((*t)->right)->data;
            z=(*t)->data;
            t=&((*t)->right);
        }
        else                                                //步骤(3)
        {
            BTNode* old=*t;                                 //指向要删除的结点
            (*t)=((*t)->left!=0)?(*t)->left:(*t)->right;
            delete old;                                     //删除
            size--;
        }
}

template<class T>
void BSTree<T>::Clear(BTNode* t)
{
    if(t==0)
        return;
    Clear(t->left);
    Clear(t->right);
    delete t;
}
```

```cpp
template<class T>                                    //私有方法
typename BSTree<T>::BTNode * BSTree<T>::FindMin(BTNode * t)const
{
    if(t!=0)
        while(t->left!=0)
            t=t->left;
    return t;
}


template<class T>                                    //私有方法
typename BSTree<T>::BTNode * BSTree<T>::FindMax(BTNode * t)const
{
    if(t!=0)
        while(t->right!=0)
            t=t->right;
    return t;
}


template<class T>                                    //私有方法
typename BSTree<T>::BTNode * BSTree<T>::Find(BTNode * t,const T& x)const
{
    while(t!=0&&x!=t->data)
        if(x<t->data)
            t=t->left;
        else
            t=t->right;
    return t;
}


template<class T>
void BSTree<T>::Update(const T& x)
{
    BTNode * p=Find(root,x);
    if(p)
        p->data=x;
    else
        Insert(x);
}


void Gotoxy(int x,int y)
{
    static int indent=0;                             //偏移量
    static int level=0;                              //层数
```

```
        if(y==0)
        {
            level=0;
            indent=0;
        }
        if(y!=level)
        {
            int n=y-level;
            for(int i=0;i<n;i++)
            {
                cout<<endl;
                ++level;
            }
            indent=0;
        }

        cout.width(x-indent);
        indent=x;
    }
    struct Location
    {
        int x,y;
    };

    template<class T>
    void BSTree<T>::PrintBSTree(const BTNode * t,int w)
    {
        if(t==0)
            return;
        int level=0,off=w/2;
        Location f,c;
        Queue<const BTNode * >Q;
        Queue<Location>LQ;
        f.x=off;
        f.y=level;
        Q.Push(t);
        LQ.Push(f);
        while(!Q.Empty())
        {
            t=Q.Pop();
            f=LQ.Pop();
            Gotoxy(f.x,f.y);
            cout<<t->data;
            if(f.y!=level)                          //除根之外,每一层首结点都要修改缩进值和层值
```

```
        {
            off=off/2;
            ++level;
        }
        if(t->left)
        {
            Q.Push(t->left);
            c.x=f.x-off/2;
            c.y=f.y+1;
            LQ.Push(c);
        }
        if(t->right)
        {
            Q.Push(t->right);
            c.x=f.x+off/2;
            c.y=f.y+1;
            LQ.Push(c);
        }
    }
    cout<<endl;
}

#endif
```

练　　习

编写程序

统计在一段文本中每一个单词出现的频率和所在的行号。

第 21 章

平衡二叉搜索树

二叉搜索树的查找效率取决于平均搜索长度,而这又取决于树的形状。当二叉搜索链表退化为一个链表时,查找效率最低。理想的形状是任何结点的左、右子树高度最多相差 1,这样的二叉搜索树称为**平衡二叉搜索树**,也称 AVL 树,它是俄罗斯数学家 G. M. Adel'son-Vel'sky 和 E. M. Landis 于 1962 年提出的。

21.1　动态平衡方法

影响二叉搜索链表平衡的操作只能是插入和删除。以插入为例,第 3 章程序 3-5 的输入文件 st.txt,如果其中的记录按关键字有序排列,插入二叉搜索链表后就退化为链表。

现在需要一种动态平衡方法,当插入或删除破坏了平衡时,可以用来调整。这种方法需要在原二叉搜索链表的结点中增加一个表示高度的成员 height,如图 21-1 所示。

left	data	right	height

图 21-1　平衡二叉搜索链表结点结构

调整操作分为左单旋转型调整、右单旋转型调整、先右后左双旋转型调整、先左后右双旋转型调整 4 种情况。

21.1.1　左单旋转型调整

左单旋转(rotate left,RL)型调整如图 21-2 所示,其中阴影部分表示插入结点。

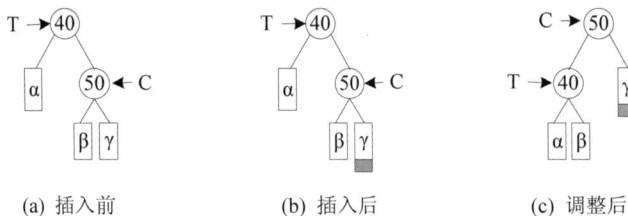

(a) 插入前　　　　　　　(b) 插入后　　　　　　　(c) 调整后

图 21-2　RL 型调整示意图

图 21-2 的 RL 型调整可以用代数式的左结合律表示为

$$\alpha T(\beta C\gamma)=(\alpha T\beta)C\gamma$$

以图 21-3 为例,RL 型调整算法如下:

```
BTNode * c=( * t)->right;                              //见图 21-3(b)
```

```
(*t)->right=c->left;                                    //见图 21-3(c)
c->left= * t;                                           //见图 21-3(d)、(e)
(*t)->height=Max(H((*t)->left),H((*t)->right))+1;       //见图 21-3(f)
c->height=Max((*t)->height,H(c->right))+1;              //见图 21-3(g)
*t=c;                                                   //见图 21-3(h)
```

其中,函数 H()是计算二叉树的高度,Max()是求最大值,它们的代码见 21.2 节。

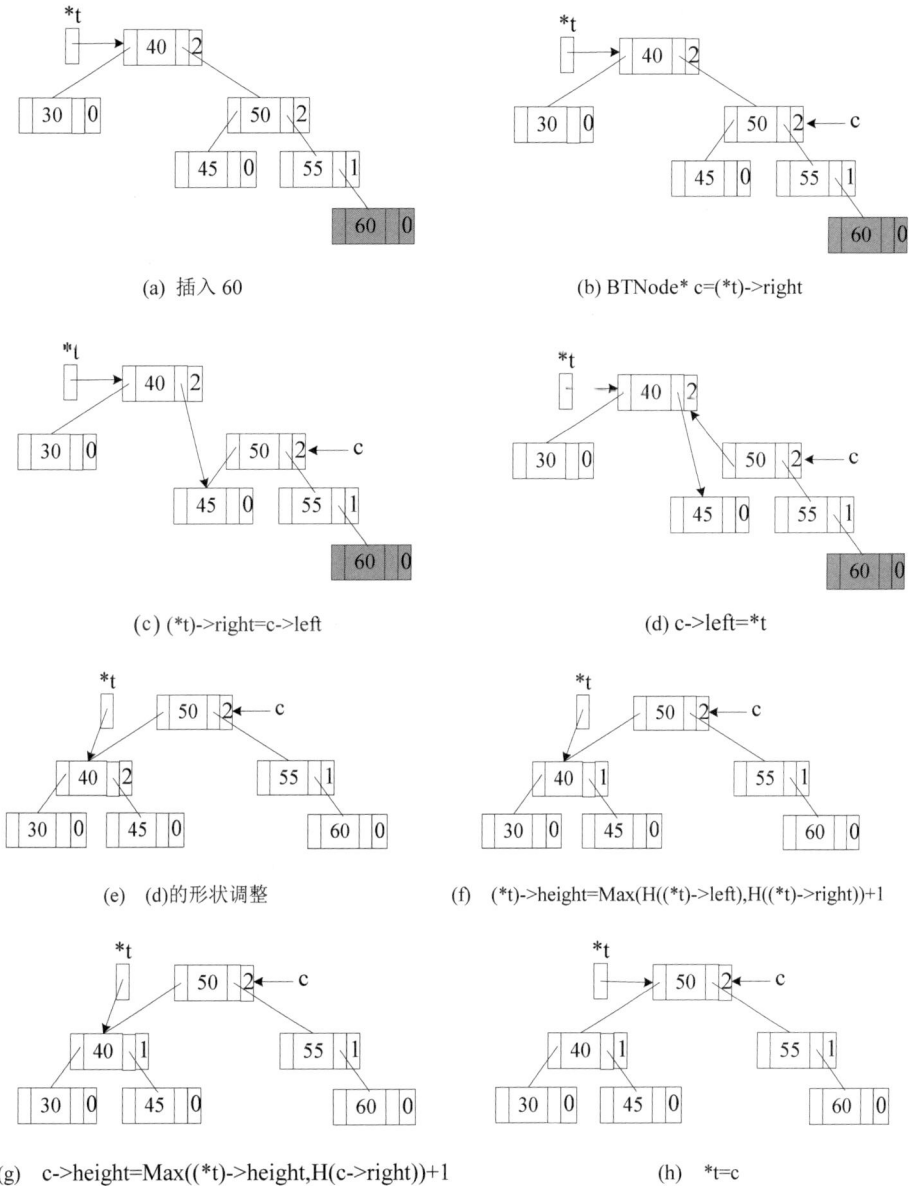

(a)　插入 60

(b)　BTNode* c=(*t)->right

(c)　(*t)->right=c->left

(d)　c->left=*t

(e)　(d)的形状调整

(f)　(*t)->height=Max(H((*t)->left),H((*t)->right))+1

(g)　c->height=Max((*t)->height,H(c->right))+1

(h)　*t=c

图 21-3　RL 型调整实例(一)

图 21-4 是 RL 型调整的又一个实例。

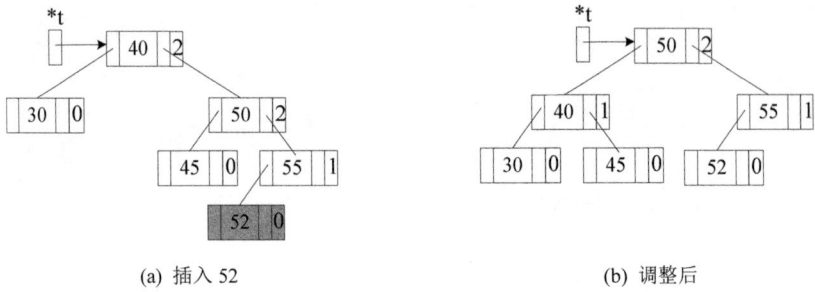

(a) 插入 52　　　　　　　　　　　　　　　(b) 调整后

图 21-4　RL 型调整实例（二）

21.1.2　右单旋转型调整

右单旋转（rotate right，RR）型调整如图 21-5 所示，其中阴影部分表示插入结点。

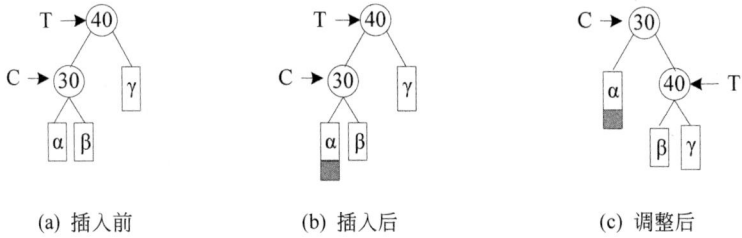

(a) 插入前　　　　　　(b) 插入后　　　　　　(c) 调整后

图 21-5　RR 型调整示意图

图 21-5 的 RR 型调整可以用代数式的右结合律表示为

$$(\alpha C\beta)T\gamma = \alpha C(\beta T\gamma)$$

以图 21-6 为例，RR 型调整算法如下（和 RL 型调整算法对称，只需 right 和 left 互换）：

```
BTNode * c=(*t)->left;                                    //见图 21-5(b)
(*t)->left=c->right;                                      //见图 21-5(c)
c->right=*t;                                              //见图 21-5(d)、(e)
(*t)->height=Max(H((*t)->left),H((*t)->right))+1;        //见图 21-5(f)
c->height=Max(H(c->left),(*t)->height)+1;                //见图 21-5(g)
*t=c;                                                    //见图 21-5(h)
```

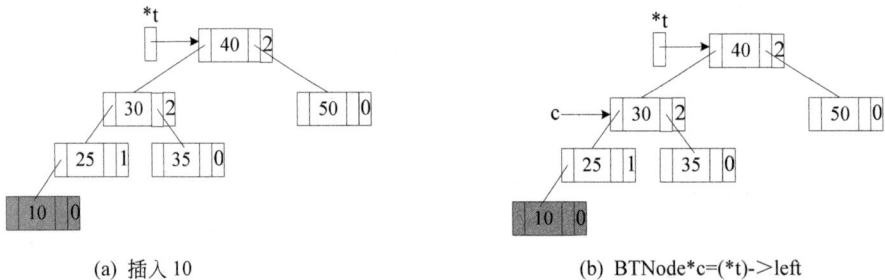

(a) 插入 10　　　　　　　　　　　(b) BTNode*c=(*t)->left

图 21-6　RR 型调整实例（一）

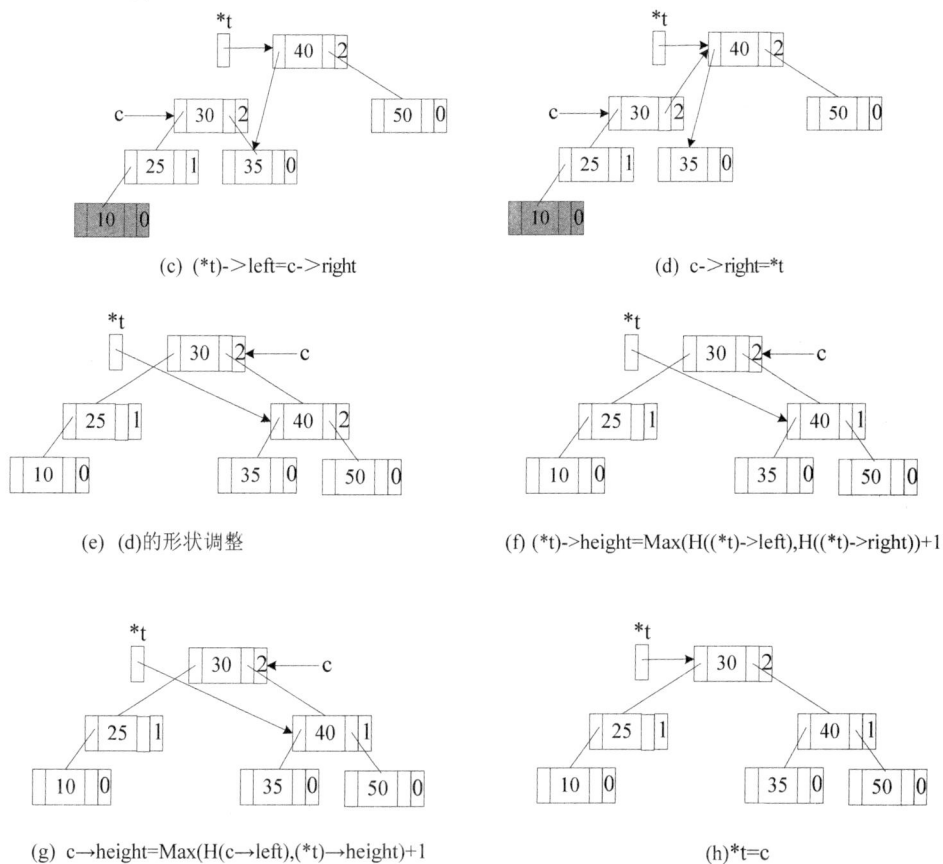

(c) (*t)->left=c->right

(d) c->right=*t

(e) (d)的形状调整

(f) (*t)->height=Max(H((*t)->left),H((*t)->right))+1

(g) c→height=Max(H(c→left),(*t)→height)+1

(h)*t=c

图 21-6 （续）

图 21-7 是 RR 型调整的又一个实例。

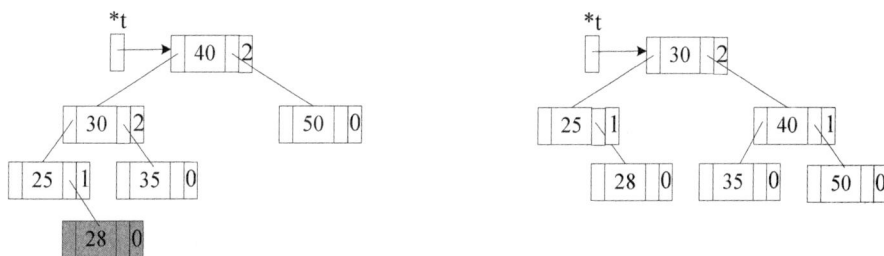

图 21-7　RR 型调整实例(二)

21.1.3　先右后左双旋转型调整

先右后左双旋转（rotate right left，RRL）型调整如图 21-8 所示，其中阴影部分表示插入结点。

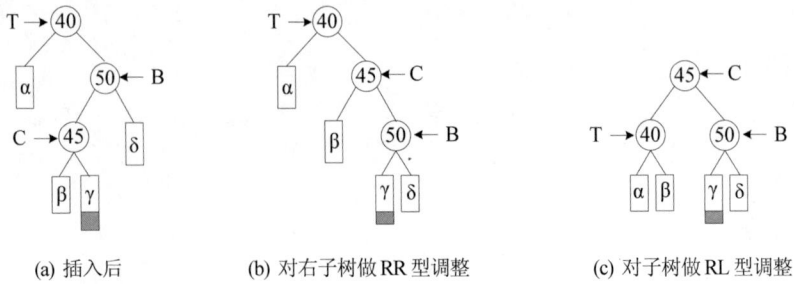

(a) 插入后   (b) 对右子树做 RR 型调整   (c) 对子树做 RL 型调整

图 21-8   RRL 型调整示意图

图 21-8 的 RRL 型调整可以用代数式的左右结合律表示为

$$\alpha T((\beta C\gamma)B\delta)=\alpha T(\beta C(\gamma B\delta))=(\alpha T\beta)C(\gamma B\delta)$$

以图 21-9 为例,RRL 型调整算法如下:

```
RR(&(*t)->right);        //对右子树做 RR 型调整。见图 21-9(b)、(c)
RL(t);                   //对子树做 RL 型调整。见图 21-9(d)、(e)
```

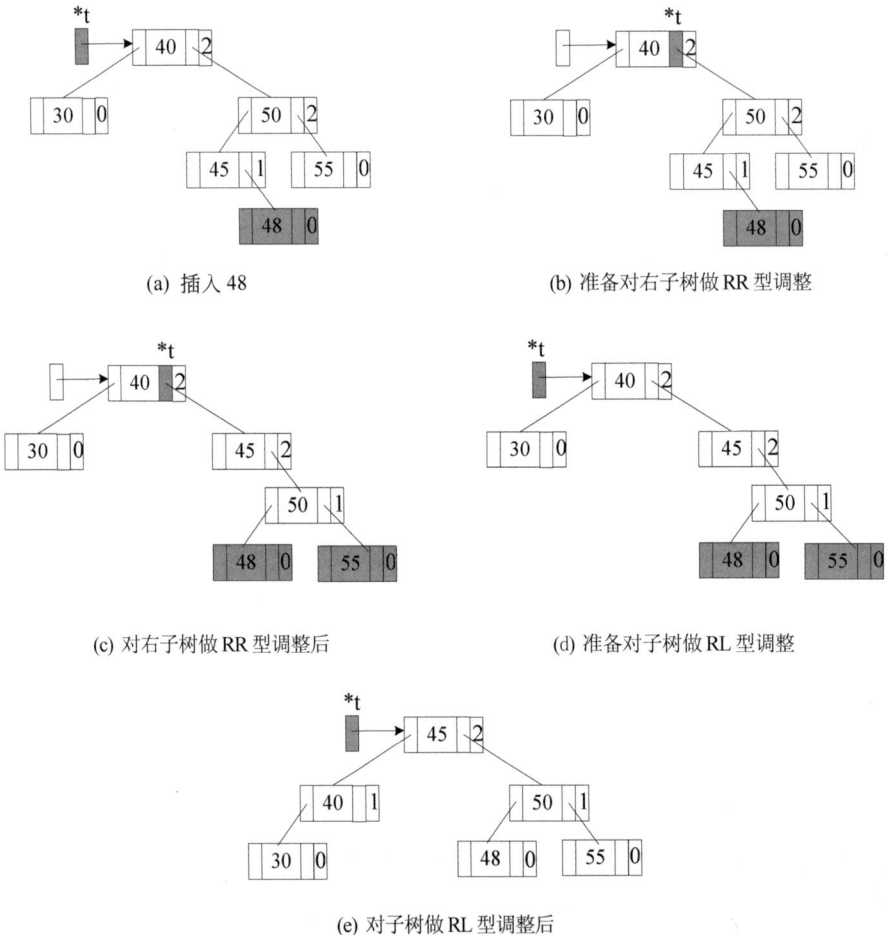

(a) 插入 48   (b) 准备对右子树做 RR 型调整

(c) 对右子树做 RR 型调整后   (d) 准备对子树做 RL 型调整

(e) 对子树做 RL 型调整后

图 21-9   RRL 型调整实例

21.1.4　先左后右双旋转型调整

先左后右双旋转（rotation left right，RLR）型调整如图 21-10 所示，其中阴影部分表示插入结点。

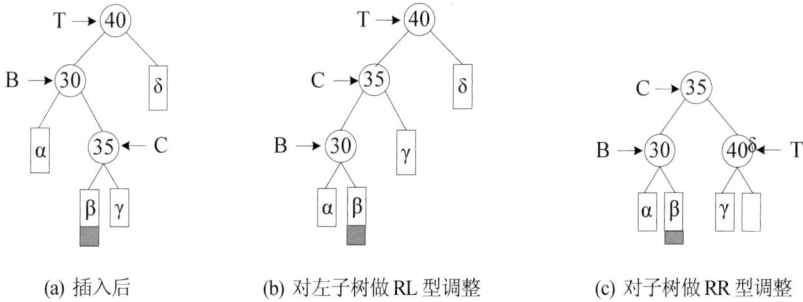

(a) 插入后　　　　　(b) 对左子树做 RL 型调整　　　(c) 对子树做 RR 型调整

图 21-10　RLR 型调整示意图

图 21-10 的 RLR 型调整可以用代数式的左右结合律表示为

$$(\alpha B(\beta C\gamma))T\delta = ((\alpha B\beta)C\gamma)T\delta = (\alpha B\beta)C(\gamma T\delta)$$

以图 21-11 为例，RLR 型调整算法如下（和 RRL 型调整算法对称，只需 left 代替 right、RR 和 RL 互换）：

```
RL(&(*t)->left);        //对左子树做 RL 型调整。见图 21-11(b)、(c)
RR(t);                  //对子树做 RR 型调整。见图 21-11(d)、(e)
```

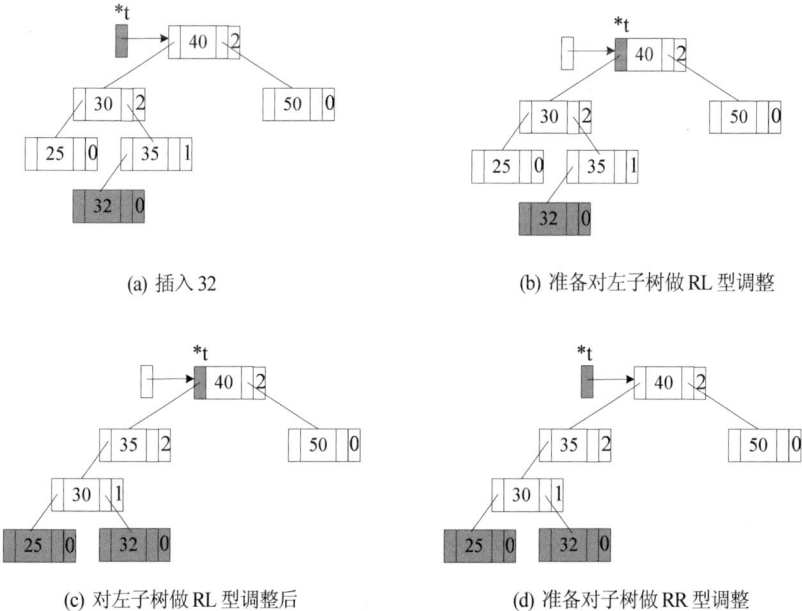

(a) 插入 32　　　　　　　　　　　　(b) 准备对左子树做 RL 型调整

(c) 对左子树做 RL 型调整后　　　　　　(d) 准备对子树做 RR 型调整

图 21-11　RLR 型调整实例

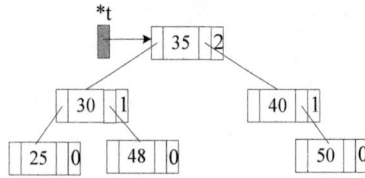

(e) 对子树做 RR 型调整后

图 21-11　（续）

21.2　平衡二叉搜索链表类

21.2.1　类声明

平衡二叉搜索树类声明如下：

```cpp
template<class T>
class AvlTree
{
    struct BTNode
    {
        T data;
        BTNode * left, * right;
        int height;
        BTNode(const T& item,BTNode * l=0,BTNode * r=0,int h=0):
                        data(item),left(l),right(r),height(h){}
    };
    BTNode * root;
    int size;
    void Insert(BTNode** t,const T& y);
    void Erase(BTNode** t,const T& y);
    void Clear(BTNode * t);
    void RR(BTNode** t);
    void RL(BTNode** t);
    void RRL(BTNode** t);
    void RLR(BTNode** t);
    BTNode * FindMin(BTNode * t)const;          //查找最小元素结点
    BTNode * FindMax(BTNode * t)const;          //查找最大元素结点
    BTNode * Find(BTNode * t,const T& x)const;  //查找
    int H(BTNode * t)const{return t==0?-1:t->height;}  //结点高度
    int Max(int x1,int x2){return x1<x2?x2:x1;}  //最大值
    void PrintAvlTree(const BTNode * t,int w);
public:
```

```
    AvlTree():root(0),size(0){};                        //默认构造
    virtual ~AvlTree(){Clear();}                         //析构
    void Insert(const T& x){Insert(&root,x);}           //插入
    void Erase(const T& x){Erase(&root,x);}             //删除
    void Clear(){Clear(root);}
    T& FindMin()const{return FindMin(root)->data;}      //查找最大元素
    T& FindMax()const{return FindMax(root)->data;}      //查找最大元素
    bool Find(const T& x)const{return Find(root,x)!=0;} //查找
    void Update(const T& x);                            //更新
    int Size(){return size;}                            //读取结点个数

    void PrintAvlTree(int w){PrintAvlTree(root,w);}
};
```

21.2.2　插　入

平衡二叉搜索链表插入的迭代算法步骤如下。

（1）建立栈，用于存储结点指针。

（2）查找插入位置。每次进入下一级子树查找前，都把当前结点指针入栈保存。

（3）插入结点。

（4）弹栈。栈中的指针所指向的结点是从根到插入结点的一条路径。因为插入，这条路径上的子树可能因层数增加而破坏与兄弟子树的平衡，所以每次得到一个指针，都要做两件事：一是判断该指针所指向的结点其左、右子树是否平衡，如果不平衡，就要按照类型调整；二是修改该结点的层数。

插入有公有方法和私有方法，公有方法调用私有方法。代码如下（以图 21-12 为例）：

```
template<class T>
void AvlTree<T>::Insert(const T& x)                     //公有方法
{
    Insert(&root,x);
}
template<class T>
void AvlTree<T>::Insert(BTNode** t,const T& y)          //私有方法
{
    Stack<BTNode**>S;                                   //步骤(1)
    while(*t)                                           //步骤(2)
    {
        S.Push(t);
        if(y<(*t)->data)
            t=&((*t)->left);
        else if(y>(*t)->data)
            t=&((*t)->right);
```

```
        }
        * t=new BTNode(y);                                      //步骤(3)
        size++;
        while(!S.Empty())                                       //步骤(4)
        {
            t=S.Pop();                                          //弹出一个结点指针
            if(H((*t)->left)-H((*t)->right)==2)
                if(H((*t)->left->left)>=H((*t)->left->right))
                    RR(t);
                else
                    RLR(t);
            else if(H((*t)->right)-H((*t)->left)==2)
                if(H((*t)->right->right)>=H((*t)->right->left))
                    RL(t);
                else
                    RRL(t);
            (*t)->height=Max(H((*t)->left),H((*t)->right))+1;  //修改结点的层数
        }
    }
```

平衡二叉搜索链表插入的迭代算法如图 21-12 所示。

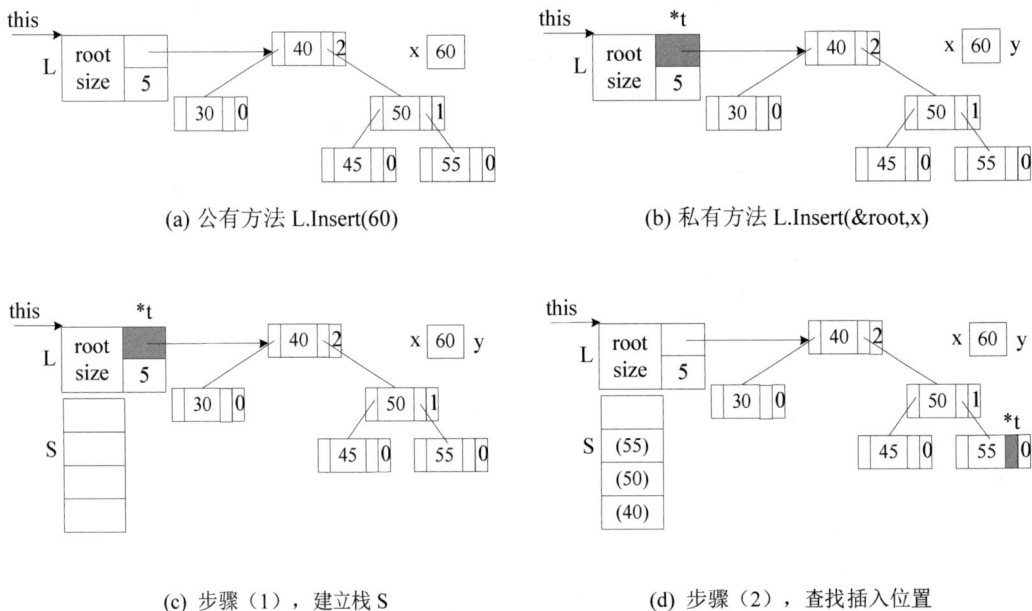

(a) 公有方法 L.Insert(60)　　　　　　　　　(b) 私有方法 L.Insert(&root,x)

(c) 步骤（1），建立栈 S　　　　　　　　　(d) 步骤（2），查找插入位置

图 21-12　平衡二叉搜索链表插入的迭代算法示例

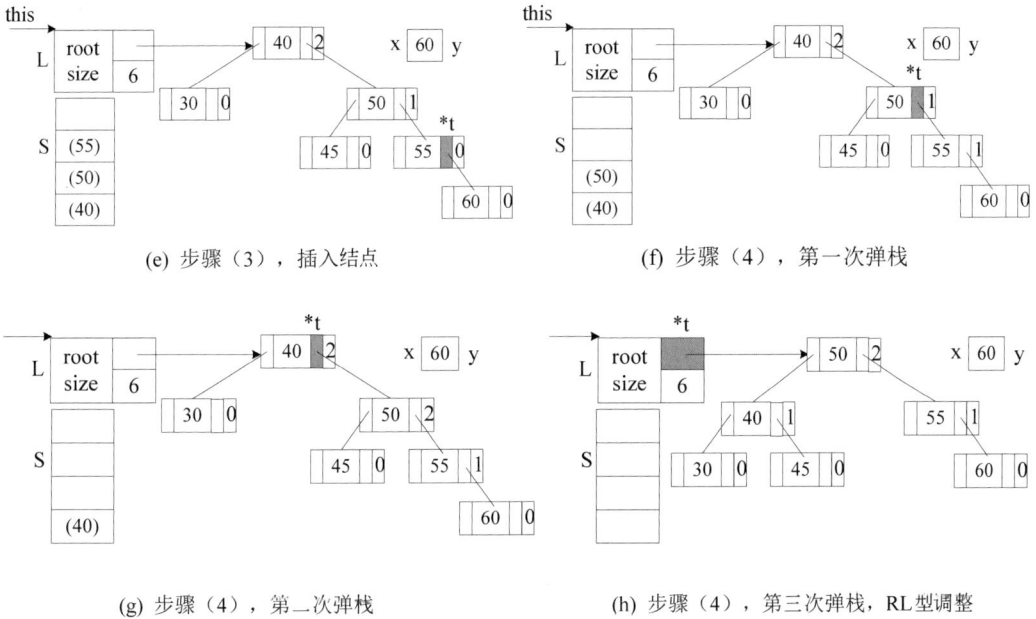

(e) 步骤（3），插入结点

(f) 步骤（4），第一次弹栈

(g) 步骤（4），第二次弹栈

(h) 步骤（4），第三次弹栈，RL型调整

图 21-12　（续）

程序 21-1　图 21-12 的插入。

```
#include<iostream>
using namespace std;
#include"AvlTree.h"

int main()
{
    AvlTree<int>L;
    int a[5]={40,30,50,45,55};
    for(int i=0;i<5;i++)
        L.Insert(a[i]);
    L.PrintAvlTree(40);
    cout<<"after Insert(60):"<<endl;
    L.Insert(60);
    L.PrintAvlTree(40);
    system("pause");
    return 0;
}
```

程序运行结果：

```
                40
          30          50
             45          55
```

```
after Insert(60):
                      50
              40                    55
       30            45                    60
```

程序 21-2　平衡二叉搜索链表的插入。

```
#include<iostream>
using namespace std;
#include"AvlTree.h"                                        //见 21.3 节

int main()
{
    AvlTree<int>L;
    for(int i=1;i<=12;i++)
        L.Insert(i);
    L.PrintAvlTree(40);

    system("pause");
    return 0;
}
```

程序运行结果：

```
                   8
          4                  10
     2         6         9         11
   1   3     5   7                 12
```

21.2.3　删　除

平衡二叉搜索链表删除的迭代算法步骤如下。

(1) 建立栈,用于存储结点指针。复制要删除的元素。

(2) 查找删除结点。每次进入下一级子树查找前,都把当前结点指针入栈保存。

(3) 删除结点。

(4) 弹栈。栈中的指针所指向的结点是从根到删除结点的一条路径。因为删除,这条路径上的子树可能因层数减少而破坏与兄弟子树的平衡,所以每次得到一个指针,都要做两件事：一是判断该指针所指向的结点其左、右子树是否平衡,如果不平衡,就要按照类型调整；二是修改该结点的层数。

删除有公有方法和私有方法,公有方法调用私有方法。代码如下(以图 21-13 为例)：

```
template<class T>
void AvlTree<T>::Erase(const T& x)                         //公有方法
{
    Erase(&root,x);
```

```
}
template<class T>
void AvlTree<T>::Erase(BTNode** t,const T& y)                    //私有方法
{
    Stack<BTNode**>S;                                            //步骤(1)
    T z=y;
    while(*t)                                                    //步骤(2)
    {
        if(z<(*t)->data)
        {
            S.Push(t);
            t=&((*t)->left);
        }
        else if(z>(*t)->data)
        {
            S.Push(t);
            t=&((*t)->right);
        }
        else if((*t)->left!=0&&(*t)->right!=0)
        {
            (*t)->data=FindMin((*t)->right)->data;
            z=(*t)->data;
            S.Push(t);
            t=&((*t)->right);
        }
        else                                                     //步骤(3)
        {
            BTNode* old=*t;
            (*t)=((*t)->left!=0)?(*t)->left:(*t)->right;
            delete old;
            size--;
        }
    }
    while(!S.Empty())                                            //步骤(4)
    {
        t=S.Pop();                                               //弹出一个结点指针
        if(H((*t)->left)-H((*t)->right)==2)
        {
            if (H((*t)->left->left)>=H((*t)->left->right))
                RR(t);
            else
                RLR(t);
        }
        else if(H((*t)->right)-H((*t)->left)==2)
```

```
        {
            if(H((*t)->right->right)>=H((*t)->right->left))
                RL(t);
            else
                RRL(t);
        }
        (*t)->height=Max(H((*t)->left),H((*t)->right) )+1; //修改结点的层数
    }
}
```

平衡二叉搜索链表删除的迭代算法如图 21-13 所示。

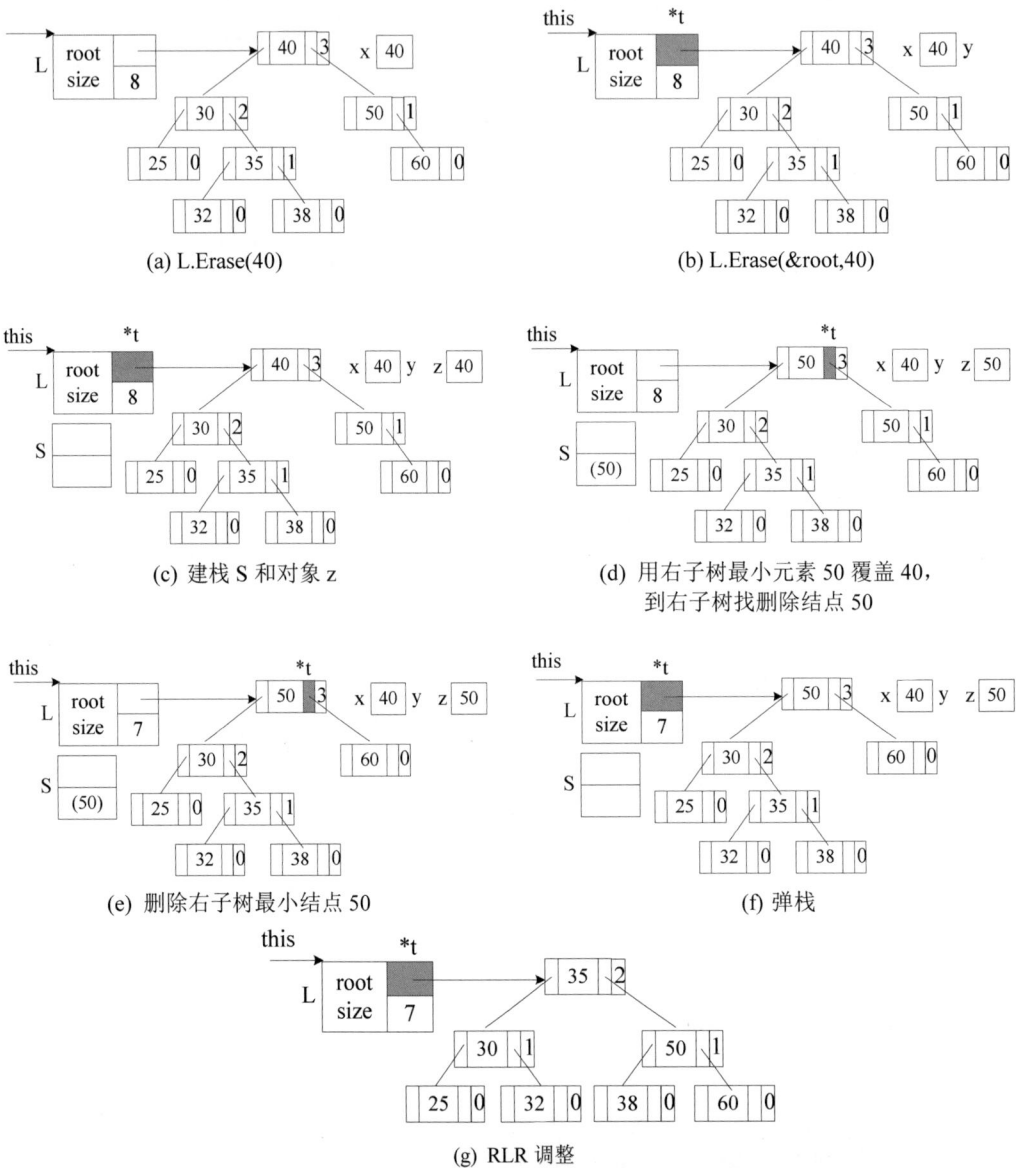

(a) L.Erase(40)

(b) L.Erase(&root,40)

(c) 建栈 S 和对象 z

(d) 用右子树最小元素 50 覆盖 40，
　　到右子树找删除结点 50

(e) 删除右子树最小结点 50

(f) 弹栈

(g) RLR 调整

图 21-13　平衡二叉搜索链表删除的迭代算法示例

程序 21-3　图 21-13 的删除。

```
#include<iostream>
using namespace std;
#include"AvlTree.h"

int main()
{
    AvlTree<int>L;
    int a[8]={40,30,50,60,25,35,32,38};
    for(int i=0;i<8;i++)
        L.Insert(a[i]);
    L.PrintAvlTree(40);
    cout<<"after Erase(40):"<<endl;
    L.Erase(40);
    L.PrintAvlTree(40);

    system("pause");
    return 0;
}
```

程序运行结果：

```
                40
        30              50
    25      35                  60
            32  38
after Erase(40):
                35
        30              50
    25      32      38      60
```

21.2.4　查找和修改

查找和修改与二叉搜索链表的一样，只是改变作用域。

1. 查找最小元素

```
template<class T>
T& AvlTree<T>::FindMin()const                          //公有方法
{
    return FindMin(root)->data;                        //调用私有方法
}
template<class T>
typename AvlTree<T>::BTNode * AvlTree<T>::FindMin(BTNode * t)const //私有方法
```

```
{
    if(t!=0)
        while(t->left!=0)
            t=t->left;
    return t;
}
```

2. 查找最大元素

```
template<class T>                               //公有方法。返回最大元素
T&AvlTree<T>::FindMax()const
{
    return FindMax(root)->data;                 //调用私有方法
}
template<class T>                               //私有方法。返回最大元素结点指针
typename AvlTree<T>::BTNode * AvlTree<T>::FindMax(BTNode * t)const
{
    if(t!=0)
        while(t->right!=0)
            t=t->right;
    return t;
}
```

3. 修改

```
template<class T>
void AvlTree<T>::Update(const T& x)
{
    BTNode * p=Find(root,x);                     //根据关键字查找结点
    if(p)                                        //查找到
        p->data=x;
    else                                         //没查找到
        Insert(x);
}
```

程序 21-4   查找最小元素和最大元素。

```
#include<iostream>
using namespace std;
#include"AvlTree.h"

int main()
{
    AvlTree<int>L;
    int a[8]={40,30,50,60,25,35,32,38};
```

```
    for(int i=0;i<8;i++)
        L.Insert(a[i]);
    L.PrintAvlTree(40);
    cout<<"the minimum:"<<endl;
    cout<<L.FindMin()<<endl;
    cout<<"the maximum:"<<endl;
    cout<<L.FindMax()<<endl;

    system("pause");
    return 0;
}
```

程序运行结果：

```
                    40
            30              50
        25      35              60
                32  38
the minimum:
25
the maximum:
60
```

21.2.5 中序迭代器

因为迭代器是在平衡二叉搜索链表的声明体内声明，所以和二叉搜索链表中介绍的迭代器的声明基本相同，只是友元类由 BSTree＜T＞改为 AvlTree＜T＞，见 21.3 节。

21.3 平衡二叉搜索链表类头文件

```
//AvlTree.h
#ifndef AVLTREE_H
#define AVLTREE_H

#include"queue.h"
#include"stack.h"
#include<iostream>
using namespace std;

template<class T>
class AvlTree
{
    struct BTNode
    {
```

```
        T data;
        BTNode * left, * right;
        int height;
        BTNode(const T& item,BTNode * l=0,BTNode * r=0,int h=0):
                            data(item),left(l),right(r),height(h){}
    };
    BTNode * root;
    int size;
    void Insert(BTNode** t,const T& y);
    void Erase(BTNode** t,const T& y);
    void Clear(BTNode * t);
    void RR(BTNode** t);
    void RL(BTNode** t);
    void RRL(BTNode** t);
    void RLR(BTNode** t);
    BTNode * FindMin(BTNode * t)const;               //查找最小元素结点
    BTNode * FindMax(BTNode * t)const;               //查找最大元素结点
    BTNode * Find(BTNode * t,const T& x)const;        //查找
    int H(BTNode * t)const{return t==0?-1:t->height;}  //结点高度
    int Max(int x1,int x2){return x1<x2?x2:x1;}       //最大值
    void PrintAvlTree(const BTNode * t,int w);
public:
    class const_iterator
    {
    protected:
        BTNode * current;
        T& retrieve()const{return current->data;}
        const_iterator(BTNode * t){current=GoFarLeft(t);} //构造函数
        Stack<BTNode * >St;                            //辅助空间
        BTNode * GoFarLeft(BTNode * t)              //查找中序序列首结点指针
        {
            if(!t)
                return 0;
            while(t->left)
            {
                St.Push(t);
                t=t->left;
            }
            return t;
        }
        friend class AvlTree<T>;
    public:
        const_iterator():current(0){}
        const T&operator * ()const{return retrieve();}
```

```
            const_iterator& operator++()                    //前++
            {
                if(current->right)
                    current=GoFarLeft(current->right);
                else if(!St.Empty())
                    current=St.Pop();
                else
                    current=0;
                return *this;
            }
            bool operator==(const const_iterator& rhs)const{return current==rhs.
current;}
            bool operator!=(const const_iterator& rhs)const{return current!=rhs.
current;}

        };


        class iterator:public const_iterator
        {
        protected:
            iterator(BTNode* t):const_iterator(t){}
            friend class AvlTree<T>;
        public:
            iterator(){}
            T& operator*(){return retrieve();}
            const T&operator*()const{return(const_iterator::operator*());}
            iterator& operator++()                            //前++
            {
                if(current->right)
                    current=GoFarLeft(current->right);
                else if(!St.Empty())
                    current=St.Pop();
                else
                    current=0;
                return *this;
            }
        };
    public:
    AvlTree():root(0),size(0){};
    Virtual ~AvlTree(){Clear();}

    const_iterator Begin()const{return const_iterator(root);}
    iterator Begin(){return iterator(root);}
    const_iterator End()const{return 0;}
```

```
    iterator End(){return 0;}

    void Insert(const T& x){Insert(&root,x);}                    //插入
    void Erase(const T& x){Erase(&root,x);}                      //删除
    void Clear(){Clear(root);}                                   //清空
    T& FindMin()const{return FindMin(root)->data;}               //查找最小元素
    T&FindMax()const{return FindMax(root)->data;}                //查找最大元素
    bool Find(const T& x)const{return Find(root,x)!=0;}          //查找
    void Update(const T& x);                                     //更新
    int Size(){return size;}                                     //读取结点个数
    void PrintAvlTree(int w){PrintAvlTree(root,w);}
};


template<class T>
void AvlTree<T>::Insert(BTNode** t,const T& y)
{
    Stack<BTNode**>S;
    while(*t)                                                    //步骤(1)
    {
        S.Push(t);
        if(y<(*t)->data)
            t=&((*t)->left);
        else if(y>(*t)->data)
            t=&((*t)->right);
    }
    *t=new BTNode(y);
    size++;
    while(!S.Empty())                                            //步骤(2)
    {
        t=S.Pop();
        if(H((*t)->left)-H((*t)->right)==2)
            if(H((*t)->left->left)>=H((*t)->left->right))
                RR(t);
            else
                RLR(t);
        else if(H((*t)->right)-H((*t)->left)==2)
            if(H((*t)->right->right)>=H((*t)->right->left))
                RL(t);
            else
                RRL(t);
        (*t)->height=Max(H((*t)->left),H((*t)->right))+1;
    }
}
```

```cpp
template<class T>
void AvlTree<T>::Erase(BTNode** t,const T& y)
{
    Stack<BTNode**>S;
    T z=y;
    while(*t)
    {
        if(z<(*t)->data)
        {
            S.Push(t);
            t=&((*t)->left);
        }
        else if(z>(*t)->data)
        {
            S.Push(t);
            t=&((*t)->right);
        }
        else if((*t)->left!=0&&(*t)->right!=0)
        {
            (*t)->data=FindMin((*t)->right)->data;
            z=(*t)->data;
            S.Push(t);
            t=&((*t)->right);
        }
        else
        {
            BTNode* old=*t;
            (*t)=((*t)->left!=0)?(*t)->left:(*t)->right;
            delete old;
            size--;
        }
    }
    while(!S.Empty())
    {
        t=S.Pop();
        if(H((*t)->left)-H((*t)->right)==2)
        {
            if (H((*t)->left->left)>=H((*t)->left->right))
                RR(t);
            else
                RLR(t);
        }
        else if(H((*t)->right)-H((*t)->left)==2)
        {
```

```
                      if(H((*t)->right->right)>=H((*t)->right->left))
                          RL(t);
                      else
                          RRL(t);
              }

              (*t)->height=Max(H((*t)->left),H((*t)->right))+1;
        }
}


template<class T>
void AvlTree<T>::Clear(BTNode* t)
{
    if(t==0)
        return;
    Clear(t->left);
    Clear(t->right);
    delete t;
}


template<class T>
void AvlTree<T>::RR(BTNode** t)
{
    BTNode* c=(*t)->left;
    (*t)->left=c->right;
    c->right=*t;
    (*t)->height=Max(H((*t)->left),H((*t)->right))+1;
    c->height=Max(H(c->left),(*t)->height)+1;
    *t=c;
}


template<class T>
void AvlTree<T>::RL(BTNode** t)
{
    BTNode* c=(*t)->right;
    (*t)->right=c->left;
    c->left=*t;
    (*t)->height=Max(H((*t)->left),H((*t)->right))+1;
    c->height=Max((*t)->height,H(c->right))+1;
    *t=c;
}
template<class T>
void AvlTree<T>::RLR(BTNode** t) //RLR
{
```

```
        RL(&(*t)->left);//RL
        RR(t);
}
template<class T>
void AvlTree<T>::RRL(BTNode** t) //RRL
{
    RR(&(*t)->right);
    RL(t);
}


template<class T>
typename AvlTree<T>::BTNode * AvlTree<T>::FindMin(BTNode * t)const
{
    if(t!=0)
        while(t->left!=0)
            t=t->left;
    return t;
}


template<class T>
typename AvlTree<T>::BTNode * AvlTree<T>::FindMax(BTNode * t)const //私有方法
{
    if(t!=0)
        while(t->right!=0)
            t=t->right;
    return t;
}


template<class T>
typename AvlTree<T>::BTNode * AvlTree<T>::Find(BTNode * t,const T& x)const
{
    while(t!=0&&x!=t->data)
        if(x<t->data)
            t=t->left;
        else
            t=t->right;
    return t;
}


template<class T>
void AvlTree<T>::Update(const T& x)
{
    BTNode * p=Find(root,x);
    if(p)
```

```
            p->data=x;
        else
            Insert(x);
}

struct Location
{
    int x,y;
};

void Gotoxy(int x,int y)
{
    static int indent=0,level=0;
    if(y==0)
    {
        level=0;
        indent=0;
    }
    if(y!=level)
    {
        int n=y-level;
        for(int i=0;i<n;i++)
        {
            cout<<endl;
            ++level;
        }
        indent=0;
    }

    cout.width(x-indent);
    indent=x;
}

template<class T>
void AvlTree<T>::PrintAvlTree(const BTNode * t,int w)
{
    int off=w/2,level=0;
    Location f,c;
    Queue<const BTNode * >Q;
    Queue<Location>LQ;
    f.x=off;
    f.y=level;
    Q.Push(t);
    LQ.Push(f);
```

```
    while(!Q.Empty())
    {
        t=Q.Pop();
        f=LQ.Pop();
        Gotoxy(f.x,f.y);
        cout<<t->data;
        if(f.y!=level)
        {
            off=off/2;
            ++level;
        }
        if(t->left)
        {
            Q.Push(t->left);
            c.x=f.x-off/2;
            c.y=f.y+1;
            LQ.Push(c);
        }
        if(t->right)
        {
            Q.Push(t->right);
            c.x=f.x+off/2;
            c.y=f.y+1;
            LQ.Push(c);
        }
    }
    cout<<endl;
}

#endif
```

练　　习

一、画图

1. 已知平衡二叉搜索链表如图 21-14 所示，模仿图 21-12，画出 10 的插入过程。

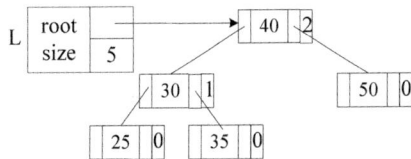

图 21-14　画图题 1

2. 已知平衡二叉搜索链表如图 21-15 所示,模仿图 21-12,画出 48 的插入过程。

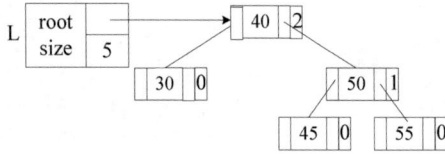

图 21-15   画图题 2

3. 已知平衡二叉搜索链表如图 21-16 所示,模仿图 21-12,画出 32 的插入过程。

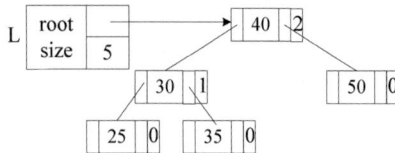

图 21-16   画图题 3

4. 已知平衡二叉搜索链表如图 21-17 所示,模仿图 21-13,画出 25 的删除过程。

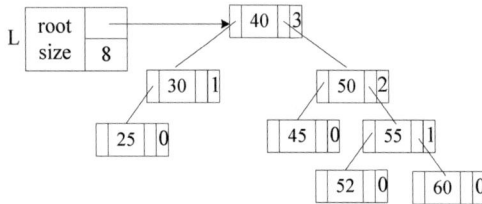

图 21-17   画图题 4

5. 已知平衡二叉搜索链表如图 21-18 所示,模仿图 21-13,画出 60 的删除过程。

6. 已知平衡二叉搜索链表如图 21-19 所示,模仿图 21-13,画出 25 的删除过程。

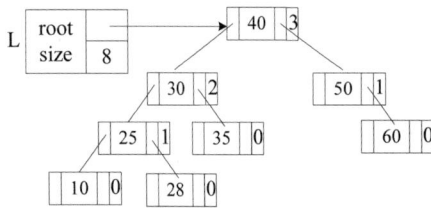

图 21-18   画图题 5

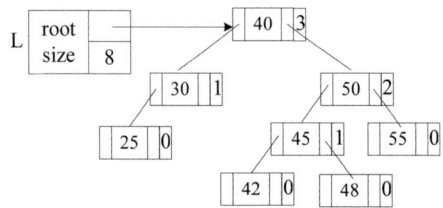

图 21-19   画图题 6

二、编写程序

重写第 3 章程序 3-5,用平横二叉搜索链表读写文件 st.txt。文件修改前按学号有序排列。

第 22 章

树

与二叉树不同,树的元素可以有多个孩子,而且子树的顺序并不重要。如果两棵树仅仅是子树的顺序不同,它们就是同一棵树。例如,在图 22-1 中,子树 B 和 C 如果调换位置,依然是同一棵树。

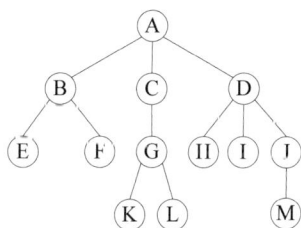

图 22-1　树

22.1　树的基本概念和存储

树是有 n(n≥=0)个结点元素的集合,每个元素最多只有一个前驱、但可以有多个后继。只有一个元素无前趋,称为**根**。没有后继的元素称为**叶子**(leaf)或**终端**。叶子以外的非根元素称为**分支**(branch)。一个元素的后继称为该元素的**孩子**(child),孩子不分顺序。同一个元素的孩子称为**兄弟**。一个元素的前驱称为该元素的**双亲**(parent)。树的抽象结构一般用倒垂的树状来表示。以图 22-1 为例,A 是根,E、F、K、L、H、I 和 M 是叶子,B、C、D、G 和 J 是分支,H、I 和 J 是兄弟。

树有若干种存储结构,本书主要学习孩子链表表示法:用一个向量类对象存储树的元素,每一个元素对应一个孩子链表,存储该元素的孩子在向量类对象中的下标。图 22-1 树的孩子链表表示法如图 22-2 所示。图 22-3 是图 22-2 的简化版。

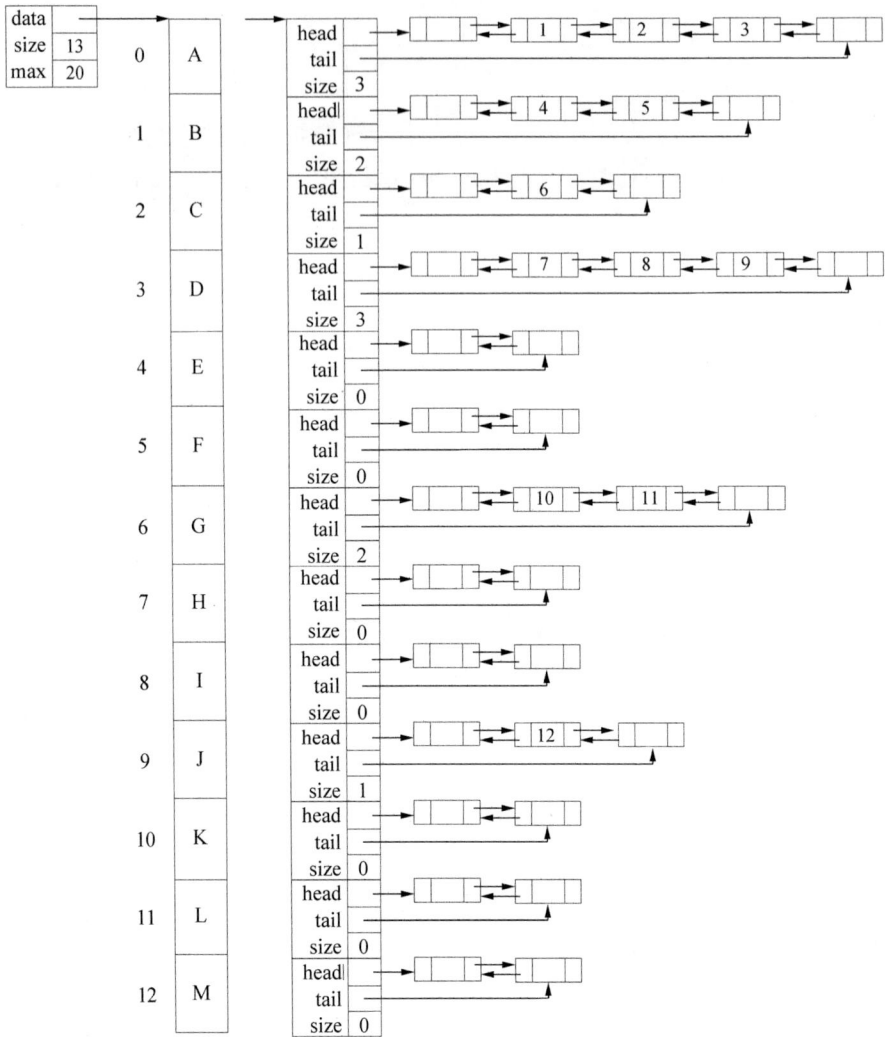

(a) 向量类对象   (b) 孩子链表数组

图 22-2　树的孩子链表表示法

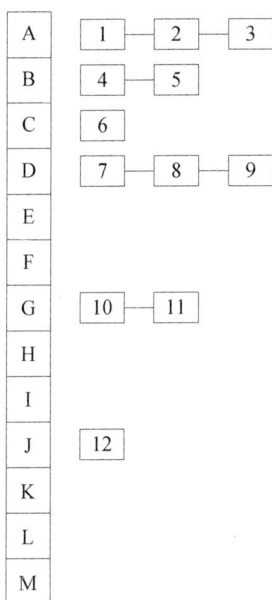

图 22-3　图 22-2 的简化版

22.2　树类的雏形

```
//tree.h
#include"vector.h"                                      //向量类模板
#include"List.h"                                        //链表类模板
template<class T>
class Tree
{
    Vector<T>vt;                                        //向量类对象存储元素
    List<int> * cl;                                     //指向孩子链表数组
public:
    explicit Tree(int max=20):vt(max){cl=new List<int>[max];}//默认构造函数
    virtual ~Tree(){delete []cl;}                       //析构函数
    int SizeN()const{return(vt.Size());}                //取元素结点个数
    int SizeC()const;                                   //取孩子结点个数
    int FindNode(const T& item)const;                   //取一个元素结点的下标
    void FindNode(T& x,int id)const;                    //取下标为 id 的元素,存储到 x 中

    void InsertN(const T& item){vt.PushBack(item);}     //插入元素结点
    bool InsertC(const T& parent,const T& child);       //插入孩子结点

    void ReadTree(const char * filename);               //从磁盘文件读取
    void WriteTree(const char * filename)const;         //输出到磁盘文件
```

```
    void Output()const;                              //输出到显示器
};
```

树类模板的底层结构是向量类模板和链表类模板的综合,其方法也是两者方法的选择和综合应用。

结合图 22-2,方法实现如下:

```
template<class T>
int Tree<T>::SizeC()const                            //取孩子结点数
{
    int n=vt.Size();                                 //元素结点个数
    int counter=0;
    for(int i=0;i<n;i++)                             //累计每一个孩子链表长度
        counter+=cl[i].Size();
    return counter;
}
template<class T>
int Tree<T>::FindNode(const T& item)const            //取一个元素结点的下标
{
    int n=SizeN();
    for(int i=0;i<n;i++)                             //扫描结点数组
        if(vt[i]==item)                             //找到该结点
            return i;                               //返回结点下标
    return -1;                                       //该结点不存在
}
template<class T>
void Tree<T>::FindNode(T& x,int id)const             //取下标为 id 的元素,存储到 x 中
{
    if(id<0||id>=SizeN())
        return ;
    x=vt[id];                                        //取下标为 id 的元素
}
template<class T>
bool Tree<T>::InsertC(const T& parent,const T& child)    //插入孩子结点
{
    int pi=FindNode(parent);                         //双亲的下标
    int cj=FindNode(child);                          //孩子的下标
    if(pi==-1||cj==-1||pi==cj)                       //双亲和孩子关系不存在
        return 0;
    cl[pi].PushBack(cj);                             //尾插孩子链表
    return 1;
}
```

根据图 22-4(a)所示的树的数据文件 treein.txt,树的磁盘文件读取方法如下:

```
template<class T>
```

```
void Tree<T>::ReadTree(const char * filename)        //从文件读取树的数据
{
    fstream infile;
    infile.open(filename,ios::in);
    if(!infile)
    {
        cout<<"cannot open filename. \n ";
        exit(1);
    }
    char str[40];
    int n;
    T parent,child;
    infile>>str>>n;
    for(int i=0;i<n;++i)                              //读取结点,插入结点数组
    {
        infile>>child;
        InsertN(child);
    }
    infile>>str>>n;
    for(int i=0;i<n;++i)                              //读取双亲、孩子,插入孩子链表
    {
        infile>>parent>>child;
        InsertC(parent,child);
    }
    infile.close();
}
```

根据图 22-4(b)所示的树的数据文件 treeout.txt,树的磁盘文件和显示器文件的输出
方法如下:

```
template<class T>
void Tree<T>::WriteTree(const char * filename)const   //把树的数据输出到磁盘文件
{
    fstream outfile;
    outfile.open(filename,ios::out);                  //打开磁盘文件
    if(!outfile)
    {
        cout<<"cannot open D:\\treeout.txt. \n ";
        exit(1);
    }
    int n=SizeN();
    List<int>::const_iterator first;
    List<int>::const_iterator last;
    for(int i=0;i<n;i++)
    {
```

```
        outfile<<i<<'-'<<vt[i]<<':';              //输出结点下标和元素
        first=cl[i].Begin();
        last=cl[i].End();
        for(;first!=last;++first)                 //输出孩子链表
            outfile<<'('<< * first<<')'<<' ';
        outfile<<endl;
    }
    outfile.close();
}


template<class T>
void Tree<T>::Output()const                        //把树的数据输出到显示器
{
    int n=SizeN();
    List<int>::const_iterator first;
    List<int>::const_iterator last;
    for(int i=0;i<n;i++)
    {
        cout<<i<<'-'<<vt[i]<<':';                  //输出结点下标和元素
        first=cl[i].Begin();
        last=cl[i].End();
        for(;first!=last;++first)                  //输出孩子链表
            cout<<'('<< * first<<')'<<' ';
        cout<<endl;
    }
}
```

本书为了主控模块代码简洁,将文件读写作为方法,其实可以改为应用函数(留作练习)。

(a) 读取文件

(b) 输出文件

图 22-4　树的文件读写格式

程序 22-1　树的文件读写。

```
#include<iomanip>
using namespace std;
#include"Tree.h"
int main()
{
    Tree<char>T(20);
    T.ReadTree("D:\\treein.txt");
    T.WriteTree("D:\\treeout.txt");
    T.Out put();
    system("pause");
    return 0;
}
```

程序运行结果：

```
0-A:(1) (2) (3)
1-B:(4) (5)
2-C:(6)
3-D:(7) (8) (9)
4-E:
5-F:
6-G:(10) (11)
7-H:
8-I:
9-J:(12)
10-K:
11-L:
12-M:
```

22.3　树的广度优先遍历

　　树的广度优先遍历(breadth-first search)：从树的第一层开始，逐层地、从左至右逐个访问结点。

　　与二叉树的层次遍历类比：二叉树的一个结点的左右孩子指针相当于树的孩子链表。

　　下面是树的广度优先遍历的迭代算法，它把广度优先序列存入链表，作为参数返回。

```
template<class T>
void Tree<T>::BFS(List<T>& L)const
{
    if(SizeN()==0)
        return;
```

```
        int id;
        Queue<int>Q;
        Q.Push(0);                                  //根下标入队
        List<int>::const_iterator first,last;       //孩子链表迭代器
        while(!Q.Empty())
        {
            id=Q.Pop();                             //从队中取结点下标
            L.PushBack(vt[id]);                     //存储结点作为返回值
            first=cl[id].Begin();
            last=cl[id].End();
            for(;first!=last;++first)               //遍历孩子链表
                Q.Push(*first);
        }
}
```

程序 22-2 树的广度优先遍历(见图 22-1)。

```
#include<iostream>
using namespace std;
#include"Tree.h"
#include"list.h"

template<class T>
void OutputList(const List<T>& L);

int main()
{
    Tree<char>T(20);
    List<char>L;
    T.ReadTree("D:\\treein.txt");
    T.WriteTree("D:\\treeout.txt");
    T.Output();
    T.BFS(L);
    OutputList(L);
    system("pause");
    return 0;
}
template<class T>
void OutputList(const List<T>& L)
{
    List<T>::const_iterator first=L.Begin(),last=L.End();
    for(;first!=last;++first)
        cout<<*first<<'\t';
    cout<<endl;
}
```

程序运行结果：

```
0-A:(1) (2) (3)
1-B:(4) (5)
2-C:(6)
3-D:(7) (8) (9)
4-E:
5-F:
6-G:(10) (11)
7-H:
8-I:
9-J:(12)
10-K:
11-L:
12-M:
A  B  C  D  E  F  G  H  I  J  K  L  M
```

22.4　树的深度优先遍历

树的深度优先遍历（depth-first search，也称先根遍历）的递归算法如下。

（1）访问根结点。

（2）依次深度优先遍历以该结点的孩子为根的子树。

与二叉树的前序遍历递归算法类比：二叉树通过当前结点的左右孩子指针进入下一层递归，树通过结点的孩子链表进入下一层递归。

下面是树的深度优先遍历的递归算法，分私有方法和公有方法，公有方法调用私有方法。树的深度优先序列作为参数返回。

```cpp
template<class T>
void Tree<T>::DFS(List<T>& L) const          //公有方法
{
    DFS(L,0);                                //调用私有方法
}
template<class T>
void Tree<T>::DFS(List<T>& L,int id) const   //私有方法
{
    if(id<0||id>=SizeN())
        return;
    L.PushBack(vt[id]);                      //存储结点作为返回值
    List<int>::const_iterator first,last;
    first=cl[id].Begin();
    last=cl[id].End();
    for(;first!=last;++first)                //扫描孩子链表
        DFS(L, * first);                     //进入下一层
```

```
}
```

程序 22-3　树的深度优先遍历(见图 22-1)。

```cpp
#include<iostream>
using namespace std;
#include"Tree.h"
#include"list.h"

template<class T>
void OutputList(const List<T>& L);

int main()
{
    Tree<char>T(20);
    List<char>L;
    T.ReadTree("D:\\treein.txt");
    T.WriteTree("D:\\treeout.txt");
    T.Output();
    T.DFS(L);
    OutputList(L);

    system("pause");
    return 0;
}


template<class T>
void OutputList(const List<T>& L)
{
    List<T>::const_iterator first=L.Begin(),last=L.End();
    for(;first!=last;++first)
        cout<< * first<<'\t';
    cout<<endl;
}
```

程序运行结果：

```
0-A:(1) (2) (3)
1-B:(4) (5)
2-C:(6)
3-D:(7) (8) (9)
4-E:
5-F:
6-G:(10) (11)
7-H:
8-I:
```

```
9-J:(12)
10-K:
11-L:
12-M:
A B E F C G K L D H I J M
```

22.5　八　皇　后

在 8×8 格的国际象棋的棋盘上，八个皇后不相互攻击，一共有多少种可能的摆法。不相互攻击是指任意两个皇后不在同一行、同一列或同一对角线上。

不失一般性，以 4×4 格的棋盘为例，如图 22-5(a)所示，一共有两种摆法。

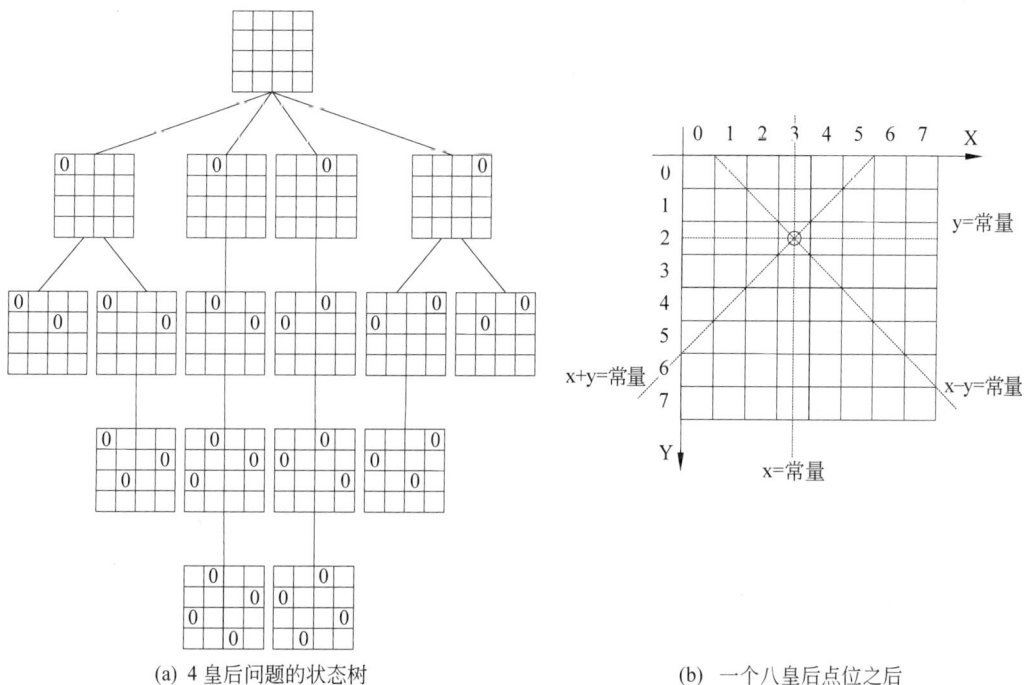

(a) 4 皇后问题的状态树　　　　　　　　(b) 一个八皇后点位之后

图 22-5　四皇后问题图示

在图 22-5(a)的状态树中，叶子才可能是解。因此，深度优先遍历这棵状态树，在叶子中查找八皇后问题的解。

当一个皇后占位(x, y)，在其水平方向、垂直方向和两个对角线方向上都不能再放其他皇后，如图 22-5(b)所示。如果每行只放一个皇后，水平方向就不需要考虑了，只需考虑其他 3 个方向。

水平方向的直线方程是"y=常量"，垂直方向的直线方程是"x=常量"，两个对角线方向的直线方法分别是"x−y=常量"和"x+y=常量"。

用 3 个一维数组 A、B、C 记录皇后占位情况，称为**状态数组**。状态数组的初始值为 0，表示棋盘上还没有皇后。如果有一个皇后占位 (x, y)，令 A[x]=B[x+y]=C[x−y]=

1。下一个皇后能否占位(x',y'),前提是 A[x']、B[x'+y'] 和 C[x'−y'] 同时为 0。

作为数组下标,x 和 y 的取值范围为 0~7,因此 x+y 和 x−y 的取值范围分别为 0~14 和−7~7,整个取值范围为−7~14。按照习惯,数组下标从 0 开始,这就需要加 7,使下标范围等价地转换为 0~21,数组 A、B、C 的长度为 22。原来的数组元素 A[x]、B[x+y] 和 C[x−y] 现在分别等价于 A[x+7]、B[x+y+7] 和 C[x−y+7]。

深度优先遍历状态树,查找叶子。用长度为 8 的一维数组 H,逐行记录皇后的占位,H[y]=x(0<=y<8) 表示皇后占位第 y 行、第 x 列。y 从 0 开始(表示第 1 行)。如果 y 等于 7,就得到一个解,输出。

从叶子回溯,查找下一个叶子,在回溯到上一行前,要把状态数组 A、B 和 C 在当前位置上的值恢复为 0。

```cpp
void Queen(int y=0)
{
    static int A[22],B[22],C[22],H[8];
    if(y<0||y>8)
    {
        cout<<"y illeagal"; exit(1);
    }
    if(y==8)
    {
        Output(H,8);
        return;
    }
    for(int x=0;x<8;x++)
        if(!A[x+7]&&!B[x+y+7]&&!C[x-y+7])
        {
            H[y]=x;
            A[x+7]=B[x+y+7]=C[x-y+7]=1;
            Queen(y+1);
            A[x+7]=B[x+y+7]=C[x-y+7]=0;
        }
}
```

程序 22-4　八皇后递归算法。

```cpp
#include<iostream>
using namespace std;

#include<stdlib.h>                                    //exit
void Queen(int y=0);                                  //八皇后递归算法
void Output(const int * p,int n);                     //输出八皇后算法的解
int main()
{
    Queen();
```

```
        system("pause");
        return 0;
    }
void Queen(int y)
{
    static int A[22],B[22],C[22],H[8];
    if(y<0||y>8)
    {
        cout<<"y illeagal";     exit(1);
    }
    if(y==8)
    {
        Output(H,8);
        return;
    }
    for(int x=0;x<8;x++)
        if(!A[x+7]&&!B[x+y+7]&&!C[x-y+7])
        {
            H[y]=x;
            A[x+7]=B[x+y+7]=C[x-y+7]=1;
            Queen(y+1);
            A[x+7]=B[x+y+7]=C[x-y+7]=0;
        }
}
void Output(const int  * p,int n)
{
    static int total=1;
    for(int y=0;y<n;y++)
    {
        if(y%8==0)
            cout<<total++<<endl;
        for(int x=0;x<8;x++)
            if(x!=p[y])
                cout<<" #";
            else
                cout<<" @";
        cout<<endl;
    }
    system("pause");
}
```

程序运行结果：

```
1
@ # # # # # # #
```

```
#  #  #  #  @  #  #  #
#  #  #  #  #  #  #  @
#  #  #  #  #  @  #  #
#  #  @  #  #  #  #  #
#  #  #  #  #  #  @  #
#  @  #  #  #  #  #  #
#  #  #  @  #  #  #  #
```
请按任意键继续
2
```
   @  #  #  #  #  #  #  #
   #  #  #  #  #  @  #  #
   #  #  #  #  #  #  #  @
   #  #  @  #  #  #  #  #
   #  #  #  #  #  #  @  #
   #  #  #  @  #  #  #  #
   #  @  #  #  #  #  #  #
   #  #  #  #  @  #  #  #
```
请按任意键继续
　⋮
92
```
#  #  #  #  #  #  #  @
#  #  #  @  #  #  #  #
@  #  #  #  #  #  #  #
#  #  @  #  #  #  #  #
#  #  #  #  #  @  #  #
#  @  #  #  #  #  #  #
#  #  #  #  #  #  @  #
#  #  #  #  @  #  #  #
```

22.6　树类头文件

```cpp
//tree.h
#ifndef TREE_H
#define TREE_H

#include"vector.h"
#include"List.h"
#include"queue.h"
#include"stack.h"
#include<fstream>
#include<iostream>
#include<iomanip>
using namespace std;
```

```
template<class T>
class Tree
{
    Vector<T>  vt;                                      //向量类对象存储元素
    List<int> * cl;                                     //指向孩子链表数组
    void DFS(List<T>& L,int id)const;
public:
    explicit Tree(int max=100):vt(max){cl=new List<int>[max];}  //默认构造函数
    virtual ~Tree(){delete []cl;}                       //析构函数
    int SizeN()const{return(vt.Size());}         //取结点数
    int SizeC()const;                            //取孩子结点数
    int FindNode(const T& item)const;            //取一个元素结点的下标
    void FindNode(T& x,int id)const;             //取下标为 id 的元素,存储到 x 中

    void InsertN(const T& item){vt.PushBack(item);} //插入元素结点
    bool InsertC(const T& parent,const T& child);   //插入孩子结点

    void ReadTree(const char * filename);        //从磁盘文件读取
    void WriteTree(const char * filename)const;  //输出到磁盘文件
    void Output()const;                          //输出到显示器

    void BFS(List<T>& L)const;
    void DFS(List<T>& L)const{DFS(L,0);}
};
template<class T>
int Tree<T>::FindNode(const T& item)const         //取一个元素结点的下标
{
    int n=SizeN();
    for(int i=0;i<n;i++)                           //扫描结点数组
        if(vt[i]==item)                            //找到该结点
            return i;                              //返回结点下标
    return -1;                                     //不存在该结点
}

template<class T>
void Tree<T>::FindNode(T& x,int id)const          //取下标为 id 的结点,存储到 x 中
{
    if(id<0||id>=SizeN())
        return ;
    x=vt[id];                                      //取下标为 id 的结点
}

template<class T>
```

```
bool Tree<T>::InsertC(const T& parent,const T& child)   //插入孩子结点
{
    int pi=FindNode(parent);                            //双亲的下标
    int cj=FindNode(child);                             //孩子的下标
    if(pi==-1||cj==-1||pi==cj)                          //双亲和孩子关系不存在
        return 0;
    cl[pi].PushBack(cj);                                //尾插孩子链表
    return 1;
}

template<class T>
int Tree<T>::SizeC()const                               //取孩子结点数
{
    int n=vt.Size();                                    //元素结点个数
    int counter=0;                                      //累加器
    for(int i=0;i<n;i++)                                //累计每一个孩子链表长度
        counter+=cl[i].Size();
    return counter;
}

template<class T>
void Tree<T>::ReadTree(const char * filename)           //从文件读取树的元素
{
    fstream infile;
    infile.open(filename,ios::in);
    if(!infile)
    {
        cout<<"cannot open filename. \n ";
        exit(1);
    }
    char str[40];
    int n;
    T parent,child;
    infile>>str>>n;
    for(int i=0;i<n;++i)                                //读取结点,插入结点数组
    {
        infile>>child;
        InsertN(child);
    }
    infile>>str>>n;
    for(int i=0;i<n;++i)                                //读取双亲、孩子,插入孩子链表
    {
        infile>>parent>>child;
        InsertC(parent,child);
```

```
    }
    infile.close();
}


template<class T>
void Tree<T>::WriteTree(const char* filename)const   //把树的数据输出到磁盘文件
{
    fstream outfile;
    outfile.open(filename,ios::out);                 //打开磁盘文件
    if(!outfile)
    {
        cout<<"cannot open D:\\treeout.txt. \n ";
        exit(1);
    }
    int n=SizeN();
    List<int>::const_iterator first;
    List<int>::const_iterator last;
    for(int i=0;i<n;i++)
    {
        outfile<<i<<'-'<<vt[i]<<':';                  //输出结点下标和元素
        first=cl[i].Begin();
        last=cl[i].End();
        for(;first!=last;++first)                     //输出孩子链表
            outfile<<'('<< * first<<')'<<' ';
        outfile<<endl;
    }
    outfile.close();
}


template<class T>
void Tree<T>::Output()const                          //把树的数据输出到显示器
{
    int n=SizeN();
    List<int>::const_iterator first;
    List<int>::const_iterator last;
    for(int i=0;i<n;i++)
    {
        cout<<i<<'-'<<vt[i]<<':';                     //输出结点下标和元素
        first=cl[i].Begin();
        last=cl[i].End();
        for(;first!=last;++first)                     //输出孩子链表
            cout<<'('<< * first<<')'<<' ';
        cout<<endl;
    }
```

```
        }

        template<class T>
        void Tree<T>::BFS(List<T>& L)const
        {
            if(SizeN()==0)
                return;
            int id;
            Queue<int>Q;
            Q.Push(0);                              //根下标入队
            List<int>::const_iterator first,last;   //孩子链表迭代器
            while(!Q.Empty())
            {
                id=Q.Pop();                         //从队中取结点下标
                L.PushBack(vt[id]);                 //存储结点作为返回值
                first=cl[id].Begin();
                last=cl[id].End();
                for(;first!=last;++first)           //遍历孩子链表
                    Q.Push(*first);
            }
        }

        template<class T>
        void Tree<T>::DFS(List<T>& L,int id)const
        {
            if(id<0||id>=SizeN())
                return;
            L.PushBack(vt[id]);                     //存储结点作为返回值
            List<int>::const_iterator first,last;
            first=cl[id].Begin();
            last=cl[id].End();
            for(;first!=last;++first)               //遍历孩子链表
                DFS(L,*first);                      //进入下一层
        }
        #endif
```

<h1 style="text-align:center">练　　习</h1>

编写程序

1. 树的深度优先遍历迭代算法。
2. 树的后序遍历递归和迭代算法。
3. 八皇后迭代算法。

第 23 章

图

> 一个概念不是孤立地、真空地存在,总是与一组概念相互关联着。将程序里的各个类按照它们之间的关系组织起来,即确定一个解决方案所涉及的不同概念之间的准确关系。

图是应用最广泛的非线性结构,电路分析、查找最短路径、项目规划、鉴别化合物都需要它,统计力学、遗传学、控制论、语言学,以及一些社会科学,都是它的重要应用领域。

典型算法有最小生成树、最短路径、拓扑序列、关键路径等。

23.1 图的基本概念和存储

图(graph)是 n 个顶点(vertex)的集合,每个顶点可以有多个前驱和后继。

如果一个图的前驱和后继关系没有区别,这个图就称为**无向图**(undirected graph)。例如,城市之间的通信网络就是一个无向图。如果一个图的前驱和后继关系有区别,这个图就称为**有向图**(directed graph 或 digraph)。例如,单行路是一个有向图。

在无向图中,一对顶点所构成的前驱和后继关系用一对圆括号表示,代表**无序对**,称为**边**。例如,(A,B)表示 A 是 B 的前驱,它和(B,A)没有区别,因为 B 同时也是 A 的前驱。

在有向图中,一对顶点所构成的前驱和后继关系用一对角括号表示,代表**有序对**,称为**有向边**。例如,<A,B>表示 A 是 B 的前驱,它和<B,A>是不同的,后者甚至可能无意义。

在无向图中,边用一条线段表示(见图 23-1(a))。在有向图中,有向边用一条带箭头的线段表示,箭头一方表示后继(见图 23-1(b)),前驱和后继称为有向边的始点和终点。

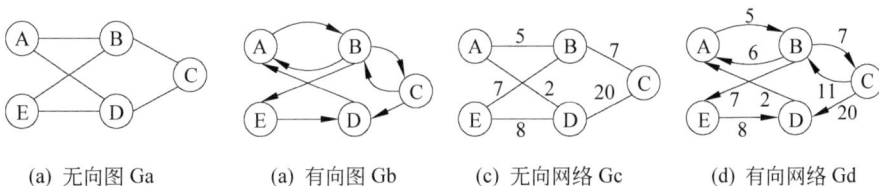

| (a) 无向图 Ga | (a) 有向图 Gb | (c) 无向网络 Gc | (d) 有向网络 Gd |

图 23-1 图的示例

两个顶点若构成边,则称互为**邻接**(adjacency),称这条边与这两个顶点相**关联**。

图的严格定义如下:

G=(V,E)

其中,V 是顶点的有穷集合,E 是边的有穷集合。以图 23-1(a)和 23-1(b)为例,其定义如下:

V(Ga)={A,B,C,D,E}
E(Ga)={(A,B),(A,D),(B,C),(B,E),(C,D),(D,E)}
V(Gb)={A,B,C,D,E}
E(Gb)={<A,B>,<B,A>,<B,C>,<B,E>,<C,B>,<C,D>,<D,A>,<E,D>}

可以给图中每一条边都赋上一个有意义的数值,这个数值称为**权**(weight),这样的图称为**加权图**(weighted graph 或 weighted digraph)或**网络**(network)。权可以表示城市之间的交通距离或通信费用等。图 23-1(c)是无向加权图,即无向网络;图 23-1(d)是有向加权图,即有向网络。

图有若干种存储结构,本书主要介绍邻接表表示法,它是图的标准表示法,与树的孩子链表表示法类似。用一个向量类对象存储树的顶点,每一个顶点对应一个链表,存储以该顶点为始点的所有边,称为**边链表**。边链表中的每个结点对应一条边,称为**边结点**。它的数据域有两个成员:一个是边的终点在向量类对象中的索引,即终点下标;另一个是边的权(对图来说,这个值是 1)。图 23-2 是图 23-1 的邻接表表示法。

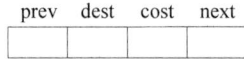

(a) 边链表的结点结构

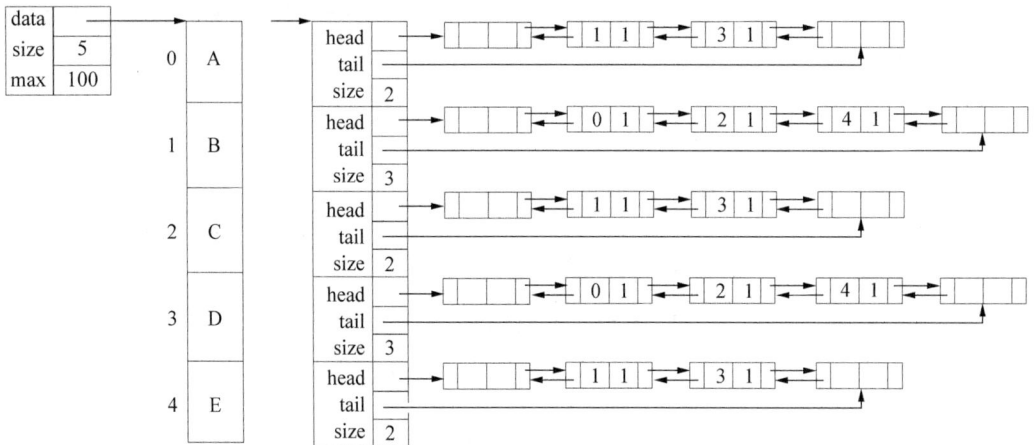

(b) 图 23-1(a)的邻接表

图 23-2　图 23-1 的邻接表表示法

(c) 图 23-1(d)的邻接表

图 23-2　（续）

23.2　图类的雏形

本节设计并实现一个简化的图类型,这个类型主要包括图的简单算法。关于图的复杂算法在以后各节中逐步加入图类型中。

图类型的声明如下：

```
//graph.h
#include"vector.h"                          //向量类模板
#include"List.h"                            //链表类模板
template<class T>
class Graph
{
    struct Edge                             //边结点数据结构
    {
        int dest;                           //边的终点下标
        double cost;                        //边的权
        operator int(){return dest;}        //成员转换
    };
    Vector<T>vt;                            //向量类对象存储顶点
    List<Edge> * el;                        //指向边链表数组的指针
    double GetCost(int s,int e)const;       //根据顶点下标读取边的权
public:

    explicit Graph(int max=100):vt(max){el=new List<Edge>[max];}    //默认构造函数
    virtual ~Graph(){delete []el;}          //析构函数
    int SizeV()const{return(vt.Size());}    //取顶点数
```

```
    int SizeE()const;                                   //取边数
    int FindV(const T& item)const;                      //取顶点下标
    void FindV(T& x,int id)const;                        //取下标为 id 的顶点,存储到 x 中
    double GetCost(const T& v1,const T& v2)const;        //根据顶点取边的权
    void InsertV(const T& item){vt.PushBack(item);}      //插入顶点
    bool InsertE(const T& v1,const T& v2,double w);      //插入边

    void ReadGraph(const char* filename);                //从磁盘文件读取图的数据
    void WriteGraph(const char* filename);               //往磁盘文件写入图的数据
    void Output()const;                                  //输出到显示器
};
```

参考树类的雏形,不难实现图类的成员函数。

```
template<class T>
int Graph<T>::SizeE()const                              //取边数
{
    int n=vt.Size();                                     //取顶点个数
    int counter=0;                                       //累加器
    for(int i=0;i<n;i++)                                 //累计每个边链表长度
        counter+=el[i].Size();
    return counter;
}


template<class T>
int Graph<T>::FindV(const T& item)const                 //取顶点的下标
{
    int n=SizeV();
    for(int i=0;i<n;i++)                                 //扫描顶点向量对象
        if(vt[i]==item)                                  //找到顶点
            return i;                                    //返回顶点下标
    return -1;                                           //顶点不存在
}


template<class T>
void Graph<T>::FindV(T& x,int id)const                  //取下标为 id 的顶点,存储到 x 中
{

    if(id<0||id>=SizeV())
        return ;
    x=vt[id];                                            //取下标为 id 的顶点
}


template<class T>                                       //公有方法
double Graph<T>::GetCost(const T& v1,const T& v2)const   //根据顶点下标读取边的权
```

```
{
    int s=FindV(v1);
    int e=FindV(v2);
    return GetCost(s,e);
}


template<class T>                                        //私有方法
double Graph<T>::GetCost(int s,int e)const               //根据顶点下标读取边的权
{
    List<Edge>::const_iterator first=el[s].Begin();
    List<Edge>::const_iterator last;el[s].End();
    for(;first!=last;++first)
        if((*first).dest==e)
            return(*first).cost;
    return 0;
}


template<class T>
bool Graph<T>::InsertE(const T& v1,const T& v2,double w) //插入边
{
    int s=FindV(v1);
    int e=FindV(v2);                                     //确定边的始点和终点的下标
    if(s==-1||e==-1||s==e)
        return 0;
    Edge ed;                                             //边的结构对象
    ed.dest=e;
    ed.cost=w;                                           //给边的结构对象赋值
    el[s].PushBack(ed);                                  //尾插到边链表
    return 1;
}
```

图 23-3(a)是一个图的读取文件 graphin.txt,根据这个文件的格式,图的磁盘文件读取方法如下:

```
template<class T>
void Graph<T>::ReadGraph(const char* filename)          //从磁盘文件读取图的数据
{
    fstream infile;
    infile.open(filename,ios::in);
    if(!infile)
    {
        cout<<"cannot open filename. \n ";
        exit(1);
    }
    char str[40];
```

```
        int n;
        T s,e;
        double w;
        infile>>str>>n;
        for(int i=0;i<n;++i)                              //读取顶点,插入顶点数组
        {
            infile>>s;
            InsertV(s);
        }
        infile>>str>>n;
        for(int i=0;i<n;++i)                              //读取边,插入边链表
        {
            infile>>s>>e>>w;
            InsertE(s,e,w);
        }
        infile.close();
    }
```

图 23-3(b)是图的输出文件 graphout.txt,根据这个文件格式,图的磁盘文件和显示
器文件的输出方法如下:

```
template<class T>
void  Graph<T>::WriteGraph(const char * filename)      //把图的数据输出到磁盘文件
{
    fstream outfile;
    outfile.open(filename,ios::out);                   //打开磁盘文件
    if(!outfile)
    {
        cout<<"cannot open D:\\graphout.txt. \n ";
        exit(1);
    }
    int n=SizeV();
    List<Edge>::const_iterator first;
    List<Edge>::const_iterator last;
    for(int i=0;i<n;i++)
    {
        outfile<<i<<'-'<<vt[i]<<':';                    //输出顶点下标和元素
        first=el[i].Begin();
        last=el[i].End();
        for(;first!=last;++first)                       //输出边链表
            outfile<<'('<<( * first).dest<<' '<<( * first).cost<<')'<<' ';
        outfile<<endl;
    }
    outfile.close();
}
```

```
template<class T>
void Graph<T>::Output()const                         //把图的数据输出到显示器
{
    int n=SizeV();
    List<Edge>::const_iterator first;
    List<Edge>::const_iterator last;
    for(int i=0;i<n;i++)
    {
        cout<<i<<'-'<<vt[i]<<':';                    //输出顶点下标和值
        first=el[i].Begin();
        last=el[i].End();
        for(;first!=last;++first)                    //输出边链表
            cout<<'('<<(*first).dest<<' '<<(*first).cost<<')'<<' ';
        cout<<endl;
    }
}
```

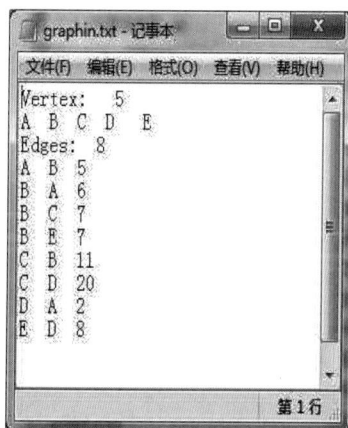

(a) 读取文件

(b) 输出文件

图 23-3　图的文件读写格式

程序 23-1　图的文件读写。

```
#include<iostream>
using namespace std;
#include"graph.h"
int main()
{
    Graph<char>G;
    G.ReadGraph("D:\\graphin.txt");                 //读取磁盘文件
    G.WriteGraph("D:\\graphout.txt");               //写入磁盘文件
    G.Output();                                      //输出到显示器
```

```
        system("pause");
        return 0;
    }
```

程序运行结果：

```
0-A:(1 5)
1-B:(0 6) (2 7) (4 7)
2-C:(1 11) (3 20)
3-D:(0 2)
4-E:(3 8)
```

23.3　图 的 遍 历

在图中，一个顶点序列，如果前后相邻的两个顶点是边的始点和终点，则称该序列为一条**路径**(path)。序列的首尾顶点称为路径的起点和终点，序列包含的边数称为**路径的长度**。

一条路径(不少于 3 个顶点)，始点和终点相同，称为**回路**(cycle)。

一条路径，除始点和终点外，没有相同的顶点，称为**简单路径**；起点和终点相同的简单路径称为**简单回路**或**简单环**。例如，图 23-1(a)中的序列 A B E D 是从 A 到 D、长度为 3 的简单路径、图 23-1(b)中的序列 A B E D A 是长度为 4 的简单环。

在一个无向图中，若两个顶点之间存在路径，则称这两个顶点是连通的(connected)；若任意两个顶点是连通的，则称此图是**连通图**(connected graph)。例如，图 23-1(a)是连通图。

在一个有向图中，若任意两个顶点之间，以每个顶点为始点，都存在路径，则称此图为**强连通图**(strong connected digraph)。

在一个有向图中，若任意两个顶点之间，至少存在以一个顶点为始点的路径，则称此图为**弱连通图**(weak connected)。例如，图 23-1(b)是弱连通图。

以图的某个顶点作为始点，访问图的所有顶点，而且每个顶点只访问一次，这种算法称为图遍历(graph traversal)。为了避免重复访问一个顶点，通常设置一个标志数组，每一个数组元素对应一个顶点，元素下标就是该顶点的序号。当一个顶点还没有被访问时，它对应的数组元素的值是 0；如果被访问了，它对应的数组元素的值是 1。

假设遍历的无向图是连通图，有向图是强连通图。

23.3.1　广 度 优 先 遍 历

图的广度优先遍历是树的层次遍历的推广。只要把遍历的始点视为根，把一个顶点与它的邻接点视为父子关系，再借助标志数组，图的广度优先遍历就是树的层次遍历。图的广度优先遍历的步骤如下。

(1) 把始点插入队列，同时做被访问过的标志。

(2) 如果队列不为空，从队列中取出一个顶点访问，然后遍历该顶点的边链表，如果边链表的邻接点未被访问，就插入队列，同时做被访问过的标志。

（3）重复步骤（2），直到队列为空。

编写程序，从图的一个顶点开始广度优先遍历，将访问的顶点按照访问顺序存储到链表 L 中。

```
template<class T>
void Graph<T>::BFS(List<T>& L,const T& v)const
{
    int id=FindV(v);                          //取顶点下标
    if(id==-1)
        return;
    int n=SizeV();
    bool * visited=new bool[n];               //标志数组
    for(int i=0;i<n;i++)                       //标志数组元素初始值为 0
        visited[i]=0;

    Queue<int>Q;
    Q.Push(id);                               //步骤(1)
    visited[id]=1;                            //做被访问过的标志

    List<Edge>::const_iterator first,last;    //边链表迭代器
    while(!Q.Empty())                         //步骤(2)
    {
        id=Q.Pop();                           //从队中取顶点(下标)
        L.PushBack(vt[id]);                   //访问。存储顶点
        first=el[id].Begin();                 //指向边链表的头结点
        last=el[id].End();
        for(;first!=last;++first)             //遍历边链表,查找未被访问的邻接点
            if(visited[(*first).dest]==0)     //如果邻接点未被访问
            {
                Q.Push((*first).dest);        //邻接点下标入队列
                visited[(*first).dest]=1;     //做被访问过的标志
            }
    }
    delete[]visited;
}
```

程序 23-2　图的广度优先遍历。

```
#include<iostream>
using namespace std;
#include"graph.h"
#include"list.h"
template<class T>
void OutputList(const List<T>& L);
int main()
```

```
    {
        Graph<char>G;
        G.ReadGraph("D:\\graphin.txt");              //读取磁盘文件
        G.Output();                                   //输出到显示器
        cout<<"BFS:"<<endl;
        List<char>L;
        G.BFS(L,'A');
        OutputList(L);

        system("pause");
        return 0;
    }
    template<class T>
    void OutputList(const List<T>& L)
    {
        List<T>::const_iterator first=L.Begin(),last=L.End();
        for(;first!=last;++first)
            cout<< * first<<'\t';
        cout<<endl;
    }
```

程序运行结果：

```
0-A:(1 5)
1-B:(0 6) (2 7) (4 7)
2-C:(1 11) (3 20)
3-D:(0 2)
4-E:(3 8)
BFS:
A       B       C       E       D
```

23.3.2 深度优先遍历

图的深度优先遍历是树的前序遍历的推广。把遍历的始点视为根,把一个顶点与它的邻接点视为父子关系,再借助标志数组,图的深度优先遍历就是树的前序遍历。图的深度优先遍历递归算法如下。

（1）访问始点。

（2）依次以未访问过的邻接点为始点,进行深度优先遍历。

```
template<class T>
void Graph<T>::DFS(List<T>& L,int id,bool * visited)const   //私有方法
{
    L.PushBack(vt[id]);                          //步骤(1)
    visited[id]=1;                               //做被访问过的标志
```

```
    List<Edge>::const_iterator first,last;      //边链表迭代器
    first=el[id].Begin();                        //指向边链表的头结点
    last=el[id].End();
    for(;first!=last;++first)                    //步骤(2)
        if(visited[(*first).dest]==0)            //如果邻接点未被访问
            DFS(L,(*first).dest,visited);
}


template<class T>
void Graph<T>::DFS(List<T>& L,const T& v)const//公有方法
{
    int id=FindV(v);                             //取顶点下标
    if(id==-1)
        return;
    int n=SizeV();
    bool *visited=new bool[n];                    //标志数组
    for(int i=0;i<n;i++)                          //标志数组初始化
        visited[i]=0;
    DFS(L,id,visited);                            //调用深度优先遍历的私有函数
}
```

程序 23-3 图的深度优先遍历。

```
#include<iostream>
using namespace std;
#include"graph.h"
#include"list.h"
template<class T>
void OutputList(const List<T>& L);
int main()
{
    Graph<char>G;
    G.ReadGraph("D:\\graphin.txt");              //读取磁盘文件
    G.Output();                                   //输出到显示器
    cout<<"DFS:"<<endl;
    List<char>L;
    G.DFS(L,'A');
    OutputList(L);

    system("pause");
    return 0;
}
template<class T>
void OutputList(const List<T>& L)
{
```

```
    List<T>::const_iterator first=L.Begin(),last=L.End();
    for(;first!=last;++first)
        cout<< * first<<'\t';
    cout<<endl;
}
```

程序运行结果：

```
0-A:(1 5)
1-B:(0 6) (2 7) (4 7)
2-C:(1 11) (3 20)
3-D:(0 2)
4-E:(3 8)
DFS:
A      B      C      D      E
```

23.4　最小生成树

遍历一个具有 n 个顶点的连通图，必须经过 n-1 条边，这些顶点和边构成该图的一个极小连通子图，称为**生成树**。从广度优先遍历得到的生成树叫作**广度生成树**（见图 23-4(b)）。从深度优先遍历得到的生成树叫作**深度生成树**（见图 23-4(c)）。遍历方法不同，始点不同，生成树一般不同，因此一个连通图的生成树不唯一。

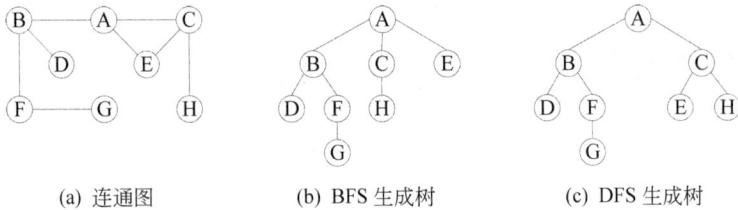

| (a) 连通图 | (b) BFS 生成树 | (c) DFS 生成树 |

图 23-4　以 A 为起点遍历生成树

一个连通网络即无向加权连通图，其权值总和最小的生成树称为**最小生成树**（minimun spanning tree）。最小生成树不唯一，但它们的权值总和是相等的，如图 23-5 所示。

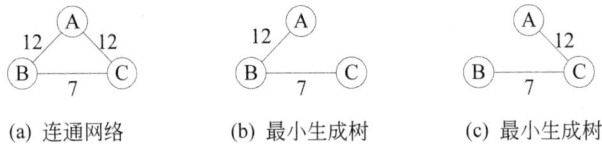

| (a) 连通网络 | (b) 最小生成树 | (c) 最小生成树 |

图 23-5　一个连通网络的两个最小生成树

最小生成树的应用很广。例如，在 n 个城市之间建立通信系统，最多需要 n(n-1)/2 条线路，最少需要 n-1 条线路。从经济实用考虑，最小生成树是理想方案。

查找最小生成树有两种典型构造算法：普里姆（Prim）算法和克鲁斯卡尔（Kruskal）算法。

23.4.1　普里姆算法

普里姆算法的基本思想：从一个最小的连通子网开始，逐步扩大成最小生成树。这个最小的连通子网称为**入选子网**，最初只有一个顶点，称为始点，其边集为空。入选子网以外的顶点组成**候选点集**，其中每一个顶点都对应这样一条**候选边**——它是入选子网的顶点与该顶点构成的所有关联边中权值最小的一条。所有候选边构成**候选边集**。

普里姆算法步骤如下。

（1）在候选边集中选择一条权值最小的边，加到入选子网。

（2）更新候选边集，直到入选子网的顶点集包含网络的全部顶点。

为了实现普里姆算法，首先引入一个 PathData 结构来记录候选边的信息，如图 23-6 所示，入选子网的顶点作为始点 start，候选点集的顶点作为终点 dest（无向网络的边是无序对，不分始点和终点，但是算法需要暂时区分）。

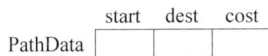

PathData

start	dest	cost

图 23-6　PathData 结构

下面以图 23-7 为例，演示普里姆算法的步骤。

（1）由始点 0 组成最初的入选子网，其余顶点组成候选点集。用无色圈表示入选子网的顶点，灰色圈表示候选点集的顶点，虚线表示候选边，M（一个很大的值，应该大于该网络的所有权之和）表示对应的候选边不存在。把候选边集存入 PathData 结构数组，如图 23-7（c）所示。

（2）在候选边集中选定一条权最小的加到入选子网（用实线表示）。快速实现这一算法的方法是将候选边集调整为小根堆，小根堆首元素就是权值最小的候选边，如图 23-7（d）所示。

（3）更新候选边集。以入选子网的新顶点为始点、候选点集的顶点为终点所构成的边与同一终点的原候选边比较，去除大者，留下小者。然后计数器加 1。例如，在图 23-7（e）中，原候选边（0,1,60）和新边（2,1,50）比较，取小者（2,1,50）。

（4）保存入选边。把存储候选边集的 PathData 结构数组的首尾元素交换，数组数据元素个数减 1，然后把该数组的数据元素调整为小根堆，如图 23-7（f）所示。

（5）重复步骤（3）和步骤（4）n−1 次（这是最小生成树的边数），如图 23-7（g）～（l）所示。

（6）如果计数器的值等于图的顶点个数减 1，函数返回值为 1，否则函数返回值为 0。

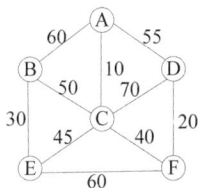

(a) 以字符表示的顶点　　　　　　　(b) 以序号表示的顶点

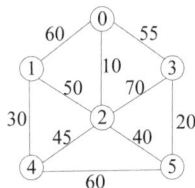

图 23-7　普里姆算法示例

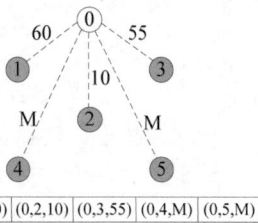

(c) 步骤(1)，生成最初的候选边集

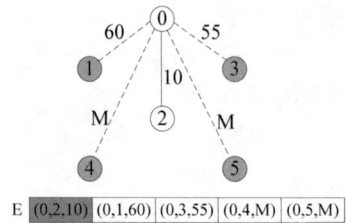

(d) 步骤(2)，建小根堆查找权值最小的候选边

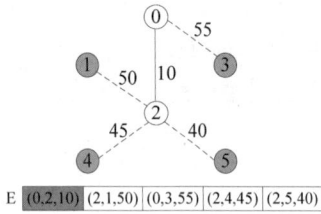

(e) 步骤(3)，更新候选边集

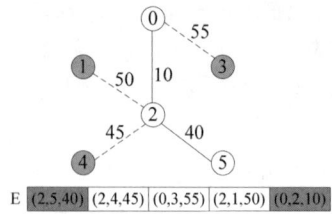

(f) 步骤(4)，保存入选边，对新候选边集建小根堆

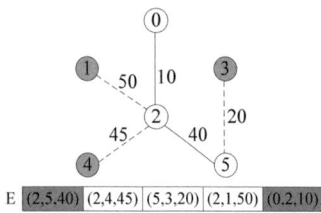

(g) 步骤(3)

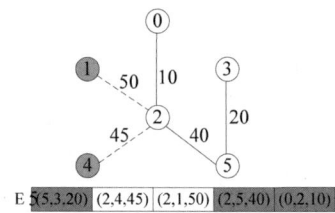

(h) 步骤(4)

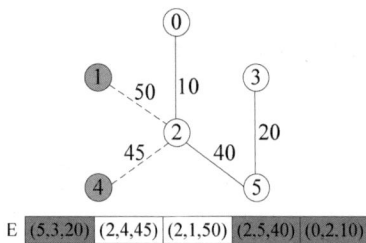

(i) 步骤(3)

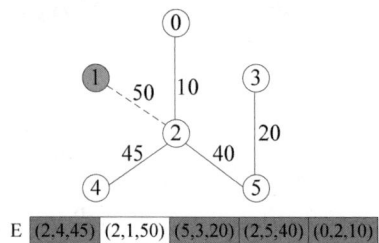

(j) 步骤(4)

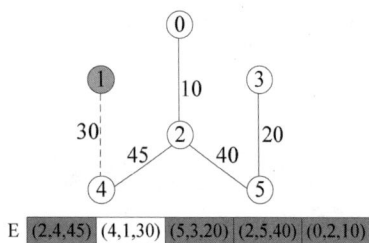

(k) 步骤(3)

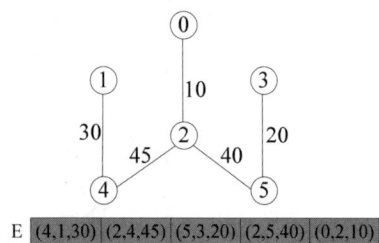

(l) 步骤(4)

图 23-7　(续)

```
struct PathData                           //用于最小生成树算法的一种结点结构
{
    int start,dest;                       //边的起点和终点的下标
    double cost;                          //权
    operator double()const{return(cost);} //成员转换函数,用于比较运算
};
```

从某一顶点 v 开始,求最小生成树。其中,参量 ne 表示最小生成树的边数,它是顶点个数减 1。

```
template<class T>
bool Graph<T>::Prim(const T& v,Vector<PathData>& vt)const   //普里姆算法
{
//步骤(1)
    int nv=SizeV();                              //顶点数
    PathData* E=new PathData[nv-1];              //根据边数建立数组

    int s=FindV(v);                              //取始点索引
    if(s==-1)
        return 0;

    PathData item;
    double cost;
    int id=0;                            //索引
    int n=0;
    for(int e=0;e<nv;e++)                //s 和 e 是边的始点和终点索引
        if(e!=s)
        {
            item.start=s;
            item.dest=e;
            cost=GetCost(s,e);
            item.cost=(cost==0?MAXCOST:cost);
            E[id++]=item;
            n++;
        }
//步骤(2)
    BuildHeap(E,n);                      //对候选边集建小根堆
//步骤(3)和步骤(4)
    int i,j;
    int counter=0;                       //计数器,记录最小生成树的边数
    for(i=0;i<n;i++)                     //更新候选边集
    {
        if(E[0].cost<MAXCOST)
            counter++;                   //若候选边集的最小者存在,计数器加1
        s=E[0].dest;                     //取新的入选集顶点
```

```
        for(j=1;j<n-i;j++)                      //更新候选边集
        {
            cost=GetCost(s,E[j].dest);
            cost=(cost==0?MAXCOST:cost);
            if(E[j].cost>cost)
            {
                E[j].cost=cost;
                E[j].start=s;
            }
        }
        item=E[0];                              //候选边集的首尾元素交换
        E[0]=E[n-1-i];                          //id-1-i 是删除后的尾元素下标
        E[n-1-i]=item;
        BuildHeap(E,n-1-i);                     //重建小根堆
    }
//步骤(6)
    vt.Clear();                                 //清空向量对象
    if(counter==nv-1)
    {
        for(i=0;i<counter;i++)
            vt.PushBack(E[i]);
        delete []E;
        return 1;
    }
    delete []E;
    return 0;
}
```

图 23-7(a)的磁盘文件如图 23-8 所示,读取该文件,利用普里姆算法,计算和输出最小生成树。

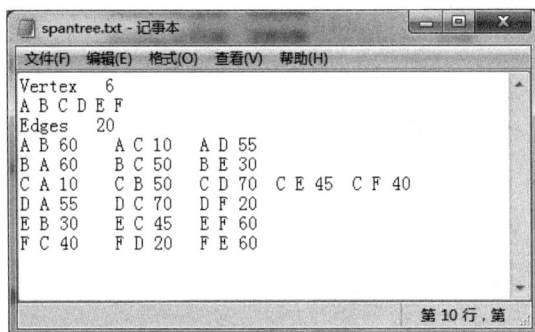

图 23-8　图 23-7(a)的磁盘文件

程序 23-4　普里姆算法。

```
#include<iostream>
```

```
using namespace std;
#include"graph.h"
#include"vector.h"

void Output(const Vector<PathData>& vt)
{
    int n=vt.Size();
    for(int i=n-1;i>-1;i--)
        cout<<'('<<vt[i].start<<','<<vt[i].dest<<','<<vt[i].cost<<')'<<
endl;
}
int main()
{

    Graph<char>G;
    G.ReadGraph("D:\\spantree.txt");
    G.Output();                          //在显示器上输出图的邻接表

    Vector<PathData>vt;
    if(G.Prim('A',vt))
    {
        cout<<"Prim:\n";
        Output(vt);
    }

    system("pause");
    return 0;
}
```

程序运行结果：

```
0-A:(1 60) (2 10) (3 55)
1-B:(0 60) (2 50) (4 30)
2-C:(0 10) (1 50) (3 70) (4 45) (5 40)
3-D:(0 55) (2 70) (5 20)
4-E:(1 30) (2 45) (5 60)
5-F:(2 40) (3 20) (4 60)
Prim:
(0,2,10)
(2,5,40)
(5,3,20)
(2,4,45)
(4,1,30)
```

23.4.2 克鲁斯卡尔算法

克鲁斯卡尔算法的基本思想与构造哈夫曼树的基本思想类似：首先分别组成 n 个只

有单个顶点的连通子网,然后不断在边集中选择权最小的边,把两个不同的连通子网合并为一个子网,直到连成一棵生成树。

对一个连通子网,用其中序号(即索引)最小的顶点作为该连通子网的根。两个连通子网合并时,根大的子网并入根小的子网。

用一个**并查集**(disjoint sets,DS)(数组)记录连通子网的集合:若 DS[i]小于 0,则表示序号为 i 的顶点是一个连通子网的根,绝对值是这个连通子网的顶点个数;若 DS[i]大于或等于 0,如 DS[i]=j 则表明序号为 i 的顶点与序号为 j 的顶点在一个连通子网中,并且 j 小于 i。按照下面的循环语句可以找到这个子网的根:

```
while(DS[i]>=0)
    i=DS[i];
```

循环语句结束时,i 就是根的序号。

用 PathData 结构来记录边的信息(见图 23-6)。为了避免重复,用序号小的顶点表示始点,序号大的顶点表示终点。

下面以图 23-9 为例,演示克鲁斯卡尔算法的步骤。

(1)由 n 个顶点分别组成 n 个只有单个顶点的连通子网,这时并查集的每个元素值是-1。

(2)把每一条边的信息插入小根堆。

(3)从堆中删取(即提取删除的边)一条边(这条边的权自然是最小的)。如果始点和终点属于不同的连通子网(它们所属的连通子网的根不同),就将它们连接成一个连通子网(根大的子网并入根小的子网)。然后把这条边的信息保存起来,作为最小生成树的边。

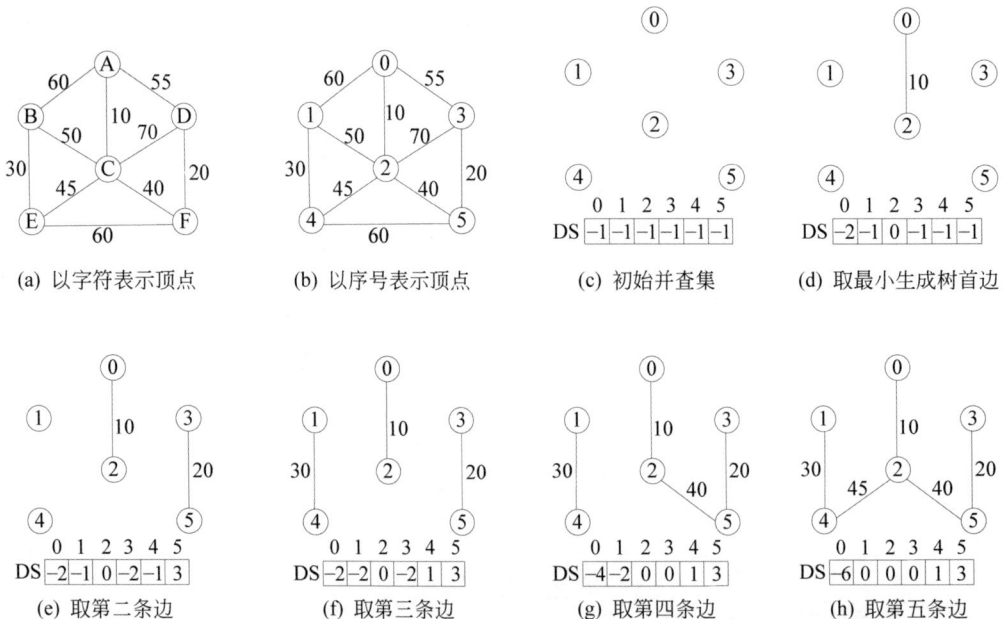

图 23-9　克鲁斯卡尔算法示例

```cpp
template<class T>
bool Graph<T>::Kruskal(Vector<PathData>& vt)const    //克鲁斯卡尔算法
{
//步骤(1)
    int nv=SizeV();                                  //最小生成树的顶点个数

    int * DS=new int[nv];                            //并查集
    int i,j;

    for(i=0;i<nv;i++)
        DS[i]=-1;
//步骤(2)
    double cost;
    PathData item;
    Heap<PathData>H;                                 //小根堆
    for(i=0;i<nv;i++)
        for(j=i+1;j<nv;j++)
        {
            cost=GetCost(i,j);
            if(cost!=0)
            {
                item.start=i;                        //索引小的顶点表示始点
                item.dest=j;                         //索引大的顶点表示终点
                item.cost=cost;
                H.Insert(item);                      //插入小根堆
            }
        }
//步骤(3)
    int id=0;
    int counter=0;
    PathData * E=new PathData[nv-1];
    while(!H.Empty())
    {
        H.Remove(item);                              //删取堆的首元素
        i=item.start;                                //查找边的始点在连通子网中的根
        while(DS[i]>=0)
            i=DS[i];
        j=item.dest;                                 //查找边的终点在连通子网中的根
        while(DS[j]>=0)
            j=DS[j];
        if(i!=j)                                     //若属于不同的连通子网,则合并
        {
            if(i<j)
            {
```

```
                    DS[i]+=DS[j];
                    DS[j]=i;
                }
                else
                {
                    DS[j]+=DS[i];
                    DS[i]=j;
                }
                E[id++]=item;                    //保存最小生成树的边
                counter++;
            }
        }
    delete[]DS;
    vt.Clear();                                  //清空向量对象
    if(counter==nv-1)
    {
        for(i=0;i<counter;i++)
            vt.PushBack(E[i]);
        delete []E;
        return 1;
    }
    delete []E;
    return 0;
}
```

图 23-7(a)的磁盘文件如图 23-8 所示,读取该文件,利用克鲁斯卡尔算法,计算和输出最小生成树。

程序 23-5 克鲁斯卡尔算法。

```
#include<iostream>
using namespace std;
#include"graph.h"
#include"vector.h"

void Output(Vector<PathData>&vt)
{
    int n=vt.Size();
    for(int i=n-1;i>-1;i--)
        cout<<'('<<vt[i].start<<','<<vt[i].dest<<','<<vt[i].cost<<') '<<
endl;
}
int main()
{
    Graph<char>G;
    G.ReadGraph("D:\\spantree.txt");
```

```
        G.Output();                              //在显示器上输出图的邻接表

        Vector<PathData>vt;
        if(G.Kruskal(vt))
        {
            cout<<"Kruskal:\n";
            Output(vt);
        }

        system("pause");
        return 0;
}
```

程序运行结果：

```
0-A:(1 60) (2 10) (3 55)
1-B:(0 60) (2 50) (4 30)
2-C:(0 10) (1 50) (3 70) (4 45) (5 40)
3-D:(0 55) (2 70) (5 20)
4-E:(1 30) (2 45) (5 60)
5-F:(2 40) (3 20) (4 60)
Kruskal:
(2,4,45)
(2,5,40)
(1,4,30)
(3,5,20)
(0,2,10)
```

23.5 最 短 路 径

给定一个有向网络和一个称为源点的顶点,源点到其余各顶点的最短带权路径称为
单源最短路径。

有向网络有这样一个性质：如果顶点序列 $v_0 v_1 v_2 \cdots v_{k-1} v_k$ 是从始点 v_0 到终点 v_k 的
最短路径,那么其中以 v_0 为始点的任何一个连续的子序列所组成的路径也是最短路径。
例如, $v_0 v_1 v_2 \cdots v_{k-2}$ 是最短路径, $v_0 v_1 v_2 \cdots v_{k-1}$ 也是最短路径。

下面用反证法来证明这个性质。如果另有一条从 v_0 到 v_{k-1} 的路径 $v_0 v'_1 v'_2 \cdots v_{k-1}$ 是
更短的,那么 $v_0 v'_1 v'_2 \cdots v_{k-1} v_k$ 是最短路径,这与 $v_0 v_1 v_2 \cdots v_{k-1} v_k$ 是最短路径的假设不符。

其实,还有更一般的结论：如果 $v_0 v_1 v_2 \cdots v_{k-1} v_k$ 是最短路径,那么其中任意连续的子
序列也是最短路径。

下面介绍最短路径的**迪杰斯特拉**（Dijkstra）算法。

迪杰斯特拉算法的基本思想：从一个最小的有向子网开始,逐步扩大成单元最短路
径。这个最小的有向子网称为**入选子网**,它最初只有一个顶点,称为源点,其边集为空。

入选子网以外的顶点组成**候选点集**。其中每一个顶点都对应这样一条候选路径——它是从源点到该顶点且中间只经过入选子网顶点的路径中最短的一条。所有候选路径构成**候选路径集**。

在候选路径集中选择一条最短的,把终点和相应的边加到入选子网。入选子网扩大了,候选点集缩小了,候选路径集需要更新,然后再选出最短的,加到入选子网。以此类推,直到入选子网顶点集等于网络顶点集。

下面以图 23-10 为例,演示迪杰斯特拉算法的步骤。

(1) 由源点 0 组成最初的入选子网,其余顶点组成候选点集。用无色圈表示入选子网的顶点,用灰色圈表示候选点集的顶点,虚线表示候选路径,M(一个很大的值,应该大于该网络的所有权之和)表示对应的候选路径不存在。把候选路径集存入 PathData 结构数组,如图 23-10(c)所示。

(2) 在候选路径集中选定一条带权路径长度最短的加到入选子网(用实线表示)。快速实现这一算法的方法是将候选路径集调整为小根堆,小根堆首元素就是带权路径长度最短的候选路径,如图 23-10(d)所示。

(3) 更新候选路径集。以入选子网的新顶点为前驱、候选点集的顶点为终点而构成的单源路径与同一终点的原候选单源路径比较,去除大者,留下小者。然后计数器加 1。例如,在图 23-10(e)中,原候选路径<0,3> 和新的路径<0,1,3>比较,取小者<0,1,3>。

(4) 保存候选路径。把存储候选路径集的 PathData 结构数组的首尾元素交换,数组元素个数减 1,然后把该数组的数据元素调整为小根堆,如图 23-10(f)所示。

(5) 重复(3)和步骤(4)n-1 次(这是最小生成树的边数),如图 23-10(g)~(j)所示。

(6) 如果计数器的值等于图的顶点个数减 1,函数返回值 1,否则函数返回值为 0。

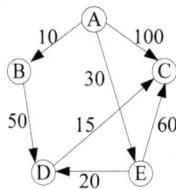

(a) 以字符表示的顶点

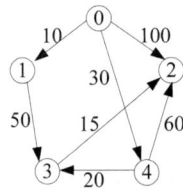

(b) 以序号表示的顶点

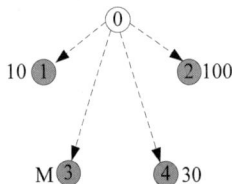

(c) 步骤(1),生成最初的候选路径集

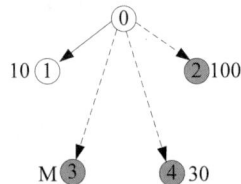

(d) 步骤(2),选定一条带权路径长度最短的

图 23-10　迪杰斯特拉算法示例

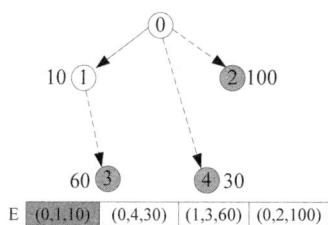

(e) 步骤(3)，更新候选路径集

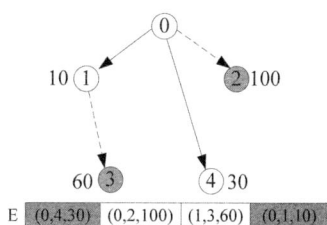

(f) 步骤(4)，保存候选路径

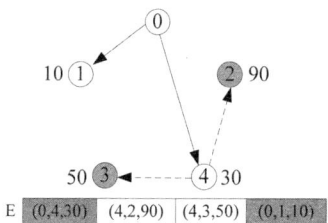

(g) 步骤(3)

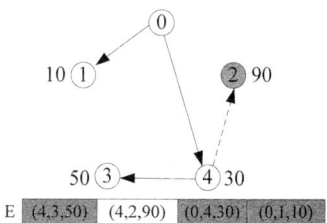

(h) 步骤(4)

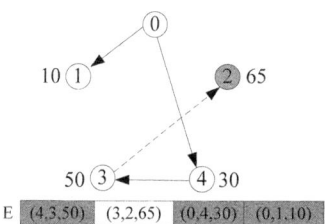

(i) 步骤(3)

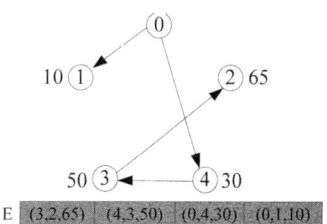

(j) 步骤(4)

图 23-10　(续)

为了完整地输出每一条单源最短路径和其带权路径长度，引入并行数组 P(path)和 D(distance)，P[i]的值表示序号为 i 的顶点所对应的候选路径的终点前驱的序号(如果没有前驱，其值为−1)，D[i]的值表示序号为 i 的顶点所对应的候选路径的带权长度。

从算法的基本思想描述和步骤可以看出，迪杰斯特拉算法与普里姆算法有许多可以类比之处。

```
template<class T>
bool Graph<T>::Dijkstra(const T& v,Vector<double>& D,Vector<int>&P)const
{
    int nv=SizeV();                    //顶点数
    PathData * E=new PathData[nv-1];   //候选路径集的边数为 nv-1

    int i,j;
    D.Clear();                         //清空向量对象
    P.Clear();
    for(i=0;i<nv-1;i++)                //向量对象赋值 0,元素个数 size 扩大为 nv
    {
```

```
        D.PushBack(0);
        P.PushBack(0);
    }

    int s=FindV(v);
    if(s==-1)
        return 0;
    D[s]=0;                              //从源点到自身路径长度为 0
    P[s]=-1;                             //源点无前驱
    PathData item;
    double cost;
    int id=0;
    int n=0;                             //记录候选路径数
    for(int e=0;e<nv;e++)                //s 和 e 是候选路径的始点和终点索引
        if(e!=s)
        {
            item.start=s;
            item.dest=e;
            cost=GetCost(s,e);
            item.cost=(cost==0?MAXCOST:cost);
            E[id++]=item;
               n++;
            D[e]=item.cost;
            P[e]=(cost==0?-1:s);
        }
    BuildHeap(E,n);                      //对候选路径集小根堆


    int counter=0;
    for(i=0;i<n;i++)
    {
        if(E[0].cost<MAXCOST)
            counter++;
        s=E[0].dest;
        for(j=1;j<n-i;j++)
        {
            cost=GetCost(s,E[j].dest);
            cost=(cost==0?MAXCOST:cost);
            if(E[j]>E[0].cost+cost.cost)
            {
                E[j].cost=E[0].cost+cost;
                E[j].start=s;
                D[E[j].dest]=E[j].cost;
                P[E[j].dest]=s;
```

```
                }
            }
            item=E[0];
            E[0]=E[n-1-i];
            E[n-1-i]=item;
            BuildHeap(E,n-1-i);                //重建小根堆
        }
    delete[]E;

    return counter==nv-1?1:0;
}
```

图 23-10(a)的磁盘文件如图 23-11 所示,读取该文件,利用迪杰斯特拉算法,计算和输出单源最短路径。

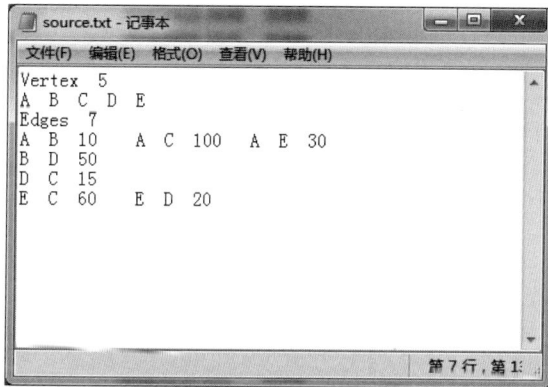

图 23-11　图 23-10(a)的磁盘文件

程序 23-6　迪杰斯特拉算法。

```
#include<iostream>
using namespace std;
#include"graph.h"
#include"vector.h"

template<class T>
void Output(const Graph<T>& g,const Vector<double>& D,const Vector<int>&P)
{
    int n=g.SizeV();
    T v;
    int f;
    int * stack=new int[n];
    int size;                                //记录栈元素个数
    for(int i=0;i<n;i++)
        if(D[i])
```

```
        {
            cout<<D[i]<<": ";
            size=0;                               //清空栈
            stack[size++]=i;                      //把终点压栈
            f=P[i];                               //取顶点 vi 在路径上的前一个顶点
            while(f!=-1)
            {
                stack[size++]=f;
                f=P[f];                           //取前驱顶点
            }
            for(int j=size-1;j>-1;j--)            //弹栈。从始点开始输出
            {
                g.FindV(v,stack[j]);
                cout<<v;
                if(j>0)                           //如果不是路径终点
                    cout<<"->";
            }
            cout<<endl;
        }
    delete[]stack;
}
int main()
{
    Graph<char>G;
    G.ReadGraph("D:\\source.txt");
    G.Output();                                   //在显示器上输出图的邻接表

    Vector<double>D;
    Vector<int>P;
    if(G.Dijkstra('A',D,P))
    {
        cout<<"Dijkstra:\n";
        Output(G,D,P);
    }

    system("pause");
    return 0;
}
```

程序运行结果:

```
0-A:(1 10) (2 100) (4 30)
1-B:(3 50)
2-C:
3-D:(2 15)
```

```
4-E:(2 60) (3 20)
Dijkstra:
10: A->B
65: A->E->D->C
50: A->E->D
30: A->E
```

23.6　拓　扑　序　列

　　图的算法一般是在某一顶点序列的基础上完成的,广度优先遍历序列和深度优先遍历序列都是这样的序列,本节要介绍的拓扑序列也是这样的序列。

　　大学的课程存在前后关系,教学计划要依据这种关系制定。概念有低级和高级之分,教材要从低级到高级进行讲解。施工流程设计、数据处理流程设计都要考虑顺序。这个顺序就是本节要讲的拓扑序列。

　　用有向图的顶点表示活动,有向边表示活动的先后顺序。这样的有向图称为**顶点活动**(activity on vertex,AOV)网,如图 23-12 所示

　　AOV 网不能有回路,否则称为死锁,如图 23-13 所示。

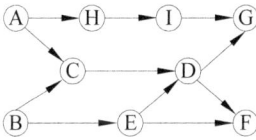
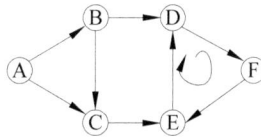

图 23-12　AOV 网　　　　　　　　图 23-13　死锁

　　AOV 网如果没有回路,它的顶点一定能够排成一个序列,使得对其中任意两个顶点 v_i 和 v_j 产生如下关系:若 v_i 是 v_j 的前驱,则 v_i 在序列中一定处于 v_j 前。这种序列称为**拓扑序列**或**拓扑顺序**。当 AOV 网中的活动必须一个一个完成的时候,就可以按照拓扑顺序进行。如图 23-14 所示,AOV 网的拓扑序列不唯一。

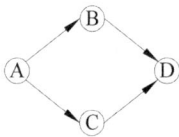

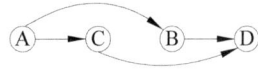

　　(a) AOV 网　　　　　(b) 第一种拓扑序列　　　　(c) 第二种拓扑序列

图 23-14　AOV 网和拓扑序列

　　为了求拓扑序列,需要引入若干概念。在有向图中,与一个顶点相关联的边的数量称为该顶点的**度**,以一个顶点为始点的边的数量称为该顶点的**出度**,以一个顶点为终点的边的数量称为该顶点的**入度**。在图 23-14(a)中,顶点 B 的度是 2,出度和入度都是 1;顶点 A 的度是 2,入度是 0,出度是 2。一个顶点的入度计算如下:

```
template<class T>
```

```
int Graph<T>::InDegree(int id)const
{
    int counter=0;                          //计数器
    int n=SizeV();                          //顶点个数
    for(int i=0;i<n;i++)
    {
        List<Edge>::const_iterator first=el[i].Begin();
        List<Edge>::const_iterator last=el[i].End();
        for(;first!=last;++first)
            if((*first).dest==id)
            {
                counter++;
                break;
            }
    }
    return counter;
}
```

下面以图 23-15 为例,演示拓扑序列算法的步骤。

(a) 以字符表示顶点　　(b) 以序号表示顶点　　(c) 步骤(1)　　(d) 步骤(2)第一次循环

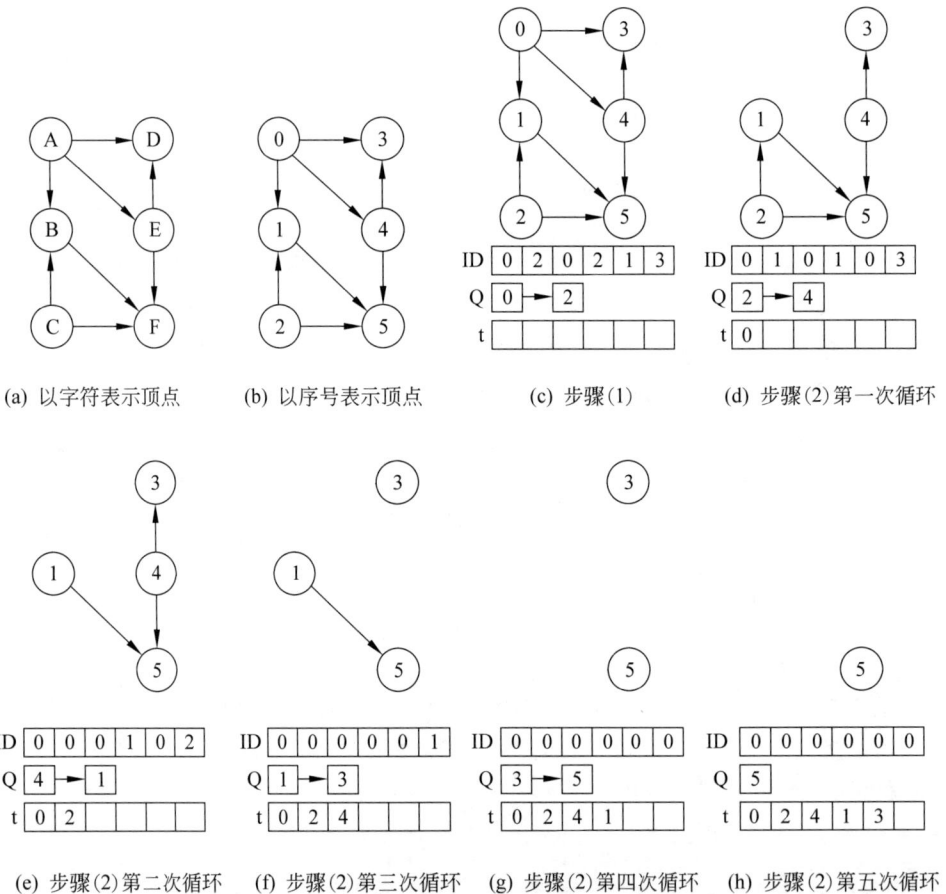

(e) 步骤(2)第二次循环　(f) 步骤(2)第三次循环　(g) 步骤(2)第四次循环　(h) 步骤(2)第五次循环

图 23-15　拓扑序列算法示例

（1）建立一个整型数组和一个队列，记录每一个顶点的入度，把入度为 0 的顶点插入队列。

（2）若队列不空，则取出一个顶点作为拓扑序列的顶点，同时，计数器 count 加 1。然后以该顶点为始点的边的终点的入度减 1。若减 1 后入度为 0，则将该终点插入队列。重复这个步骤，直到队列为空。

（3）如果计数器 count 的值等于图的顶点个数，则算法成功，否则失败。

```cpp
template<class T>
bool Graph<T>::TopSort(Vector<int>& tp) const
{
//步骤(1)
    int nv=SizeV();                      //顶点个数
    int * ID=new int[nv];
    int id;
    Queue<int>Q;
    for(id=0;id<nv;id++)
    {
        ID[id]=InDegree(id);
        if(ID[id]==0)                    //如果顶点的入度为 0
            Q.Push(id);
    }
//步骤(2)
    int i,j;
    tp.Clear();                          //清空向量对象
    List<Edge>::const_iterator first,
    List<Edge>::const_iterator last;
    while(!Q.Empty())
    {
        i=Q.Pop();
        tp.PushBack(i);                  //记录拓扑列顶点的序号
        first=el[i].Begin();
        last=el[i].End();
        for(;first!=last;++first)        //扫描以拓扑顶点为始点的边链表
        {
            j=(* first).dest;
            ID[j]--;                     //以拓扑顶点为始点的边的终点入度减 1
            if(ID[j]==0)
                Q.Push(j);
        }
    }
    delete[]ID;
//步骤(3)
    int counter=tp.Size();
    return counter==nv? 1:0;
}
```

图 23-15(a)的磁盘文件如图 23-16 所示,读取该文件,求拓扑序列。

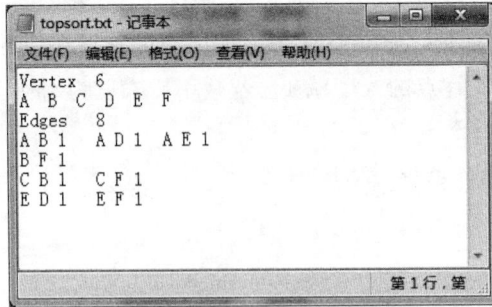

图 23-16   图 23-15(a)的磁盘文件

程序 23-7   拓扑序列。

```cpp
#include<iostream>
using namespace std;
#include"graph.h"

template<class T>
void Output(const Graph<T>& g,const Vector<int>&tp)     //应用函数,输出拓扑序列
{
    int nv=tp.Size();
    T v;
    for(int i=0;i<nv;i++)
    {
        g.FindV(v,tp[i]);
        cout<<v<<' ';
    }
    cout<<endl;
}
int main()
{
    Graph<char>G;
    G.ReadGraph("D:\\topsort.txt");
    G.Output();                                         //应用函数,输出图

    Vector<int>tp;
    if(G.TopSort(tp))
    {
        cout<<"TopSort:"<<endl;
        Output(G,tp);                                   //应用函数,输出拓扑序列
    }
    system("pause");
    return 0;
}
```

程序运行结果：

```
0-A:(1 1) (3 1) (4 1)
1-B:(5 1)
2-C:(1 1) (5 1)
3-D:
4-E:(3 1) (5 1)
5-F:
TopSort:
A C E B D F
```

存储拓扑序列的容器可以由队列改为栈，留作练习。

23.7 关 键 路 径

在一个有向图或有向网络中，以一个顶点为始点的边称为该顶点的**出边**，以一个顶点为终点的边称为该顶点的**入边**。

一个有向网络可以用来估计工程的完成时间，这时它的边表示活动，权表示活动持续的时间，顶点表示其入边所代表的活动均已完成和出边所代表的活动可以开始这样一种**事件**。这时的网络称为**边活动网**（activity on edge，AOE）网。

AOE 网不能有回路；只有一个顶点入度为 0，称为**源点**；只有一个顶点出度为 0，称为**汇点**。源点和汇点分别表示工程的开始和结束，如图 23-17 所示。

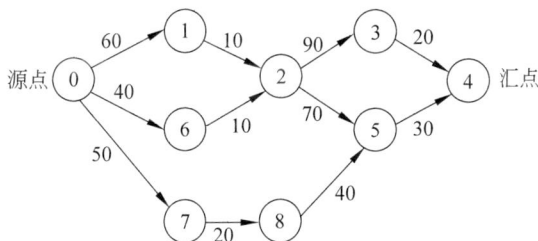

图 23-17 AOE 网

图 23-17 包含 11 项活动，9 个事件。当事件 0 发生时，表示整个工程开始；当事件 2 发生时，表示活动<1,2>和<6,2>已经完成，活动<2,3>和<2,5>可以开始；当事件 4 发生时，表示整个工程结束。工程一开始，活动<0,1><0,6><0,7>可以并行实施，而活动<1,2>只有当事件 1 发生时才能进行，活动<6,2>只有当事件 6 发生时才能进行。权可以表示天数或小时数等，这里暂时表示天数。

从源点到汇点的最长带权路径称为**关键路径**（critical path），关键路径的带权长度是完成整个工程的最短时间。图 23-17 的关键路径由顶点 0、1、2、3、4 构成，完成工程的最短时间是 180 天。

关键路径上的活动称为**关键活动**，缩短或延长关键活动的持续时间，将提前或推迟整个工程的竣工时间。不在关键路径上的活动是非关键活动。在不影响整个工期的前提下,非关键活动可以延长持续时间。

现实常常需要查找关键活动,以确保工期;确定非关键活动,以确定延时。为此,需要两个概念:**事件最早发生时间**(ve)和**事件最迟发生时间**(vl)。

一个事件对应一个顶点。事件最早发生时间是以其顶点为起始点的所有活动的最早开始时间,是从源点到该顶点的最长带权路径长度。工程的最短工期就是汇点事件的最早发生时间。以图 23-17 为例:ve(0)＝0,ve(1)＝60,ve(6)＝40,ve(2)＝70,ve(4)＝180。

事件最迟发生时间是以其顶点为终点的所有活动的最晚结束时间,是汇点最早发生时间减去从该顶点到汇点的最长带权路径长度。例如:

```
vl(0)=180-180=0
vl(1)=180-120=60
vl(6)=180-120=60
vl(2)=180-110=70
vl(4)=180-0=180
```

源点事件的最早发生时间和最迟发生时间一样,都是 0;汇点的最早发生时间和最迟发生时间也一样,都是工期。

一条边代表一个活动,其终点最迟发生时间减去始点最早发生时间是这个活动最长可以持续的时间,减去边的权(c),就是这个活动允许的延时(del)。以图 23-17 为例:

```
del(<1,2>)=vl(2)-ve(1)-c<1,2>1=70-60-10=0
del(<6,2>)=vl(2)-ve(6)-c<6,2>=70-40-10=20
```

关键活动的延时为 0,也就是说关键活动最长可以持续的时间等于边上的权。

计算出每个事件的最早发生时间和最迟发生时间,就可以得到每个活动的延时;知道每个活动的延时,就等于找到关键路径。

以图 23-17 为例,计算每个活动的延时,其步骤如下。

(1) 选定一个拓扑序列,例如 0,1,6,7,2,8,3,5,4。

(2) 按拓扑序列的顺序,从前往后计算每个顶点的最早发生时间。具体计算方法:从 ve(0)＝0 开始,每个顶点最早发生时间是在所有以它为终点的入边中,始点的最早发生时间加上权后的最大值。因为每条有向边的始点和终点在拓扑序列中都是前后排列的,所以计算方法是递推的。

```
ve(0)=0
ve(1)=ve(0)+c<0,1>=0+60=60
ve(6)=ve(0)+c<0,6>=0+40=40
ve(7)=ve(0)+c<0,7>=0+50=50
ve(2)=max{ve(1)+c<1,2>,ve(6)+c<6,2>}=max{60+10,40+10}=70
ve(8)=ve(7)+c<7,8>=50+20=70
ve(3)=ve(2)+c<2,3>=70+90=160
ve(5)=max{ve(2)+c<2,5>,ve(8)+c<8,5>}=max{70+70,70+40}=140
ve(4)=max{ve(3)+c<3,4>,ve(5)+c<5,4>}=max{160+20,140+30}=180
```

(3) 按拓扑序列的顺序,从后往前计算每个顶点的最迟发生时间。具体计算方法:

从 $vl(4)＝ve(4)＝180$ 开始,每个顶点最迟发生时间是在所有以它为始点的出边中,终点的最迟发生时间减去权后的最小值。因为每条有向边的始点和终点在拓扑序列中都是前后排列的,所以计算方法是递推的。

$$vl(4)＝ve(4)＝180$$
$$vl(5)＝vl(4)-c<5,4>＝180-30＝150$$
$$vl(3)＝vl(4)-c<3,4>＝18-20＝160$$
$$vl(8)＝vl(5)-c<8,5>＝150-40＝110$$
$$vl(2)＝min\{vl(3)-c<2,3>,vl(5)-c<2,5>\}＝min\{160-90,150-70\}＝70$$
$$vl(7)＝vl(8)-c<7,8>＝110-20＝90$$
$$vl(6)＝vl(2)-c<6,2>＝70-10＝60$$
$$vl(1)＝vl(2)-c<1,2>＝70-10＝60$$
$$vl(0)＝min\{vl(1)-c<0,1>,vl(6)-c<0,6>,vl(7)-c<0,7>\}＝min\{60-60,60-40,90-50\}＝0$$

(4)计算每个活动的延时。每个活动对应一条边,用终点事件的最迟发生时间减去始点事件的最早发生时间。

$$del(<0,1>)＝vl(1)-ve(0)-c<0,1>＝0$$
$$del(<0,6>)＝vl(6)-ve(0)-c<0,6>-20$$
$$del(<0,7>)＝vl(7)-ve(0)-c<0,7>＝40$$
$$del(<1,2>)＝vl(2)-ve(1)-c<1,2>＝0$$
$$del(<6,2>)＝vl(2)-ve(6)-c<6,2>＝20$$
$$del(<7,8>)＝vl(8)-ve(7)-c<7,8>＝40$$
$$del(<2,3>)＝vl(3)-ve(2)-c<2,3>＝0$$
$$del(<2,5>)＝vl(5)-ve(2)-c<2,5>＝10$$
$$del(<8,5>)＝vl(5)-ve(8)-c<8,5>＝40$$
$$del(<3,4>)＝vl(4)-ve(3)-c<3,4>＝0$$
$$del(<5,4>)＝vl(4)-ve(5)-c<5,4>＝10$$

关键是前 3 步,把每个事件的最早发生时间和最迟发生时间分别记录在向量对象 ve 和 vl 中。

```
template<class T>
void Graph<T>::CriticalPath(Vector<double>& ve,Vector<double>&vl) const
{
    int i,j,k;
    int nv=SizeV();
    Vector<int>tp;

    ve.Clear();                        //清空向量对象
    vl.Clear();
    for(i=0;i<nv;i++)                  //向量对象赋值 0,元素个数 size 扩大为 nv
    {
        ve.PushBack(0);
        vl.PushBack(0);
    }
```

```
double min,max,temp;
if(TopSort(tp))                          //步骤(1)
{
    ve[tp[0]]=0;                         //步骤(2)
    for(k=1;k<nv;k++)
    {
        j=tp[k];
        max=0;
        for(i=0;i<nv;i++)
        {
            temp=GetCost(i,j);
            if(temp!=0&&(ve[i]+temp)>max)
                max=ve[i]+temp;
        }
        ve[j]=max;
    }
    vl[tp[nv-1]]=ve[tp[nv-1]];          //步骤(3)
    for(k=nv-2;k>-1;k--)
    {
        i=tp[k];
        min=MAXCOST;
        for(j=0;j<nv;j++)
        {
            temp=GetCost(i,j);
            if(temp!=0&&(vl[j]-temp)<min)
                min=vl[j]-temp;
        }
        vl[i]=min;
    }
}
```

}

图 23-17 的磁盘文件如图 23-18 所示,读取该文件,求关键路径。

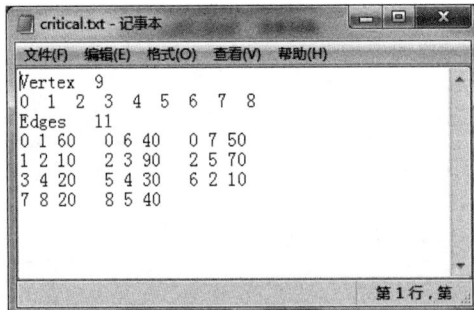

图 23-18   图 23-17 的磁盘文件

程序 23-8 关键路径。

```cpp
#include<iostream>
using namespace std;
#include"graph.h"

template<class T>
void Output(const Graph<T>& g,const Vector<double>& ve,const Vector<double>& vl)
{
    int nv=g.SizeV();
    T vj,vi;
    for(int j=0;j<nv;j++)
        for(int i=0;i<nv;i++)
        {
            g.FindV(vi,i);
            g.FindV(vj,j);
            if(g.GetCost(vi,vj)!=0)
                cout<<'<'<<vi<<','<<vj<<'>'
                <<"-----"<<vl[j]-ve[i]-g.GetCost(vi,vj)<<endl;
        }
}
int main()
{
    Graph<char>G;
    G.ReadGraph("D:\\critical.txt");
    G.Output();

    Vector<double>VE;
    Vector<double>VL;
    cout<<"Critical:"<<endl;

    G.CriticalPath(VE,VL);
    Output(G,VE,VL);

    system("pause");
    return 0;
}
```

程序运行结果:

```
0-0:(1 60) (6 40) (7 50)
1-1:(2 10)
2-2:(3 90) (5 70)
3-3:(4 20)
4-4:
```

```
5-5:(4 30)
6-6:(2 10)
7-7:(8 20)
8-8:(5 40)
Critical:
<0,1>-----0
<1,2>-----0
<6,2>-----20
<2,3>-----0
<3,4>-----0
<5,4>-----10
<2,5>-----10
<8,5>-----40
<0,6>-----20
<0,7>-----40
<7,8>-----40
```

23.8 迷　　宫

平面上的迷宫可以用图 23-19 表示：灰色部分表示此路不可以通行，白色部分表示此路可以通行；如果每次只能走上下左右相邻的一格，从入口到出口有多少种走法，哪一种是捷径？

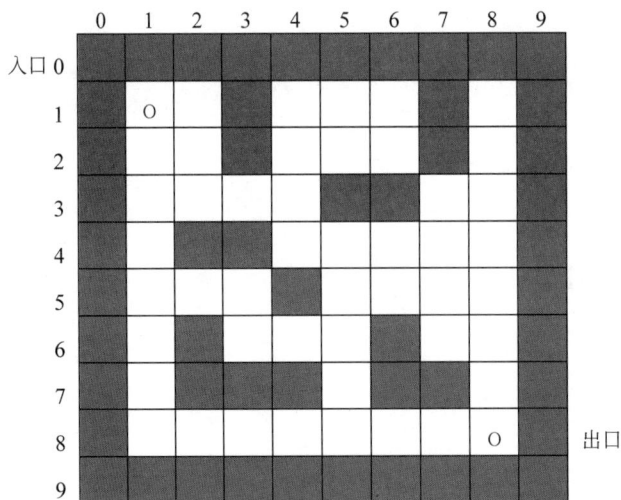

图 23-19　平面上的迷宫

其实，一个白色格相当于一个顶点，如果用坐标表示白色格，用无向边表示其上下左右的相邻关系，迷宫就可以用一个无向图描述，如图 23-20 所示。

从一个顶点(x,y)出发，可能移动的位置或方向有 4 个，用坐标运算表示如图 23-21 所示。迷宫的外围设有一圈不通行的边界，目的是保证从每个顶点出发，都可以有 4 个方向选择,便于计算。

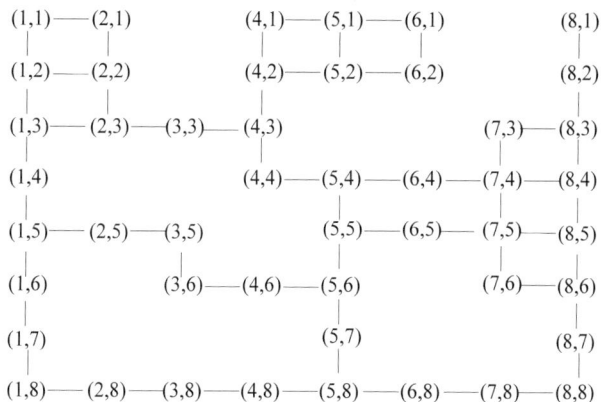

```
(1,1)——(2,1)        (4,1)——(5,1)——(6,1)        (8,1)
  |      |            |      |      |             |
(1,2)——(2,2)        (4,2)——(5,2)——(6,2)        (8,2)
  |      |                                        
(1,3)——(2,3)——(3,3)——(4,3)              (7,3)——(8,3)
  |                    |                   |      |
(1,4)              (4,4)——(5,4)——(6,4)——(7,4)——(8,4)
  |                            |      |      |      |
(1,5)——(2,5)——(3,5)        (5,5)——(6,5)——(7,5)——(8,5)
  |      |                    |             |      |
(1,6)        (3,6)——(4,6)——(5,6)        (7,6)——(8,6)
  |           |                            |      |
(1,7)                     (5,7)                 (8,7)
  |                         |                    |
(1,8)——(2,8)——(3,8)——(4,8)——(5,8)——(6,8)——(7,8)——(8,8)
```

图 23-20　与迷宫等价的无向图

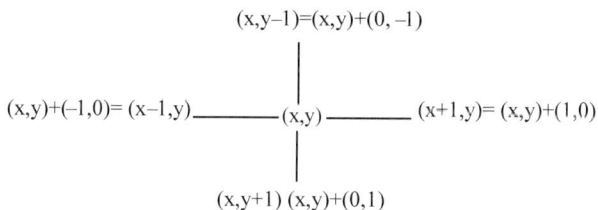

```
                    (x,y–1)=(x,y)+(0, –1)
                          |
                          |
(x,y)+(–1,0)= (x–1,y)————(x,y)————(x+1,y)= (x,y)+(1,0)
                          |
                          |
                    (x,y+1) (x,y)+(0,1)
```

图 23-21　相邻顶点之间的关系

现在,迷宫问题类似于无向图从某一入口顶点到某一出口顶点的所有简单路径和一条最短路径问题。

用一个字符型指针数组表示迷宫,'1'表示此路不可以通行,'0'表示此路可以通行。以图 23-20 为例,用数组表示如下:

```
char * maze[10]={  "1111111111","1001000101","1001000101","1000011001",
                   "1011000001","1000100001","1010001001","1011101101",
                   "1000000001","1111111111"
                };
```

迷宫类如下:

```
#ifndef MAZE_H
#define MAZE_H

#include<stdlib.h>
#include<iostream>
using namespace std;

class Maze
{
    char **maze;
```

```
    int row,col;                                    //行数和列数
    int inx,iny,outx,outy;                          //入口和出口
    void AllPath(int x,int y);                      //从入口到出口所有路径的私有方法
public:
    explicit Maze(char * m[],int row,int col,int inx,int iny,int outx,int outy);
    ~Maze();
    void AllPath(void){AllPath(inx,iny);}           //从入口到出口所有路径的公有方法
    void PrintMaze();                               //输出一条路径
};
Maze::Maze(char * m[],int row,int col,int inx,int iny,int outx,int outy)
{
    this->row=row;
    this->col=col;
    this->inx=inx;
    this->iny=iny;
    this->outx=outx;
    this->outy=outy;
    maze=new char * [row];
    for(int i=0;i<row;i++)
        maze[i]=new char[col];
    for(int i=0;i<row;i++)
        for(int j=0;j<col;j++)
            maze[i][j]=m[i][j];
}
Maze::~Maze()
{
    for(int i=0;i<row;i++)
        delete[]maze[i];
    delete[]maze;
}
void Maze::PrintMaze()                              //输出一条路径
{
    static int count=0;
    count++;
    cout<<count<<endl;
    for(int i=0;i<row;i++)
    {
        for(int j=0;j<col;j++)
            cout<<maze[i][j]<<' ';
        cout<<endl;
    }
}
void Maze::AllPath(int x,int y)                     //从入口到出口所有路径的私有方法
{
```

```
    static int d[4][2]={{1,0},{0,1},{-1,0},{0,-1}}; //表示可能移动方向的数据
    maze[y][x]='*';
    if(y==outy&&x==outx)
    {
        PrintMaze();
        cout<<"press any key to show"<<endl;
        system("pause");
        return;
    }
    for(int i=0;i<4;i++)
    if(maze[y+d[i][1]][x+d[i][0]]=='0')
    {
        AllPath(x+d[i][0],y+d[i][1]);
        maze[y+d[i][1]][x+d[i][0]]='0';
    }
}
#endif
```

程序 23-9　迷宫。

```
#include"Maze.h"
#include<iostream>
using namespace std;
int main()
{
    char * maze[7]={"1111111","1000011","1111011","1000001",
                    "1011101","1000001","1111111"};
    Maze M(maze,7,7,1,1,5,5);
    M.AllPath();

    system("pause");
    return 0;
}
```

程序运行结果：

```
1
1 1 1 1 1 1 1
1 * * * * 1 1
1 1 1 1 * 1 1
1 0 0 0 * * 1
1 0 1 1 1 * 1
1 0 0 0 0 * 1
1 1 1 1 1 1 1
press any key to show
```

```
2
1 1 1 1 1 1 1
1 * * * * 1 1
1 1 1 1 * 1 1
1 * * * * 0 1
1 * 1 1 1 0 1
1 * * * * * 1
1 1 1 1 1 1 1
press any key to show
```

23.9　图类头文件

```
//graph.h
#ifndef GRAPH_H
#define GRAPH_H

#include"vector.h"
#include"list.h"
#include"queue.h"
#include"heapsort.h"
#include"heap.h"
#include<fstream>
#include<iostream>
#include<iomanip>
using namespace std;

struct PathData                        //用于最小生成树算法的一种结点结构
{
    int start,dest;                    //边的起点和终点的下标
    double cost;                       //权
    operator double()const{return(cost);}  //成员转换函数,用于比较运算
};

const double MAXCOST=10000;            //最大的权
template<class T>
class Graph
{
    struct Edge                        //边结点数据结构
    {
        int dest;                      //边的终点下标
        double cost;                   //边的权
        operator int(){return dest;}
    };
```

```
    Vector<T>vt;                                     //向量类对象存储顶点
    List<Edge> * el;                                 //指向边链表数组的指针
    double GetCost(int s,int e)const;                //根据顶点下标读取边的权
    void DFS(List<T>& L,int id,bool * visited)const; //深度优先遍历递归私有方法
    int InDegree(int id)const;                       //读取下标为 id 的顶点入度

public:

    explicit Graph(int max=100):vt(max){el=new List<Edge>[max];}  //默认构造函数
    virtual ~Graph(){delete []el;}                   //析构函数
    int SizeV()const{return(vt.Size());}             //取顶点数
    int SizeE()const;                                //取边数
    int FindV(const T& item)const;                   //取顶点下标
    void FindV(T& x,int id)const;                    //将下标为 id 的顶点,存储到 x 中
    double GetCost(const T& v1,const T& v2)const;     //根据顶点取边的权
    void InsertV(const T& item){vt.PushBack(item);}  //插入顶点
    bool InsertE(const T& v1,const T& v2,double w);   //插入边

    void ReadGraph(const char * filename);           //从磁盘文件读取图的数据
    void WriteGraph(const char * filename)const;     //往磁盘文件写入图的数据
    void Output()const;                              //输出到显示器

    void BFS(List<T>& L,const T& v)const;            //广度优先遍历
    void DFS(List<T>& L,const T& v)const;            //深度优先遍历



    bool Prim(const T& v,Vector<PathData>& vt)const;  //普里姆算法
    bool Kruskal(Vector<PathData>& vt)const;          //克鲁斯卡尔算法
    bool Dijkstra(const T& v,Vector<double>& D,Vector<int>&P)const;
                                                     //迪杰斯特拉算法
    bool TopSort(Vector<int>&vt)const;               //拓扑序列
    void CriticalPath(Vector<double>& ve,Vector<double>& vl)const; //关键路径
};

template<class T>
int Graph<T>::SizeE()const                          //取边数
{
    int n=vt.Size();                                 //取顶点个数
    int counter=0;                                   //累加器
    for(int i=0;i<n;i++)                             //累计每个边链表长度
        counter+=el[i].Size();
    return counter;
}
```

```
template<class T>
int Graph<T>::FindV(const T& item)const          //取顶点的下标
{
    int n=SizeV();
    for(int i=0;i<n;i++)                          //扫描顶点向量对象
        if(vt[i]==item)                           //找到顶点
            return i;                             //返回顶点下标
    return -1;                                    //顶点不存在
}


template<class T>
void Graph<T>::FindV(T& x,int id)const            //取下标为 id 的顶点,存储到 x 中
{
    if(id<0||id>=SizeV())
        return ;
    x=vt[id];                                     //取下标为 id 的顶点
}


template<class T>
double Graph<T>::GetCost(const T& v1,const T& v2)const  //根据顶点下标读取边的权
{
    int s=FindV(v1);
    int e=FindV(v2);
    return GetCost(s,e);
}


template<class T>
double Graph<T>::GetCost(int s,int e)const        //根据顶点下标读取边的权
{
    List<Edge>::const_iterator first=el[s].Begin();
    List<Edge>::const_iterator last;el[s].End();
    for(;first!=last;++first)
        if((*first).dest==e)
            return(*first).cost;
    return 0;
}


template<class T>
bool Graph<T>::InsertE(const T& v1,const T& v2,double w)   //插入边
{
    int s=FindV(v1);
    int e=FindV(v2);                              //确定边的始点和终点的下标
    if(s==-1||e==-1||s==e)
        return 0;
```

```
        Edge ed;                                    //边的结构对象
        ed.dest=e;                                  //存储边
        ed.cost=w;
        el[s].PushBack(ed);                         //尾插到边链表
        return 1;
    }


template<class T>
void Graph<T>::ReadGraph(const char * filename)     //从磁盘文件读取图的数据
{
    fstream infile;
    infile.open(filename,ios::in);
    if(!infile)
    {
        cout<<"cannot open filename. \n ";
        exit(1);
    }
    char str[40];
    int n;
    T s,e;
    double w;
    infile>>str>>n;
    for(int i=0;i<n;++i)                             //读取顶点,插入
    {
        infile>>s;
        InsertV(s);
    }
    infile>>str>>n;
    for(int i=0;i<n;++i)                             //读取边,插入
    {
        infile>>s>>e>>w;
        InsertE(s,e,w);
    }
    infile.close();
}


template<class T>
void Graph<T>::WriteGraph(const char * filename)const   //把图的数据输出到磁盘文件
{
    fstream outfile;
    outfile.open(filename,ios::out);                //打开磁盘文件
    if(!outfile)
    {
        cout<<"cannot open D:\\graphout.txt. \n ";
```

```
        exit(1);
    }
    int n=SizeV();
    List<Edge>::const_iterator first;
    List<Edge>::const_iterator last;
    for(int i=0;i<n;i++)
    {
        outfile<<i<<'-'<<vt[i]<<':';                    //输出顶点下标和值
        first=el[i].Begin();
        last=el[i].End();
        for(;first!=last;++first)                       //输出边链表
            outfile<<'('<<(*first).dest<<' '<<(*first).cost<<')'<<' ';
        outfile<<endl;
    }
    outfile.close();
}


template<class T>
void Graph<T>::Output()const                            //把图的数据输出到显示器
{
    int n=SizeV();
    List<Edge>::const_iterator first;
    List<Edge>::const_iterator last;
    for(int i=0;i<n;i++)
    {
        cout<<i<<'-'<<vt[i]<<':';                        //输出顶点下标和值
        first=el[i].Begin();
        last=el[i].End();
        for(;first!=last;++first)                        //输出边链表
            cout<<'('<<(*first).dest<<' '<<(*first).cost<<')'<<' ';
        cout<<endl;
    }
}


template<class T>
void Graph<T>::BFS(List<T>& L,const T& v)const
{
    int id=FindV(v);                                     //取顶点下标
    if(id==-1)
        return;
    int n=SizeV();
    bool *visited=new bool[n];                           //标志数组
    for(int i=0;i<n;i++)                                 //标志数组元素初始值为 0
        visited[i]=0;
```

```
        Queue<int>Q;
        Q.Push(id);                              //步骤(1)
        visited[id]=1;                           //做被访问过的标志

        List<Edge>::const_iterator first,last;   //边链表迭代器
        while(!Q.Empty())                        //步骤(2)
        {
            id=Q.Pop();                          //从队中取顶点(下标)
            L.PushBack(vt[id]);                  //访问。存储顶点
            first=el[id].Begin();                //指向边链表的头结点
            last=el[id].End();
            for(;first!=last;++first)            //遍历边链表,查找未被访问的邻接点
                if(visited[(*first).dest]==0)    //如果邻接点未被访问
                {
                    Q.Push((*first).dest);       //邻接点下标入队列
                    visited[(*first).dest]=1;    //做被访问过的标志
                }
        }
        delete[]visited;
}
template<class T>
void Graph<T>::DFS(List<T>& L,int id,bool * visited)const   //私有方法
{
        L.PushBack(vt[id]);                      //步骤(1)
        visited[id]=1;                           //做被访问过的标志
        List<Edge>::const_iterator first,last;   //边链表迭代器
        first=el[id].Begin();                    //指向边链表的头结点
        last=el[id].End();
        for(;first!=last;++first)                //步骤(2)
            if(visited[(*first).dest]==0)        //如果邻接点未被访问
                DFS(L,(*first).dest,visited);
}


template<class T>
void Graph<T>::DFS(List<T>& L,const T& v)const //公有方法
{
        int id=FindV(v);                         //取顶点下标
        if(id==-1)
            return;
        int n=SizeV();
        bool * visited=new bool[n];              //标志数组
        for(int i=0;i<n;i++)                     //标志数组初始化
            visited[i]=0;
```

```
        DFS(L,id,visited);                          //调用深度优先遍历算法的私有函数
}


//Prime
template<class T>
bool Graph<T>::Prim(const T& v,Vector<PathData>& vt)const    //普里姆算法
{
//步骤(1)
    int nv=SizeV();                             //顶点数
    PathData* E=new PathData[nv-1];             //根据边数建立数组

    int s=FindV(v);                             //取始点索引
    if(s==-1)
        return 0;

    PathData item;
    double cost;
    int id=0;                                   //索引
    int n=0;
    for(int e=0;e<nv;e++)                       //s 和 e 是边的始点和终点索引
        if(e!=s)
        {
            item.start=s;
            item.dest=e;
            cost=GetCost(s,e);
            item.cost=(cost==0?MAXCOST:cost);
            E[id++]=item;
            n++;
        }
//步骤(2)
    BuildHeap(E,n);                             //对候选边集建小根堆
//步骤(3)和步骤(4)
    int i,j;
    int counter=0;                              //计数器,记录最小生成树的边数
    for(i=0;i<n;i++)                            //更新候选边集
    {
        if(E[0].cost<MAXCOST)
            counter++;                          //若候选边集的最小者存在,计数器加 1
        s=E[0].dest;                            //取新的入选集顶点
        for(j=1;j<n-i;j++)                      //更新候选边集
        {
            cost=GetCost(s,E[j].dest);
            cost=(cost==0?MAXCOST:cost);
            if(E[j].cost>cost)
```

```
                    {
                        E[j].cost=cost;
                        E[j].start=s;
                    }
                }
            item=E[0];                          //候选边集的首尾元素交换
            E[0]=E[n-1-i];                       //id-1-i是删除后的尾元素下标
            E[n-1-i]=item;
            BuildHeap(E,n-1-i);                  //重建小根堆
        }
//步骤(6)
        vt.Clear();                             //清空向量对象
        if(counter==nv-1)
        {
            for(i=0;i<counter;i++)
                vt.PushBack(E[i]);
            delete []E;
            return 1;
        }
        delete []E;
        return 0;
}


template<class T>
bool Graph<T>::Kruskal(Vector<PathData>& vt)const    //克鲁斯卡尔算法
{
//步骤(1)
    int nv=SizeV();                             //最小生成树的顶点个数

    int * DS=new int[nv];                       //并查集
    int i,j;

    for(i=0;i<nv;i++)
        DS[i]=-1;
//步骤(2)
    double cost;
    PathData item;
    Heap<PathData>H;                            //小根堆
    for(i=0;i<nv;i++)
        for(j=i+1;j<nv;j++)
        {
            cost=GetCost(i,j);
            if(cost!=0)
            {
```

```
            item.start=i;              //索引小的顶点表示始点
            item.dest=j;               //索引大的顶点表示终点
            item.cost=cost;
            H.Insert(item);            //插入小根堆
        }
    }
//步骤(3)
    int id=0;
    int counter=0;
    PathData * E=new PathData[nv-1];
    while(!H.Empty())
    {
        H.Remove(item);                //删取堆的首元素
        i=item.start;                  //查找边的始点在连通子网中的根
        while(DS[i]>=0)
            i=DS[i];
        j=item.dest;                   //查找边的终点在连通子网中的根
        while(DS[j]>=0)
            j=DS[j];
        if(i!=j)                       //若属于不同的连通子网,则合并
        {
            if(i<j)
            {
                DS[i]+=DS[j];
                DS[j]=i;
            }
            else
            {
                DS[j]+=DS[i];
                DS[i]=j;
            }
            E[id++]=item;              //保存最小生成树的边
            counter++;
        }
    }
    delete[]DS;
    vt.Clear();                        //清空向量对象
    if(counter==nv-1)
    {
        for(i=0;i<counter;i++)
            vt.PushBack(E[i]);
        delete []E;
        return 1;
    }
```

```
        delete []E;
        return 0;
}


template<class T>
bool Graph<T>::Dijkstra(const T& v,Vector<double>& D,Vector<int>&P) const
{
    int nv=SizeV();                        //顶点数
    PathData * E=new PathData[nv-1];       //候选路径集的边数是 nv-1

    int i,j;
    D.Clear();                             //清空向量对象
    P.Clear();
    for(i=0;i<nv-1;i++)                     //向量对象赋值 0,元素个数 size 扩大为 nv
    {
        D.PushBack(0);
        P.PushBack(0);
    }

    int s=FindV(v);
    if(s==-1)
        return 0;
    D[s]=0;                                //从源点到自身路径长度为 0
    P[s]=-1;                               //源点无前驱
    PathData item;
    double cost;
    int id=0;
    int n=0;                               //记录候选路径数
    for(int e=0;e<nv;e++)                   //s 和 e 是候选路径的始点和终点索引
        if(e!=s)
        {
            item.start=s;
            item.dest=e;
            cost=GetCost(s,e);
            item.cost=(cost==0?MAXCOST:cost);
            E[id++]=item;
                n++;
            D[e]=item.cost;
            P[e]=(cost==0?-1:s);
        }
    BuildHeap(E,n);                        //对候选路径建小根堆


    int counter=0;
```

```
    for(i=0;i<n;i++)
    {
        if(E[0].cost<MAXCOST)
            counter++;
        s=E[0].dest;
        for(j=1;j<n-i;j++)
        {
            cost=GetCost(s,E[j].dest);
            cost=(cost==0?MAXCOST:cost);
            if(E[j].cost>E[0].cost+cost)
            {
                E[j].cost=E[0].cost+cost;
                E[j].start=s;
                D[E[j].dest]=E[j].cost;
                P[E[j].dest]=s;
            }
        }
        item=E[0];
        E[0]=E[n-1-i];
        E[n-1-i]=item;
        BuildHeap(E,n-1-i);              //重建小根堆
    }
    delete[]E;

    return counter==nv-1?1:0;
}


template<class T>
int Graph<T>::InDegree(int id)const
{
    int counter=0;                      //计数器
    int n=SizeV();                      //顶点个数
    for(int i=0;i<n;i++)
    {
        List<Edge>::const_iterator first=el[i].Begin();
        List<Edge>::const_iterator last=el[i].End();
        for(;first!=last;++first)
            if((*first).dest==id)
            {
                counter++;
                break;
            }
    }
    return counter;
```

```
}

template<class T>
bool Graph<T>::TopSort(Vector<int>&tp)const
{
//步骤(1)
    int nv=SizeV();                    //顶点个数
    int * ID=new int[nv];
    int id;
    Queue<int>Q;
    for(id=0;id<nv;id++)
    {
        ID[id]=InDegree(id);
        if(ID[id]==0)                  //如果顶点的入度为 0
            Q.Push(id);
    }
//步骤(2)
    int i,j;
    tp.Clear();                        //清空向量对象
    List<Edge>::const_iterator first;
    List<Edge>::const_iterator last;
    while(!Q.Empty())
    {
        i=Q.Pop();
        tp.PushBack(i);                //记录拓扑序列顶点的序号
        first=el[i].Begin();
        last=el[i].End();
        for(;first!=last;++first)      //扫描以拓扑顶点为始点的边链表
        {
            j=(* first).dest;
            ID[j]--;                   //以拓扑顶点为始点的边的终点入度减 1
            if(ID[j]==0)
                Q.Push(j);
        }
    }
    delete[]ID;
//步骤(3)
    int counter=tp.Size();
    return counter==nv?1:0;
}

template<class T>
void Graph<T>::CriticalPath(Vector<double>& ve,Vector<double>&vl)const
{
```

```
        int i,j,k;
        int nv=SizeV();
        Vector<int>tp;

        ve.Clear();                              //清空向量对象
        vl.Clear();
        for(i=0;i<nv;i++)                        //向量对象赋值 0,元素个数 size 扩大为 nv
        {
            ve.PushBack(0);
            vl.PushBack(0);
        }

        double min,max,temp;
        if(TopSort(tp))                      //步骤(1)
        {
            ve[tp[0]]=0;                     //步骤(2)
            for(k=1;k<nv;k++)
            {
                j=tp[k];
                max=0;
                for(i=0;i<nv;i++)
                {
                    temp=GetCost(i,j);
                    if(temp!=0&&(ve[i]+temp)>max)
                        max=ve[i]+temp;
                }
                ve[j]=max;
            }
            vl[tp[nv-1]]=ve[tp[nv-1]];       //步骤(3)
            for(k=nv-2;k>-1;k--)
            {
                i=tp[k];
                min=MAXCOST;
                for(j=0;j<nv;j++)
                {
                    temp=GetCost(i,j);
                    if(temp!=0&&(vl[j]-temp)<min)
                        min=vl[j]-temp;
                }
                vl[i]=min;
            }
        }

    }

    #endif
```

练　习

编写程序

1. 实现深度优先遍历迭代算法。
2. 实现无权有向图单元最短路径算法。
3. 实现迷宫所有路径的迭代算法。
4. 实现迷宫最短路径算法。

第 24 章

B 树

迄今为止,始终假设处理的数据是存储在主存中。但是,如果数据太多,主存装不下,就要借助磁盘。磁盘中的数据是按物理块存储的,物理块也叫页块或 I/O 块,是磁盘存取的基本单位,操作系统按页块读写磁盘。一个页块可以存储多个数据项。磁盘查找是机械的,一般每秒大约可以进行 120 次磁盘访问,而处理器是电子的,一台 500MIPS 的计算机每秒执行 5 亿条指令。一次磁盘访问的时间相当于处理器执行 400 万条指令的时间,磁盘访问的代价远远大于内存访问的代价。因此,需要创建新的结构,以减少磁盘访问次数,B 树就是这样一种结构,包括 B-树和 B+树。

24.1 线 性 索 引

在图 24-1 的数据表(也称记录表或文件)中,每个学生记录称为一个数据对象或数据元素。假设每个数据对象都有近 1KB 的信息,内存工作区有 64KB,那么每一次只能容纳 64 个数据对象以供搜索。如果数据对象有 14 400 个,就需要多次访问外存。想要大幅度地减少磁盘访问次数,就要从根本上改变查找方式,为此首先引入索引结构。

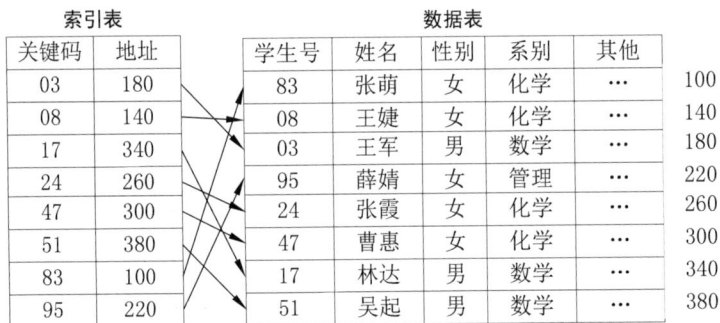

图 24-1 索引非顺序结构

数据表中的数据对象通常有多个属性域,其中某个属性域用于对象的区分,这个域称为**关键码**。每个数据表的关键码一般不同,视具体需要而定。即使同一个数据表,解决的问题不同,选择的关键码也可能不同。如果所有对象的关键码取值互不相同,这种关键码称为**主关键码**。例如,报名表中的考号是主关键码。如果一些对象的关键码可能取值相同,这种关键码称为**次关键码**。例如,成绩表的成绩是次关键码。

把一个对象的关键码和该对象在数据表中的指针组成一个数据对象,称为**索引项**,由索引项组成的数据表称为**索引表**。索引项一般仅有几字节,索引表可以一次输入内存,先查找索引表确定数据对象的指针,再一次访问磁盘,完成查找。

如果数据表中的对象不是按照关键码大小顺序存放的,而是按照加入顺序存放的,那么一个对象就要对应一个索引项,这种索引方式称为**稠密索引**,这样的结构称为**索引非顺序结构**,如图 24-1 中的索引表所示。

如果数据表的对象按组有序,每组是一个子表,后一个子表对象的关键码均大于前一个子表对象的关键码,这时,由每个子表的最大关键码和该子表在数据表中的首元素指针组成索引项。先通过索引表确定一个对象所属子表的位置,再搜索子表,两次搜索完成查找。这样的结构称为**索引顺序结构**,如图 24-2 所示。

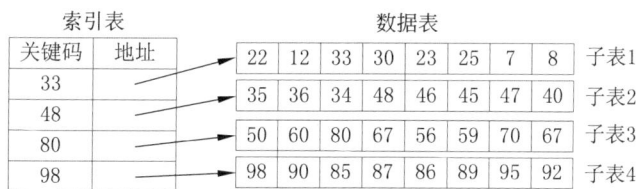

图 24-2　索引顺序结构

线性索引(Linear index)的主要问题是不利于更新。每一次更新都需要改变索引表中各个索引项的位置,还可能改变各个索引项中的指针。

24.2　静态 m 路搜索树

如果数据对象的数目特别大,连索引表也不能整个输入内存,就需要建立二级索引。二级索引的一个索引项对应一个索引块,索引项记录索引块的最大关键码和指针。为搜索某个数据对象,先在二级索引中搜索,确定索引块指针,再把索引块输入内存,然后在索引块中确定数据对象的指针(见图 24-3)。

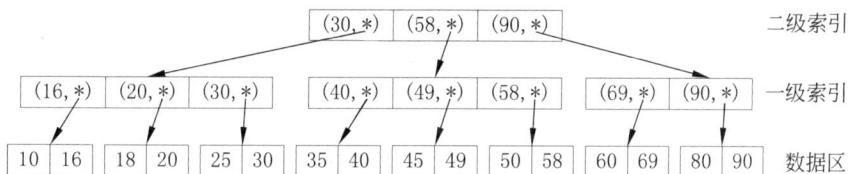

图 24-3　二级索引结构

如果二级索引也不能整个输入内存,就建立二级索引的索引,称为三级索引。类似地,还可以有四级索引、五级索引等。m 级索引形成 m 叉树。树中每个分支结点表示一个索引块,它最多存放 m 个索引项,每个索引项分别给出孩子结点(低一级索引块)的最大关键码和指针。树的叶结点中各索引项给出数据子表的最大关键码和指针。与 m 级索引对应的 m 叉树称为 m 路搜索树。图 24-4 所示的是一棵 3 路搜索树。

这种搜索树是静态的,结构创建后,数据位置确定,结构不再变化。数据可以更新,但不能增删和调整。

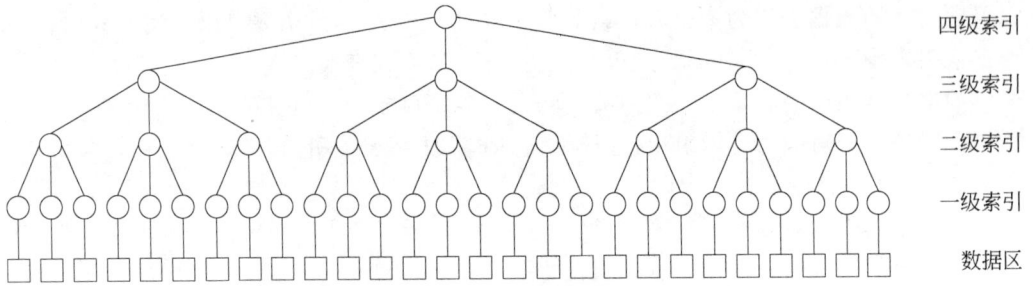

图 24-4   3 路搜索树示意图

24.3   B-树

一棵平衡的 m 路搜索树称为 m 阶 B-树,它主要有 4 个特点。

(1) 叶结点与分支结点的结构相同。

(2) 树中每个分支结点表示一个索引块,最多存放 m−1 个索引项(而不是 m 个)。

(3) 每个索引项包含的是一个数据对象的关键码和该对象的实际外存指针(而不是孩子结点的最大关键码和指针)。

(4) 分支结点中除了 m−1 个索引项外,还增加了 m 个指针域(分别指向子树根结点)和一个整型域(表示结点中的索引项个数)。一棵 3 阶 B-树的结点结构如图 24-5 所示。

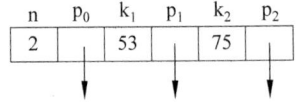

图 24-5   3 阶 B-树的结点结构

在图 24-5 中,k_1 和 k_2 代表索引项,为了简单,只表示出索引项所包含的数据对象的关键码,没有表示出它包含的数据对象的外存指针(可以认为每个关键码都内含数据对象的外存指针);关键码有序,即 $k_1 < k_2$;$p_0 \sim p_2$ 是指向孩子结点的指针;n 记录索引项个数。p_i 指向的子树其所有结点的关键码不小于 k_i,不大于 k_{i+1}。

要查找一个数据对象,用其关键码从根结点开始比较,过程与搜索树类似:如果比 k_i 小,就在 p_{i-1} 指向的子树中查找;如果比 k_i 大,就在 p_i 指向的子树查找;如果相等,就可以立即得到数据对象的外存指针,查找结束;如果在叶结点中没有找到,则查找失败。

为了保持最大限度的平衡,以减少外存访问次数,B-树的叶结点始终保持在同一层。如何保持这种平衡呢? B-树都是在叶结点插入关键码(实际是索引项)。以 3 阶 B-树为例,假设一个叶结点已经存储了两个关键码,如果再插入一个关键码,就超出了关键码个数,这时就要向上分裂,如图 24-6 所示。

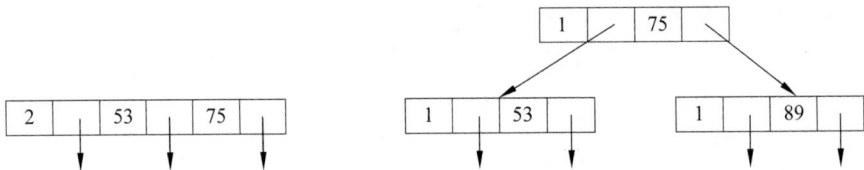

(a) 插入关键码 89 前   (b) 插入关键码 89 后

图 24-6   3 阶 B-树的结点分裂示例

图 24-7 给出了 3 阶 B-树插入生成过程。

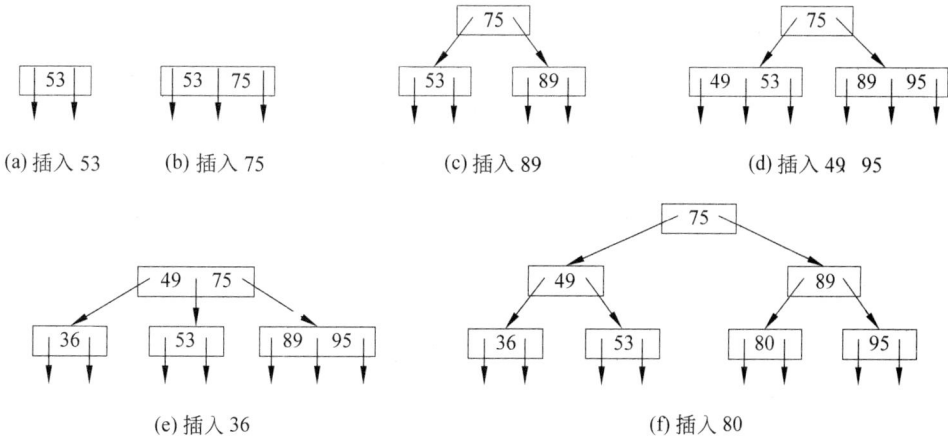

(a) 插入 53　　(b) 插入 75　　(c) 插入 89　　(d) 插入 49、95

(e) 插入 36　　　　　　　　(f) 插入 80

图 24-7　3 阶 B-树插入生成过程

B-树的删除过程比较复杂。图 24-8～图 24-12 给出了各种情况下的删除操作。

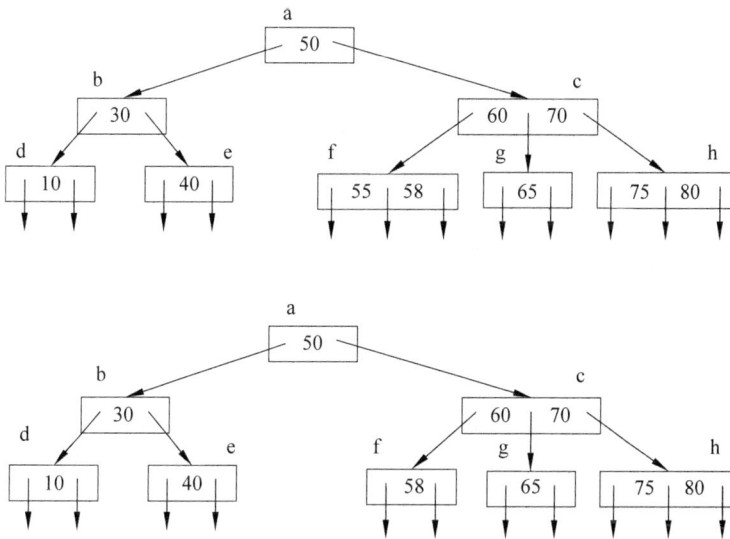

图 24-8　删除 55，不需要调整

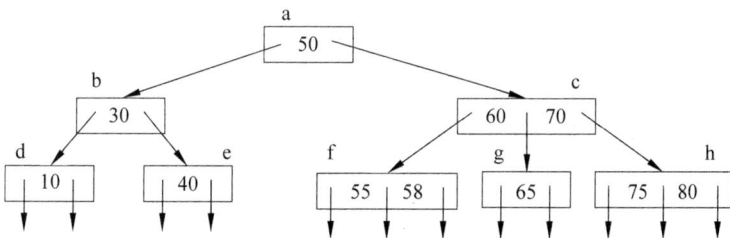

图 24-9　删除关键码后，与兄弟和双亲结点联合调整

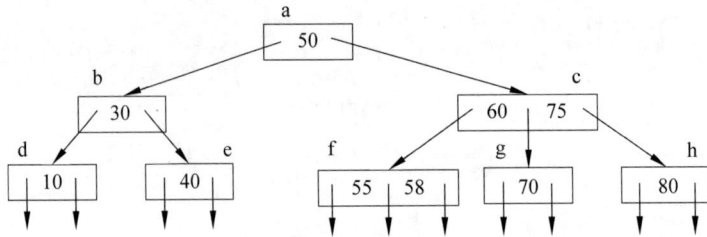

(a) 删除65，结点h、c、g调整

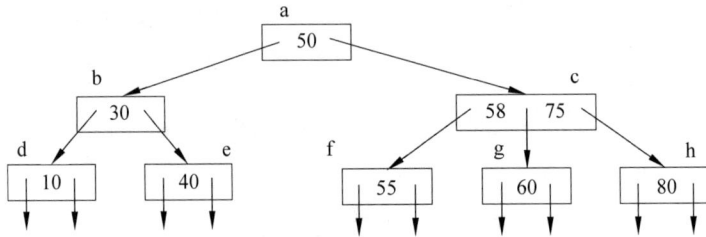

(b) 删除70，调整结点f、c、g

图 24-9　（续）

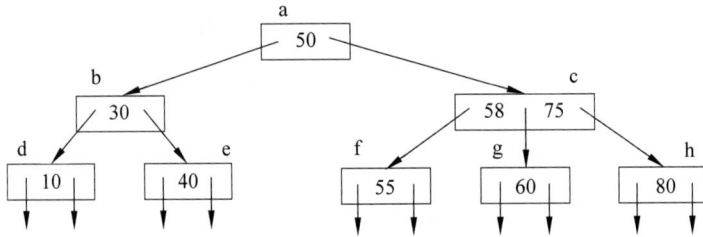

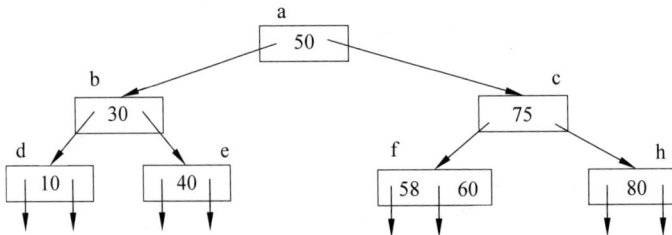

图 24-10　删除 55，与右兄弟合并

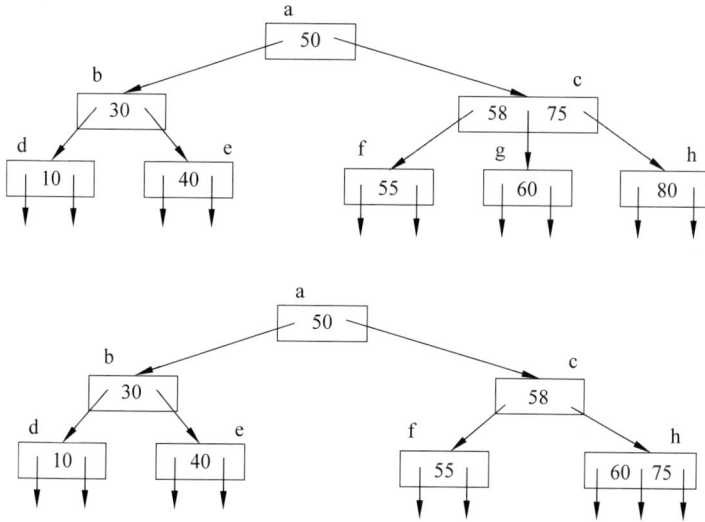

图 24-11 删除 80，与左兄弟合并

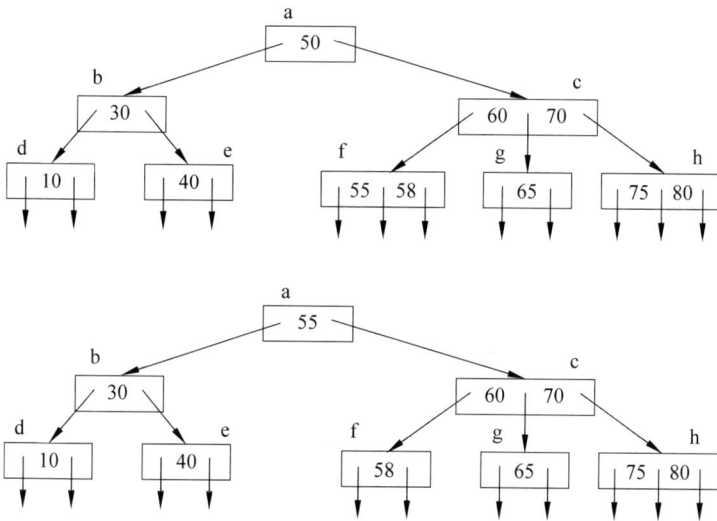

(a) 删除50，用 55 取代(大于 50 的最小关键码)

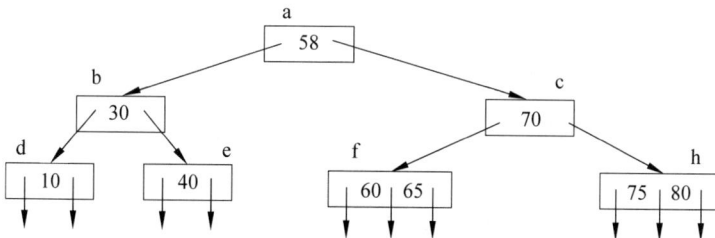

(b) 删除55，用 58 取代，合作 f、g

图 24-12 删除非叶结点后的合并与调整

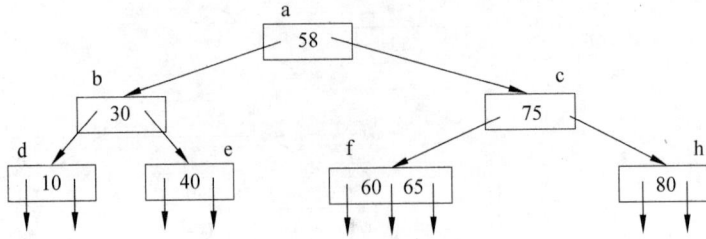

(c) 删除70，用75取代

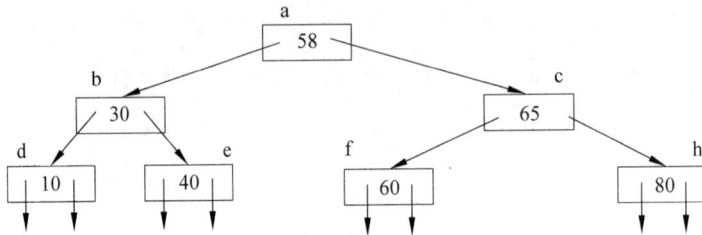

(d) 删除75，用80取代，然后调整

图 24-12　(续)

24.4　B＋树

m 阶 B＋树可以看作是 m 阶 B-树的一种变形。它们的不同之处如下。

(1) 叶结点存储索引项，不存储分支指针。

(2) 非叶结点的关键码 k_i 只是 p_i 指向的子树中的最小关键码(不含有数据对象的外存地址)。

(3) 叶结点的元素最多可以是 m，不能少于(m/2)的上界，如图 24-13 所示。

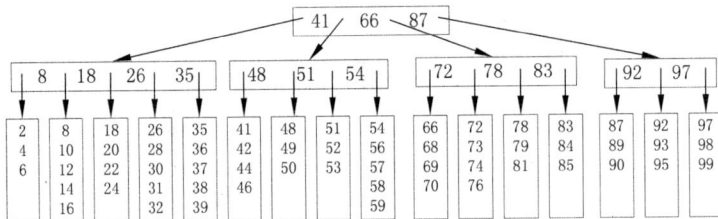

图 24-13　5 阶 B＋树

插入和删除的示例如图 24-14～图 24-16 所示，结合 B-树的操作，读懂这些图是不难的。

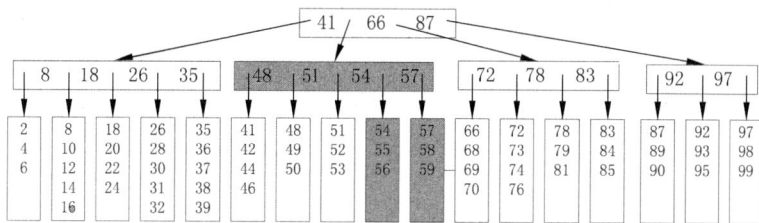

图 24-14 在图 24-13 中插入 55 后的 B＋树

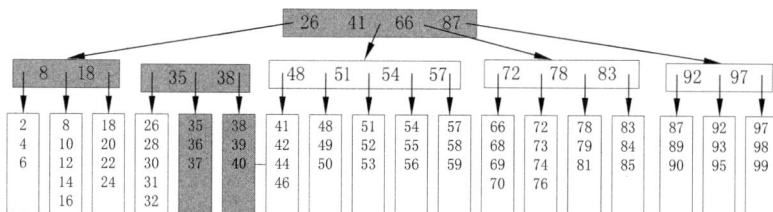

图 24-15 在图 24-14 中插入 40 后的 B＋树

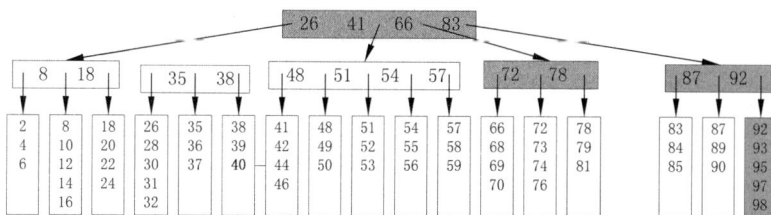

图 24-16 在图 24-15 中删除 99 后的 B＋树

练　习

画图题

1. 画出在 3 阶 B-树中顺序插入关键字 35、20、12、10、15、30、18、45、22、40、25、62 和 5 的过程。

2. 画出在画图题 1 中的 3 阶 B-树中删除 30 和 5 的过程。

第 25 章

散　列

　　顺序表、二叉搜索树和 B-树上的查找都以关键码的比较为基础,查找的时间与关键码的数量和分布有关。而散列是一种直接寻址技术,它通过一个压缩映象函数,建立关键码与其存储位置的对应关系。在理想情况下,无须任何比较就可以找到待查的关键码。

25.1　散　列　表

　　设所有可能出现的关键码集合为全集,记作 U。通常,实际存储的关键码个数远远小于全集的关键码个数,为了提高存储和查找效率使用一个压缩映象函数 hf 将 U 映射到表 ht[0:b−1]的下标集{0,1,2,…,b−1},即

$$hf:U \rightarrow \{0,1,2,\cdots,b-1\}$$

　　函数 hf 为**散列函数**(hash function),表 ht 为**散列表**或**哈希表**(hash table),一个关键码 k 的散列函数值 hf(k)称为该关键码的**散列地址**(也称散列值),将关键码按照其散列地址存储到散列表中的过程称为**散列**(hashing)。

　　散列表 ht 的每个元素称为一个桶,共 b 个桶: ht[0],ht[1],…,ht[b−1]。每个桶有 s 个单元,每个单元可以存储 1 个关键码(实际上还包含数据对象的地址)。

　　设 n 是散列表中的关键码个数,T 是所有可能的关键码个数(即 U 的元素个数),称 n/T 为该散列表的**关键码密度**(key density),n/(s×b)是**装载密度**(loading density)或**装填因子**(load factor)。通常,n≪T,b≪T。因此,两个不同的关键码可能被一个散列函数散列到同一个地址,这时称这两个关键码相对于该散列函数是**同义字**,这个现象称为**冲突**(collision)。例如,对于两个不同的关键码 k1 和 k2,如果在散列函数 hf 下有 hf(k1)=hf(k2),则称 k1 和 k2 相对于 hf 是同义字。在一个桶的所有单元都插入了关键码后,再要插入一个关键码,就是**溢出**(overflow)。如果每个桶只有一个单元,即 s=1,冲突和溢出同时发生。

　　举例说明。假设散列表有 26 个桶(b=26),每个桶可以容纳 2 个关键码(s=2),有 10 个关键码(n=10),每个关键码以英文大写字母开头。这时散列表的装载密度为 0.19 (10/(2×26)=0.19)。又设散列函数 hf(x)=x 的首字符代码,关键码 CA、D、A、C、A2、A1、A3 分别被散列到 2、3、0、2、0、0、0 号桶。A 和 A2 是同义字,C 和 CA 也是同义字,如

图 25-1 所示，插入关键码 A1 和 A3 时溢出。

如果没有溢出，则插入和查找关键码的时间只与散列函数 hf 的计算和在一个桶内的搜索有关。因为 s 通常较小，与 n 的变化无关，所以插入和查找关键码所需的时间与 n 无关。

一般，所有可能的关键码的个数都很大，即 T 很大，为了降低空间开销，桶的个数不大，即 b 远远小于 T，因此，无论怎样设计散列函数，都难以避免冲突，只能在设计散列函数时尽可能使冲突最少，同时给出解决冲突的方法。

桶	关键字1	关键字2
0	A	A2
1		
2	CA	C
3	D	
4		
⋮	⋮	⋮
25	关键字1	关键字2

图 25-1　b＝26 和 s＝2 的散列表

25.2　散　列　函　数

一个散列函数，如果能够使每个关键码散列到散列表中的任何一个桶的概率相同，称为均匀(uniform)散列函数，它能够最大限度地减少冲突。这样的散列函数一般应该依赖关键码的所有成分。下面介绍 4 种接近均匀的散列函数。

25.2.1　平　方　取　中　法

平方取中法(mid-square method)：先求出关键码的平方，然后取中间几位数作为散列地址。因为一个数平方后的中间几位数和该数的每一位都有关，所以散列地址的随机性大。具体取几位，取决于散列表的长度和关键码的位数。这种方法适合于关键码集合未知的情况。

例如，假设散列表长度是 3 位数，关键码最大是 4 位数，平方后最大为 8 位数(必要时前面加 0)，因为最高位常常是 0，所以取低 5～3 位数为散列地址(见表 25-1)，散列函数如下：

```
int hf(int key)
{
    key * =key;                     //key 的平方
    key=key/100;                    //去掉低 2 位
    return key%1000;                //返回低 5~3 位
}
```

表 25-1　平方取中法示例

关　键　码	关键码平方	散列地址
0100	00010000	100
0110	00012100	121
1010	01020100	201
1001	01002001	020

关 键 码	关键码平方	散 列 地 址
0111	00012321	123
0101	00010201	102
1101	01212201	122

25.2.2　除留余数法

除留余数法(division method)：将键值转换为整数，然后对一个整数求余，将余数作为散列地址。一般这个整数应该是不超过散列表长度的最大素数。例如，散列表长为600，这个整数应选 599。散列函数如下：

```
int hf(const String& key)                //键值为数字串
{
    int hashVal=0;
    for(int i=0;i<key.Length();i++)
        hashVal+=key[i];
    return hashVal%599;
}
int hf(const int& key)
{
    return key%7;
}
```

25.2.3　折叠法

折叠法(folding method)：先把关键码按相等的位数分段(最后一段的位数可以不等)，然后取所有段的叠加和作为散列地址。叠加的方法有两种：一种是移位折叠，把每段的最低位对齐后相加；另一种是分界折叠，按分界线折叠对齐后相加。对关键码数位多，分布均匀，而散列地址范围有限的情况，适合用这种方法。

例如，关键码 15 位，散列地址 4 位，可用 4 位一段叠加生成散列地址。例如，key=750840363029164，用两种叠加方法得到的散列地址分别如下：

```
移位折叠加法:   9164        分界折叠加法:   9164
               6302                       2036
               8403                       8403
           +   750                    +   057
              24619                      19650

   hf(key)=4619              hf(key)=9650
```

25.2.4　数字分析法

数字分析法(digital analysis method)。适用于键码集合已知的情况：将所有的关键码都解释为基数为 r 的数,然后逐个删去具有偏斜分布的数位,最后根据剩余数位给出散列地址。例如,一个班的学生记录,其关键码为学号,学号的前几位是学校编号、院系编号、专业编号和年份,一般是相同的,而后 2 位或 3 位是学生编号,分布均匀,因此,应取后几位作为散列地址。假设一组关键码为 74、82、106、114、98、122,在八进制下这组关键码为 112、122、152、162、142、172。删去八进制下的个位和百位,得到散列函数:

```cpp
int hf(int key)
{
    return (key/8)%8;
}
```

25.3　分离链接法

处理冲突的一个典型方法是分离链接法(separate chaining)。其特点是把散列到同一个桶里的关键码保留到一个链表中。下面是基于链接法的散列表类,每个桶是一个 List 对象。或者说散列表是 List 对象数组。

```cpp
//hash.h
#ifndef HASH_H
#define HASH_H

#include"Vector.h"
#include"List.h"
#include<iostream>
#include<iomanip>                   //包含操作算子 setw()
using namespace std;

template<class T>
class Hash
{
    Vector<List<T>>ht;             //一个桶一个 List 对象
    int (*hf)(const T& x);          //散列函数指针
    int sizeB;                      //桶数
public:
    explicit Hash(int n,int (*hash)(const T& )):ht(n),hf(hash){}
    bool Insert(const T & x);       //插入
    bool Erase(const T & x);        //删除
    bool Find(const T& x)const;     //查找
    int SizeK()const;               //关键码个数
    void Output()const;             //显示器输出
};

template<class T>
```

```
bool Hash<T>::Insert(const T& x)           //插入
{
    if(!Find(x))
    {
        ht[hf(x)].PushBack(x);
        return 1;
    }
    return 0;
}
template<class T>
bool Hash<T>::Erase(const T& x)            //删除
{
    List<T>& L=ht[hf(x)];
    List<T>::iterator first=L.Begin();
    List<T>::iterator last=L.End();
    for(;first!=last;++first)
        if(*first==x)
        {
            L.Erase(first);
            return 1;
        }
    return 0;
}
template<class T>
bool Hash<T>::Find(const T& x)const        //查找
{
    const List<T>& L=ht[hf(x)];
    List<T>::const_iterator first=L.Begin();
    List<T>::const_iterator last=L.End();
    for(;first!=last;++first)
        if(*first==x)
            return 1;
    return 0;
}
template<class T>
int Hash<T>::SizeK()const
{
    int counter=0;                         //累加器
    for(int i=0;i<sizeB;i++)               //累计每一个桶的长度
        counter+=ht[i].Size();
    return counter;
}
template<class T>
void Hash<T>::Output()const
```

```
{
    List<T>::const_iterator first;
    List<T>::const_iterator last;
    for(int i=0;i<sizeB;++i)
    {
        first=ht[i].Begin();
        last=ht[i].End();
        for(;first!=last;++first)
            cout<<setw(4)<<*first<<' ';
        cout<<endl;
    }
}
#endif
```

程序 25-1 哈希表对象（见图 25-2）。

```
#include<iostream>
using namespace std;

#include"hash.h"

int hf(const int& key)            //键值为正整数,返回值范围为 0~6
{
    return key%7;
}
int main()
{
    Hash<int>HT(7,hf);
    for(int i=0;i<28;++i)
        HT.Insert(i);
    HT.Output();
    cout<<"after Erase 18:"<<endl;
    HT.Erase(18);
    HT.Output();

    system("pause");
    return 0;
}
```

程序运行结果：

```
0    7   14   21
1    8   15   22
2    9   16   23
3   10   17   24
4   11   18   25
```

```
    5    12    19    26
    6    13    20    27
after Erase 18:
    0     7    14    21
    1     8    15    22
    2     9    16    23
    3    10    17    24
    4    11    25
    5    12    19    26
    6    13    20    27
```

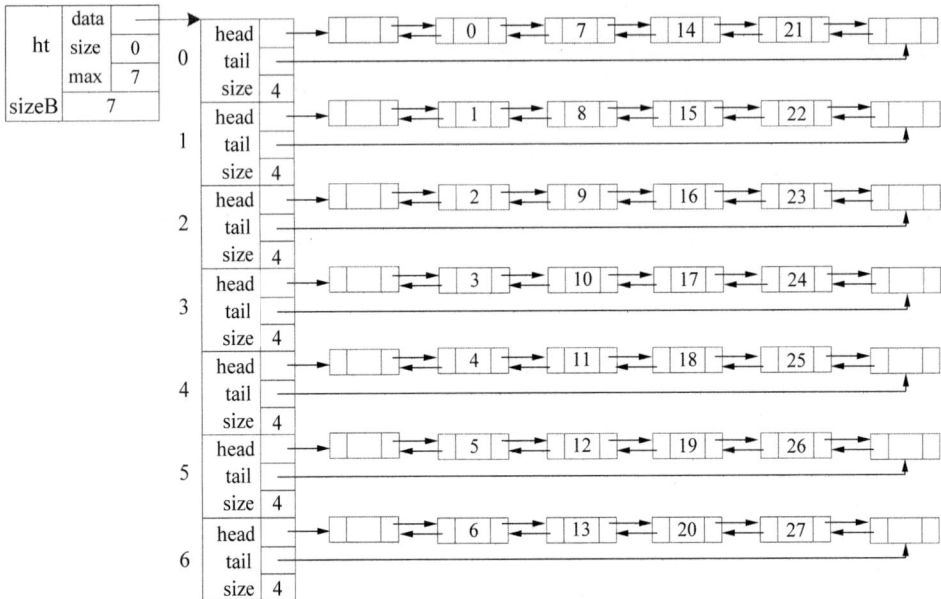

图 25-2　哈希表对象示例

注：分析为什么对象 ht 的数据成员 size 的值是 0，而不是 7。

25.4　开放定址法

处理冲突的另一个典型方法是开放定址法(open addressing)。对一个待插入的元素，如果其散列地址上的单元已经不再空闲，就从这个单元开始，按照一定的顺序，从散列表中查找一个空闲的单元，将该元素插入。这样散列表中的任意一个空闲单元就不是仅仅向具有某一固定散列地址的元素开放，此方法的名称就由此得来。因查找空闲单元的方法不同，开放定址法主要有线性探查法、平方探查法和双散列函数探查法。

25.4.1　线性探查法

从发生冲突的单元开始，依次探查下一个单元，直到遇到空闲单元为止。假设散列表

的长度是 m,发生冲突的单元地址是 d,探查的地址序列为 d+1,d+2,…,m-1,0,1,…,
d-1。用公式表示第 i 次探查地址:

$$d_i = (hf(key)+i)\%m \qquad i=1,2,3\cdots$$

例如,假设关键码集合是{89,18,49,58,69},为了简单,散列函数是关键码对 10 求余
(取 10 是为了简单,易于理解),假设散列表长度为 10。依次插入后的结果如图 25-3
所示。

0	1	2	3	4	5	6	7	8	9
49	58	69						18	89

图 25-3　线性探查法示例

线性探查法简单,而且只要散列表足够大,总能找到一个空闲单元。它的缺点是被占
据的单元容易连成块,这种现象称为**聚集**(primary clustering)。这时,散列到块中的关键
码需要多次探查才能解决冲突,这就需要很多时间。

25.4.2　平方探查法

假设散列表的长度是 m,发生冲突的单元地址是 d,平方探查法的探查地址序列为
$d+1^2,d+2^2,d+3^2\cdots$。用公式表示第 i 次探查地址:

$$d_i=(hf(key)+i2)\%m \qquad i=1,2,3\cdots$$

例如,假设关键码集合是{89,18,49,58,69},为了简单,假设散列函数是关键码对 10
求余,散列表长度为 10。依次插入后的结果如图 25-4 所示。

0	1	2	3	4	5	6	7	8	9
49		58	69					18	89

图 25-4　平方探查法示例

平方探查法有效地避免了线性探查的聚集现象。它的缺点是不能探查到散列表的所
有单元,但至少可以探查到散列表的一半单元(证明略)。而在实际应用中,如果探查到一
半单元仍不能找到一个空闲单元,表明装载密度过大,应扩大散列表。

25.4.3　双散列函数探查法

假设发生冲突的单元地址是 d,双散列函数探查法使用两个散列函数,假设为 hf1 和
hf2,探查地址序列的步长是第 2 个散列函数的值。对比,线性探查序列的步长是 1,平方
探查序列的步长是探查次数的平方。

第 26 章　性能分析和排序

简单地说,排序(sorting)就是按照关键码,将一组数据从小到大排列。在处理大批量数据时,有序化的数据可以在很大程度上提高算法效率。例如,在已排序的数组中查找,可以用二分查找,速度快;而在未排序的数组中查找,只能顺序查找,速度要慢得多。又如,核对两张学生记录表,如果两张表都是按学号有序的排列,那么查找速度要快得多。排序在事务处理中占很大比重,一般情况下,25%的时间用于排序。对安装程序,多达50%的时间用于对表的排序。本章介绍各种排序方法。为了突出重点,假设关键码都是整数,而且都存储在数组中。同时还假设,整个排序工作都可以在主存中完成,这种排序称为**内部排序**。

一个问题可以有多种求解算法,如何评价它们的优劣呢? 除了正确、易读和容错强(自动检错、报错并通过与用户对话纠错)以外,性能是一个重要指标。

26.1　性　能　分　析

算法性能(program performance)是指运行一个算法所需要的时间长短和内存多少,它们分别称为时间复杂性和空间复杂性。确定算法的性能有分析方法和实验方法,分析方法用于性能分析(performance analysis),实验方法用于性能度量(performance measurement)。

26.1.1　时间复杂性分析

一个算法的时间复杂性(time complexity)研究基于如下主要原因。

(1) 计算机需要用户提供程序运行时间上限。一旦达到这个上限,程序将强制结束。

(2) 程序可能需要一个令人满意的实时响应。

执行一个算法所需的时间包括编译时间和运行时间。因为编译时间与编译程序有关,与算法特性无关,而且一个算法编译后可以反复运行,所以需要研究的不是编译时间,而是运行时间。

算法运行时间的精确估算包含实验方法和分析方法:实验方法主要用于度量由硬件、操作系统和编译生成的代码优化质量所影响的算法运行时间;分析方法主要从算法结构入手,统计分析随输入量的变化而变化的、具有规律性的算法运行时间。本章主要介绍分析方法。

假设输入量是 n，算法运行时间是 n 的函数 $T(n)$，当 n 很大时，$T(n)$ 是什么级别？这里用到微积分的**大 O 记法**：如果存在正常数 c 和 n_0，使得当 $n \geqslant n_0$ 时，$T(n) \leqslant cf(n)$，则记为 $T(n) = O(f(n))$。例如，假设 $T(n) = 2n^2 + n$，那么令 n_0 为 1，c 为 3，当 $n \geqslant n_0$ 时，$T(n) = 2n^2 + n \leqslant 3n^2$，从而得到 $T(n) = O(n^2)$。

大 O 记法关注算法中那些费时最多的操作，忽略那些费时较少的操作和常数。以数组求和为例：

```
int s=0;
for(int i=0;i<n;i++)
    s=s+pa[i];
```

其中，输入量是 n。语句 s＝0 和 i＝0 各执行一次，都是有限步，可以忽略。语句 i＜n，i＋＋和 s＝s＋pa[i] 各执行 $n+1$ 次、n 次和 n 次，与输入量 n 有关，是最费时的操作，共执行次数 $3n+1$ 次，用大 O 记法表示是，$T(n) = 3n+1 = O(n)$。又例如：

```
int s=0;
for(int i=0;i<n;i++)
    for(int j=0;j<n;j++)
        s++;
```

其中，外层循环执行 $3n+1$ 次，内存循环执行 $3n+1$ 次，$(3n+1) \times (3n+1)$，用大 O 记法表示是，$T(n) = O(n^2)$。

在大 O 记法中，一个表达式，无论简单与否，只要不含函数调用，都记为一个时间单位（或程序步），例如，x＝y 和 x＝y＋z＋(x/y)＋(x＊y＊z－x/z) 都是一个时间单位（或一个程序步）。因为大 O 记法忽略常数，例如 $5n = n = O(n)$。

若表达式含有函数调用，则要加上函数的时间单位。

26.1.2　空间复杂性分析

一个算法的空间复杂性（time complexity）研究基于如下主要原因。

(1) 如果程序要运行在一个多用户计算机系统中，可能要指明分配给该程序的内存大小。

(2) 对任何一个计算机系统，需要提前知道是否有足够的内存运行该算法。例如，一个 C++ 编译器仅需要 1MB 的空间，而另一个 C++ 编译器需要 4MB 的空间。如果用户的计算机内存少于 4MB，就只能选择第一个编译器。

(3) 可以估计一个程序所能解决的问题的最大规模。例如，有一个电路模拟程序，用它模拟一个含有 c 个元件、w 个连线的电路需要 $280K + 10 \times (c+w)B$。如果可用内存总量为 640KB，那么最大可以模拟 $c + w \leqslant 36KB$ 的电路。

算法所需空间包括固定部分和变动部分：固定部分与输入量或规模无关，主要包括程序代码空间和对象所需的固定空间；变动部分与输入量有关，主要包括递归栈空间和中间处理所需空间。如果用 P 表示算法，$S(P)$ 表示空间需求，那么 $S(P) = c$（固定部分）$+ S_p$（变动部分）。算法的空间复杂性分析重点是变动部分 S_p。例如：

```
int f(int n)
{
    int * pa=new int[n];
    for(int i=0;i<n;i++)
        pa[i]=rand();
    return Sum(pa,n);
}
```

其中,变动空间是 pa 指向的动态存储空间,它与输入量 n 有关,$S_f=n$。又例如:

```
long Fact(long n)                                    //递归求阶乘
{
    if(n<=1)
        return(1);
    return n * Fact(n-1);
}
```

其中,变动部分是递归栈空间。每一次递归需要在栈中保存 n 的值、返回值和返回地址,共需 3 个存储单元,递归深度是 $n+1$,因此 $S_{Fact}=3(n+1)$。

26.2 插 入 排 序

插入排序(insertion sort):把数组分为左右两个半区,左半区为有序子集,右半区为无序子集。开始时,有序子集只有一个数据元素。在无序子集,从左往右,逐个选择数据元素,将其保序插入有序子集。根据插入位置的选择方法不同,插入排序分为直接插入排序、折半插入排序。

26.2.1 直接插入排序

直接插入排序(direct insert sort):在无序子集,从左往右,逐个选择数据元素,与有序子集的数据元素从右往左逐个比较,选择插入位置。图 26-1 是直接插入排序过程示例,其中灰色部分表示有序集,无色部分表示无序集。

```
template<class T>
void InsertSort(T * p,int n)                          //直接插入排序
{
    T temp;                                           //用于三角交换
    int i;                                            //表示有序子集索引
    int j;                                            //表示无序子集索引
    for(j=1;j<n;j++)                                  //逐个选择无序子集元素
    {
        temp=p[j];                                    //提取待插入元素
        for(i=j-1;i>-1&&temp<p[i];i--)                //在有序子集选择插入位置
            p[i+1]=p[i];
```

```
        p[i+1]=temp;                        //插入待插入元素
    }
}
```

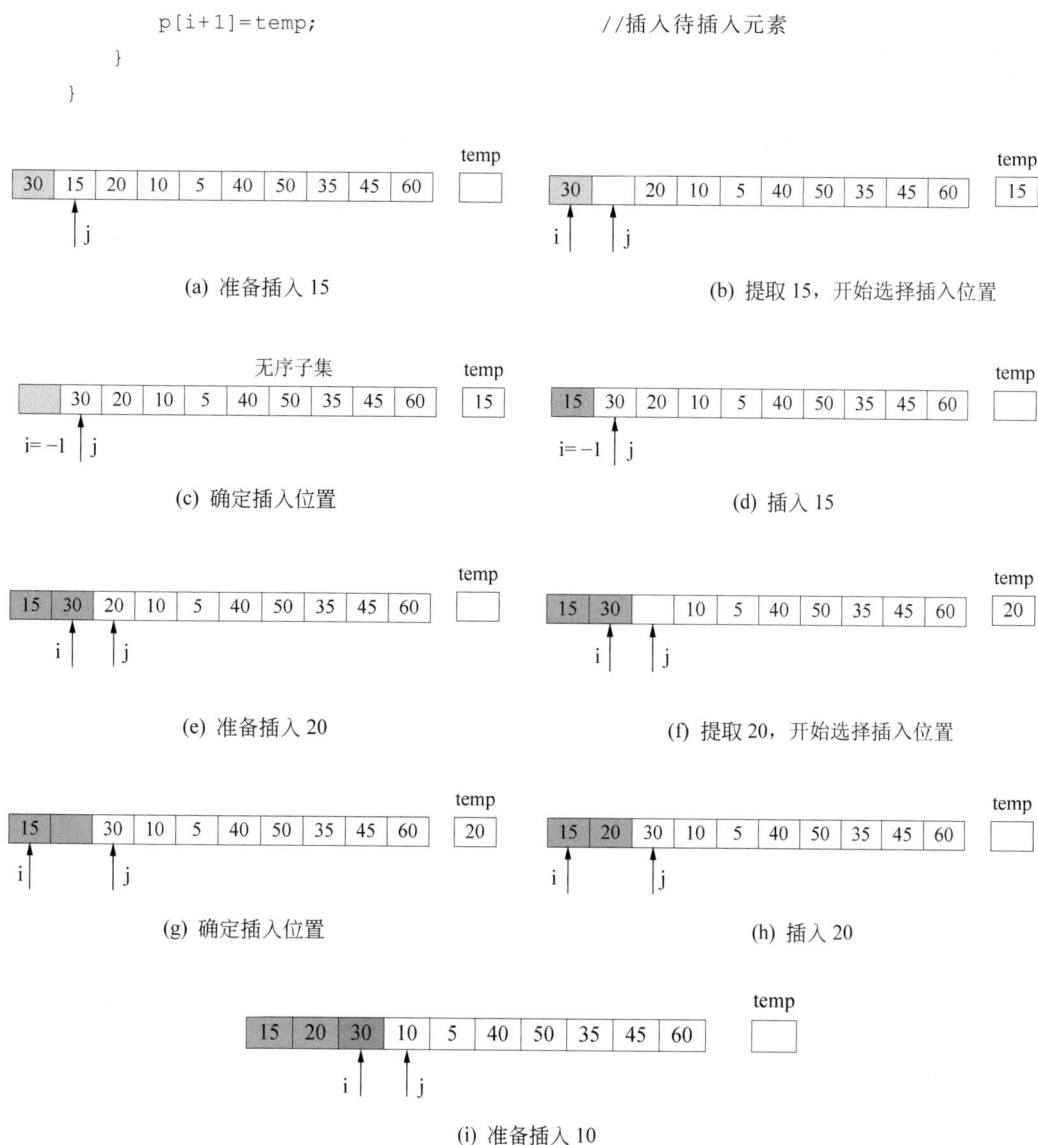

(a) 准备插入 15

(b) 提取 15，开始选择插入位置

(c) 确定插入位置

(d) 插入 15

(e) 准备插入 20

(f) 提取 20，开始选择插入位置

(g) 确定插入位置

(h) 插入 20

(i) 准备插入 10

图 26-1　直接插入排序过程示例

　　如果一种排序实施前后，关键码相同的两个数据元素其前后顺序没有发生变化，这个排序方法就是**稳定的**，否则就是**不稳定的**。直接插入排序方法是稳定的。

　　直接插入排序的比较和移动次数与数据元素的初始排列有关。最坏情况是数据元素全部逆序，第 i 个插入元素需要与有序子集的所有元素（共 i 个）比较，并且每做一次比较，就要做一次移动，总的比较和移动次数依次为

$$\text{KCN} = \sum_{i=1}^{n-1} i = \frac{n(n-1)}{2} = O(n^2)$$

$$\text{RMN} = \sum_{i=1}^{n-1} (i+2) = \frac{(n+4)(n-1)}{2} = O(n^2)$$

26.2.2 折半插入排序

折半插入排序(binary insert sort)：在无序子集，从左往右，逐个选择数据元素，在有序子集中折半查找插入位置。折半查找就是利用有序子集的居中元素，将有序子集分为左右两个查找半区。如果待插入的数据元素比居中的数据元素小，就在左半区继续折半查找，否则就在右半区继续折半查找，直至找到插入位置。图 26-2 是折半插入排序过程示例，其中灰色部分表示有序集，无色部分表示无序集。

```
template<class T>
void BinaryInsertSort(T * p, int n)        //折半插入排序
{
    T temp;                                //用于三角交换
    int i;                                 //表示有序子集索引
    int j;                                 //表示无序子集索引
    int left;                              //表示有序查找区下界
    int mid;                               //表示有序查找区居中元素索引
    int right;                             //表示有序查找区上界
    for(j=1;j<n;j++)                       //逐个选择无序子集元素
    {
        temp=p[j];                         //提取待插入元素
        left=0;                            //有序查找区下界
        right=j-1;                         //有序查找区上界
        while(left<=right)
        {
            mid=(left+right)/2;            //取居中元素索引
            if(temp<p[mid])                //待插入元素与居中元素比较
                right=mid-1;               //选择左半区
            else
                left=mid+1;                //选择右半区
        }
        for(i=j-1;i>=left;i--)             //从插入位置往右所有元素右移
            p[i+1]=p[i];
        p[left]=temp;                      //插入待插入元素
    }
}
```

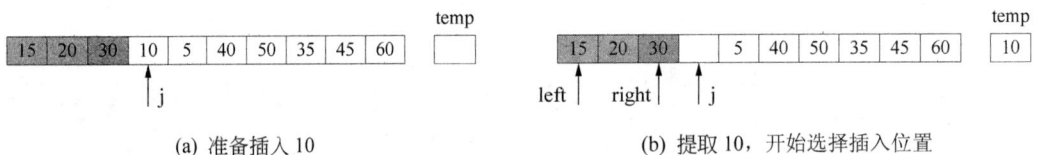

(a) 准备插入 10　　　　　　　　　　　(b) 提取 10，开始选择插入位置

图 26-2　折半插入排序过程示例

(c) 确定插入位置　　　　　　　　　　　　　　　(d) 移动

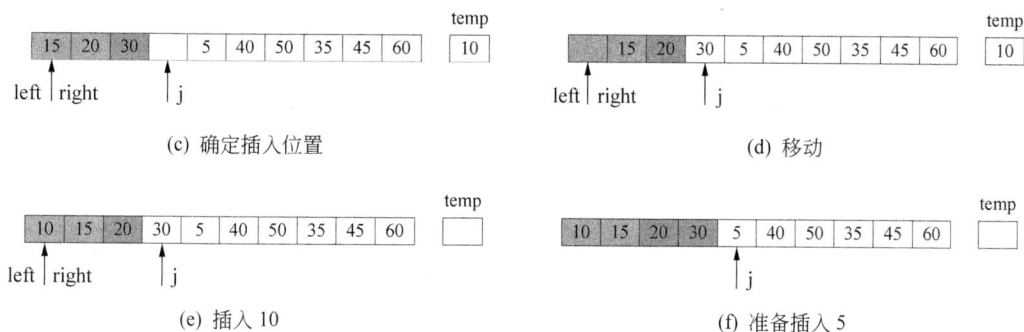

(e) 插入 10　　　　　　　　　　　　　　　(f) 准备插入 5

图 26-2　（续）

折半插入排序方法是稳定的（因为中间元素与待插入元素相等时，取右半区空间查找）。折半插入排序的比较次数与元素的初始排列无关，仅依赖元素个数。为第 i 个元素查找插入位置需要比较次数为

$$k = \lfloor \log_2 i \rfloor + 1 \quad (2^{k-1} \leqslant i < 2^k)$$

因此，为 n 个元素查找插入位置需要的总比较次数为

$$KCN = \sum_{i=1}^{n-1} (\lfloor \log_2 i \rfloor + 1) = n \log_2 n - n + 1 = O(n \log_2 n)$$

当 n 很大时，总比较次数与直接插入排序比较，比其最坏情形时要好得多，但比其最好情形时要差。

折半插入排序的移动次数与直接插入排序的相同，且与数据元素的初始排列有关。

26.3　交　换　排　序

交换排序：两两比较数组元素，如果逆序就交换，直到所有元素都有序为止。常用交换排序有冒泡排序和快速排序。

26.3.1　冒　泡　排　序

冒泡排序（bubble sort）：把数组分为左右两个半区，左半区为有序子集，右半区为无序子集。开始时，有序子集为空。在无序子集中，从右往左，两两相邻元素比较，如果逆序就交换。这一过程称为冒泡。在一趟冒泡中，每发生一次交换，都要记录交换发生的位置，最后发生交换的位置是有序子集的上界。

重复冒泡，直到在一趟冒泡中没有发生交换。图 26-3 是冒泡排序过程示例，其中灰色部分表示有序集，无色部分表示无序集。

```
template<class T>
void BubbleSort(T * p, int n)              //冒泡排序
{
    T temp;                                //用于三角交换
```

```
    int i;                              //有序子集索引
    int j;                              //无序子集索引
    int last;                           //交换发生位置
    i=-1;                               //开始时,有序子集为空
    while(i<n-1)                        //无序子集不空
    {
        last=n-1;                       //无序子集上界
        for(j=n-1;j>i+1;j--)            //在无序子集从右往左遍历
            if(p[j]<p[j-1])
            {
                temp=p[j-1];            //交换
                p[j-1]=p[j];
                p[j]=temp;
                last=j;                 //记录交换位置
            }
        i=last;                         //有序子集上界
    }
}
```

| 10 | 15 | 20 | 30 | 25 | 35 | 50 | 40 | 45 | 60 |

i=−1   j ↑ last

(a) 第一趟冒泡开始

| 10 | 15 | 20 | 30 | 25 | 35 | 40 | 50 | 45 | 60 |

i=−1   j ↑ last

(b) 第一次交换

| 10 | 15 | 20 | 25 | 30 | 35 | 40 | 50 | 45 | 60 |

i=−1   j ↑ last

(c) 第二次交换

| 10 | 15 | 20 | 25 | 30 | 35 | 40 | 50 | 45 | 60 |

i=−1 ↑ j   last

(d) 第一趟冒泡结束

| 10 | 15 | 20 | 25 | 30 | 35 | 40 | 50 | 45 | 60 |

i ↑   j ↑ last

(e) 第二趟冒泡开始

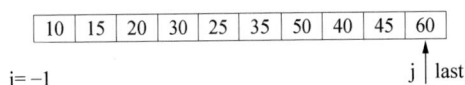

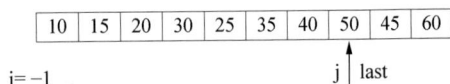

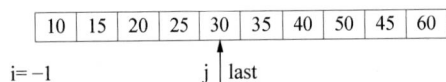

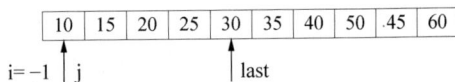

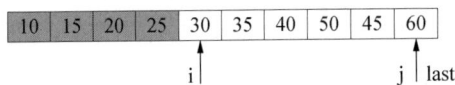

图 26-3　冒泡排序过程示例

　　冒泡排序是稳定的。冒泡排序的比较和移动次数与数据元素的初始排列有关。设待排数据元素个数为 n,最好的情形是数据元素已有序,只需一趟冒泡,做 $n-1$ 次比较,不移动元素。最坏情形是数据元素全部逆序,需要 $n-1$ 趟冒泡,第 i 趟冒泡需要 $n-i$ 次交换,比较和移动次数依次为

$$KCN = \sum_{i=0}^{n-2}(n-i-1) = \sum_{i=1}^{n-1}(n-i) = \frac{n(n-1)}{2} = O(n^2)$$

$$RMN = 3\sum_{i=0}^{n-2}(n-i-1) = 3\sum_{i=1}^{n-1}(n-i) = \frac{3n(n-1)}{2} = O(n^2)$$

26.3.2 快速排序

快速排序(quick sort)是冒泡排序的一种改进,由 C. A. R. Hoare 在 1962 年提出。首先是划分,任取无序子集中的一个数据元素(暂为首元素)作为基准,把无序子集分为左右两个半区,基准居中,左半区的元素不大于基准,右半区元素不小于基准;然后分别对左右半区分别重复实施上述划分,直到各个分区元素个数为 1。划分函数 Partition()详见18.5.3 节。下面是快速排序代码:

```
template<class T>
void QuickSort(T * p,int left,int right)      //快速排序递归算法
{
    if(left>=right)
        return;
    int m=Partition(p,left,right);            //划分数组 p[left:right]
    QuickSort(p,left,m-1);                     //对左半区快速排序
    QuickSort(p,m+1,right);                    //对右半区快速排序
}

template<class T>
void QuickSort(T * p,int n)                    //快速排序引擎
{
    QuickSort(p,0,n-1);                        //调用快速排序递归算法
}
```

快速排序不稳定,主要是划分算法 Partition 造成的。对长度为 n 的数组,一次划分的比较和移动需要时间为 $O(n)$,它与数据的初始排列无关。假设每次划分都是均匀的,而且划分的时间是 $T(n)$,则总时间为

$$T(n) \leqslant cn + 2\,T(n/2)$$
$$\leqslant cn + 2\,(cn/2 + 2T(n/4)) = 2cn + 4T(n/4)$$
$$\leqslant 2cn + 4\,(cn/4 + 2T(n/8)) = 3cn + 8T(n/8)$$
$$\vdots$$
$$\leqslant cn\,\log_2 n + nT(1) = O(n\,\log_2 n)$$

要对无序子集均匀地划分,保证基准的值是无序子集的中间值,或接近中间值。但是这很难做到。一个常用的办法:在无序子集的首尾和居中的 3 个元素中,取其大小居中的 1 个作为基准。

快速排序的递归需要栈空间。如果无序子集被均匀的划分,则算法的最大递归调用层数与递树的深度一致,即

$$\lceil \log_2 n \rceil + 1$$

26.4　选　择　排　序

选择排序（selection sort）：从无序子集中选出最小元素（或最大元素），插到有序子集，直到有序子集包含所有数据元素。开始时，有序子集为空。

常用的选择排序方法有直接选择排序、堆排序。

26.4.1　直接选择排序

直接选择排序：把数据元素分为左右两个半区，左半区为有序子集，右半区为无序子集。开始时，有序子集为空（上界为 -1）。在无序子集中，选出最小数据元素，将它与无序子集的首数据元素交换，然后将首元素并入有序子集（上界增 1）。这是一趟选择。对 n 个数据元素，经过 $n-1$ 趟选择后有序。图 26-4 是直接选择排序过程示例，其中灰色部分表示有序集，无色部分表示无序集。

```
template<class T>
void SelectSort(T * p, int n)
{
    T temp;                          //用于交换
    int i;                           //有序子集索引
    int j;                           //无序子集索引
    int min;                         //最小元素索引
    i=-1;                            //开始时,有序子集为空,上界为-1
    while(i<n-1)
    {
        min=n-1;                     //假设无序子集尾元素最小
        for(j=n-2;j>i;j--)           //在无序子集从右往左遍历
            if(p[j]<=p[min])         //查找最小元素
                min=j;

        temp=p[i+1];                 //最小元素与无序子集首元素交换
        p[i+1]=p[min];
        p[min]=temp;
        i++;                         //有序子集扩大,上界增1
    }
}
```

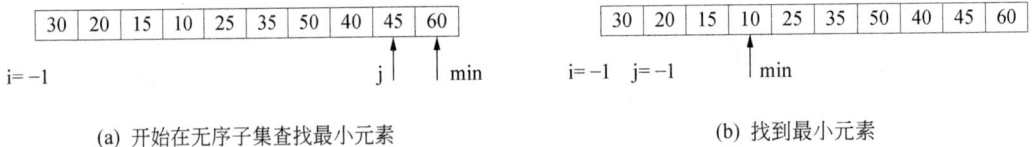

30	20	15	10	25	35	50	40	45	60

i=-1　　　　　　　　　　　　　　　j　　min

30	20	15	10	25	35	50	40	45	60

i=-1　j=-1　　　　min

(a) 开始在无序子集查找最小元素　　　　　　(b) 找到最小元素

图 26-4　直接选择排序过程示例

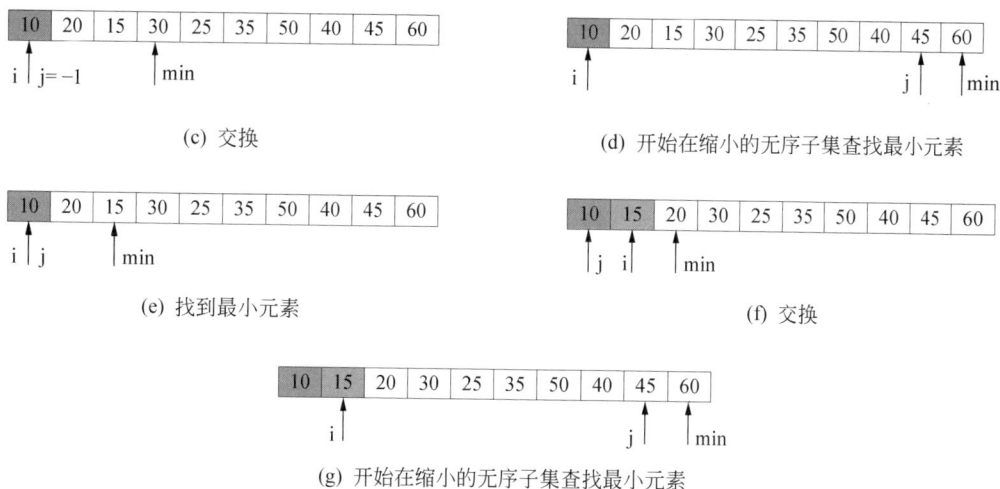

10	20	15	30	25	35	50	40	45	60

i　j=−1　　　min

(c) 交换

10	20	15	30	25	35	50	40	45	60

i　　　　　　　　　j　min

(d) 开始在缩小的无序子集查找最小元素

10	20	15	30	25	35	50	40	45	60

i　j　　　min

(e) 找到最小元素

10	15	20	30	25	35	50	40	45	60

j　i　　　min

(f) 交换

10	15	20	30	25	35	50	40	45	60

i　　　　　　　j　min

(g) 开始在缩小的无序子集查找最小元素

图 26-4　（续）

　　直接选择排序的比较次数 KCN 与元素初始排列无关。对 n 个元素,要进行 $n-1$ 趟选择,第 i 趟选择要进行 $n-i-1$ 次比较。总比较次数为

$$\text{KCN} = \sum_{i=0}^{n-2}(n-i-1) = \frac{n(n-1)}{2} = O(n^2)$$

　　数据的移动次数和数据初始排列无关。如果初始有序,则移动次数为 0。最坏的情况是每趟选择都要移动,总移动次数为 $\text{RMN}=3(n-1)$。

　　直接选择排序的比较次数多,主要是因为每一趟选择中的比较没有记录,每一趟选择都在重复上一趟做过的比较。

26.4.2　堆排序

　　堆排序详见 19.2 节。

　　堆排序是不稳定的。对长度为 n 的数组,堆排序的比较次数主要出现在堆调整函数 PercolateDown 和 PercolateUp,PercolateDown 在 HeapSort 中调用 $n-1$ 次,PercolateUp 在 BuildHeap 中调用 $n-1$ 次。每个堆调整函数的比较次数都与堆的高度有关。

　　堆是一棵完全二叉树,高度为

$$k = \lfloor \log_2 n \rfloor + 1 \quad (2^{k-1} \leqslant n < 2^k)$$

　　每个堆调整函数执行一次最多比较 k 次,因此,堆排序的比较次数为

$$\text{KCN} \leqslant 2 \times (n-1) \times (\lfloor \log_2 n \rfloor + 1) = O(n\log_2 n)$$

　　堆排序的移动次数出现在调整函数中,最多和移动次数一样,是

$$O(n\log_2 n)$$

　　出现在 HeapSort 中,主要是 for 循环语句,迭代 $n-1$ 次,每次迭代需要 3 次移动。因此,堆排序的总移动次数为

$$\text{RMN} = 3(n-1) + O(n\log_2 n) = O(n)$$

练　习

一、简要回答以下问题

1. 为什么快速排序不稳定主要是划分算法 Partition 造成的？
2. 为什么堆排序是不稳定的？

二、编写程序

1. 双向冒泡排序：一趟冒泡，最小元素和最大元素都分别移到无序子集的首尾。
2. 改进快速排序递归算法：当分区足够小时，实施直接插入排序。

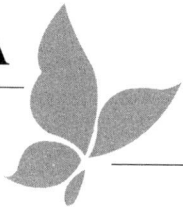

附录 A 命 名 规 则

1. 变量名只能由字母、数字和下画线三类字符组成。

2. 变量名的第 1 个字符必须是字母或下画线，但是下画线一般是系统自定义的名称。

3. 变量名有大小写之分。例如，MyId 和 myid 是两个不同的名称。注意：文件名不分大小写。

4. 变量名的长度没有限制，但只有前 32 个字符是有效的。变量名的长短，不影响编译后的目标代码长度。

5. 变量名不能是 C 的**保留字**（即**关键字**）。保留字是 C 语言预先规定的、具有固定功能和意义的单词或单词的缩写，用户只能按预先规定的含义使用。C 语言提供了 32 个关键字。

6. 变量名不是越短越好，它应该是描述性的，使人望文生义，读程序更容易。例如：

```
int MathGrades;                              //整型变量,存放数学成绩
float employ_salary;                         //单浮点实型变量,存放雇员工资
```

7. 变量名中的每一个逻辑断点都用一个大写字符，这是**骆驼式命名法**，例如，MathGrades。每一个逻辑断点用下画线标记，是**下画线法**，例如，employ_salary。

附录 B

基 本 类 型

C语言的基本类型有整型、实型和字符型。它们在形式上的差别仅仅是类型标识符和输入输出格式符不同,因此,一种类型的学习很容易平移到另一种类型的学习。

B.1 整 型

1. 整型种类

按空间大小不同,整型分为普通整型(也称基本整型,简称整型)、长整型(long)和短整型(short)。根据符号有无,上述各类型又分为(符号)整型和无符号整型(unsigned)。一种类型占几字节,因系统而定。

(符号)整型以高位(左第1位)表示符号(0代表正,1代表负),剩余位表示数值。数值以补码形式存放。假设短整型对象占2字节,其他整型对象占4字节,那么短整型对象的数值范围是 $-2^{15} \sim 2^{15}-1(-32\ 768 \sim 32\ 767)$,普通整型和长整型对象的数值范围是 $-2^{31} \sim 2^{31}-1(-2\ 147\ 483\ 648 \sim 2\ 147\ 483\ 647)$。无符号整型对象没有符号位,数值位多一个,最大值增加一倍,最小值为0。

2. 基本操作

整型的基本操作:算术运算($+$,$-$,$*$,$/$,$\%$),关系运算($<$,$<=$,$>$,$>=$,$!=$),逻辑运算($\&\&$,$||$,$!$)。例如:

45/20=2	//整除,结果是2
15/20=0	//整除,结果是0
14%5=4	//求余,结果是4
35%7=0	//求余,结果是0

3. 整型字面量

使用最多的常量是字面量,它由数值和表示类型的后缀或界限符组成。例如52388L表示长整型字面量(L可以换小写l,但容易和数字1混淆),40000U表示无符号整型字面量(U可以换小写u)。普通整型字面量的类型是默认的,不加后缀。

整型字面量前加符号0x,表示十六进制字面量,位值10~15分别用0~9和a~f(或A~F)表示。例如,0x12fe表示十六进制整型字面量12fe。

整型字面量前加符号 0,表示八进制字面量,位值 0～7。例如,0127 表示八进制字面量 127。

十进制普通整型字面量 20 用十六进制表示是 0x14,八进制表示是 024。

4. 标准输入输出格式

标准整型输出格式说明符如表 B-1 所示。

表 B-1 标准整型输出格式说明符

格式说明符	输出形式	举 例	输出结果
%d(或%i)	十进制整型	int n＝123;printf("%d",n);	123
%x(或%X)	十六进制整型	int n＝123;printf("%x",n);	7b
%o	八进制整型	int n＝123;printf("%o",n);	173
%Ld(%ld)	十进制长整型	long n＝123456;printf("%Ld",n);	123456
%Lo(%lo)	八进制长整型	long n＝123456;printf("%Lo",n);	361100
%Lx(%lx,%lX)	十六进制长整型	long n＝123456;printf("%Lx",n);	1e240

标准输出格式也是标准输入格式。例如:

```
long n;
scanf("%Lx",&n);                           //输入一个十六进制长整型数
printf("%Ld",n);                           //以十进制长整型格式输出
```

运行结果(粗体表示输入):

1e240
123456

B.2 实　　　型

1. 实型种类

按精度不同,实型分为单精度浮点实型(简称单浮点型,float)、双精度浮点实型(简称双浮点型,double)和长精度浮点实型(简称长浮点型,long double)。

单浮点型对象一般占 4 字节,其余占 8 字节。实数的表示有定点格式和指数格式(即科学计数法)。定点格式(小数形式)用小数点分开整数和小数。指数格式包括尾数和指数两部分,用字符 E(或 e)分开,指数部分表示 10 的多少次方。例如:

```
3.14159                                    //定点格式
1.234E5                                    //指数格式。等于1.234×10⁵
```

2. 基本操作

实型的基本操作:算术运算(＋,－,＊,/),关系运算(＜,＜＝,＞,＞＝,!＝),逻辑

运算(&&,‖,!)。同样是除法,实数除法和整数除法不同,实数保留小数,整数舍去小数。

3. 实型字面量

在默认状态下为双浮点型,例如,314.159 是双浮点型常量。单浮点型常量要加后缀 F(或 f),例如,314.159F 或 314.159f。长浮点型加后缀 L(或 l),例如,3.14159E2L。

4. 输出格式

%f 表示以定点格式(即小数形式)输出,小数点后 6 位,不够以 0 填充;%g 表示以定点格式输出,去掉小数点后无效 0;%E(或%e)表示以指数格式输出。

5. 标准输入输出格式

标准实型输出格式说明符如表 B-2 所示。

表 B-2　标准实型输出格式说明符

格式说明符	输出形式	举　例	输出结果
%f	单浮点十进制,默认小数 6 位	float x=123.5;printf("%f",x);	123.500000
%g(或%G)	浮点十进制,舍无效 0	float y=123.5;printf("%g",y);	123.5
%e(或%E)	浮点十进制指数形式	float z=123.5;printf("%e",z);	1.235000e+002
%Lf(%lf)	双浮点型十进制	printf("%Lf",123.56789);	123.567890

标准输出格式也是标准输入格式。

B.3　字　符　型

字符型的主要内容已经在 6.1 节介绍过。下面主要介绍转义字符。

有一些字符是控制字符,它们是不可显示字符,如换行、回车、换页、响铃;还有一些字符已经有了特殊的用处,如单引号已用作字符型字面量的界限符,双引号已经用作字符串字面量的界限符。这些字符都不能简单地用一个字符来表示,用反斜杠开头的字符序列来表示,这时,反斜杠后的字符或字符序列不再是本来的含义,而是转换为另外的含义,称为**转义字符**。例如,转义字符'\n'表示换行,'\r'表示回车。

单引号如果是字符常量,必须加反斜杠才能与字符常量的界限符区分。即要写成'\'',而不能写成'''。常用转义字符如表 B-3 所示。

表 B-3　常用转义字符

转 义 字 符	代　　码	功　　能
\0	0	空字符,字符型 0 元素
\a	7	音符(bell)

转 义 字 符	代　　码	功　　能
\b	8	退格(backspace)
\t	9	水平制表(horizontal tab)
\n	10 或 0x0a	换行(newline)
\v	11 或 0x0b	垂直制表(vertical tab)
\f	12 或 0x0c	换页(formfeed)
\r	13 或 0x0d	回车(carriage return)
\"	34 或 0x22	双引号(double quote)
\'	39 或 0x27	单引号(single quote)
\\	92 或 0x5c	反斜杠(backslash)
\ddd		1~3 位八进制数所代表的字符
\xhh		1~2 位十六进制数所代表的字符

附录 C

编译预处理

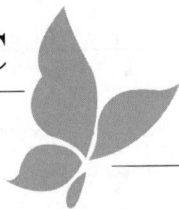

编译预处理,顾名思义,编译前的处理,处理的内容只是简单的替换。

C.1　无参宏指令

编程时,有时希望用符号来表示一些复杂的字面值常量,以减少书写错误,例如,用 PI 表示圆周率 3.1415926,用 FORMAT 表示格式控制字符串"％Lf"。有时希望用习惯或直观的方式表示操作符,以方便阅读,例如,用 AND 表示 &&(逻辑与),用 OR 表示‖(逻辑或)。实现这一愿望的机制是无参宏指令。无参宏指令的格式如下:

#define 宏名 宏体

在程序中,程序员用宏名表示宏体。在编译时,系统用宏体替换宏名,称为**宏展开**。例如:

#define PI 3.1415926

其中,PI 是宏名,3.1415926 是宏体。这时的 PI 称为**宏常量**。宏常量一般用大写字母表示。

宏指令不是语句,结尾不带分号。

程序 C-1　输入半径,计算圆面积(利用无参宏指令)。

```c
#include<stdio.h>
#define PI 3.1415926
#define FORMAT   "%Lf\n"
int main()
{
    double r;                          //半径
    double s;                          //面积
    printf("Enter a radius:\n");
    scanf("%Lf",&r);
    s=r * r * PI;
    printf(FORMAT,s);
    return 0;
}
```

程序运行结果（黑体表示输入）：

```
Enter a radius:
```
4.5[enter]
```
63.617250
```

C.2 带参宏指令

一般说来，函数比表达式更容易理解、修改和记忆。因此，可以将宏名扩展为具有函数形式的带参宏名，将宏体扩展为表达式。例如，生成 100 以内的随机数，函数 random(100)是宏名，表达式 rand()％100 是宏体；对两个数求大者，函数 max(a,b)是宏名，表达式 a>b? a:b 是宏体。这便是带参宏指令。带参宏指令的格式如下：

```
＃define 宏名(参数表) 宏体
```

例如：

```
＃define S(r) (r) * (r) * PI
```

程序 C-2 输入半径，计算圆面积（利用带参宏指令）。

```
＃include<stdio.h>
＃define PI 3.1415926
＃define FORMAT  "%Lf\n"
＃define AREA(r) (r) * (r) * PI
int main()
{
    double r;                          //半径
    double s;                          //面积
    printf("Enter a radius:\n");
    scanf("%Lf",&r);
    s=AREA(r);
    printf(FORMAT,s);
    return 0;
}
```

程序分析

(1) 宏展开后，s＝ AREA (r)变为 s＝(r) * (r) * 3.1415926。

(2) 在带参宏指令的宏体中，r 的圆括号是不可缺少的，因为宏展开与函数调用不同，不是参数传递，而是机械替换，如果缺少圆括号，可能得不到应得的结果。例如，假设宏体中的 r 不带括号：

```
＃define AREA (r)  r * r * PI
```

程序中包含带参宏名的语句：

```
    s=AREA(3+5);
```

宏展开后:

```
    s=3+4 * 3+4 * 3.1415926;
```

显然,这不是需要的结果。

(3) 带参宏名不是函数,只是具有函数形式的表达式。它既保留了函数的易懂、易表示的形式,又省去了函数调用的开销;既保留了表达式的执行效率,又克服的表达式不易书写、难以控制的缺点。

C.3　条件编译指令

一个程序可能要调用多个函数,这些函数可以按类划分为多个模块,每一个模块都是一个扩展名为 c 的文件,其中只有一个模块包含主函数,称为主控模块。

在第 4 章(顺序表)、第 6 章(字符串)和第 8 章(链表)中都设计了用户头文件。每一个头文件都可能由多个模块调用,为了避免重复编译,在头文件中,需要引入条件编译指令。以头文件 Seqlist.h 为例,格式如下:

```
#ifndef  SEQLIST_H                          //用大写字母和下画线
#define SEQLIST_H
函数声明和定义
#endif
```

意思是,如果文件没有编译,就进行编译,否则,不用编译。

附录 D

辗转相除法求最大公约数的证明

假设用整数 second 对整数 first 求余（first％second），余数是 rem，商是 n，于是有

```
first=n * second+rem
```

现在证明 first 和 second 的最大公约数等于 second 和 rem 的最大公约数，即

```
gcd(first,second)=gcd(second,rem)
```

假设 $gcd(first,second)=g1$，$gcd(second,rem)=g2$。

由 $gcd(first,second)=g1$ 得知 g1 是 first 和 second 的约数。由 $rem=first-n*second$ 得知 g1 也是 rcm 的约数。综合得知 g1 是 second 和 rem 的公约数。因此得出 $g2>=g1$。

由 $gcd(second,rem)=g2$ 得知 g2 是 second 和 rem 的约数。由 $first=n*second+rem$ 得知 g2 也是 first 的约数。综合得知 g2 是 first 和 second 的公约数。因此得出 $g1>=g2$。

由 $g2>=g1$ 和 $g1>=g2$ 得出 $g1=g2$。

证毕。

参 考 文 献

[1] SAHNI S. 数据结构、算法与应用：C++描述[M]. 王立柱,刘志红,译.2 版. 北京：机械工业出版社,2015.

[2] WEISS M A. 数据结构与算法分析：C++描述[M]. 张怀勇,等译. 3 版. 北京：人民邮电出版社,2007.

[3] STROUSTRUP B. C++程序设计原理与实践[M]. 王刚,刘晓光,吴英,等译. 北京：机械工业出版社,2010.

[4] LIPPMAN S B. C++ Primer[M]. 潘爱民,张丽,译. 3 版. 北京：中国电力出版社,2004.

[5] ECKEL B. C++编程思想[M]. 刘宗田,邢大红,孙慧杰,等译. 北京：机械工业出版社,2001.

[6] STETVENS A,WALNUM C. 标准 C++宝典[M]. 林丽闵,别红霞,等译. 北京：电子工业出版社,2001.

[7] VANDEVOORDE D, JOSUTTIS N M. C++ Templates 中文版[M]. 陈伟柱,译. 北京：人民邮电出版社,2004.

[8] FORD W,TOPP W. 数据结构：C++描述[M]. 刘卫东,沈官林,译. 北京：清华大学出版社,1998.

[9] MARK A W. 数据结构和算法：C++描述[M]. 张怀勇,等译. 3 版. 北京：人民邮电出版社,2007.

[10] POHL I. C++教程[M]. 陈朔鹰,等译. 北京：人民邮电出版社,2007.

图 书 资 源 支 持

感谢您一直以来对清华版图书的支持和爱护。为了配合本书的使用,本书提供配套的资源,有需求的读者请扫描下方的"书圈"微信公众号二维码,在图书专区下载,也可以拨打电话或发送电子邮件咨询。

如果您在使用本书的过程中遇到了什么问题,或者有相关图书出版计划,也请您发邮件告诉我们,以便我们更好地为您服务。

资源下载、样书申请

书圈

我们的联系方式:

地　　　址:北京市海淀区双清路学研大厦 A 座 701

邮　　　编:100084

电　　　话:010-83470236　　010-83470237

资源下载:http://www.tup.com.cn

客服邮箱:2301891038@qq.com

QQ:2301891038(请写明您的单位和姓名)

扫一扫,获取最新目录

课程直播

用微信扫一扫右边的二维码,即可关注清华大学出版社公众号"书圈"。